NET ZERO

친환경 제로에너지 주택 디자인 프로세스

SUSTAINABLE DESIGN PROCESS OF ZERO ENERGY HOUSE

머리말

세계적으로 지속가능성에 대한 사회전반의 재구성과 지구환경에 대한 논의와 실천이 진행되고 있습니다. 특히, 전지구적 차원의 환경문제를 해결하기 위하여 기후변화협약과 같은 국제협약들을 체결하는 등 국가간 협력이 활발해지고 있으며, 한편으로는 CO_2 등 온실가스의 배출량을 줄이기 위해 국가별 목표량을 설정하여 이를 달성하도록 하는 등 각종 규제수단들을 개발해 나가고 있습니다. 또한, WTO 등 주요 국제기구에서는 환경문제를 무역과 연계하는 새로운 무역규범을 만들자는 논의도 활발하게 진행되고 있습니다. 따라서 온실가스 저감기술과 에너지절약 기술 등의 개발이 시급한 국가적 과제가 되고 있습니다.

각국의 산업형태에 따라 다소 차이가 있지만 전체에너지 소비량 중에 25~35%를 건축부분이 소비하고 있으며, 이산화탄소 배출량의 40~45%, 전체 산업 폐기량의 20~50% 정도가 건축 산업으로 인하여 발생한다는 사실에 미루어 보더라도 건축 산업과 건축문화에 있어 환경에 대한 새로운 각성이 요구되고 있습니다.

친환경 건축에 대한 국내외 고객의 요구가 증가하는 시점에 삼우설계에서는 친환경 건축물을 설계하고 시공함으로써 친환경 설계기법 및 친환경 요소기술에 관한 노하우와 기술력을 확보해나가고 있습니다. 당사는 환경 보존과 경제개발 사이의 상반된 이해를 균형화하는 '지속 가능한 발전(Sustainable Development)' 을 통해 건축문화를 바꾸어 나감과 동시에 도시 · 건축문화의 전문가로써 창조적 역할을 다해나가고자 합니다. 본 책자에서는 친환경 저에너지 주택(Zero Energy House)의 사례를 통해 이러한 노력들과 실무경험을 소개함으로써 친환경 건축이론 및 실무 적용의 현주소를 고찰하고 앞으로의 발전가능성을 탐구하고 있습니다. 이번 출판이 친환경 건축문화 발전에 작은 기여나마 할 수 있는 기회가 되길 기대합니다.

2011년 2월

㈜삼우종합건축사사무소 대표 **손 명 기**

NET ZERO

Sustainable Design Process of Zero Energy House

친환경 제로에너지 주택 디자인 프로세스

발간인 손명기

기 획 신병철, 김성태

편 저 (주) 삼우종합건축사사무소 친환경설계팀, 기술연구소

삼성물산(주) 건설부문 기술연구센터

편 집 정용식, 김병준, 박형우, 남상문

민준기, 최성호

정상문, 김성철, 강진석

자료협조 Ove Arup & Partners Hong Kong

발 행 시공문화사(*Spacetime*)

발행일 2011년 2월 15일 발행

서울시 서대문구 현저동 200 극동빌딩 5층

전화 02-3147-1212 spacetime@korea.com

ISBN 978-89-5592-183-0

CONTENTS

Global Movements

제로에너지하우스 개념

제로에너지하우스 사례

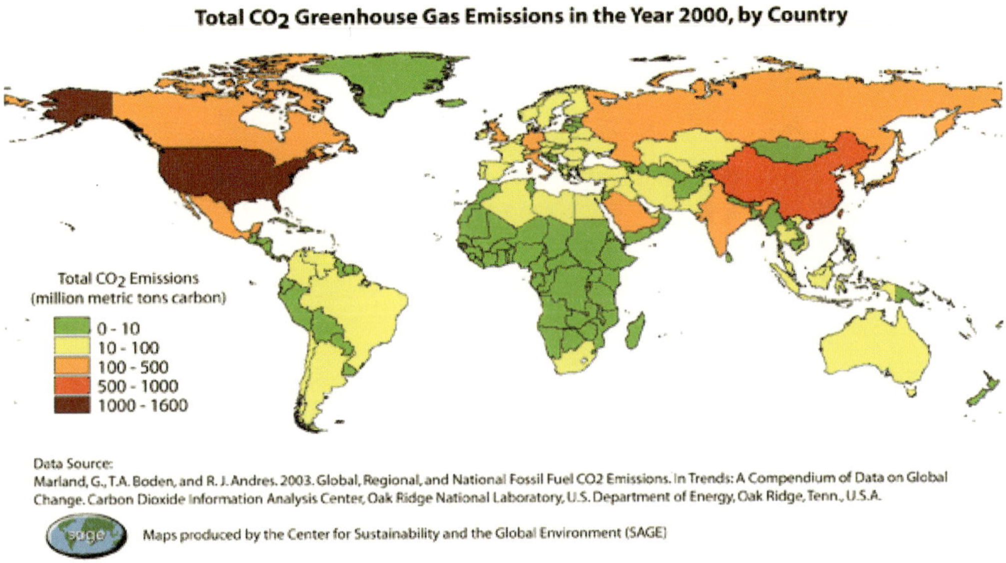

[세계탄소발생량]

저 탄소 녹색성장을 선언한 정부는 국제사회에 온실가스 감축 목표량을 발표하고 그린 홈과 그린빌딩 보급에 적극 나서고 있다. 이러한 이유는 석유를 비롯한 화석연료의 고갈이 미래세대에 미치는 영향뿐만 아니라 이미 현재 세대에게도 심각한 영향을 주고 있으며, 온실가스로 인한 지구 온난화가 심각한 수준에 이르렀기 때문이다. 또한 세계 에너지 사용의 약 38%를 차지하고 있는 건물부문의 화석에너지 사용을 최소화하고 이로 인해 발생하는 온실가스 발생량을 줄이기 위해 적극 노력해야 한다. (교토의정서Kyoto Phase2 의 목표는 모든 분야에 걸쳐 글로벌 탄소배출량의 90%를 감축하는 것이다.)

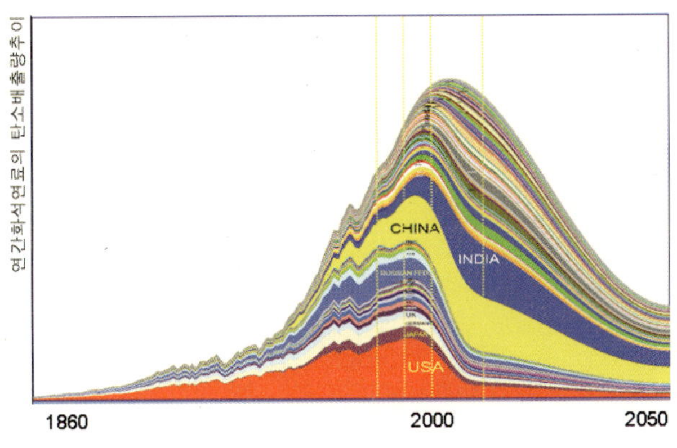

유엔 정부간 기후변화 위원회(IPCC)에서 발표한 자료를 보면 각 산업분야 중에서 탄소 발생량이 가장 큰 분야는 에너지 관련 분야이다. 그러나 실질적으로 사용자 관점에서 보았을 때 탄소 배출량을 감축하기 위한 중요한 분야는 주거 및 상업용 건축분야이다. 또한 건설분야는 탄소 배출량 감축을 위한 비용 대비 효과가 큰 분야이다.

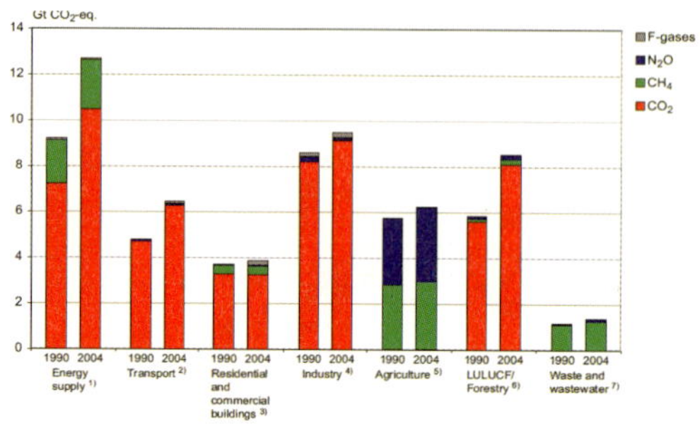

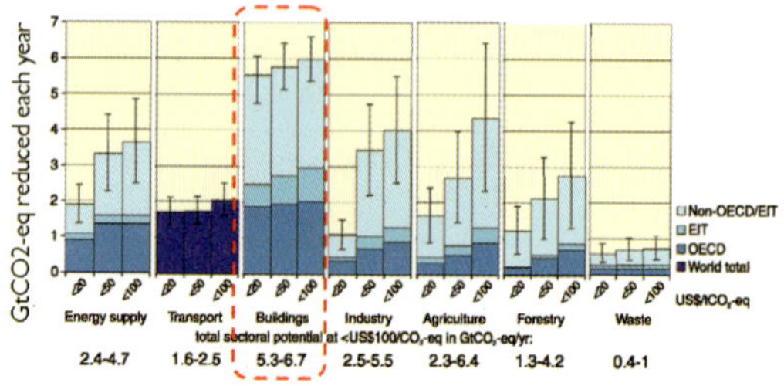

현재 우리나라 건물 부문의 에너지 소비량은 전체 에너지 소비량의 20~25%를 차지하고 있으며, 특히 국내 건물부분 총 에너지 소비량 중 75%는 주거용 건물 부분에서 소비되고 있다. 이중 78%이상을 난방 및 급탕에서 소진하고 있다. 따라서 에너지 저감은 주거용 건물부분에서부터 시작되어야 한다.

친환경 건축은 설계 개념과 접근방식이 일반 건축과 차별화 된다. 하나의 지구, 공생의 의미로 인간, 자연 그리고 건축을 보는 시각은 일부 국가에 한정된 노력이 아닌 인간 거주의 토대로서 도시를 형성한 모든 인간의 책임일 것이다. 건축분야에서도 지금까지의 접근 방식에서 변화를 추구하게 되었고 친환경 건축의 출발은 자연과의 공생과 순환이다. 따라서 에너지 절감, 저탄소 발생, 자원재활용, 설계의 계획적인 접근방식과 시공, 유지관리측면 등에서 자연친화적이고 창조적인 접근이 필요하다.

2. 제로에너지하우스 개념

2.1 제로에너지하우스의 정의

Passive Design 활용 및 설비 기기 효율을 높임으로써 연간 에너지 소비량을 크게 줄이고 나머지 소비량은 자체 재생에너지를 활용하여 연간 에너지 수지의 합이 ZERO인 건축물을 구현하는 것이다.

아래의 그림은 영국 친환경 주택 인증제도인 CSH(Code for Sustainable Home)의 개념도를 나타낸 그림이다. 가장 낮은 등급에서부터 가장 높은 등급인 Level 6까지 에너지 절감 정도에 따라 등급을 나누어 건축물을 평가하는 제도로서 높은 등급으로 올라갈수록 에너지 사용 비율이 줄어들고 신재생 에너지의 비율이 높아지게 된다. 화석연료를 이용하여 생산되던 에너지의 비중을 줄이고 궁극적으로 신재생에너지가 화석연료의 사용량을 커버하여 탄소배출량을 제로로 만드는 것이 목표이다.
이와 같이 제로에너지 하우스를 만들기 위해서는 부하 구성비에 맞는 핵심 요소기술을 선별하고, 체계적인 단계별 기술적용을 통해 화석연료나 외부 전원공급 없이 신재생에너지에 의해 모든 필요한 에너지를 자급할 수 있어야 한다.

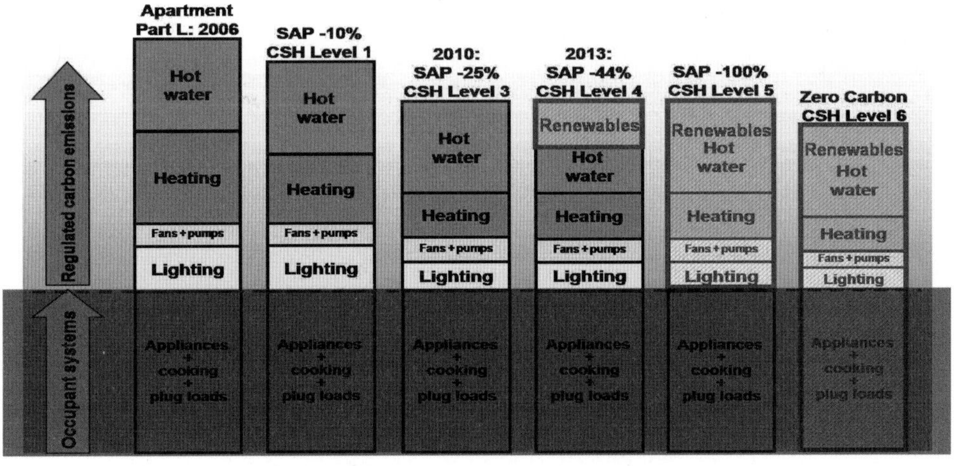

[제로에너지하우스 구현을 위한 단계별 전략]

2.2 제로에너지하우스의 분류

제로에너지의 유형

제로에너지하우스는 건물의 탄소 배출량을 제로로 만드는 것을 목적으로 한다는 점에서 제로 카본 하우스라 할 수 있다. 제로 카본의 의미는 여러 가지 관점에서 정의할 수 있으나 일반적으로 건물을 운영하는 단계의 에너지 소비량에 초점을 맞추어 정의하게 된다. 이러한 의미에서 제로 카본 건물을 5가지 단계로 분류할 수 있다.

For clarity, we identify five general categories of zero carbon definitions:

1. 완전한 에너지 자족이 가능한 건물. 전체 에너지 수요가 대지 내 제로 에너지 시스템에 의해 충족된다.
2. 대지 내 제로에너지 생산이 가능하고 동시에 그 지역의 발전 시설망과 연결되어 있는 건물. 대지 내 에너지의 생산이 발전 시설망으로부터 소비된 에너지를 상쇄함으로써 연평균 소비량이 제로가 된다.
3. 지역의 유효한 LZC 공급원에 연결되어 있는 건물
4. 원거리 혹은 국제적 LZC 공급원에 연결되어 있는 건물
5. 기존 발전 시설망으로부터 에너지를 공급받고 건물에서 발생하는 탄소배출량을 탄소시장에서 구매한 에너지 융자에 의해 차감하는 건물

Hierachy of Low and Carbon Building Definitions

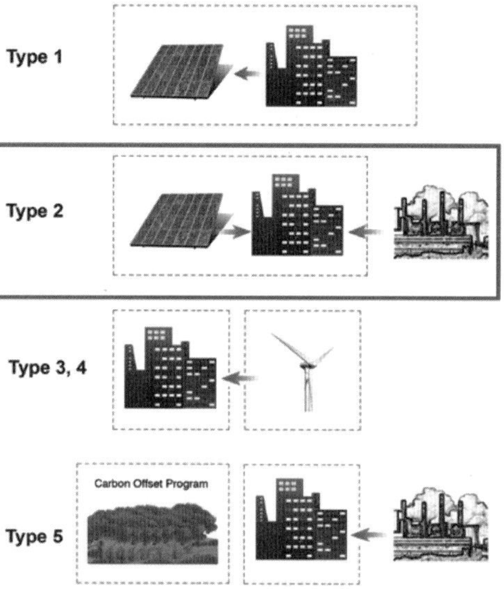

5가지 형태의 제로에너지 하우스의 에너지 생산 및 소비 형태 중 Type 2의 형태가 가장 일반적으로 현재 구현되고 있다. 즉, 건물 및 기기의 효율화를 통하여 에너지 사용량을 큰 폭으로 감소시키고 필요한 최소한의 에너지를 신재생에너지의 발전으로 충당함으로서 연간 에너지 수지를 "0" 혹은 그 이하로 만드는 건물이라 할 수 있다.

2.3 친환경 전략(Sustainable Strategy)

친환경 주거 계획은 커뮤니티, 기후, 지역 문화의 연결성을 최적화하는 것이다.

● Site & Microclimate

지역사회에 긍정적인 기여를 하는 것과 지속가능한 환경을 구축하는 것을 목표

● Energy & Atmosphere

효율적인 에너지 소비와 환경파괴를 최소화 하는 것을 목표

● Water Resources

효율적인 물의 이용과 재활용을 목표

● Indoor Environmental Quality

거주자를 위한 쾌적하고 안전한 환경의 제공을 목표

● Materials & Wastes

건설 폐자재의 감소, 친환경 자재의 이용을 목표

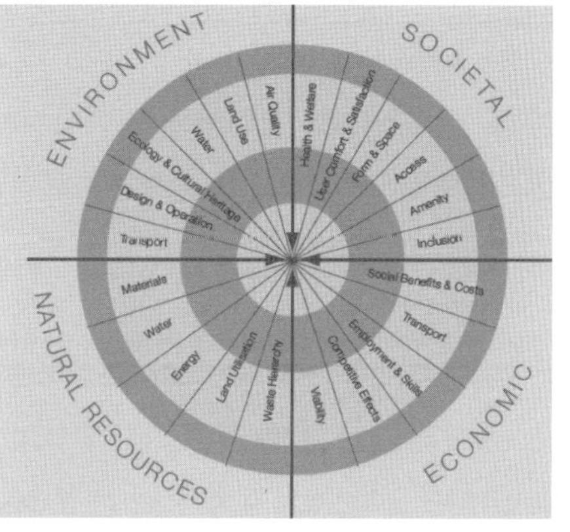

2.4 주요 요소기술

(1) Passive Design

대지의 특성 및 기후환경에 대한 이해를 통한 건축적 디자인을 활용하여 에너지 사용량을 최소화하는 디자인

- 고성능 외피 : 외피(외벽, 지붕, 바닥)의 단열성능과 창호의 단열성능 및 기밀성능을 높임
- 자연환기 : 봄과 가을철 비-냉난방 기간과 여름철 저녁 시간대나 이른 아침시간에 활용
- 자연채광 : 자연광을 건물내부로 유입함으로써 조명부하를 줄임
- 차양설계 : 여름철에는 직사광선을 막아주고 겨울철에는 실내에 열공급을 도움
- 상변환축열제PCM : 건물내부에 열을 축적할 수 있는 재료를 활용한 기술
- 옥상녹화 : 여름철 외기로부터 표면온도 상승을 억제함으로써 실내 열부하 저감

(2) Active Control System

패시브 디자인과 달리 제어장치, 축열조, 순환펌프 등의 기계장치를 별도로 설치하여 에너지원을 보다 효과적으로 이용하여 에너지효율을 극대화하는 방식

- 열회수환기+쿨튜브시스템 : 실내 공기 재순환을 하지 않으며 항상 신선한 공기가 유입토록 함. 배기로부터의 엔

탈피회수율 80% 이상을 만족하며 외기는 쿨튜브를 통해 예열/예냉한 후 도입.

- Air flow window System : 창호주변 여름철 일사로 데워진 공기와 겨울철 차가운 공기를 외부로 배출시켜 실내 냉난방부하를 저감
- 저온바닥복사난방 시스템 : 저온의 온수로도 쾌적한 난방을 공급
- 고효율 기기 : 열원장비 및 펌프/팬류 등의 고효율화로 사용에너지 절감

(3) Renewable Energy

우리나라는 「신에너지 및 재생에너지 개발 · 이용 · 보급 촉진법」 제2조의 규정에 의거 "기존의 화석연료를 변환시켜 이용하거나 햇빛, 물, 지열, 강수, 생물유기체 등을 포함하여 재생가능한 에너지를 변환시켜 이용하는 에너지"로 정의하고 11개 분야로 구분

- 재생에너지 : 태양광, 태양열, 바이오, 풍력, 수력, 해양, 폐기물, 지열 (8개 분야)
- 신에너지 : 연료전지, 석탄액화가스화 및 중질잔사유가스화, 수소에너지 (3개 분야)

신 · 재생에너지는 과다한 초기투자의 장애요인에도 불구하고 화석에너지의 고갈문제와 환경문제에 대한 핵심 해결 방안이라는 점에서 선진 각 국에서는 신 · 재생에너지에 대한 과감한 연구개발과 보급정책 등을 추진

- BIPV(Building Integrated Photovoltaics) : 남향, 음영 등을 고려하여 태양에너지 활용을 극대화
- 태양열 급탕 : 태양열 집열판을 이용하여 온수를 공급
- 지중열 이용 : 연중 일정한 지중항온층의 축열용량을 이용하여 냉난방에 활용함으로써 냉난방 에너지 절감

에너지 제로화를 위한 디자인 전략은 상기와 같이 구분할 수 있다. 물론, 구현전략들은 분류가 다르다고 하여 서로 관련이 없는 것은 아니다. 각 전략들은 디자인 과정에서 서로 시너지 효과를 일으킬 수도, 간섭을 일으킬 수도 있다. 그렇기 때문에 에너지 제로화 전략은 분야간 긴밀한 조율 하에서 수립되어야 하며, 통합설계의 개념을 도입한 디자인 과정이 무엇보다 중요하다.

3. 제로에너지하우스 사례

3.1 Kingspan Lighthouse, 영국

1) 개요

(1) 친환경 주거건물

① 지속가능한 주거건물을 위한 새로운 기준은 전반적인 환경적 지속가능 요소에 대해 측정하고 탄소배출량과 물 사용량과 같은 요소를 실제적으로 개선하는데 중점을 두고 있다.

② Kingspan Lighthouse는 탄소 배출 0 수준인 CSH(Code for Sustainable Home) 6등급을 획득하였다.

(2) 건물 개요

가. 주요 특징

① CSH 6등급 최초 획득

② 탄소 "zero" 건물

③ 바이오-매스 보일러 적용

④ PV 패널, 태양열 패널, 중수시스템, 우수시스템 적용

⑤ 에너지 모니터링 시스템

나. 프로젝트 범위

최신 건축기술을 집대성한 영국의 테마파크형 Zero Energy House 시범단지 BRE Innovation Park 내 위치: 전시장에 계획된 주거 건물로 93㎡ 규모

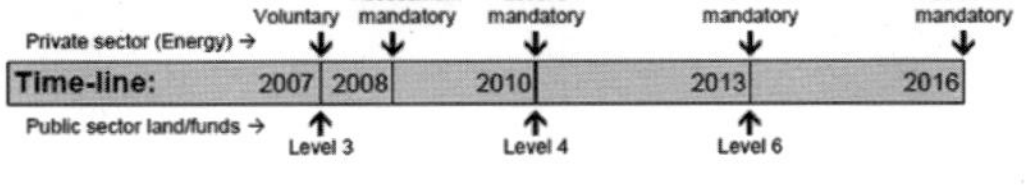

2) 변화되는 기후를 위한 주거건물 - Level 6 House

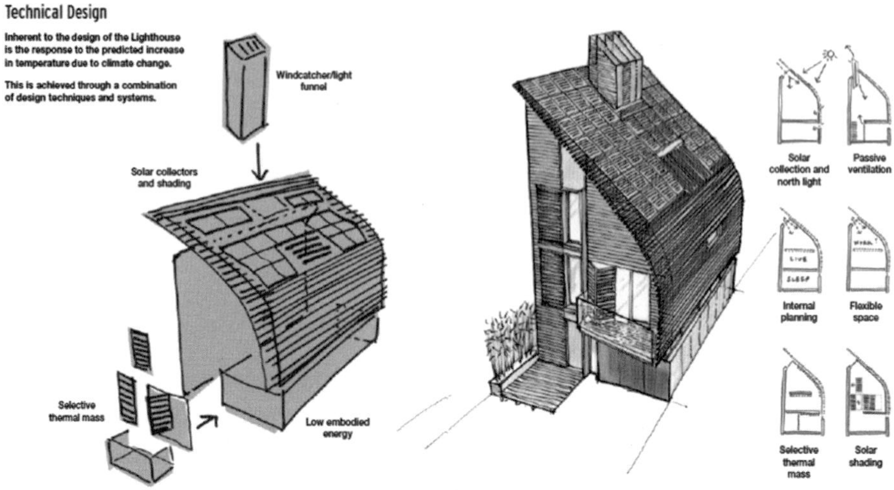

(1) 에너지성능

① 벽, 지붕, 바닥의 U-value : 0.11W/㎡K - Tek System, THK=284㎜

② 창호의 U-value : 0.7W/㎡K(우드 프레임). 3중 유리, 가스 충진

③ 기밀성 : 1㎥/h/㎡ at 50Pa

④ 기계환기 : 88% 열 회수 - Kingspan KAR MVHR

⑤ Fan 동력 0.92W/l/s

⑥ 조명 : 100% 컴팩트 형광등

⑦ 에너지 등급 A++ White 제품 적용

⑧ PIR 옥외조명

⑨ 홈오피스 시설

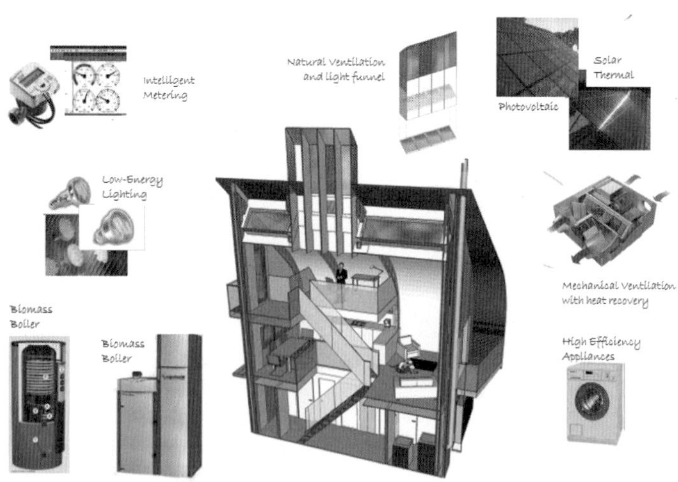

〈신재생에너지〉

① 40㎡ 집광면적의 PV시스템에서 4.7㎾ 전력 생산

② 우드 칩을 원료로 하는 10㎾ 용량의 보일러

③ 나무 보관 창고, 1년에 3회 저장

④ 여름철 나무연료의 사용을 저감하기 위한 4㎡의 태양열 집열판

(2) 음용수 저감

① 분당 8L가 공급되는 샤워기와 트랩

② (대) 4L, (소) 2L의 2단 밸브가 적용된 양변기와 160L의 욕조

③ 위생기구 등급 A++ 제품 사용

④ 화장실 세정용수로 중수 적용

⑤ 세정, 관개(농업)용수로 빗물 이용

(3) 지표수, 오염물 관리

① 지표수 관리를 통한 바이오 필터

(4) 재료

① 벽과 지붕 : Tek로 구성된 패널(SIPs)

② 피복 : 밤나무

③ 표면 마감 : 재활용 또는 지속가능 재료를 사용

(5) 폐기물

① 공사용 재료

② 가정에서 사용하는 수납 통이나 함

③ 퇴비

(6) 건강과 참살이(Well-being)

① 자연채광 1.5 - 2% 자연채광 요소

② 개인적인 공간

③ 평생거주 가정(Lifetime Homes)

(7) 유지관리

① 사용자 가이드

② 시공현장 영향

③ 보안 - 알람시스템

(8) 생태

① 자연형 계획과 지표수 환경 창조를 통한 생물의 다양성 개선

3) 자연형 냉방 기법

(1) 열 매스 선정

: 실내의 열이 천장에 흡수되면서 천장 패널에 설치된 미세한 캡슐의 고체가 액체로 상태 변화하면서 열이 축적된다. 축적된 열은 야간의 공기로 실이 냉각될 때, Windcatcher 시스템과 함께 작동된다.

(2) 자연형 환기

: 계단실 상부공간의 지붕에 설치되는 Windcatcher는 자연형 냉방과 환기 기능을 제공한다. 이 시스템은 찬 공기를 건물의 주요 공간에 공급하여 실내의 열을 제거하고 실내 깊은 곳까지 채광과 환기를 도입할 수 있다.

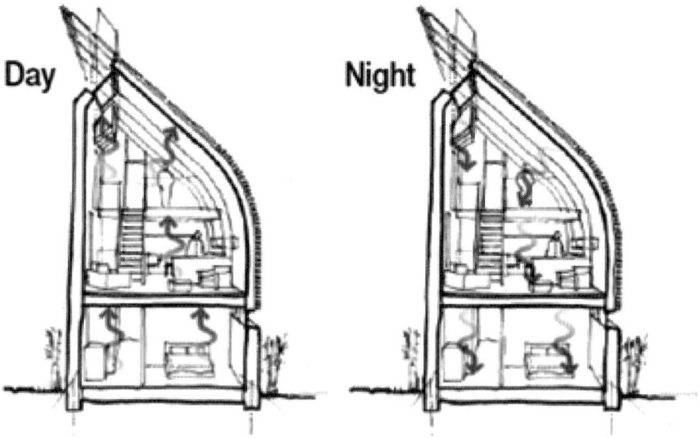

(3) 태양열 획득과 차단

: Lighthouse는 열 손실을 고려하여 건물 외벽에서 창호가 차지하는 비율을 기존 건물에 비해 낮은 수준으로 계획하였으며, 서측에는 셔터를 설치하여 여름철 일사에 의한 열획득이 최소화되도록 하였다.

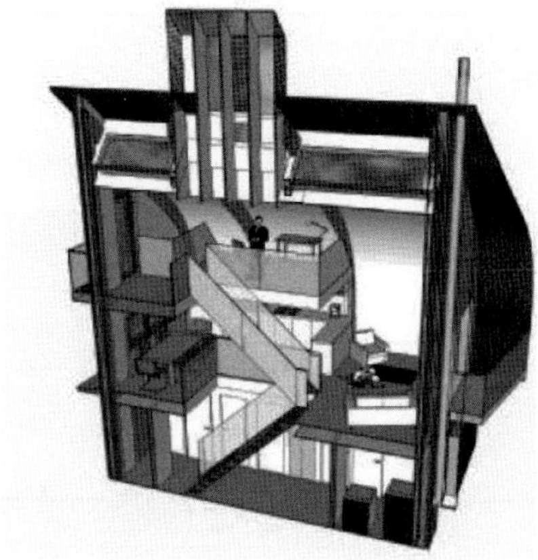

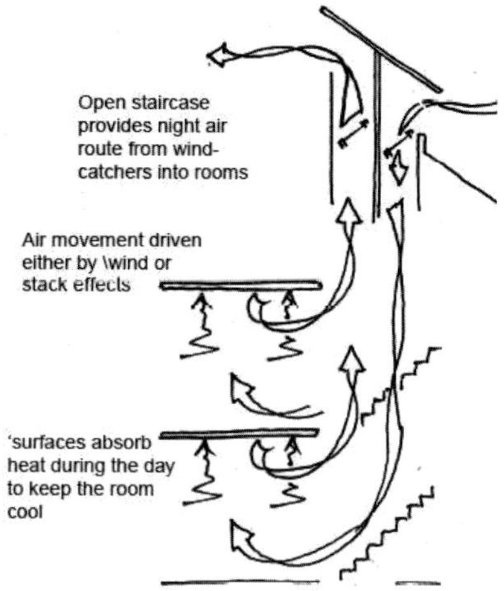

4) 재생에너지 사용량 비교

(1) 개발 규모와 재생에너지의 상관관계

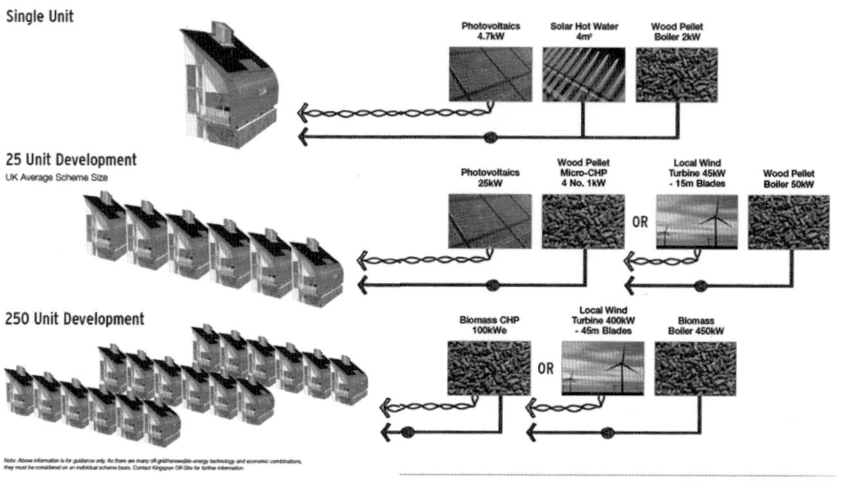

5) Carbon Neutral 구현을 위한 단계

(1) 에너지 소비량 감소

① 사용자의 행동양식

② Passive Design

③ Active Systems

(2) 최소 에너지 소비량

① 대지 내의 신재생 에너지 활용

② low-grade energy(바이오 매스 등)

③ 지역사회의 신재생 에너지 사용

3.2 BEDZED, 영국

1) 개요

(1) 친환경 단지계획

① 86가구 규모의 친환경 단지 개발로 주거와 업무, 커뮤니티 용도로 구성되어 있으며, 이 중 사무소 면적 : 3,000㎡이다.

② 개발 초기부터 화석연료를 사용한 열원공급을 배제하고 친환경적인 에너지를 활용하도록 계획하여 탄소 배출량이 "Zero"가 되도록 하였다.

③ 에너지 사용저감과 재활용을 위한 "reduce", "reuse", "recycle", "buy recycled"를 도입하였다.

④ BEDZED는 이러한 노력과 기술을 인정받아 2002년 Building Energy Global Award(UK)를 수상하였다.

(2) 프로젝트 개요

① 주요 특징

- 자연형, 재활용 또는 신재생 재료 사용
- 폐목재를 활용한 열원 생산
- 빗물과 중수시스템 적용
- 옥상녹화와 PV시스템 계획

② 주요 시스템

- 탄소 "Zero" 계획
- 난방 "Zero" 계획
- 바이오 매스 열병합발전시스템
- Wind-cowl를 통한 열회수 환기시스템
- 물 재활용
- PV시스템과 전기자동차 도입
- 재료 재활용

2) 탄소 저감 방안

(1) 저감 방안

① 에너지 소비량 감소

- 사용자의 행동양식
- Passive Design
- Active System

② 최소 에너지 소비량

- 대지내의 신재생에너지 활용
- low-grade energy(바이오 매스 등)
- 지역사회의 신재생에너지 이용

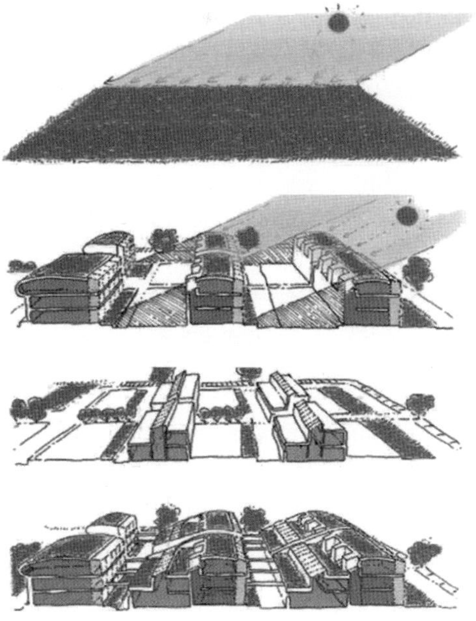

(2) 자연형 방안(Passive Strategies)

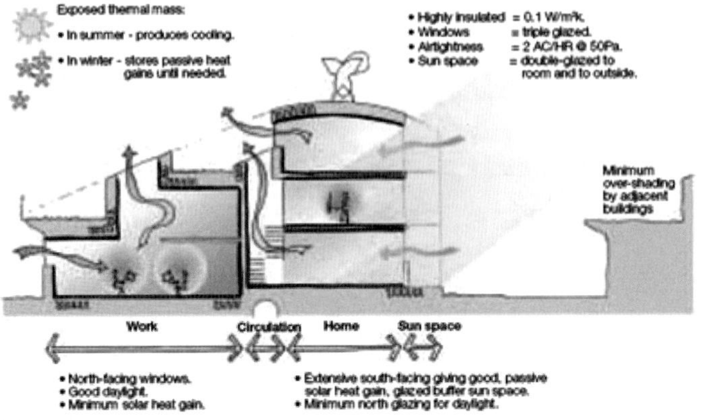

5. Building physics.

① 주요 부재의 열 성능

- 높은 단열 성능 : 0.1W/㎡K
- 창호 : 3중 유리
- 침기량(기밀성) : 2ACH (50Pa기준)
- Sun Space 확보 : 외부와 재실공간 간에 이중 유리로 된 공간

② 노출형 열 매스

- 여름철에는 냉열 기능이 발생되도록 하였다.
- 겨울철 난방열원 사용을 "Zero" 로 하기 위하여 자연에너지를 저장하여 열원을 공급할 수 있도록 기류 시뮬레이션을 활용하여 재료의 성능과 공간을 계획하였다.

③ 공간 구성 효율화

- 작업공간, 순환공간, 거주공간, Sun space로 공간을 구성
- 작업공간 : 태양열 획득을 최소화하고 천창을 통해 주광이 실내 깊은 곳까지 입사될 수 있도록 계획
- 순환공간 : 수직공간 확보로 통로 및 거주공간 환기로 활용
- 거주공간 : 남측에 설치된 전면 창과 Sun space를 통해 태양열과 주광을 획득 3층에도 북측에 창을 설치하여 주광 확보되도록 계획

(3) 설비형 방안(Active Strategies)

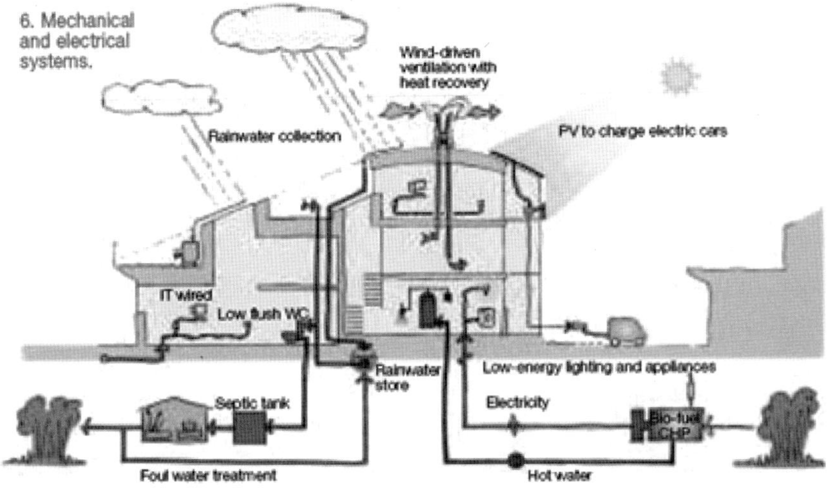

① 우수시스템 : 세정용수, 조경용수 활용

② 바람을 이용한 환기시스템과 열 회수 장치

③ PV 시스템 : 단지 내에 운행되는 40여 대의 전기자동차에 사용

④ 절수 플러쉬 밸브를 적용한 화장실 위생기구

⑤ 바이오 연료 : 바이오 연료를 사용하는 열병합발전 적용

(4) 신재생에너지 적용(Renewable Energy Strategy)

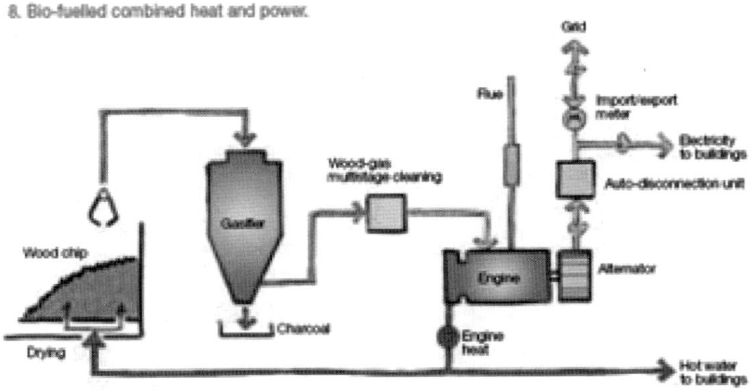

① 목재 칩을 사용하는 바이오 연료 열병합발전으로 온수와 전력을 공급

② 전력 소모가 적은 조명과 전기기기 등과 병용하여 에너지 사용량 저감

3.3 세키스이 하우스(Zero Emission House), 일본

1) 개요

- 2008년 완공
- 신재생에너지/ 에너지 절약/ 친환경을 테마로 한 미래형 환경주택
- 일본 경제산업省 주관, 세키스이 건설 시공 (건축, 가전업체 등 42개사 참가)
- 홋카이도 아부타군 루스츠무라자 이즈미카와 13번지 위치
- G8 회담장소 인근에 임시개장 (7/7~7/9) , 현재 이바라키縣으로 이축 (~' 08年末)
- 1층 경량철골 구조 (조립식, 내진설계 적용), 주거공간 약 60坪

2) 에너지 사용 및 환경파괴 저감 목표

시공, 사용 및 해체까지 CO_2배출량
–태양광발전 및 연료전지에 의한 CO_2 삭감량 ≒ 0

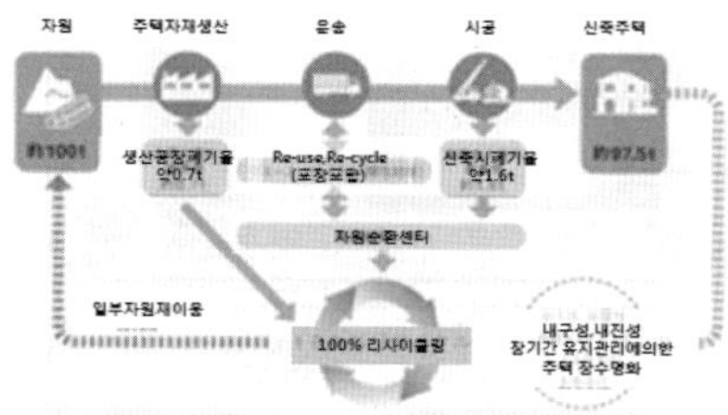

자연계에 폐기물 배출 "0"
(단순소각, 매립처분 제로)

3) 주요 적용 기술

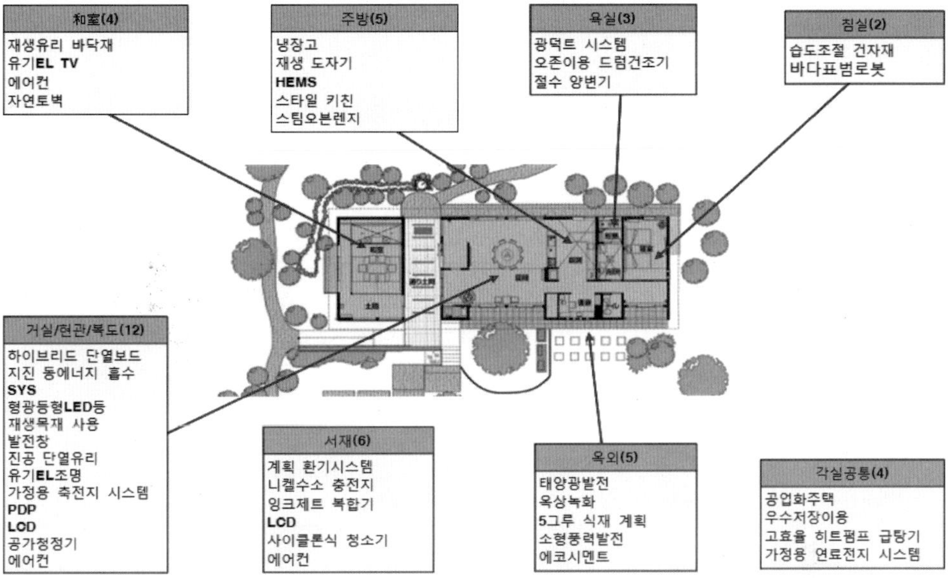

- 세키스이 社는 자체 친환경 비전을 경영전략에 반영, 사업 추진 중
- '05年, 自社 상품에서 발생되는 CO_2 발생량을 2010年까지 20% 저감하는 친환경 비전「Action Plan 20」 선언
- '08.4月, 태양광 발전, 연료전지 등을 적용한 친환경 주택 「Carbon Neutral House」출시, 현재 판매중
- G-8 회담을 통해 공개, 「Carbon Neutral House」에서 진일보한 기술을 선보이는 홍보매체로 활용

13% reduction in energy consumption compared to conventional household

14kWp of Installed PV generation capacity

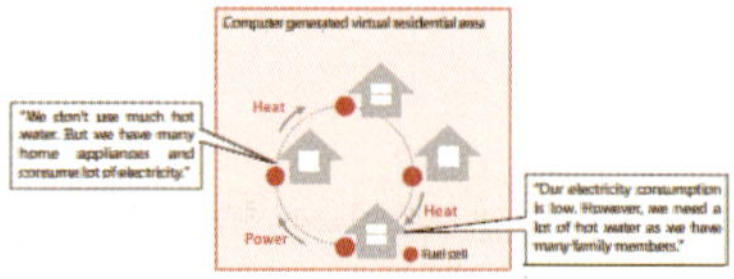

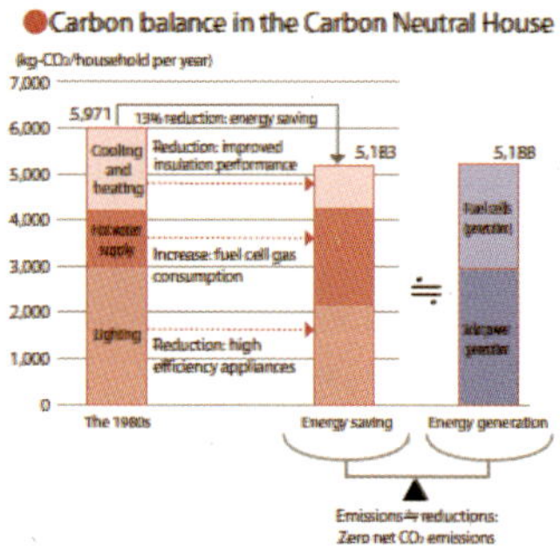

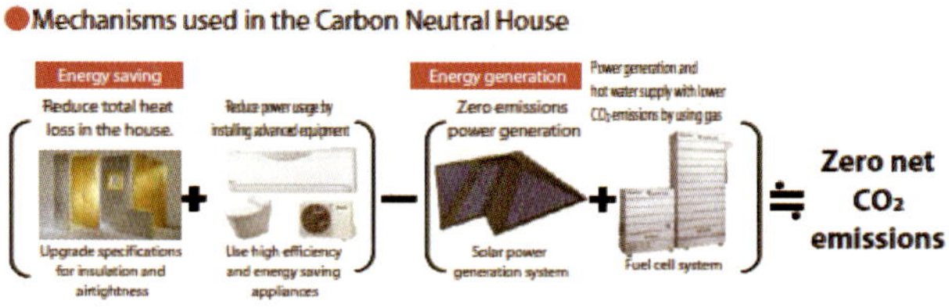

Reduce heat loss

Reduce consumption through high efficiency appliances

Zero and low emission power generation

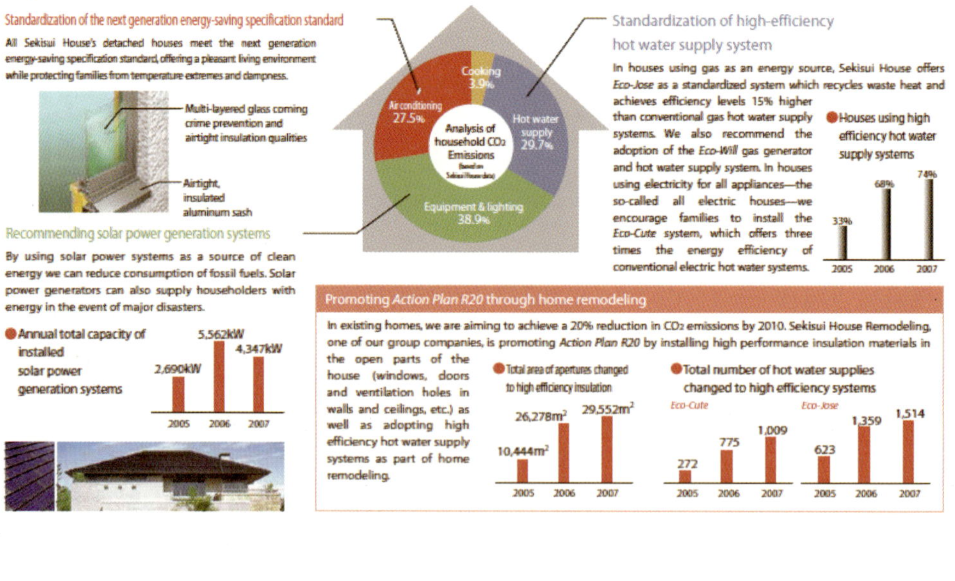

Standardization of the next generation energy-saving specification standard

All Sekisui House's detached houses meet the next generation energy-saving specification standard, offering a pleasant living environment while protecting families from temperature extremes and dampness.

Multi-layered glass coming crime prevention and airtight insulation qualities

Airtight, insulated aluminum sash

Recommending solar power generation systems

By using solar power systems as a source of clean energy we can reduce consumption of fossil fuels. Solar power generators can also supply householders with energy in the event of major disasters.

Annual total capacity of installed solar power generation systems

2005	2006	2007
2,690kW	5,562kW	4,347kW

Cooking 3.9%
Air conditioning 27.5%
Hot water supply 29.7%
Equipment & lighting 38.9%
Analysis of household CO_2 Emissions

Standardization of high-efficiency hot water supply system

In houses using gas as an energy source, Sekisui House offers *Eco-Jose* as a standardized system which recycles waste heat and achieves efficiency levels 15% higher than conventional gas hot water supply systems. We also recommend the adoption of the *Eco-Will* gas generator and hot water supply system. In houses using electricity for all appliances—the so-called all electric houses—we encourage families to install the *Eco-Cute* system, which offers three times the energy efficiency of conventional electric hot water systems.

Houses using high efficiency hot water supply systems

2005	2006	2007
33%	68%	74%

Promoting *Action Plan R20* through home remodeling

In existing homes, we are aiming to achieve a 20% reduction in CO_2 emissions by 2010. Sekisui House Remodeling, one of our group companies, is promoting *Action Plan R20* by installing high performance insulation materials in the open parts of the house (windows, doors and ventilation holes in walls and ceilings, etc.) as well as adopting high efficiency hot water supply systems as part of home remodeling.

Total area of apertures changed to high efficiency insulation

2005	2006	2007
10,444m²	26,278m²	29,552m²

Total number of hot water supplies changed to high efficiency systems

	2005	2006	2007
Eco-Cute	272	775	1,009
Eco-Jose	623	1,359	1,514

GREEN TOMORROW

4.1. Green Tomorrow CONCEPT

Given population growth, urban settlements and demographic concentration give sustainability a better chance long term. This element targets a positive contribution to the community and built environment

Developed countries comprise only 22% of the world' s population, but consume more than 60% of industrial raw materials. A large proportion of these are used in the construction industry. This element targets a reduction of construction wastes and utilisation of sustainable materials

Global water usage is estimated to have doubled since 1960. In China, over 0.3 billions people lack clean drinking water, 400 cities have potable water shortage problem. This element targets a efficient water utilisation and water recycling.

Some 1.6 billions people, one quarter of the world population, have no access to electricity. In most developed areas, their buildings use over 40% of their energy and create over 40% of carbon dioxide emissions. This element targets a efficient energy consumption and minimum impact to environment.

Preventing IEQ problem is much less expensive than identifying and solving them after they occur. This element targets a comfort, safe and suitable "Shell" for residents.

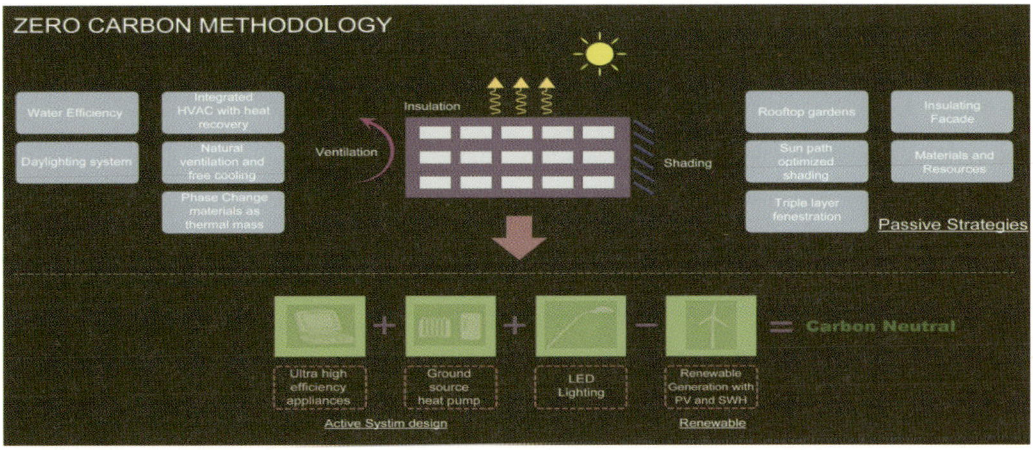

Green Tomorrow 건축 개요

구 분	내 용
공 사 명	GREEN TOMORROW신축공사
대 지 위 치	경기도 용인시 기흥구 중동 1026-1
건 축 설 계	(주)삼우종합건축사사무소
기계설비 설계	(주)삼우종합건축사사무소
전기설비 설계	(주)삼우종합건축사사무소
시 공	(주)삼성물산건설부문
연 면 적	전시관 : 398.92m² (지하1층, 지상1층) 홍보관 : 278.25m² (지상2층) 합 계 : 677.17m² (지하1층, 지상2층)
주차대수	5대
구조	철골 구조

Green Tomorrow 수상내역

· 국내 친환경 최우수 등급

· LEED NC Platinum 획득 (USGBC)

· BCI Green Design Award 2010 Competition 수상

(Green Leadership Award in the Residential Architecture - Individual Houses category)

· 2010 건축문화대상 본상수상

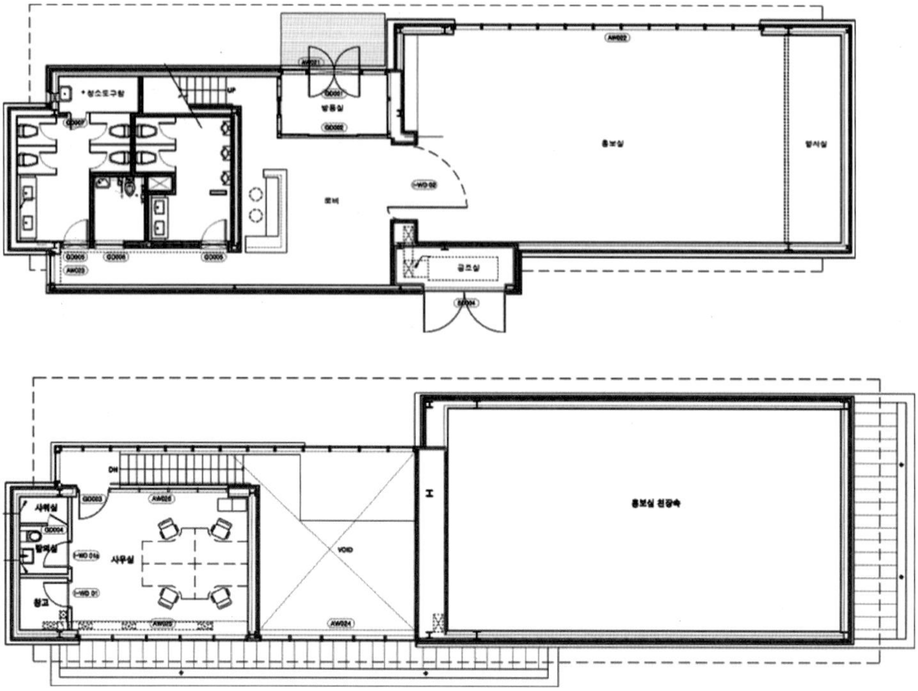

[홍보관 1층 평면도(상), 홍보관 2층 평면도(하)]

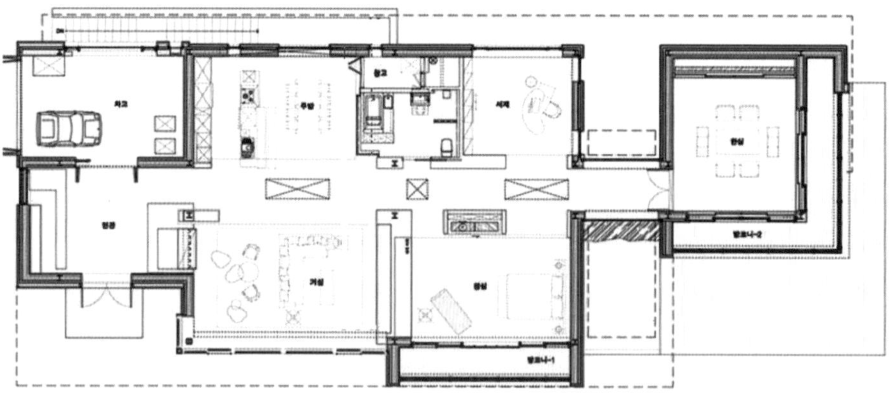

[전시관 1층 평면도]

[조감도 홍보관(좌), 전시관(우)]

[전시관 서측 전경(좌), 홍보관 주출입구(우)]

[전시관 남측 입면(좌상), 홍보관 진입로(우상), 전시관 내부(좌하), 대지 주 진입로(우하)]

[거실(좌) 및 식당(우) 전경]

4.2 Zero Energy Concept & Strategy

4.2.1 에너지 저감 전략

Reduce Demand (에너지 사용 요구량 최소화)

- User behavior (사용자의 행동양식)
- Passive Design
- Active Control
- Pay particular attention to designing out the electrical demand (전기 에너지 소요량에 대한 디자인)

Off-set irreducible demand (최소에너지 사용량)

- Assess the availability of on-site renewable (대지내의 신재생 에너지활용)

주택에서의 에너지소비 최소화를 위해서는 건물의 위치, 용도, 사용패턴 등의 특성에 따라 에너지에 영향을 주는 요소들 즉, 건물 외피, 설비/전기 시스템 등의 최적화가 필요하다. 특히, 주거용 건물의 특성상 난방시 열이 빠져나가지 않도록 하는 외피의 열성능과 효율이 우수한 난방기기의 사용 및 차가운 외기 유입의 최소화로 난방에너지 소비량을 대폭 절감해야 한다.

Green Tomorrow에서는 각각의 요소별 절감량을 최적으로 계획하여, 일반 주택 에너지사용량의 40~50%를 패시브(Passive) 및 액티브(Active) 기술을 이용하여 절감하도록 계획하고, 또한 태양광 발전을 이용하여 나머지 에너지 사용량을 공급함으로써 연간에너지수지를 zero로 하는 생활공간을 유지하는 것을 목표로 하였다.

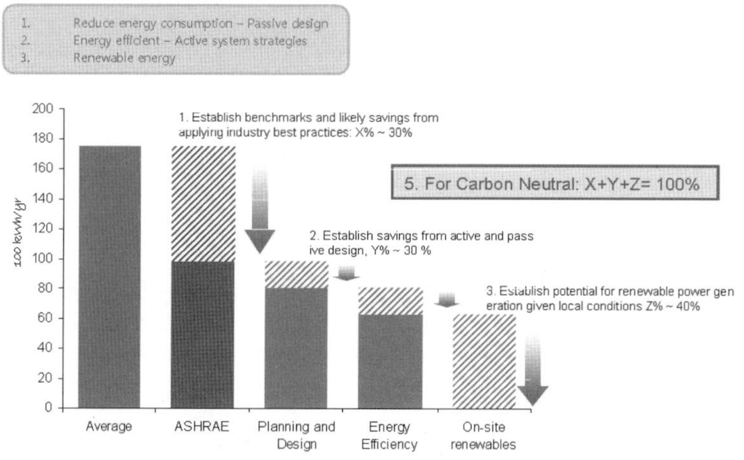

[에너지 절감 및 공급 전략]

4.2.2 국내 기존 건물대비 성능 목표

타 사례 등을 통해 사전에 예측한 바에 의하면 일반건축물의 에너지 소비량을 100%로 볼 때, Green Tomorrow에서는 패시브(Passive) 및 액티브(Active) 기술을 이용하여 난방, 냉방, 급탕, 취사, 조명 등의 에너지 사용량을 약 50% 수준까지 낮출 수 있을 것으로 생각되며, 이 50%에 해당하는 에너지 요구량은 태양광 발전을 통하여 자체 공급하는 것을 목표로 하였다.

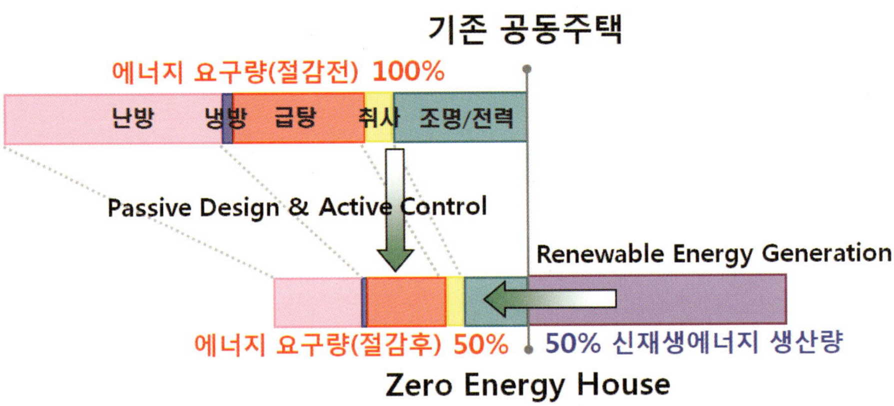

[에너지 절감 예상치]

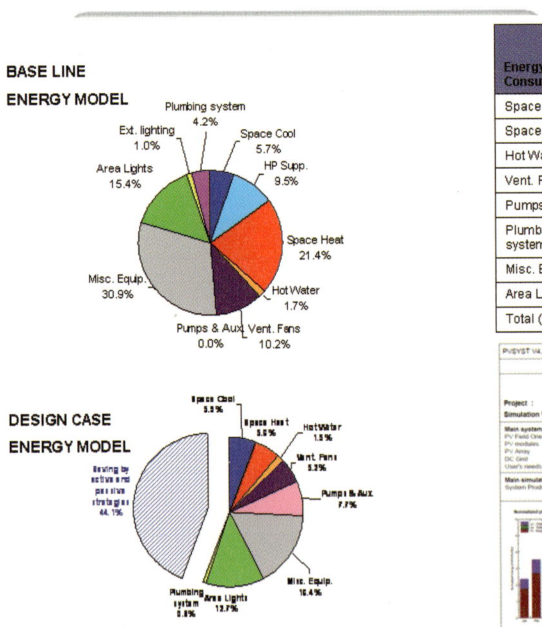

Energy Consumption	Schedule Version 12 Finished on 08 Dec	Schedule Version 16 Finished on 09 May
Space Cool	2099	1967
Space Heat	2001	2302
Hot Water	535	535
Vent. Fans	1865	1863
Pumps	2766	2812
Plumbing system	288	288
Misc. Equip.	5872	5872
Area Lights	4536	4373
Total (kWh)	19962	20013

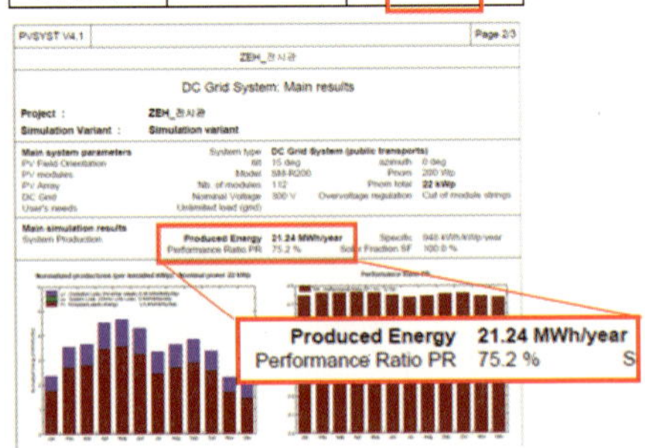

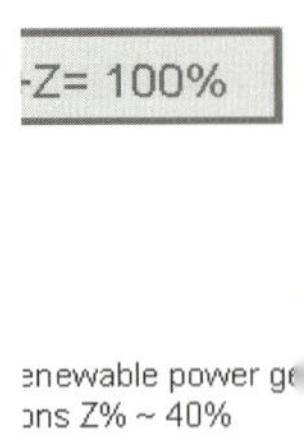

4.2.3 핵심 설계 요소

Passive Design

가장 먼저 고려되어야 하는 디자인전략으로써 패시브 디자인은 저비용, 고효율 제로에너지하우스를 가능케한다. 패시브 전략은 건축 디자인을 통해 구현되는데, 설비적 장치를 요구하지 않고 인공조명, 냉난방 등의 비용을 줄일 수 있다. 성공적인 패시브 전략 구현을 위해서는 일사량, 풍향과 같은 지역기후에 대한 이해가 요구되고 이는 건물성능 향상에 기여하기 위해 제어될 수 있다.

Optimized Built form and orientation

The main fenestration area is facing south which adopts solar heat gain during winter in order to reduce the space heating load. Reducing the facade area at east and west eliminate the fabric gain which lower the cooling energy consumption during summer.

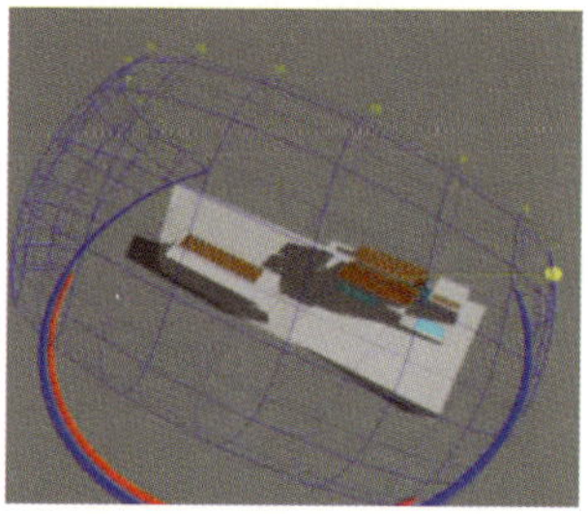

Shading design

Optimum length of horizontal shading at south with shading angle around 30o help to reduce the direct solar radiation during overheating period and enhance the indoor heat gain during winter time.

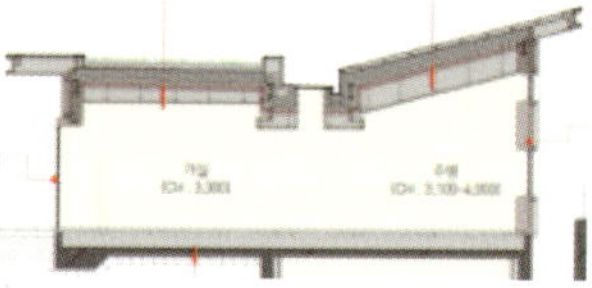

Natural Ventilation

Natural ventilation is the process of supplying and removing air through an indoor space by natural means, meaning without the use of a fan or other mechanical system. The use of natural ventilation is definitely an advantage with the raising concerns regarding the cost and environmental impact of energy use. The thermal dynamic modeling - Virtual Environment 5.5 has been adopted for natural ventilation study.

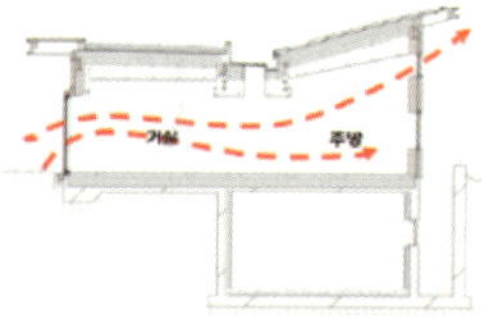

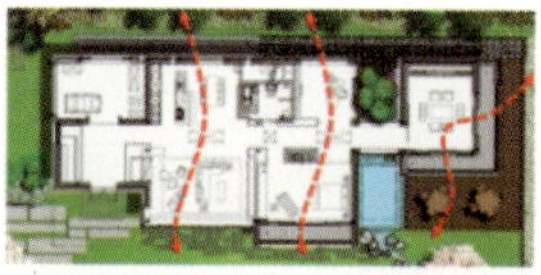

Phase Change Material (PCM)

The BASF PCM (Phase Change Material) plasterboard and dense cement fibre board would be used at the ceiling and the internal partition in the room. This material help to absorb daytime heat and then give it up to cooler night time purge ventilation. Phase Change Material absorbs room heat by changing from solid to liquid within microscopic capsules embedded with board. This process is then reversed when the room is cooled with night air. The overall cooling capacity of the room will be decreased which reduce the cooling energy consumption of the room.

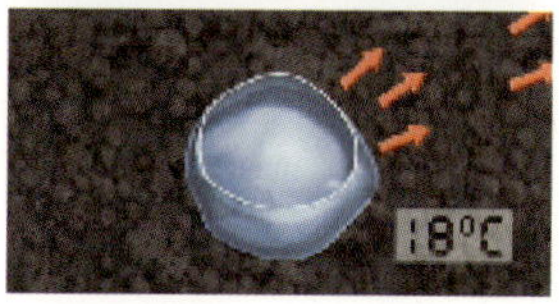

Daylight utilization

Provide sufficient windows enhance the utilization of daylighting inside the building. Daylight simulation - Radiance and Ecotect has been applied and shows that over 90% of indoor spaces adopted for optimum lux level at daytime period.

Light pipe

Provide sufficient windows enhance the utilization of daylighting inside the building. Daylight simulation - Radiance and Ecotect has been applied and shows that over 90% of indoor spaces adopted for optimum lux level at daytime period.

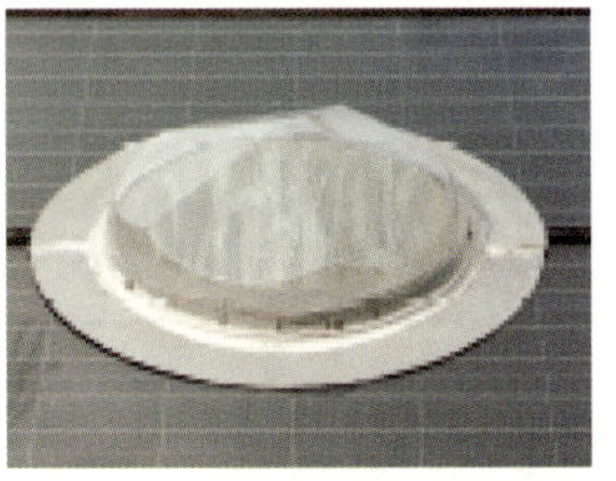

High Performance Facade

Good building envelope design can eliminate excessive solar penetration into the building and reduce conduction heat loss and heat loss due to infiltration.

- Use of thermal insulated material for envelope (<0.5W/m²K) - wall and roof with lower U-value
- Good air tightness (around 1m3/h/m² envelope) - reduce heat loss due to infiltration
- Green Roof system to reduce the surface temp. of the roof

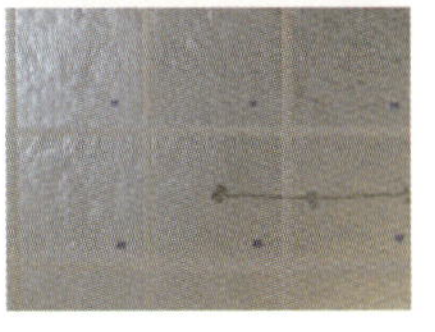

Triple Layer Glazing + PVC Window Frame

Utilization of triple layer glazing with plastic window frame adopts for extremely low thermal insulation for fenestration system (<0.85W/m²K)

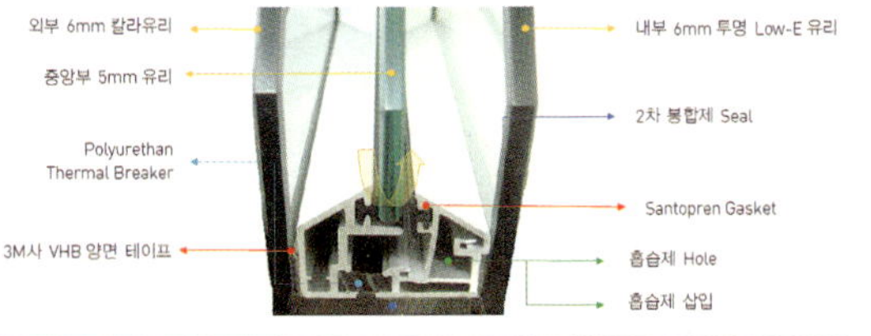

Active Control + Renewable Energy

액티브컨트롤은 에너지소비를 최소화하기 위해 세심하게 고려되어야하고 효율적인 에너지 시스템을 선택해야 한다. 액티브시스템을 실행하는데 있어 가장 중요한 것은 건물내의 수많은 에너지 요소기술들을 완벽하게 통합하는 것이다. Green Tomorrow에서 에너지 수요는 신재생에너지에 의해 공급된다. 태양열급탕, 태양광발전, 풍력발전이 채택되었다.

Geothermal Heating and Cooling System

The annual mean temperature of ground source heat from 10m below the earth surface is approx 15℃, and Geothermal Heating and Cooling System uses this ground source heat for cooling and heating. Heat pump using geothermal energy is connected to air-conditioning units and air handling unit to save the overall heating and cooling loads.

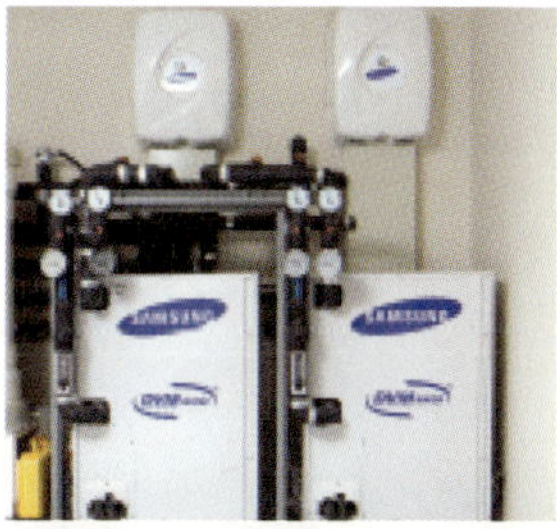

Roof Integrated Photovoltaics

Using this system, solar energy is converted to electric energy. This building installed solar cell modules are integrated as a roof finishing material.

Solar Hot Water System

Using this system, solar energy is converted to electric energy. This building installed solar cell modules are integrated as a roof finishing material.

Wind Turbine Generation

This is an energy generating system using the natural wind. The vertical axis wind turbine which is most suitable for the urban area is applied to Green Tomorrow

Energy Saving Lighting Control System

Energy Saving Lighting Control System adjusts lighting according to the amount of incoming daylight. When the room is unoccupied, the lighting fixture turns off automatically by wsing occupant motion sensor

DC LED Lighting

DC LED Lighting uses warm white colored LEDs with high luminous efficacy and housing with minimized light loss. DC powered SMPS (Switching Mode Power Supply) is applied to uncrease the efficiency by eliminatiog the power conversion loss from AC to DC

4.3 대지 및 기후분석

4.3.1 용인 지역 기후 분석

친환경적 접근 방식에서 우선 고려할 사항은 환경에 대한 구체적 접근이다. Green Tomorrow는 대지의 위치 및 기후에 대한 분석이 선행되었고, 컴퓨터 시뮬레이션을 통해 기후 데이터를 분석하였다.

- 위치 : 경기도 용인시 기흥구 중동 1026-1 , 북위 37°35', 동경127°03'

[대지위치]

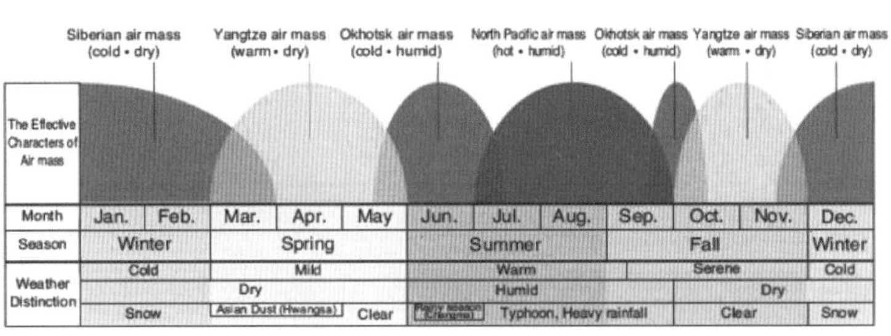

[Korea Meteorological Administration, Climate description]

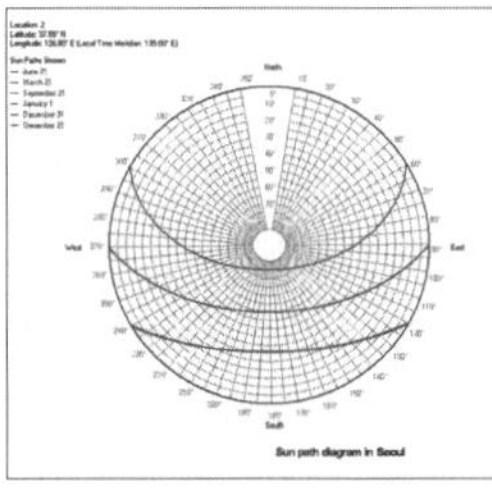

[Sun path in Yong-in]

Green Tomorrow는 서울에서 40km 떨어진 용인지역에 위치하고 있다. 이 지역은 봄에는 건조하고 강수량이 적고, 여름에는 기온이 높고 습하다. 가을에는 서늘하고 겨울에는 건조하고 기온이 낮다. 용인의 연평균 온도는 12.2C, 1월이 가장 춥고 건조하다. 1월 하루 최저평균온도는 -11.5C이다. 7월은 평균온도가 25.3C정도로 가장 따뜻하고 습한 달이다. 자연 환기를 적용하기에 가장 적합한 기간은 계절이 바뀌는 봄과 가을, 여름의 야간이다.

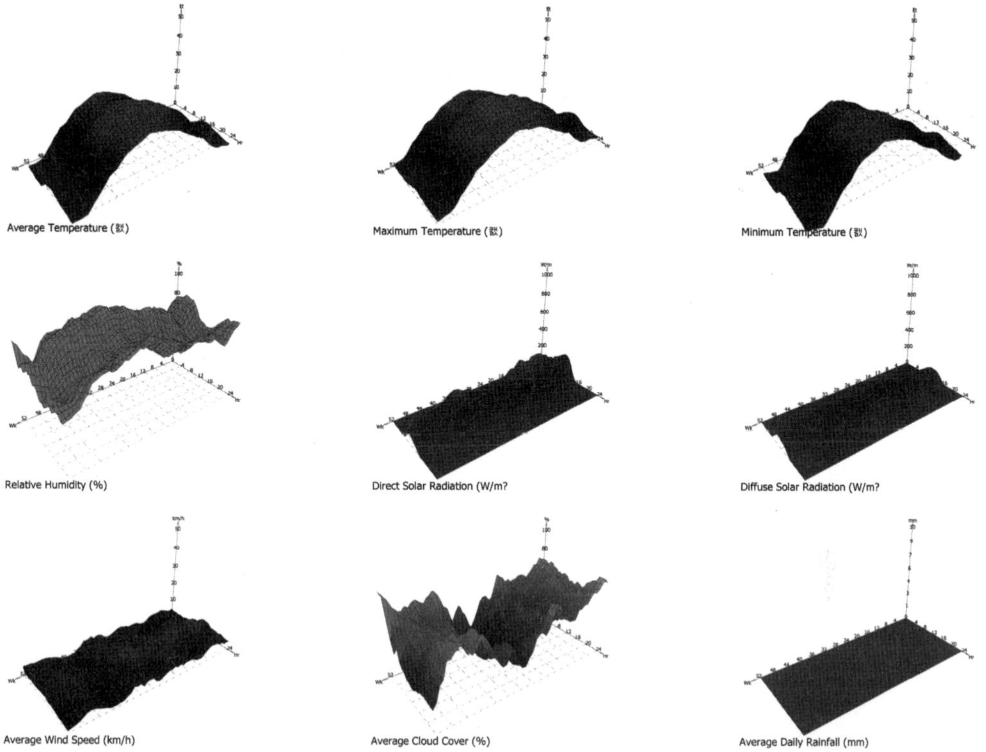

[Weekly data_average]

4.3.2 자연채광 분석

계절별 태양의 고도를 분석하여 건축적 디자인에 활용이 가능하다. 태양 고도 분석에 따라 여름철 일사량을 줄이기 위한 차양이 고려 되어야 하며 자연채광을 위한 고려도 이루어져야 한다. 또한 건축물의 형태에 따라 적합한 태양광 설비의 위치 분석도 가능하다.

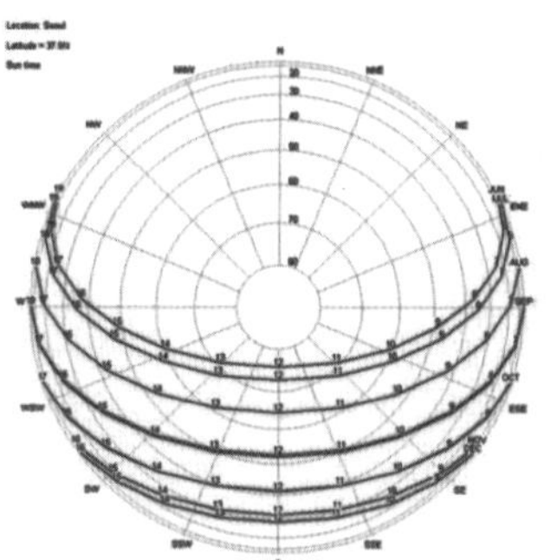

아래 그림은 Green Tomorrow 배치 및 형태에 따른 자연채광 분석 시뮬레이션 자료이다. 수평 형태로 길게 뻗은 지붕이 남측면에 그림자를 만들어 차양 역할을 하게되는 것을 볼 수 있다. 또한 건축물의 북측 대지에 항상 그림자가 형성되는 부분의 검토가 가능하여 조경 디자인에 반영할 수 있다.

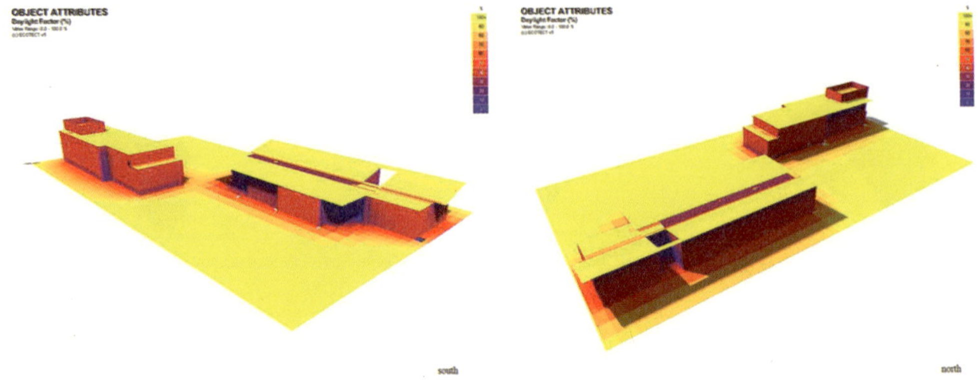

[자연채광분석]

4.3.3 풍향분석

용인은 10km/hr의 속도를 가진 남서풍이 부는 지역이다. 이는 평균 2.7m/s의 속도로 자연환기 적용에 적합한 조건이다.

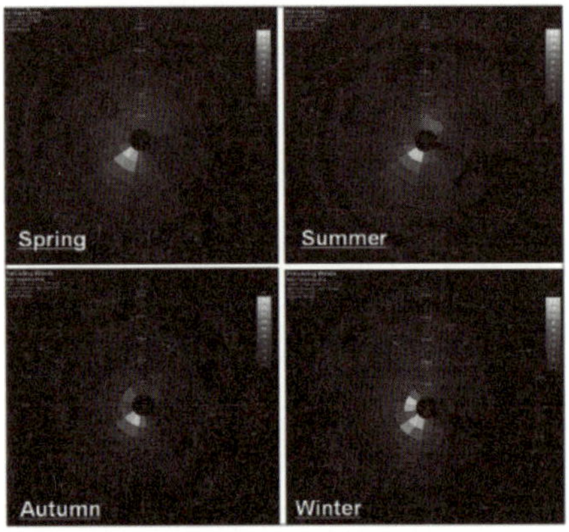

[Wind rose in Yong-in]

Parameter	Value	Potential Strategies
Ambient temperature	From -11.5(Jan) to 35.4°C (Jul)	• Application of natural ventilation and free cooling in spring and autumn
Rainfall	From 23.9mm (Dec) to 232.5mm (Jul)	• Application of Rainwater harvesting system
Wind	Prevailing wind direction: North Average wind speed: 6.8m/s at 33mPD	• Use of wind turbines • Natural ventilation
Daylight	Direct solar mainly from south	• Use of daylight deflector • Design of windows and shading devices
Solar	Direct solar mainly from south Global horizontal radiation = 3.92kWh/m2 Maximum solar radiation = 9.1kWh/m2 (August)	• High performance glaze • Utilization of PV and solar thermal

[Potential Green Strategies]

4.3.4 일사분석

태양의 위상은 주로 일년 내내 남쪽에 위치한다. 외부 차양의 적절한 디자인이 요구된다. 또한 자연광의 이용을 최대화하고 벽과 개구부의 비율, 표면 처리 또한 고려해야 한다.

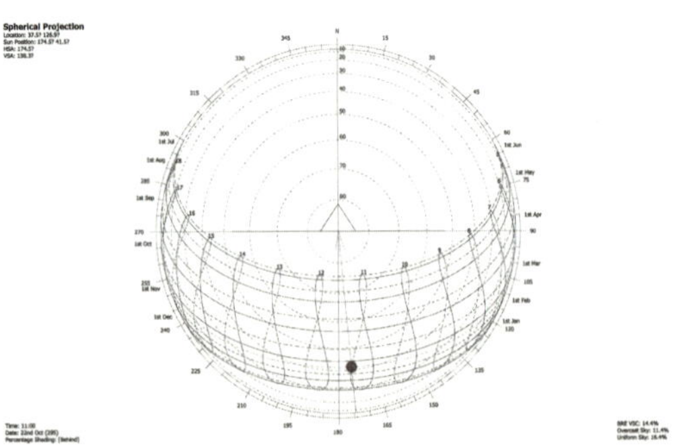

하루 평균 수평면 일사량(global horizontal radiation)은 약 3.92kWh/m², 8월 최대 태양일사량은 9.1kWh/m² 이다. Green Tomorrow에서는 급탕을 위한 태양열 집열, 전기 발전을 위한 PV시스템이 적용되었다. 집열판과 PV패널은 태양에너지를 모으기 위해 지붕에 설치되었다.

일반적인 형태의 지붕은 남측면에 PV패널을 설치 할 경우 북측면의 활용이 떨어지게 된다. 북측면에 조경을 하더라도 식생이 제한적이며 경사면에 식재를하여야 하는 문제가 발생된다. 수평면과 경사면 두 가지 모두를 가지는 형태를 디자인하여 문제점을 해결하였다.

또한, 이러한 형태의 단면구성을 통해 개구부의 면적 및 설치 위치를 자연환기 또는 자연채광에 적합하도록 계획하는 등의 디자인 유연성을 증가시킬 수 있다.

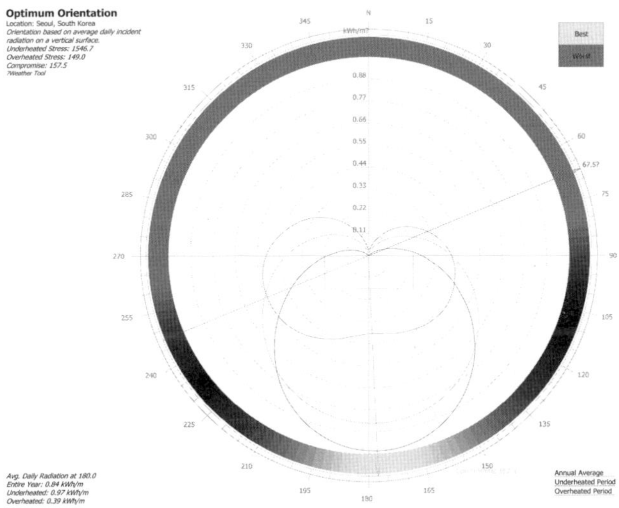

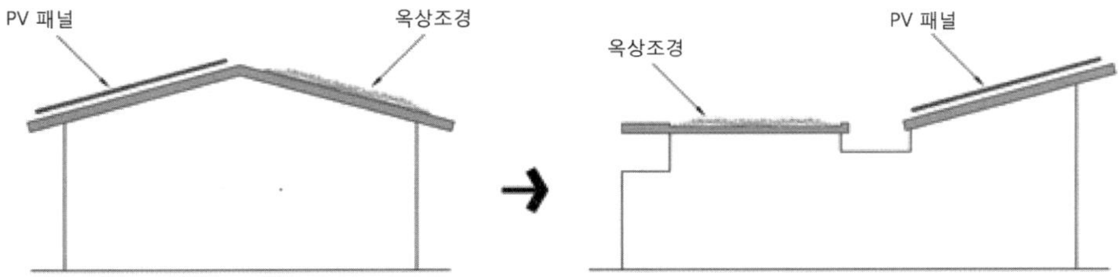

[단면 개념]

Passive Design

Active Design

Renewable Energy

4.4 Passive Design

친환경 건축 디자인에서 가장 우선시 되어야 할 점은 대지의 특성 및 기후환경에 대한 이해를 통한 디자인 적용일 것이다. 이는 에너지 사용량을 최소화하는 디자인으로 우리나라처럼 사계절이 뚜렷하고 여름과 겨울의 온도차가 큰 점을 고려한다면 봄과 가을에 패시브 디자인의 활용도 충분히 고려 될 것이다. 이를 위해 일차적으로 목표치를 설정하여 패시브 디자인 적용으로 쾌적한 실내환경을 위한 부하를 최대한 줄이고 액티브 디자인, 신재생 에너지 활용으로 이어져야 할 것이다. 외부기온의 변화에 대해 패시브 디자인을 적용함으로써 아래의 그림과 같이 실내 온도의 변화 폭을 줄여 약 35%의 에너지 절감 효과를 예상하였다.

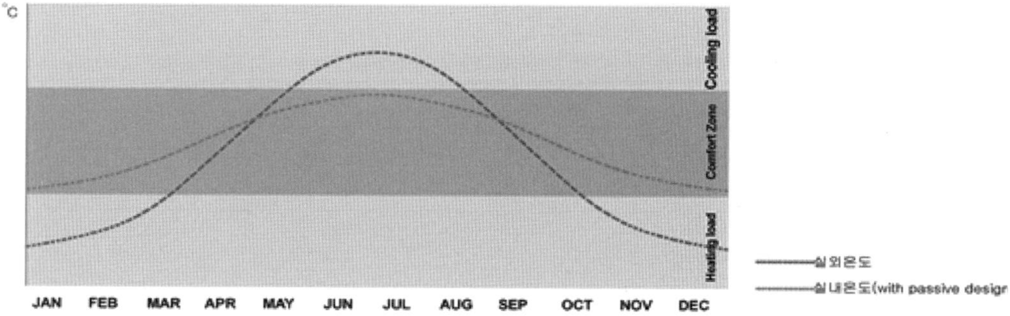

전시관을 동서축으로 길게 남향 배치함으로써 에너지 소비량을 최소화함과 더불어 옥상 조경과 태양광 및 태양열의 활용을 극대화하였다. 창호의 남북방향의 배치는 각 실의 쾌적성, 에너지 소비 및 자연환기 측면에서도 가장 유리하다.

지붕은 에너지 시뮬레이션을 통해 옥상조경과 태양광 발전을 동시에 활용할 수 있는 형태가 고려 되었고, 지붕의 수평면에 옥상녹화를 하고 새덤류의 식생이 가능하도록 하였다. 태양광 설비는 지붕 후면의 경사를 활용하여 태양광 설비를 배치하였다. 일반적으로 태양광 설비가 두드러져 자칫 건조하게 느껴질 수 있는 건물의 이미지를 부드럽게 하고 단층건물의 단순한 형태에서 벗어나고자 하였다.

배치와 형태 이외에 Green Tomorrow에 적용된 패시브디자인은 다음과 같다.

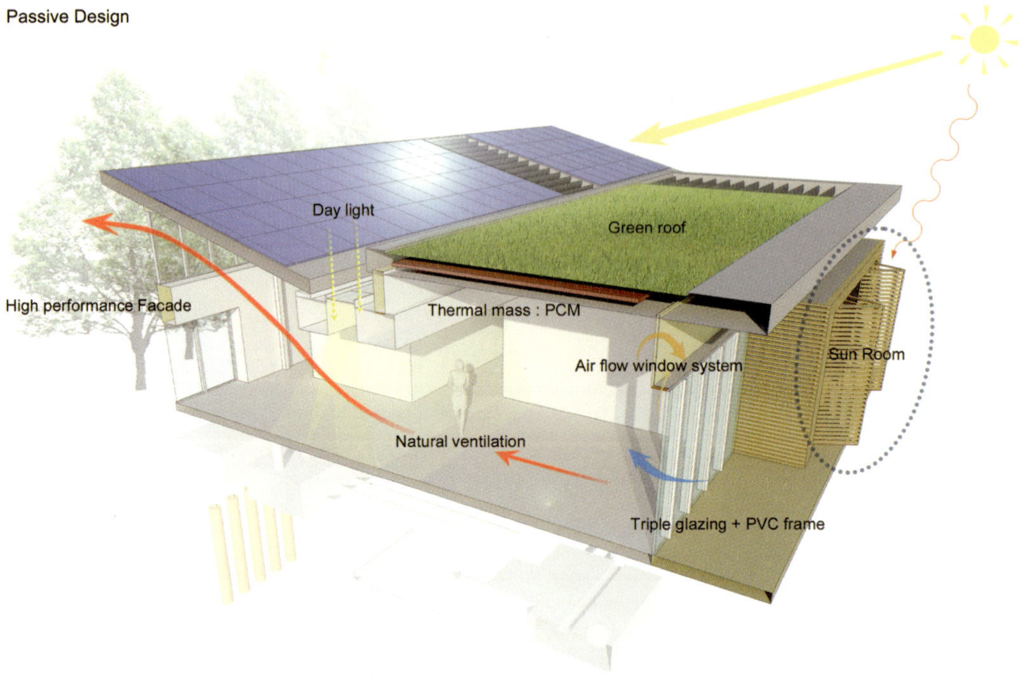

[패시브 디자인 다이어그램]

4.4.1 고성능 외피(High Performance Facade)

에너지 사용량을 최소화하는 가장 기초적이며 효율적인 방법은 외피의 단열성능을 높이는 것이다. 국내 기준 및 ASHRAE의 기준을 검토하고 해외 사례를 비교하여 단열 기준을 검토하였으며, 전시관의 단열 성능에 대한 목표는 아래와 같다. 단열기준은 해외사례 중 성능이 우수한 사례를 기준으로 목표를 설정하였으며, 단열 성능이 우수할수록 에너지 절약 측면에서 유리하다.

- 외벽 : 0.1 W/㎡℃
- 지붕 : 0.08 W/㎡℃
- 바닥 : 0.09 W/㎡℃
- 창호 : 0.85 W/㎡℃

Standard / Part	KOREA Standard	ASHRAE For LEED	Kingspan Lighthouse	Terrace house	ARUP's proposition	Samsung GT target
Exterior wall	0.47	0.5	0.11	0.1	0.11	> 0.1
Roof	0.29	0.36	0.11	0.08	0.11	> 0.08
Floor	0.35	0.29	0.11	0.09	0.11	> 0.09
Window	3.84	2.61	0.8	0.85	0.8	0.85

[외피 성능 비교표]

외피는 크게 외벽, 지붕, 바닥 부분의 단열 성능을 높이는 방법과 창호의 단열 성능을 높이는 방법으로 구분된다.

1) 고성능 단열

전시관에 사용된 주요 단열재는 비드법보온판(스타폴)과 진공단열보드가 사용 되었으며, 각 부위별 세부 사항은 아래와 같다. 외벽의 경우 열교 현상을 최소화하기 위해 여러 겹의 단열층이 사용되었으며 내, 외부의 구조틀 사이에 주단열재가 설치된다. 주 단열재로는 비드법보온판 160mm, 진공단열보드 12mm가 사용되었으며 각 부분별 상세와 수치는 아래 그림과 같다.

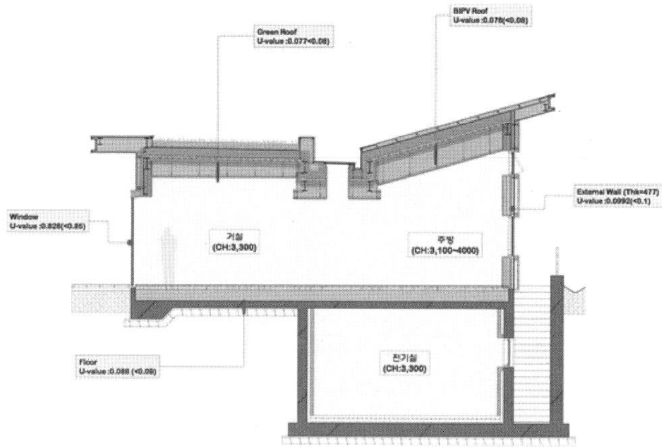

[부분별 단열성능]

• Floor

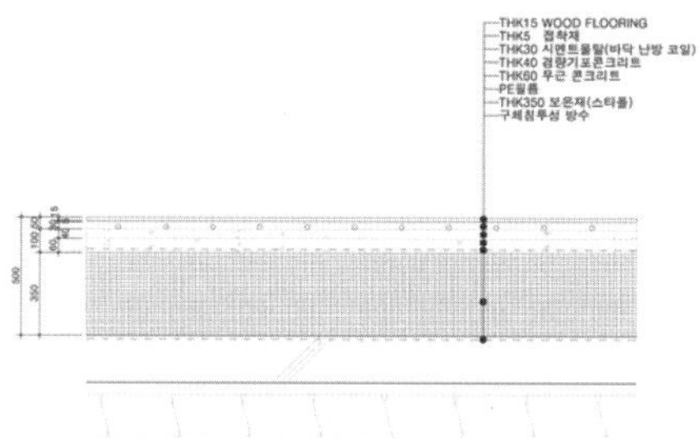

▪ U-value : 0.088 W/㎡℃ (<0.09)

• Exterior Wall(starpor:비드법보온판)

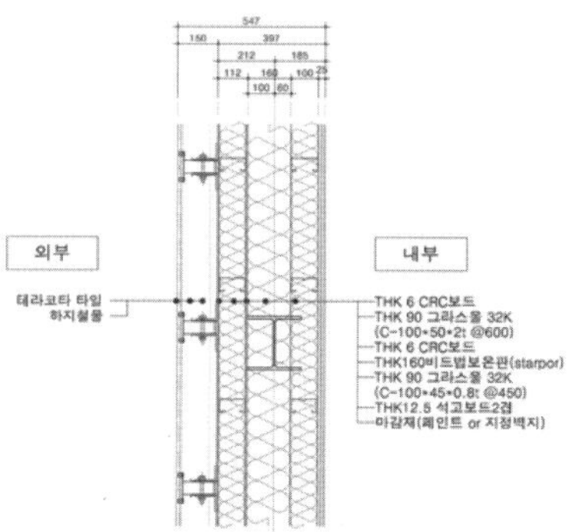

▪ U-value : 0.0992 W/㎡℃ (<0.1)

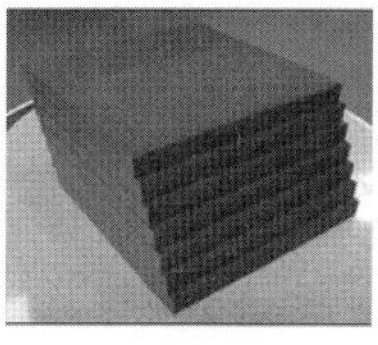

▪ 제 조 사 : 제일모직, BASF
▪ 적용부위 : 내단열재
▪ 비드법 1종에 흑연을 첨가 제조후 발포
▪ 기존 백색EPS대비 15% 단열효과 향상
▪ 열전도율 = 0.031 W/MK

• Exterior Wall(진공단열보드)

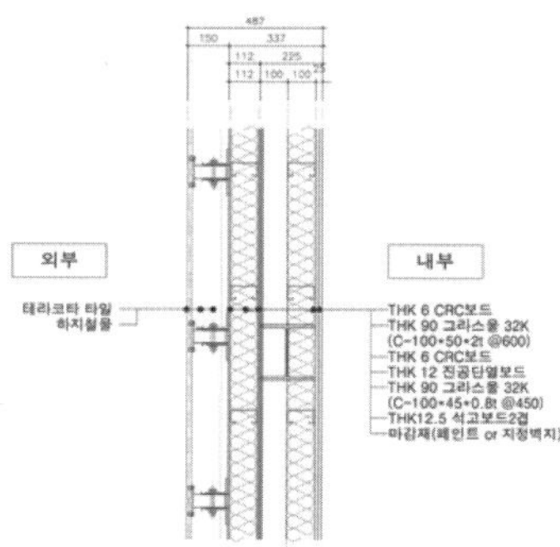

▪ U-value : 0.0928 W/㎡℃ (<0.1)

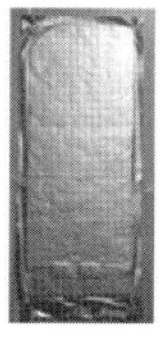

▪ 제 조 사 : Matsushita
▪ 두 께 : 10.5mm
▪ 열전도율 : 0.0025 W/MK

• Roof (옥상조경 & BIPV)

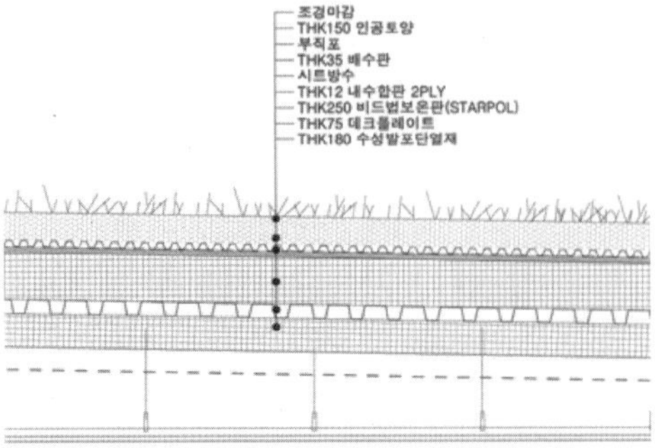

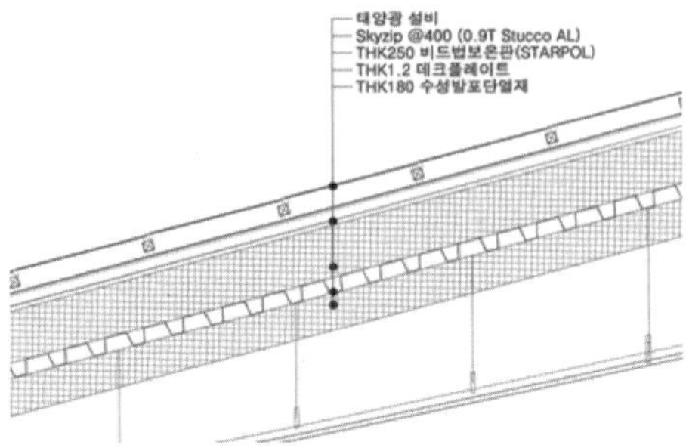

▪ U-value : 0.077 W/㎡℃ (<0.08)

▪ U-value : 0.078 W/㎡℃ (<0.08)

2) 삼중 창호(Triple Layer Glazing + PVC Window Frame)

창호에 의한 열손실을 줄이기 위해 복층유리 혹은 로이복층유리가 적용되었다. 전시관에 사용된 유리는 열손실을 최소화 하기위해 52mm두께의 삼중유리가 사용되었으며, 일반적인 삼중유리의 경우 #5번 면에 Low-e코팅을 사용하지만 성능향상을 위해 #2, 5번 면에 두 면에 사용되었다.

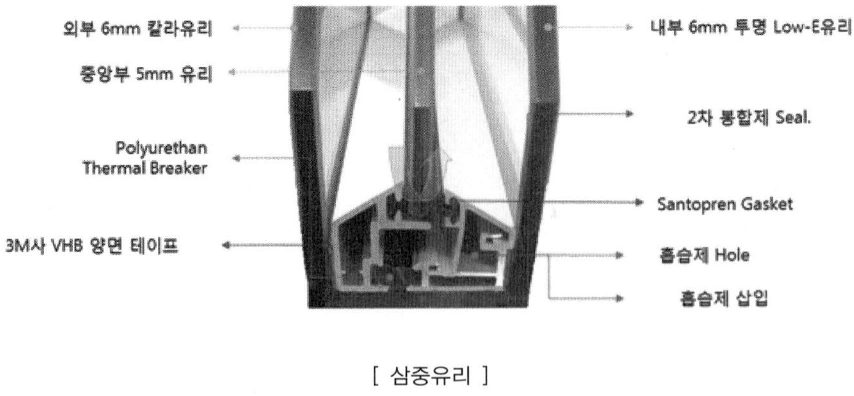

[삼중유리]

초기에 알루미늄 프레임을 고려하였으나 단열성능을 향상 시키기 위해서 PVC프레임을 최종적으로 사용하였으며, 유리와 프레임이 조합된 각 창호별 단열계수는 아래 표와 같다. 각 창호의 부문별 열관류율 값을 계산한 후, 전체 창호의 평균 열관류율 값(시뮬레이션)은 0.82789 W/m²K이다.

Green Tomorrow의 전체 창호면적은 75.71m²이며, 바닥면적 대비 약 24%에 해당된다.

Category	Dimension / Composition		열관류율 U_Value(W/m2K)	태양열획득계수 SHGC	차폐계수 SC	가시광선투과율 VT	제조사 Maker	Applicatation
ZEH	52mm Triple Glass	6MVP170+17.5Ar+5CL+17.5Ar+6MVP170	0.695	0.228	0.262	43.6	KCC	- All location except double skin area - Center of glass 0.56 W/m2K
PR House	24mm Pair Glass	6CL+12A+6EV181	1.75	0.64	0.736	75.3	KCC	- Entire envelope of PRH

- **Simulation of U-value at center of glass, edge and frame**

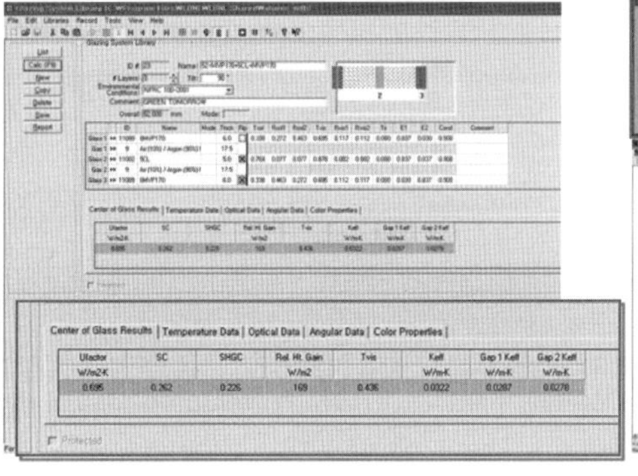

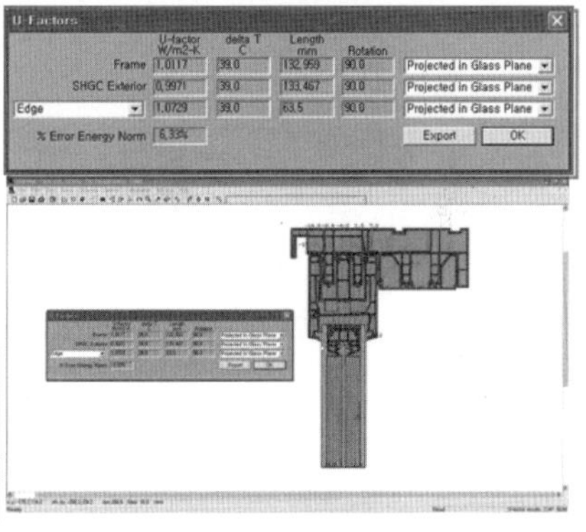

- **NFRC 100 - Guideline**

Figure 1: Fenestration Product Schematic - Vertical Elevation

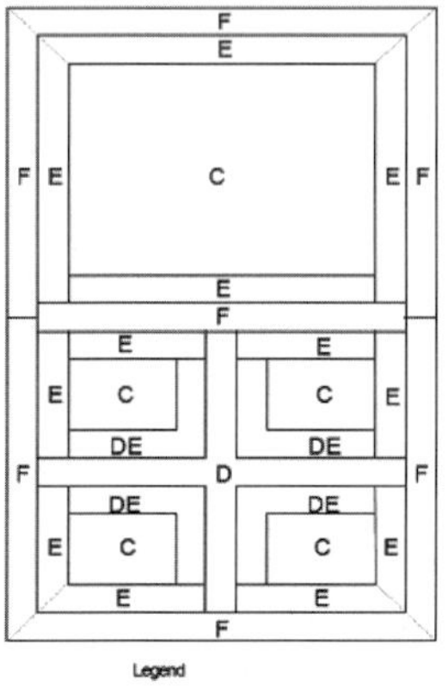

Legend

C Center-of-Glass
E Edge-of-Glass
F Frame
D Divider
DE Divider-Edge

Figure 1: Center-of-glass, edge-of-glass, divider, divider-edge, and frame areas for a typical fenestration product. Edge-of-glass and divider edge areas are 63.5 mm (2.5 in.) wide. The sum of these component areas equals the total projected fenestration product area.

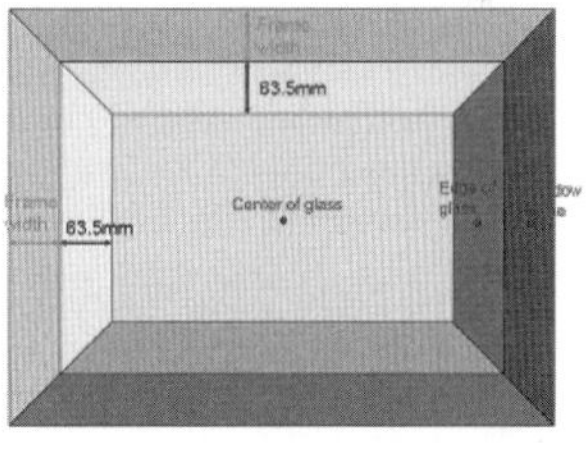

$$U_t = \frac{\left[\sum(U_f \cdot A_f)+\sum(U_d \cdot A_d)+\sum(U_e \cdot A_e)+\sum(U_{de} \cdot A_{de})+\sum(U_c \cdot A_c)\right]}{A_{pf}}$$

Equation 4]

Where:

U_t = Total Product U-factor in W/m²-°C (Btu/hr-ft²-°F)
A_{pf} = Projected Fenestration Product Area in m² (ft²)
U_f = Frame U-factor in W/m²-°C (Btu/hr-ft²-°F)
A_f = Frame Area in m² (ft²)
U_d = Divider U-factor in W/m²-°C (Btu/hr-ft²-°F)
A_d = Divider Area in m² (ft²)
U_e = Edge-of-Glass U-factor in W/m²-°C (Btu/hr-ft²-°F)
A_e = Edge-of-Glass Area in m² (ft²)
U_{de} = Divider Edge U-factor in W/m²-°C (Btu/hr-ft²-°F)
A_{de} = Divider Edge Area in m² (ft²)
U_c = Center-of-Glass U-factor in W/m²-°C (Btu/hr-ft²-°F)
A_c = Center-of-Glass Area in m² (ft²)

The framed assembly U-value of the average calculated value of triple and double glaze system applied in the modeled simulation is 0.85 W/m2K and 2.55 W/m2K respectively.

Windows position/type	Glass type	Frame type	No of windows	Fenestration area	U-value
				(m2)	W/m2K
1 AW	Double	Aluminium	1 EA	2.16	3.343
2A AW	Triple	PVC	1 EA	2.5	0.801
2 AW	Triple	PVC	1 EA	1.2	1.018
3 AW	Triple	PVC	1 EA	4.125	1.018
4 AW	Triple	PVC	1 EA	1.2	0.971
5 AW	Triple	PVC	1 EA	2.625	0.992
6 AW	Triple	PVC	1 EA	6.688	0.823
7 AW	Triple	PVC	1 EA	1.71	0.929
8 AW	Triple	PVC	1 EA	11.382	0.816
9 AW	Double	Aluminium	1 EA	16.957	2.904
10 AW	Double	Aluminium	1 EA	16.957	2.904
11 AW	Triple	PVC	1 EA	11.382	0.816
12 AW	Triple	PVC	1 EA	2.565	0.831
13 AW	Triple	PVC	1 EA	10.84	0.755
14 AW	Double	Aluminium	1 EA	17.955	2.862
15 AW	Triple	PVC	1 EA	25.836	0.788
16 AW	Double	Aluminium	1 EA	2.88	2.338
18 AW	Double	Aluminium	1 EA	0.81	3.720
19 AW	Triple	PVC	2 EA	3.862	0.899
20 AW	Triple	PVC	1 EA	0.616	1.050
21 AW	Double	Aluminium	1 EA	42.081	2.279
22 AW	Double	Aluminium	1 EA	29.7	2.131
23 AW	Double	Aluminium	1 EA	3.3	2.371
24 AW	Double	Aluminium	1 EA	7.42	2.392
25 AW	Double	Aluminium	1 EA	9.464	2.590

The average fenestration U-value for triple glazes with PVC frame : 0.82789 W/m2K

The average fenestration U-value for double glazes with aluminium frame : 2.51282 W/m2K

4.4.2 자연채광(Daylight Utilization)

전시관의 평면은 복도를 중심으로 거주 시간에 따라 남북측으로 각 실을 배치하였다. 남측의 전면에는 채광을 위한 창을 설치하였고 북측면에는 자연채광뿐만 아니라 환기를 위한 창을 설치하였다. 각 실의 배치가 남북측으로 이루어 지게 됨에 따라 실과 실 사이 복도 부분의 채광을 위하여 천창을 계획하였다. 하지만 자연광을 건물에 도입하는 것은 공조의 열부하에 큰 영향을 미친다. 창이 클수록 자연광을 많이 도입할 수 있지만 동시에 냉난방 부하가 커진다. 북측 실의 경우 채광창의 효율을 최대화하기 위해 창문의 위치를 상부에 위치하였다.

- Saving in Normal Task lighting power consumption
- Visual comfort and enjoy daylight at indoor
- LEED requirement: achieve 75% daylight penetration area with at least 2% daylight factor

  By daylight simulation – Radiance; At 21/Mar; 12:00noon; Sunny sky

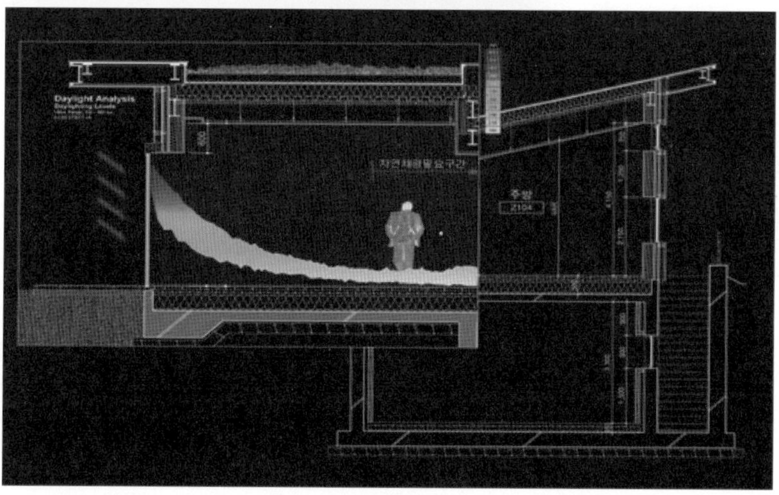

[자연채광분석]

건물의 깊이가 남북측으로 길어 질수록 자연광에 의한 실내 조도가 떨어지는 것을 아래 시뮬레이션 결과를 보면 확인 할 수 있다. 건물 안쪽 조도가 낮은 공간에 조도를 높이기 위하여 복도에 천창을 설치하였으며 천창에 대한 시뮬레이션 결과는 아래 그림과 같다.

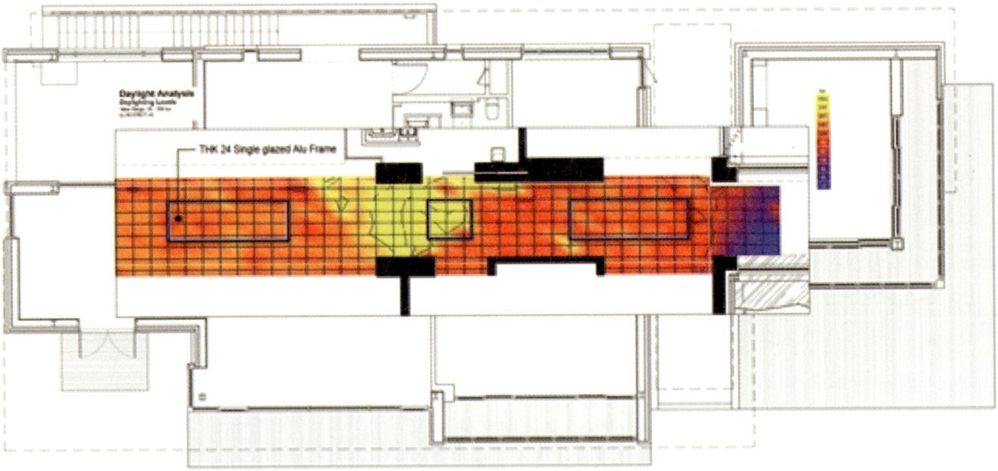

[자연채광 시뮬레이션(복도)]

• Internal daylight penetration

At least 200 lux daylight could penetrate to most of the indoor area (at southern side)

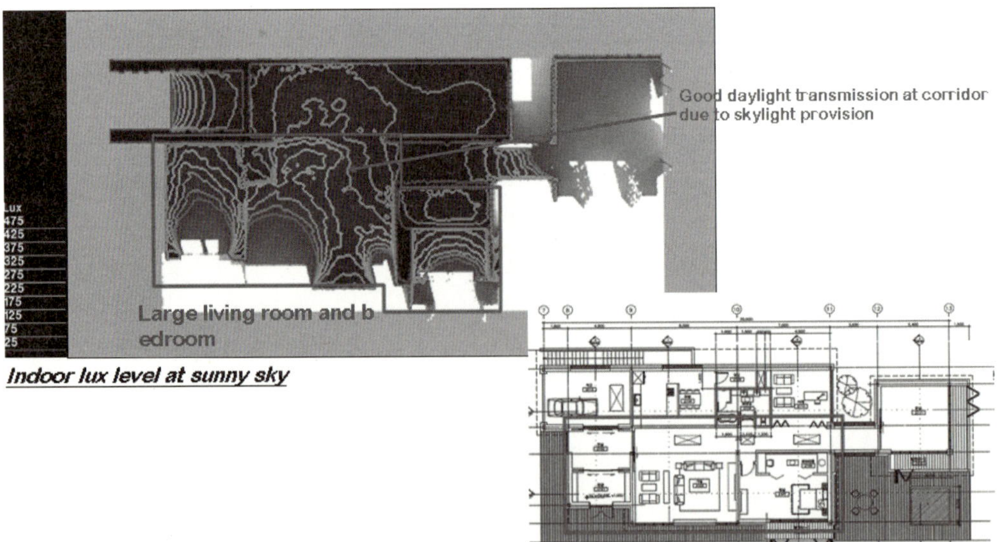

• Internal daylight penetration

However, more openings at the backside of the house would be necessary to increase the daylight in pointed room.

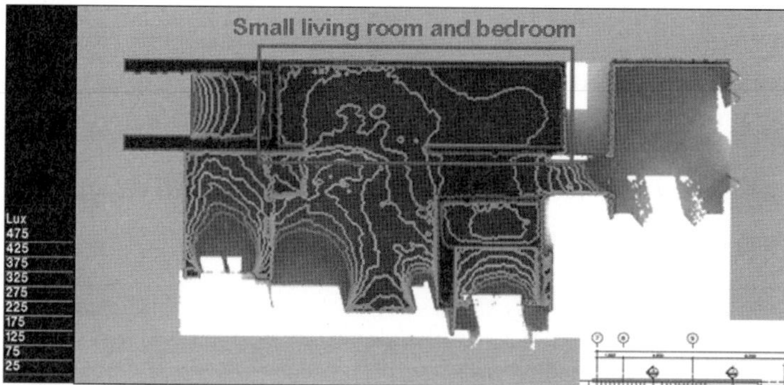

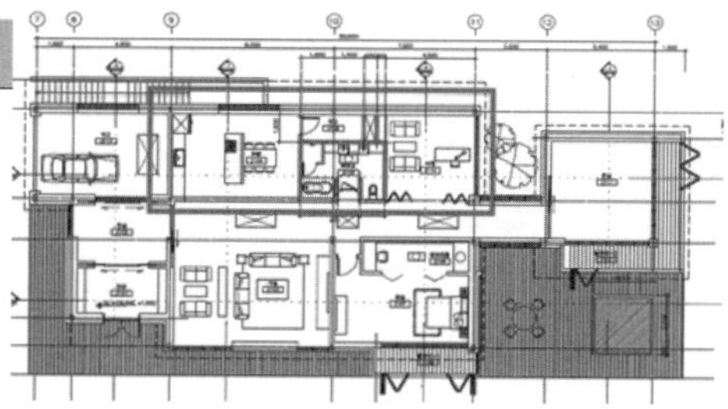

Indoor lux level at sunny sky

- Mitigation measures at small living room and bedroom

1. Providing additional glazing atnorthen side of facade 〉beware of the thermal properties
2. Using BIPV 〉 thermal insulation problem
3. Using light pipe

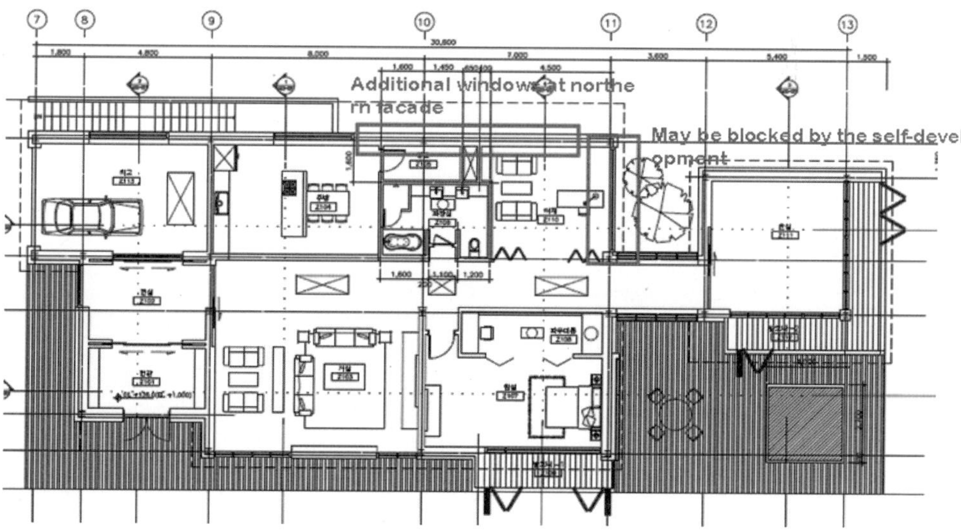

4.4.3 자연환기(Natural Ventilation)

자연환기를 활용하는 것은 공간 활용측면이나 운전시간 면에서도 설비에 대한 의존도를 낮출 수 있다. 우리나라의 연간 기후를 분석하면 연간 약 300시간 정도 자연환기를 사용하는 것이 가능하며, 이는 건물 운영 시간의 약 5%에 해당된다. 주로 봄과 가을철이 이에 해당하며 여름 저녁시간 때에도 자연환기를 이용하는 것이 가능하다. 전시관은 자연환기를 고려해 남북측으로 창호를 설치하였으며, 규모가 단층인 점을 고려해 가장 효과적인 맞통풍을 계획하였다. Green Tomorrow에서 환기 가능한 창호의 면적은 27.17m^{2}에 해당되며 전체 바닥면적 대비 약 8.6%에 해당된다.

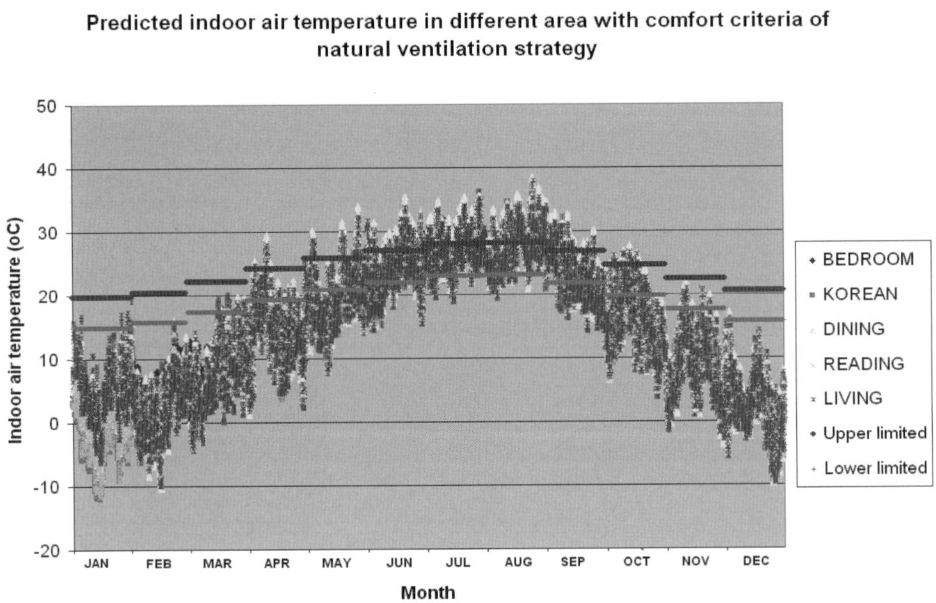

[자연환기에 따른 실내온도 분석]

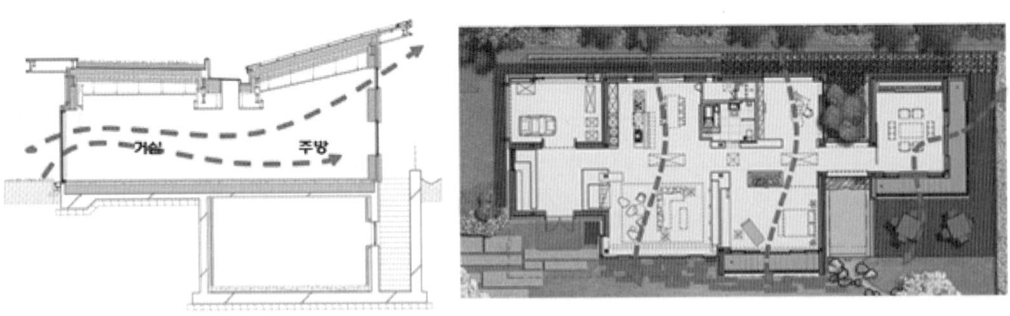

[자연환기 다이어그램]

자연환기 전략을 위한 열적 쾌적성 범위

일반적으로 건물은 냉난방시설에 의해 조절된다. 실내 환경은 적당한 쾌적성 범위를 만족시켜야만 한다. 하지만 봄, 가을은 자연환기가 가능한 기간이다. ASHRAE Standard 55 (2003)에 따르면 열적 쾌적 범위를 만족시키기 위한 실내온도 범위는 아래 그림에서 보여주는 월별 기온에 기초하고 있다.

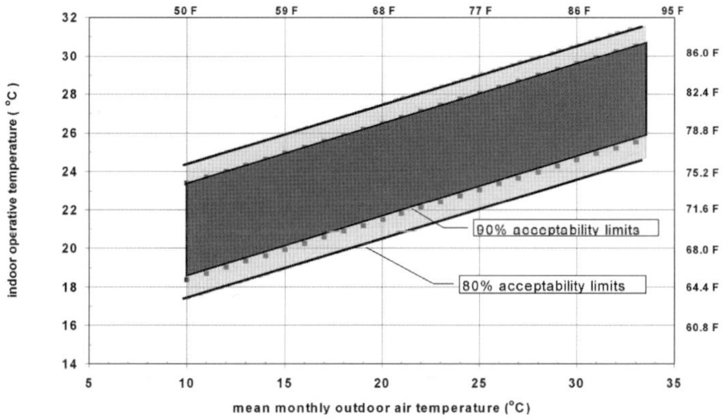

[Acceptable operative temperature ranges for naturally conditioned spaces]

바람에 의한 환기

자연적으로 발생한 바람이 건물을 지나치면서 바람이 부는 방향을 향한 벽에 직접적인 +압력을 발생시킨다. 바람이 건물을 돌아나가며 반대편 벽에 Sucking effect로 불리는 압력을 발생시킨다. 바람이 불어오는 방향과 그 반대편 벽에 개구부가 있다면, 바람이 개구부를 통과하면서 이 압력을 상쇄시키고 균형을 맞출 것이다.

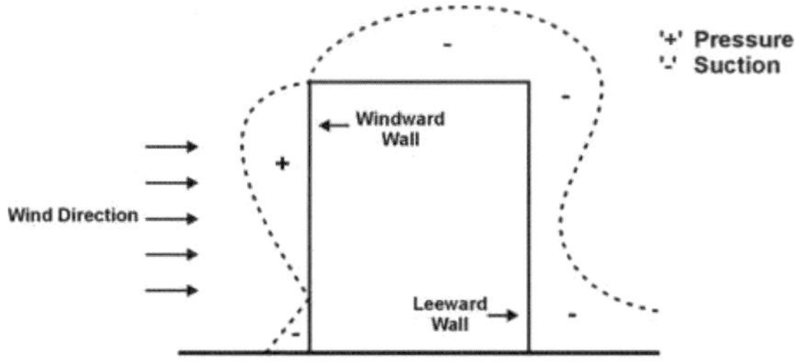

[Wind driven ventilation]

단일 면 환기(Single side ventilation)

단일 면 환기는 폐쇄공간 한 면의 개구부에 의해 이루어지는 환기방식이다. 그림에서 보여지는 바와 같이 한 쪽 면에 개구부, 반대쪽에 문이 설치된 많은 개별건물에서 보편적으로 이루어지는 방식으로 여름철에 자연환기에 작용하는 주요 에너지는 공기의 밀도차에 의한 부력효과 및 난기류이다. 다른 환기방식에 비해 낮은 수준의 환기가 이루어지고 공간상으로 짧은 거리에 영향을 미친다. 효과적인 환기를 위한 깊이는 바닥-천장 높이의 약 2배정도 이다.

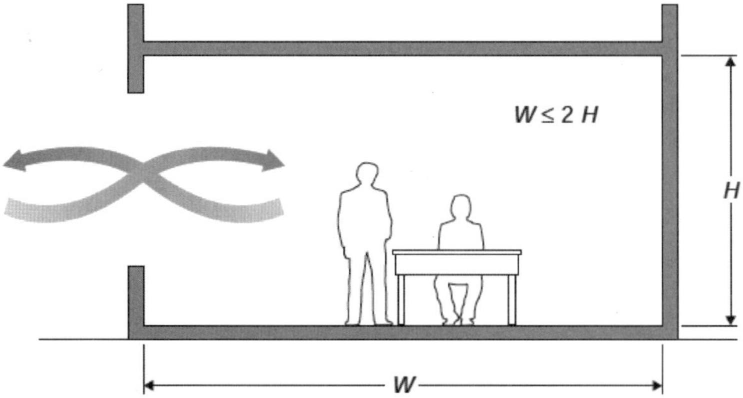

[Single side ventilation (source: CIBSE AM10)]

Green Tomorrow에서는 서재, 침실, 한실(Korean Room)에 단일면 환기가 적용된다.

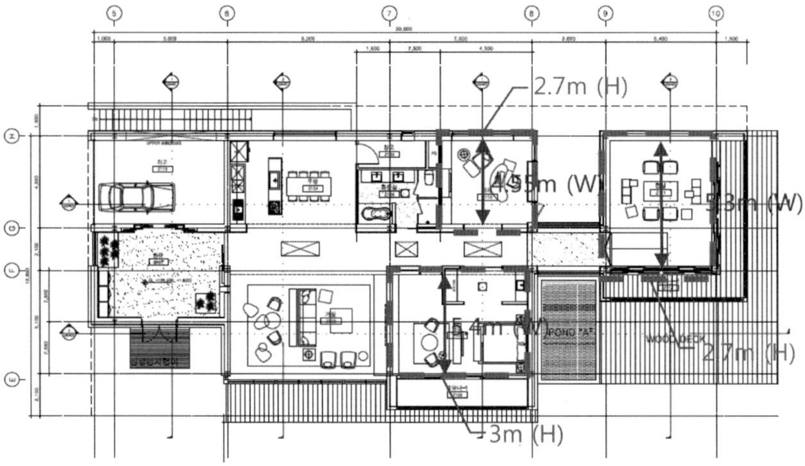

[Single side ventilation in reading room, bedroom and Korean room of the ZEH]

맞통풍 Cross ventilation

맞통풍은 다음 그림과 같이 공간의 양쪽에 개구부가 있는 곳에서 이루어진다. 기류는 창문-문처럼 건물의 한쪽으로 들어와서 반대편으로 빠져나간다. 맞통풍은 보통 바람에 의해 이루어지지만 수직적 굴뚝에서의 밀도차이에 의해 이루어지기도 한다. 공기가 공간을 지나가면서 오염물질과 열을 흡수하면서 기온이 증가되고 공기 질은 저하된다. 결과적으로 효과적인 맞통풍을 위한 공간의 깊이에는 제한이 있다. 두 파사드 사이의 최대 거리는 천장고의 약 5배이고 세장형 평면이 맞통풍에 유리하다.

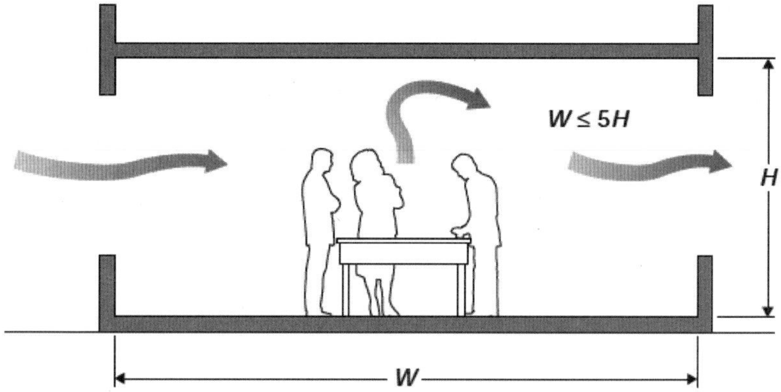

[Cross ventilation (source: CIBSE AM10)]

Green Tomorrow에서는 거실, 식당에서 맞통풍 환기가 적용된다.

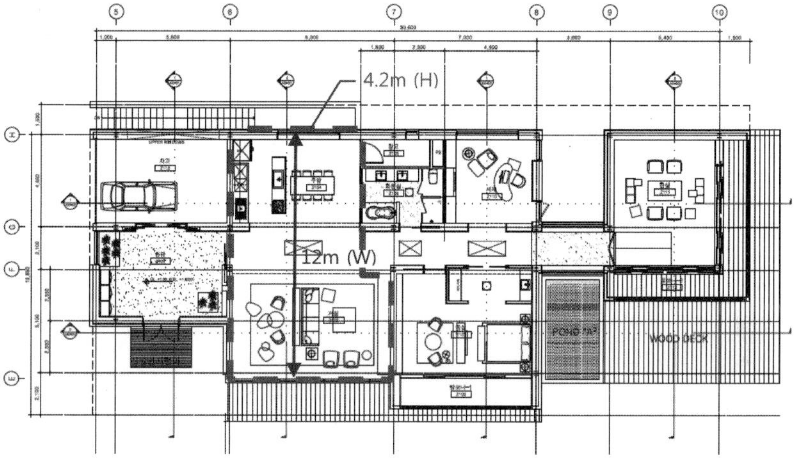

[Cross ventilation in dining and living room of the ZEH]

자연환기를 위한 개구부

CIBSE guide Application Manual AM10 에 따르면, 자연환기를 위한 개구부 사이즈는 냉방부하(Q), 환기율(q), 풍속(U), 기압차(Cp), 교환효율(Cd/C)에 따라 계산된다.

Single side ventilation - Wind driven

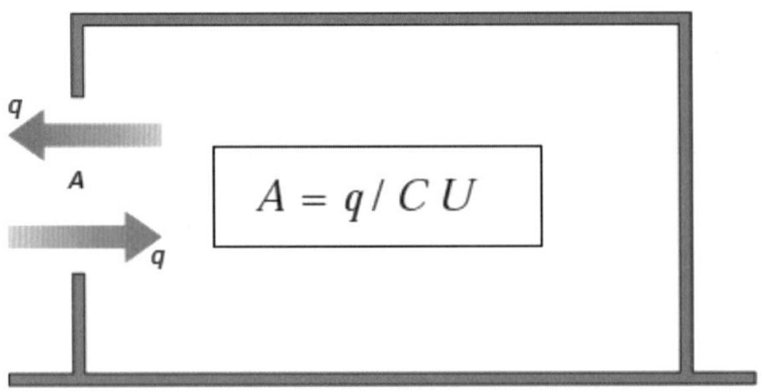

Cross ventilation - Wind driven

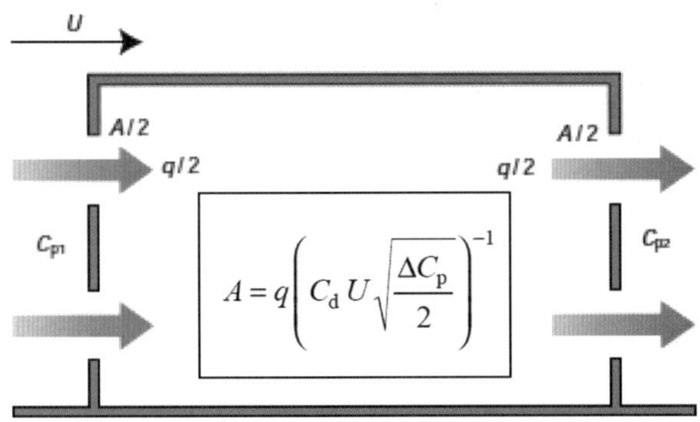

Location	Floor area (m^2)	Vent. method	Space cooling load (kW)	Ventilation rate (m^3/s)*	Discharge coefficient **	Wind speed (m/s)***	Wind pressure different (Pa)	Effective opening area (m^2)
Living and Dining room	72.5	Cross	6.16	1.68	0.5	0.4	3	6.9
Reading room	19.9	Side	1.89	0.52	0.5	0.4	-	2.6
Bedroom	27.3	Side	2.59	0.71	0.5	0.4	-	3.5
Korean Room	33	Side	3.14	0.86	0.5	0.4	-	4.3

N.B * $Q = mC\Delta T$; *The indoor and outdoor temperature different is around 3K*

** *Assuming typical sliding windows is provided for NV openings*

*** *Assume the wind speed at ground is 0.4m/s*

[Table 1 Summary table of the openings provided]

개구부 위치

Green Tomorrow에는 자연환기를 위해 제안된 여러 개의 개구부가 있다. 제안된 위치는 밑에 보여지는 그림과 같다.

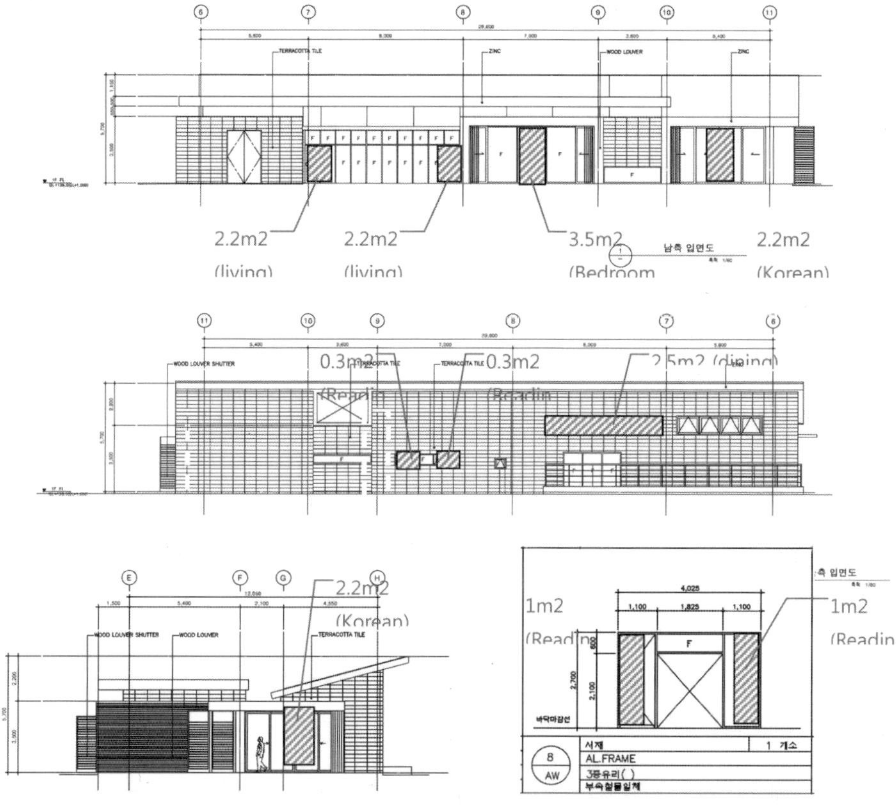

N.B. All highlighted area is the effective area of the openings
[Openings positions at GT]

- Openings area based on calculation - CIBSE AM10
- Available openings (or windows) for natural ventilation
- Inlet and outlet openings = <u>16m²</u> each

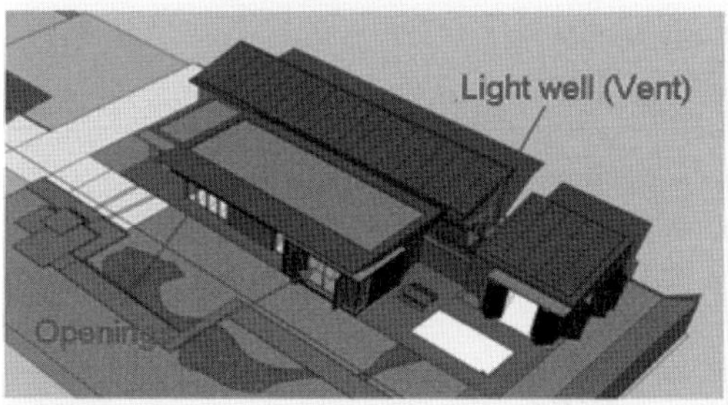

View 1

View 2

자연환기 분석 모델, IES

Green Tomorrow의 시간당 열적환경을 평가하기 위해 용인의 연중기후데이터를 기반으로 IES Virtual Environment 시뮬레이션이 이용되었다.

에너지 절약

잠재적으로 자연환기가 가능한 모든 기간에 자연환기를 한다는 가정하에 시뮬레이션 했을 경우 Green Tomorrow에서 저감할 수 있는 냉방부하는 연간 약 610 kWh 이다.

4.4.4 차양 설계(Shading Design)

남측면에 설치된 수평 차양의 최적화된 길이와 각도는 여름철에는 직사광선을 막아주고 겨울철에는 실내에 열공급을 돕는다.

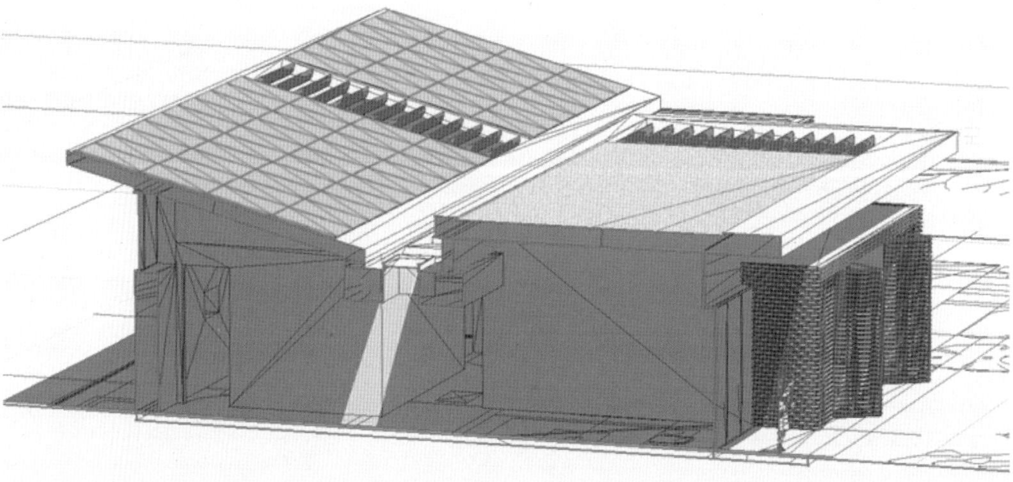

4.4.5 상변환축열재(Phase Change Material)

건물 내부에 열을 축적할 수 있는 재료를 활용한 기술이다. Green Tomorrow의 경우 주요 구조부가 철골로 이루어져 있다. 콘크리트나 벽돌과 같은 축열재를 사용하는 것도 좋은 방법이나 공간의 가변성을 높이기 위해 철골구조를 채택하고 축열성능을 위하여 PCM을 사용하였다. 상변환축열재는 실내온도의 변화에 따라 물질의 상태가 변화하며 열을 방출하기도 하고 축적하기도 해서 실내 온도변화의 폭을 감소시켜 열부하를 줄일 수 있다.

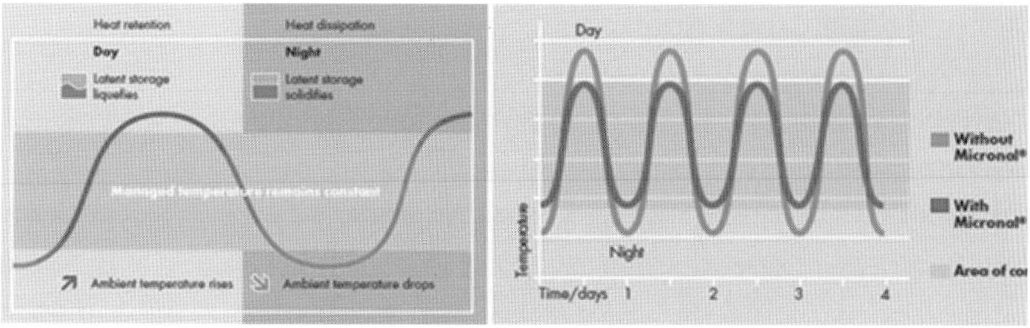

[상변환축열재]

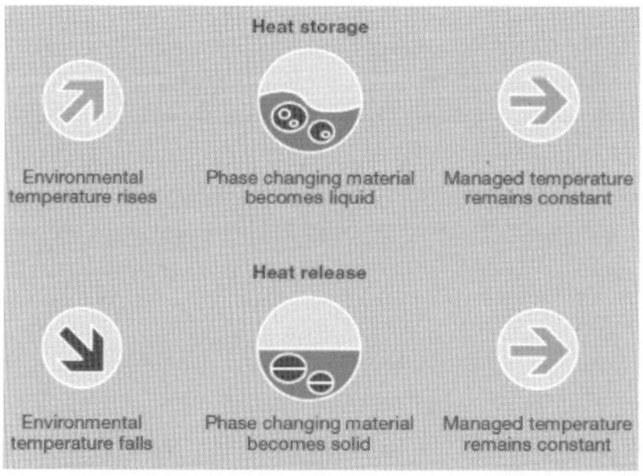

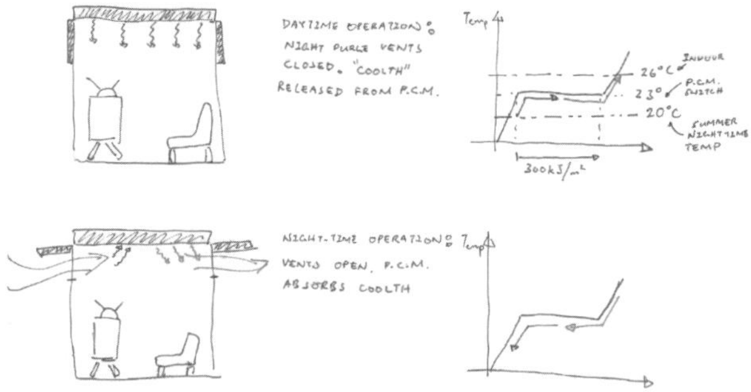

- PCM은 낮 시간에 실내온도가 26도 이상으로 상승하면 액체상태로 변화하면서 열을 축적하고 밤시간에 실내온도가 낮아지게 되면 고체상태로 변화하면서 열을 방출하는 재료이다.
- 일반적으로 Micronal PCM이 30%포함된 15mm의 석고보드는 두께 9cm의 콘크리트, 12cm의 벽돌이 가지는 축열 성능과 동일하다.

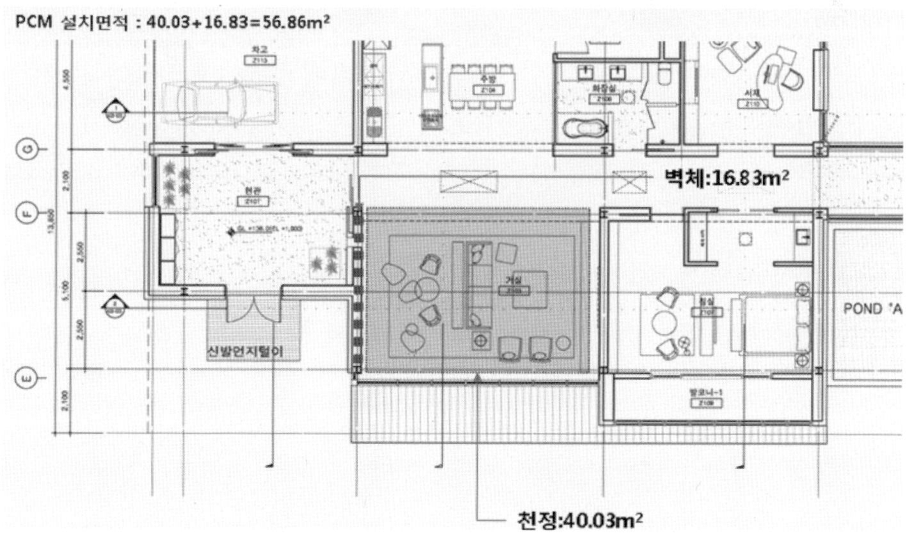

4.4.6 옥상녹화(Green Roof)

건물의 외피에 식재를 배치하는 것은 여름철 표면온도를 외기로부터 억제해 실내 열부하를 저감하는 효과가 있다. 또한 지붕의 열섬효과(Heat Island)를 방지하는 효과도 있으며, 경관 측면에서도 효과가 크다. 홍보관의 지붕과 전시관의 지붕면에 모두 녹화를 하였으며, 지붕의 하중 및 식생을 고려해 새덤류를 식재 하였고, 새덤류는 유지관리 측면에서도 유리하다. Green Tomorrow에는 크게 두 가지 방식의 옥상녹화가 적용되었다. 홍보관에는 초박형 옥상녹화 시스템이 사용되었고 전시관 지붕면에는 모듈형 옥상녹화 시스템이 사용되었다. 에코매트 시스템은 천연섬유를 사용한 식생매트를 활용하는 방식으로 하중 60kg/m²으로 경량이며 매트를 활용하기 때문에 시공성이 우수하며 우수로 인한 토양유출을 최소화 할 수 있다. 또한 매트를 사용하는 방식으로 3차원 곡면의 지붕에도 설치가 가능하다.

- Reduce Heat_Isand Effect
- LEED SS c7.2 Roof_Option2 : install a vegetated roof for at less 50% of the roof area.
- Design approach

• 에코매트(초박형 녹화 시스템)_홍보관적용

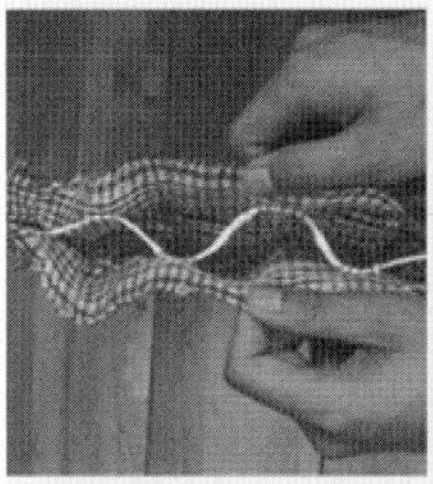

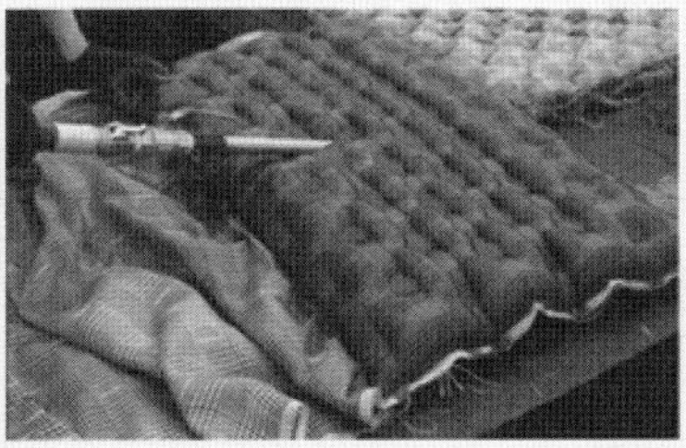

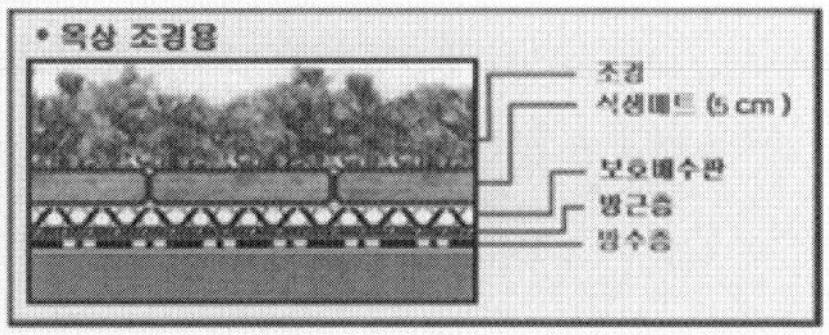

옥상면의 온도를 내려 냉방효과를 개선

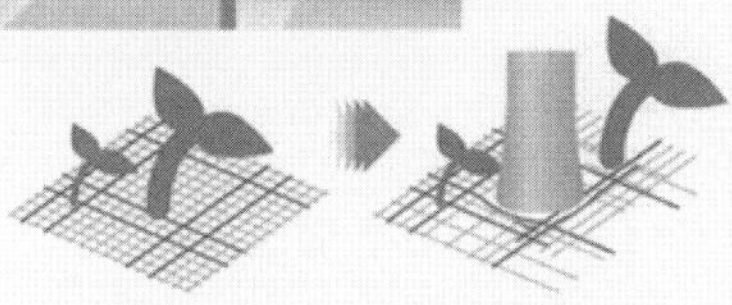

편의 올 이동이 가능하여 목본류의 성장도 가능

- 세덤 + 식생매트(5cm) + 보호배수판 +방근,방수층
- 환경 친화적인 천연 섬유를 사용한 식생 매트
- 시공성이 용이함
- 특수 가공된 식생매트로 내부 토양의 유출을 방지
- 천연 펄라이트를 사용함으로 가루가 날리지 않음
- 투수성이 우수함
- 경사 지붕에 설치 용이
- 초박형 녹화 공법 : 60kg/m2
- 식물 선재배 후 설치 가능
- 3차원 곡면 옥상 시공 가능

【옥상에 부설한 매트에 지상으로부터 토양을 압송 주입한 사례】群馬大学工学部

방근시트 부설

보수 시트 부설

에코 매트 부설

에코 매트에 토양 주입

완성 (주머니에 종자를 혼입)

시공 후 7 개월

【주입제 매트를 반입해 부설한 사례】大阪府 明治스포츠 플라자

착공전

주입제 매트 부설

완성

보호배수판 시공

보호배수판 시공 완성

에코매트 시공

내츄라이트 포설

배수점검구 설치

토양 놓아 고르기

피트모스 포설

세덤매트 시공

▼ 시공 완료

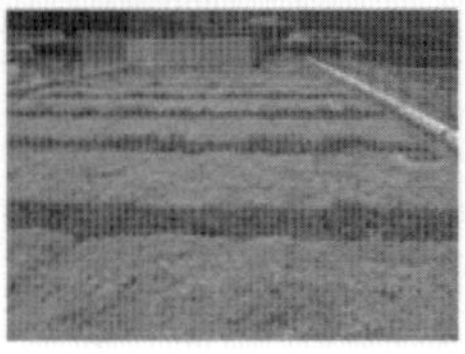

• 모듈형 옥상 녹화 시스템(초박형 녹화 시스템)_전시관적용

(KICT-GRS 2007)

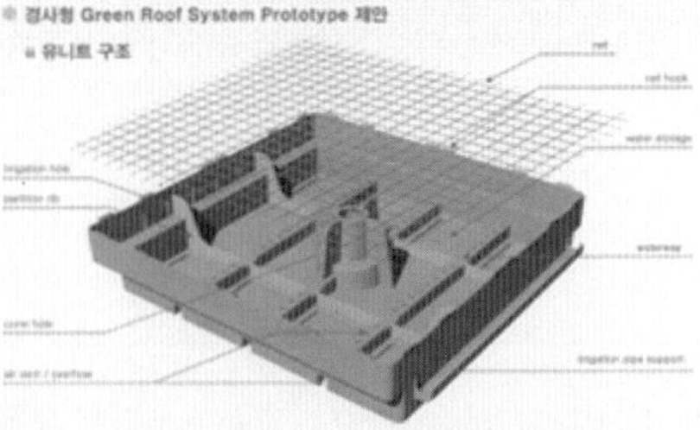

• 조경량 저관리 모듈형
• 단열효과, 방음효과, 열섬현상 완화
• 풍압을 계산한 과학적 경량 시스템(경사지붕에도 적용가능)
• 건물 방수층 보호를 위한 방근 기능 도입

기린초
돌나물
땅채송화
리플렉섬
방울세덤
백두기린초
분홍세덤
블루솔
색상굴레
송엽국
아크레
알붐
애기기린초
큰꿩의 비름
금강기린초
노랑줄무늬비비추
돌단풍
두메부추
맥문동
무늬둥굴레
황금조팝

[식재 이미지]

4.5 Active Control

Green Tomorrow에 적용된 주요 액티브 컨트롤 설계기법을 개념도 형태로 정리하면 다음과 같다.

Active Design

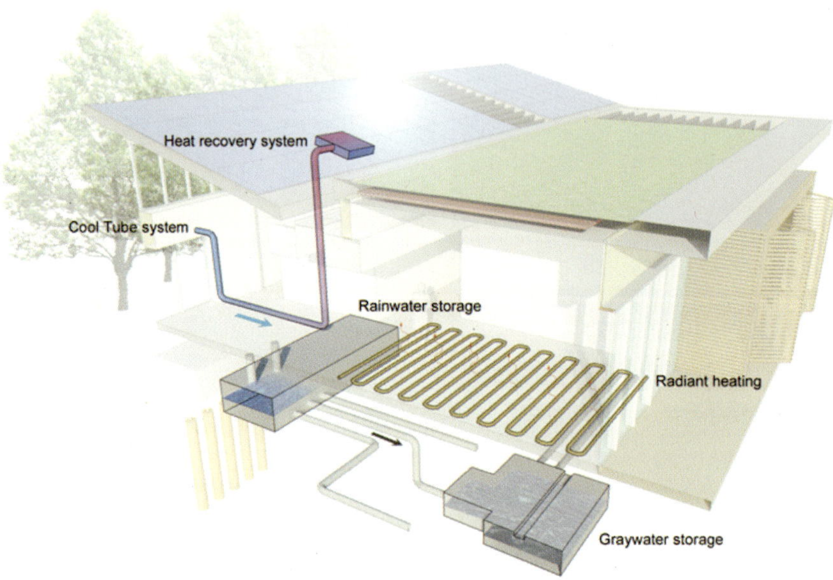

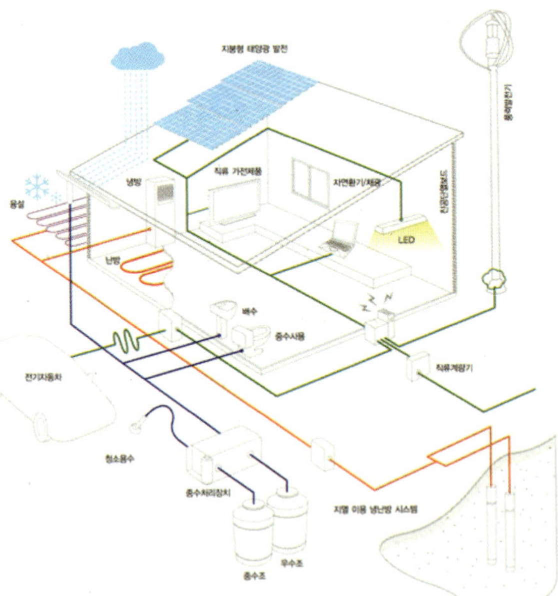

[액티브 컨트롤 다이어그램]

4.5.1 고효율 냉난방

1) 에어플로우 윈도우 시스템

(1) 개요

가. 기술 개요

① 기존의 이중외피시스템(double skin facade)이 건축적 수법으로 2겹의 외피와 중공층을 구축하여 자연적으로 축열되는 에너지를 활용하는데 반해

② 중공층의 상부 또는 하부에 팬 등을 설치하여 인위적으로 급기 또는 배기를 실시함으로써, 중공층 크기를 줄여서 시스템 효율성을 증대시킨 설비형(active) 이중외피

③ 구성: 외피(창문형태인 경우가 많음), 팬, 블라인드 등의 내부 차폐물로 구성

④ 내부의 풍량 및 풍속을 적절히 설정하고, 계절에 따라 효율적으로 운용하여야 함

⑤ 실내 인테리어 등에 따라 간이형 에어플로우 윈도우 등 다양한 방식이 존재

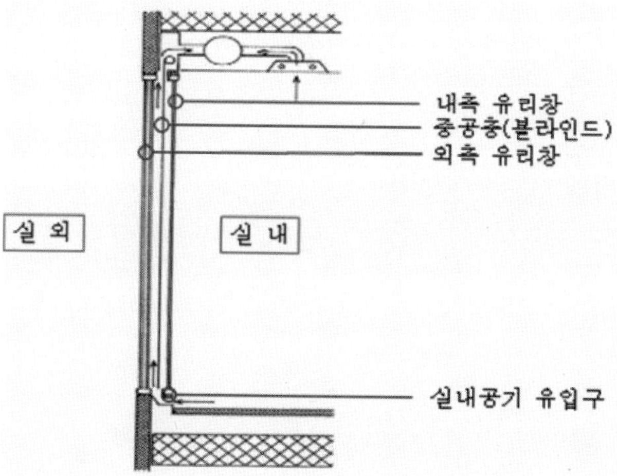

(2) 설계주안점

가. 적용배경

① 설비적 기법을 활용하여 외피의 열성능 보완

- 기존의 이중외피 등이 중공층 확보를 위해 바닥면적 상의 손실이 불가피하고,
- 2중의 외피 및 중공층 공간 구축을 위해 초기투자비가 증대되는데 반해

- 에어플로우 윈도우 등의 설비적 접근방법에서는 팬을 이용한 유동기류를 통해 중공층을 작게 하거나 없애면서도 유사 성능을 확보

② 온열쾌적감 및 유지보수성의 확보

- 에어플로우 윈도우는 기존 창호와 유사한 가시성능을 확보하면서도, 창면에서의 콜드 드래프트나 과열감을 상당부분 감소시킬 수 있음
- 먼지 등이 많고, 계절에 따른 황사로 외피 및 중공층의 오염이 우려되는 기존 이중외피 등에 비해 유지보수성이 매우 우수함

나. 기술적용 검토

: 하절기 창측에서 발생할 수 있는 과열을 최소화하는데 기여하도록 설계하되, 주택 특성을 반영

① 하부 팬/ 흡기구의 생략: 주택의 냉난방 방식 고려, 소음원의 최소화, 유지보수성의 강화

② 내측 외피의 생략: 시스템의 간소화, 유지보수성의 강화

- 주택에의 적용을 감안하여, 외피측 부하를 최소화하는데 기여하는 보조적 시스템으로 설계

구분	설계요소	적용사항	적용이점	비고
형 식	시스템 형식	창호식	투명성 확보, 시공용이	(벽체식)
급/배기	흡기(유입)구 위치/형상	미설치	소음 감소, 유지보수 용이	
	배기구 형상	슬롯형	균일한 포집효과 기대	
	배기구 위치	창호내면+360mm	포집효율 향상	
구성품	차폐물	롤블라인드	포집효율 향상	
	시스템 풍량	약 70CMH/m	포집효율 향상	
기 타	운전방식	외주부 온도 감지	팬동력 사용 최소화	
	기 타	롤블라인드 추설치	시스템 가동에 따른 진동/소음 방지	

(3) 적용현황

가. 에어플로우 윈도우 시스템 개념도

① 더워진 공기(또는 찬 공기)를 외피부하 및 드레프트 현상을 줄이기 위해 천장의 라인 디퓨져로 흡입함

② 흡입팬은 페리메타 구간의 온도센서에 의해 자동으로 작동됨

③ 롤 블라인드는 거주자의 의해 수동으로 조작함

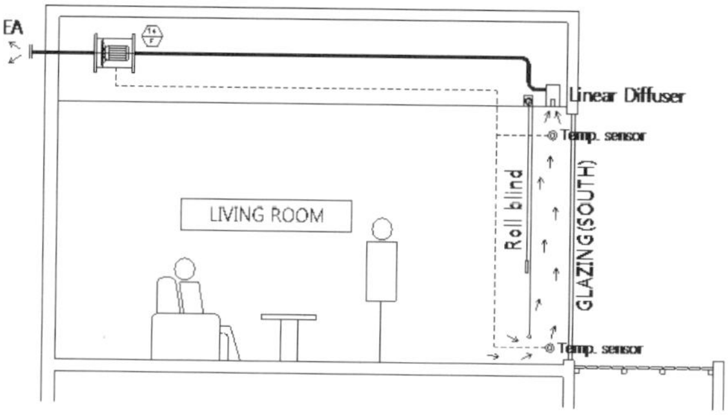

나. 동작설명

① 냉방기

- 상부 온도센서에서의 온도가 29℃ 이상이 될 경우 팬 기동
- 상부 온도센서에서의 온도가 28℃ 이하가 될 경우 팬 정지

② 난방기

- 하부 온도센서에서의 온도가 17℃ 이하가 될 경우 팬 기동
- 하부 온도센서에서의 온도가 18℃ 이상이 될 경우 팬 정지

다. 적용위치

① 평면도

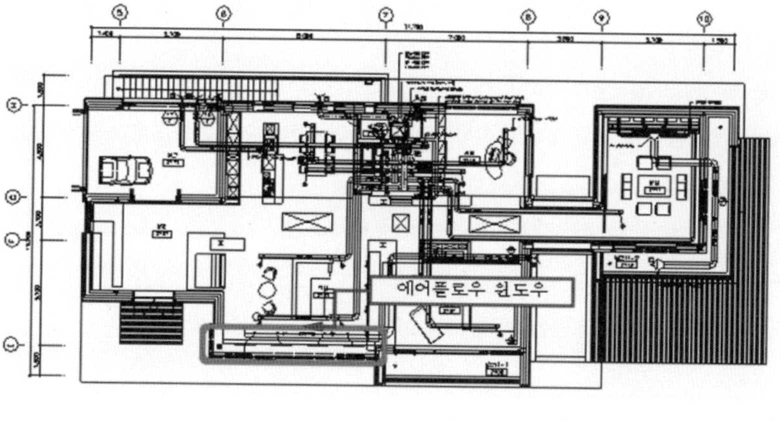

② 단면도

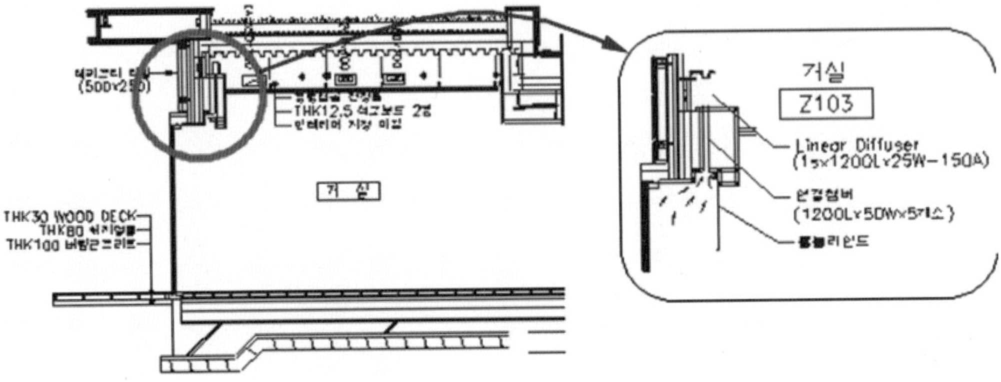

- 라인디퓨저에 연결되는 챔버 사이즈

· 너비 : 라인디퓨저 폭(1,200mm)

· 두께 : 50mm(지나치게 얇아질 경우 저항이 상승하여 흡입부 근처의 커튼이 기류에 의해 흔들릴 수 있음)

· 수량 : 최소 4개 이상(외주부에서 발생한 부하가 실내로 침투하지 못하도록 흡입구 간의 이격거리는 가능한 최소화)

라. 세부 사항

① 배기 풍량

: 외피 단위 길이당 약 70CMH 수준

- 하절기 가동 중심인 점(창면 부력 활용)

- 1겹의 외피를 이용하는 보조시스템인 점을 고려하여 선정

② 운전 방식

: 하절기 과열 방지 중심 운전

- 하절기 실내설정 온도 + 3℃에서 운전

- 중간기 실내설정 온도 + 5℃에서 운전

(온도센서는 블라인드~외피 사이 배기구 상단의 직달일사가 닿지 않는 곳에 설치)

- 동절기에는 시험가동을 통해 그 효과 및 최적제어방식 등의 운전 데이터를 수집하여 향후 활용 예정

③ 배기구 설치 위치/형상

: 포집효율, 유지보수성, 내부인테리어를 감안하여 설치 위치 조정

- 기구 및 배기 챔버(slot)는 최대한 창측에 인접하여 설치함

- 블라인드는 외측면이 배기구와 인접하도록 계획하여 상승기류의 분산을 방지함

마. 준공 사진

[AIRFLOW WINDOW 적용 모습(거실 남측창)]

(4) **예상효과**

연간 냉방 부하 감소 (하절기 과열 방지용으로 운전될 경우, 연간 약 4,353 kW 절감 예상)

- 가동 풍량 : 500CMH
- 일일 운전시간: 4Hr
- 연간 운전일수: 50일
- 평균 저감온도: 2 ℃
  (Pull/ Push 모드의 오피스 건물 적용 결과로부터 예측)
- 실내 공기를 창호 하부에서 흡입하여 중공층 내에 흐르게 하기 때문에 별도의 열원을 필요로 하지 않음
- 중공층과 중공층 내의 상향 기류 배출을 통해 일반창(단층유리 + 내측 블라인드) 대비 외피부하를 약 70% 가까이 저감할 수 있음

- 쾌적한 실내환경(드래프트 및 창면 과열 방지)을 확보하고, 에너지 절약에 기여(외주부의 외피부하 저감, 별도의 외주부 열원기기 미설치)할 수 있음

(5) 적용사례

가. 국내 타사 적용현황

- 코오롱 과천사옥: 건물 전관(동, 서측면)에 에어플로우 윈도우 적용

나. 해외 적용 사례

- 日, 오바야시구미(大林組) 나고야(名古屋) 사옥 8, 9F
- 日, 카탈로그하우스 등

[日오바야시구미(大林組) 나고야(名古屋) 사옥 사례]

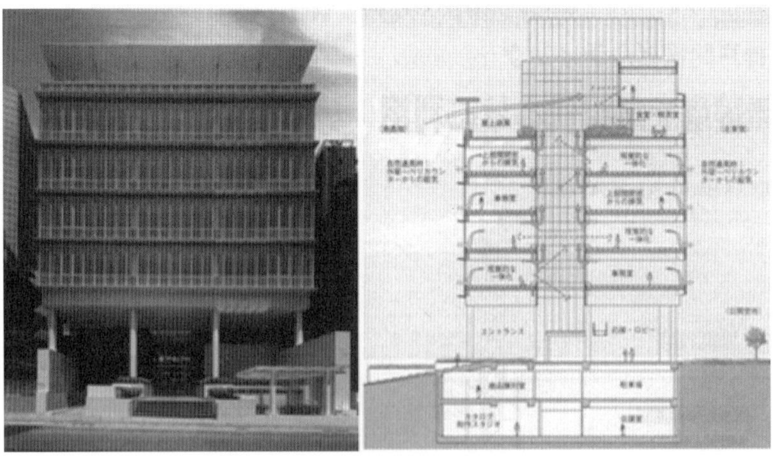

[日카탈로그하우스 사례]

2) 열회수 환기 장치

(1) 개요

가. 기술 개요

① 실내 냉난방시 환기에 의한 외기부하를 줄이기 위해 열교환 환기장치를 통해 실내에 외기를 도입

② 열회수형 환기 장치 분류 : 열교환 대상에 따라 전열형(열+습기)과 현열형(열)으로 구분되고 열교환 방법에 따라 로터리형, 판형, 히트파이프형으로 구분됨

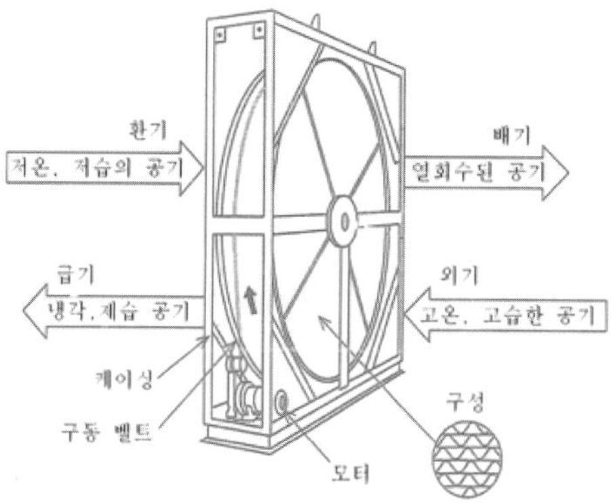

[로터리형]

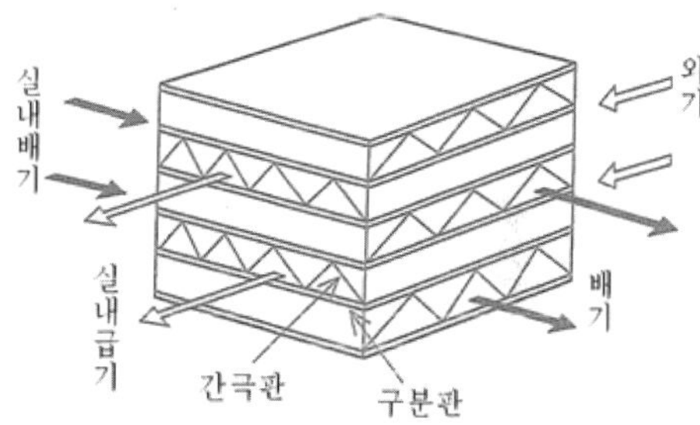

[판형]

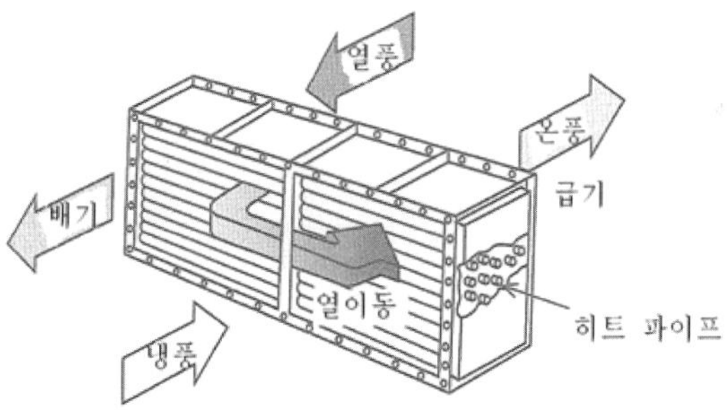

[히트파이프형]

나. 기술특징

① 일반적으로 로터리형 열교환기의 엔탈피 교환 효율은 80% 정도임

② 원형 열교환소재의 회전을 위한 동력이 소요되며 열교환기로 인한 정압의 상승으로 팬동력 또한 상승하므로 열회수 대비 소요동력에 대한 에너지 수지 검토가 필요함

③ 중간기 외기냉방에 대한 검토 필요시 덕트의 바이패스 경로를 검토해야 함

(2) 설계주안점

가. 환기 설계시 고려사항

① 외부 공기의 청정도

② 환기에 의한 에너지 손실(온도, 습도)

③ 외기도입에 의한 콜드 드래프트

④ 적절한 환기량/환기방식/필터유닛 그리고 열회수 기법 적용 필요

: 국내외 모두 상당히 많이 사용되고 있는 기법임

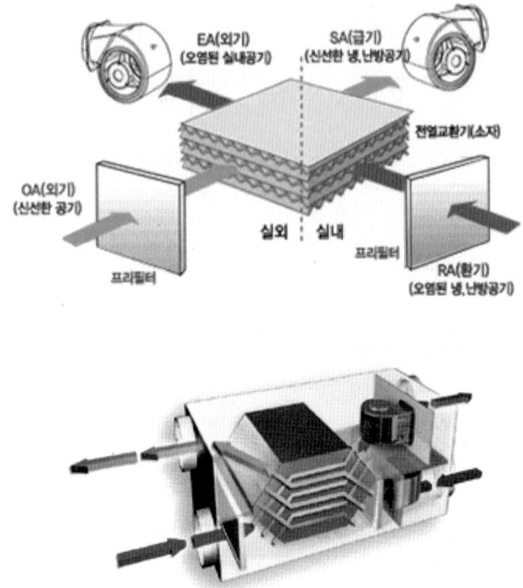

[판형 열교환기]

나. 열회수 방식별 분류

① 판형

- 전열교환방식
- 유지관리 및 설치공간이 가장 유리함
- 타 열교환기에 비해 가격이 저렴함

② 로터리형

- 현열 또는 전열교환방식
- 열교환 효율이 가장 뛰어남
- 교차오염이 예상되는 장소에는 일반적으로 사용 불가 (병원, 연구실 등)

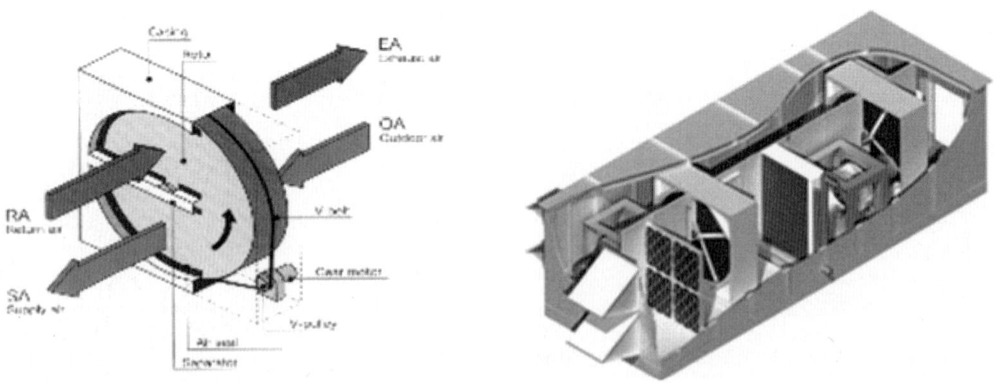

[로터리형 열교환기]

③ 히트파이프형

- 현열교환 방식
- 타 열교환기에 비해 가격이 비교적 고가임
- 일반적으로 열회수 잠재력은 크나 열회수측과 열이용측의 거리가 먼 경우에 적용

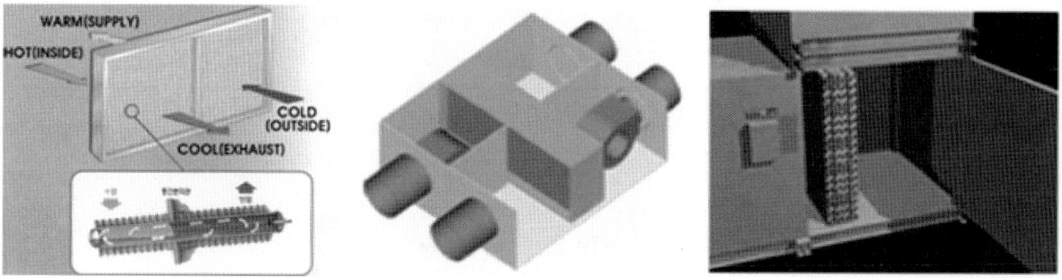

[히트파이프형 열교환기]

④ 공조기 방식

- 최소외기 도입과 이에 따른 배기간 열교환
- 중간기 외기냉방시는 BY-PASS 이용

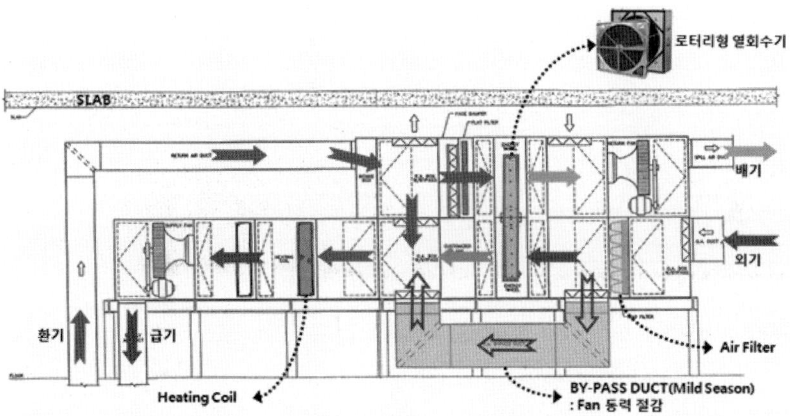

다. 열회수 방식별 특징

구 분	판형	로터리(휠)형
압력 손실 (mmAq)	10~30	10~40
누기율	5%	10% (휠 회전속도에 따라 증가)
유지관리	Fan, 열교환기, filter : 비교적 용이한 편	Fan, 열교환기, 벨트, 베어링 : 상대적으로 불편함
설치 공간	천정속 설치	천정속 설치시 추가공간 확보 필요

라. 현열 및 잠열 효율

구 분	전열교환기	현열교환기
현열 효율	약 85%	약 95%
잠열 효율	약 60%	-
전체 효율	약 70%	약 30%
	온도 및 습도 조절	온도만 조절

마. 설계 고려사항

① 주택용

- 판형 설치 천정 공간 : 약 300mm 내외, 점검구 설치
- 로터리형 설치 천정 공간 : 약 900mm 내외 또는 별도 실외기실 등에 노출 설치

② 공조기용

- 공조 풍량에 따라 size 결정
- BY-PASS 구성을 위한 공조기 주위 덕트 공간 고려 필요

바. 경제성 검토 사례

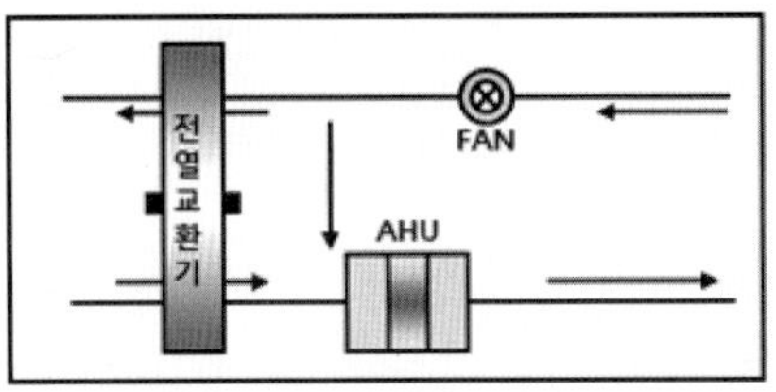

전열교환효율	난방 95%, 냉방 80% 기준

구 분	연료 절감량 (L/년)	전력 절감량 (kwh/년)	절감금액(원)
동 절 기	112,826	-	69,387,990
하 절 기	-	97,623	8,639,621
합 계	112,826	97,623	78,027,611

총 투자비(원)	년간 절감액(원)	회 수 기 간
146,000,000	78,027,611	1.87년(1년10개월)

(3) 적용현황

가. 열회수 환기시스템 개념도

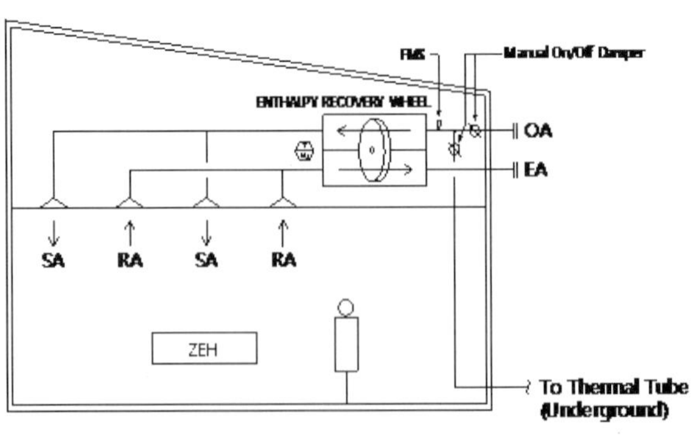

Cool Tube 시스템을 사용하여 1차 예열된 공기를 환기장치에 주입하여 추가적인 난방에너지 저감이 가능하다.

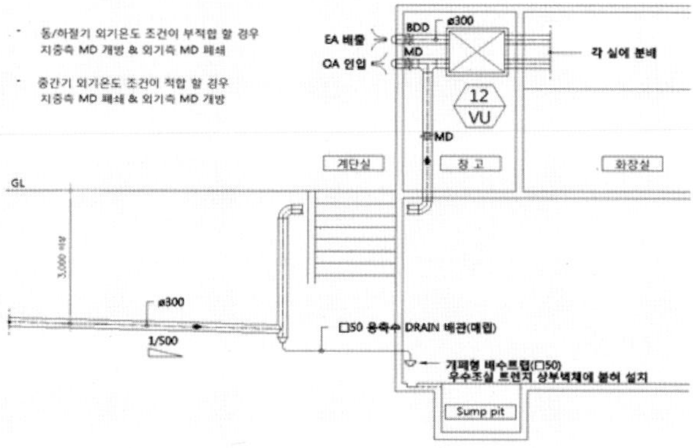

- 동/하절기 외기온도 조건이 부적합할 경우 지중측 MD 개방 & 외기측 MD 폐쇄
- 중간기 외기온도 조건이 적합할 경우 지중측 MD 폐쇄 & 외기측 MD 개방

나. 제어방식

- 열회수 환기장치의 기동/정지는 사용자의 필요에 따라 직접 조작을 함
- 지중 쿨튜브의 외기 도입부, 지중 매설부, 환기유닛 연결부에는 온도센서를 설치하여 추후 사용시 데이터를 수집하여 최적의 운전조건을 도출하는데 활용한다.

다. 적용 현황

위 치	용 량	수 량	크 기	전열교환 효율
전시관 창고	480 CMH	1 EA	610×610×800	약 85%

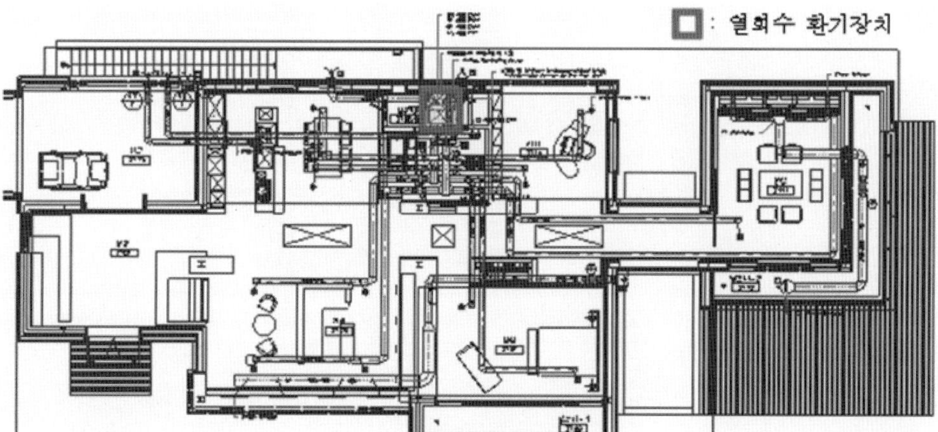

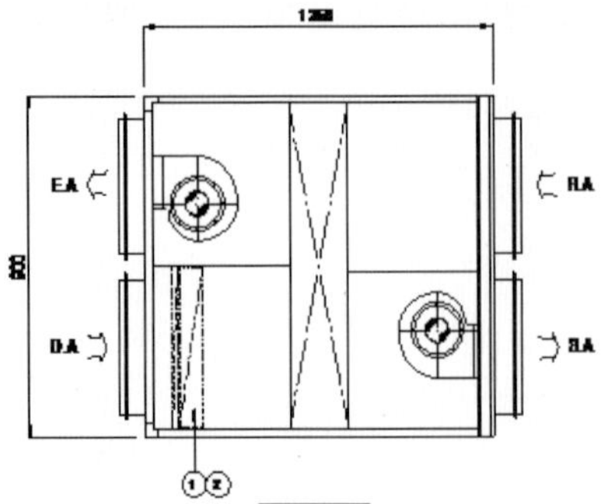

평면도

NO	DESCRIPTION	SPECIFICATIONS
1	PRE FILTER	AR 85%
2	MEDIUM FILTER	MERV 13
3	SUPPLY FAN	SIROCCO 1HP (0.75KW)
4	EXHAUST FAN	SIROCCO 1HP (0.75KW)
5	CASING	1.2T + 1.0T
6	INSULATION	[illegible] 20T

NOTE
- 풍 량 : 480 CMH

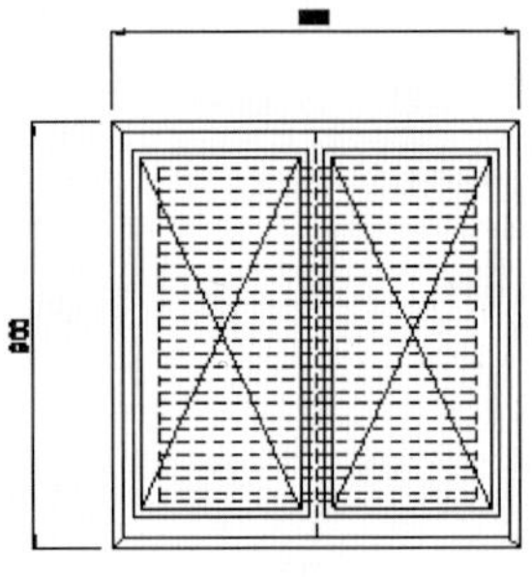
측면도

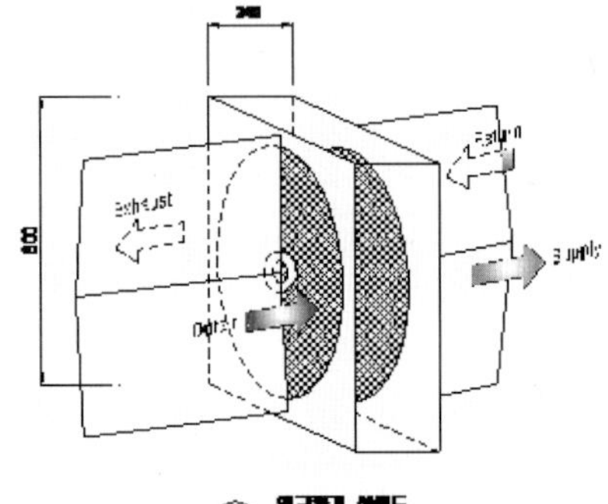

열교환기 상세도

NovelAire Technologies

Energy Conservation Wheel
Winter Operation

Title:
Date: 2009-01-05

Model Number: ECW 204

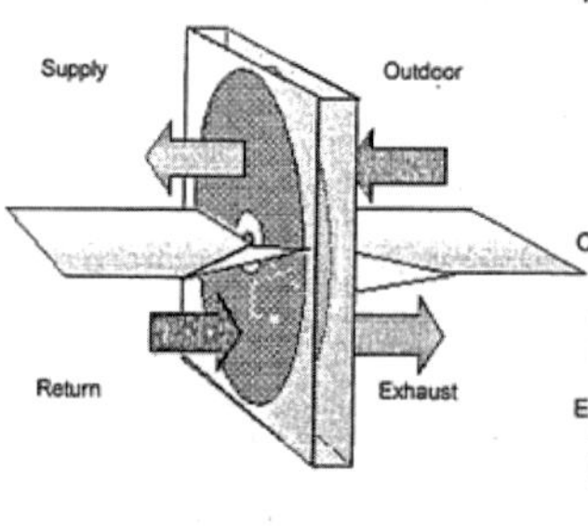

Wheel Parameters	
Wheel Diam., cm.	50.8
Wheel Depth, cm.	10.2
Purge Angle, °	3.1
Purge Vol., m3/hr	36
Wheel Speed, RPM	45
Hub Diam. cm.	8.9
Cassette Parameters	
Drive Motor, kw	0.007
Height, cm.	58.4
Width, cm.	58.4
Depth, cm.	17.8
Energy Conserved, kw	
Sensible	-3.90
Latent	-2.06
Total	-5.95

Face Velocity, m/sec	
Supply Side	1.63
Exhaust Side	1.59
Pressures, Pascals	
OA Static	498.
RA Static	0.
Supply Delta P	130.
Exhaust Delta P	127.
Effectiveness Balanced	
Sensible, %	85.7
Latent, %	83.7
Effectiveness Unbalanced	
Sensible, %	86.33
Latent, %	84.30
Total, %	85.49

	Volume std. m3/hr	Volume act.m3/hr	°CDB	°C WB	g/kg	RH%	Enthalpy kjoule/kg
Outdoor	534	486	-5.0	-6.6	1.5	60.0	-1.32
Supply	498	497	18.4	12.3	6.3	48.4	34.55
Return	489	503	25.0	16.2	7.9	40.0	45.20
Exhaust	525	492	.8	-.9	2.8	71.0	7.87

(Elevation: 0 meters above Sea Level)

(4) 적용사례

가. Kingspan Lighthouse (UK)

① 위치 : 영국

② 용도 : 주택

③ 규모 : 지상 2층

④ Code for Sustainable Homes

: Level 6 획득(최상위 레벨)

⑤ 100% 에너지 자립 및 Zero Carbon

THE CODE FOR SUSTAINABLE HOMES

FINAL CERTIFICATE

ISSUED TO:

Lighthouse - Innovation Park

BRE Garston, Watford

Hertfordshire, WD25 9XX

breglobal

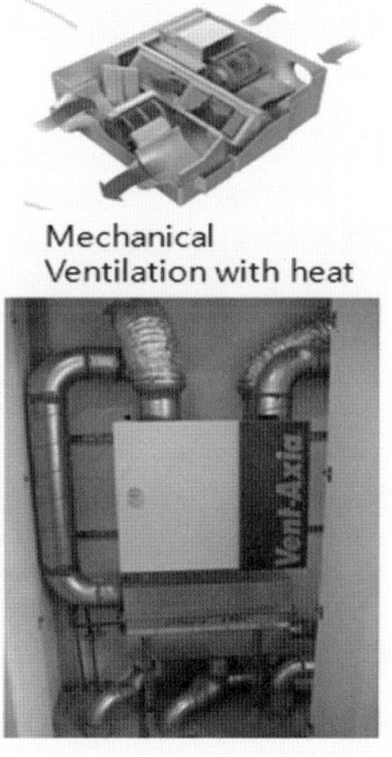

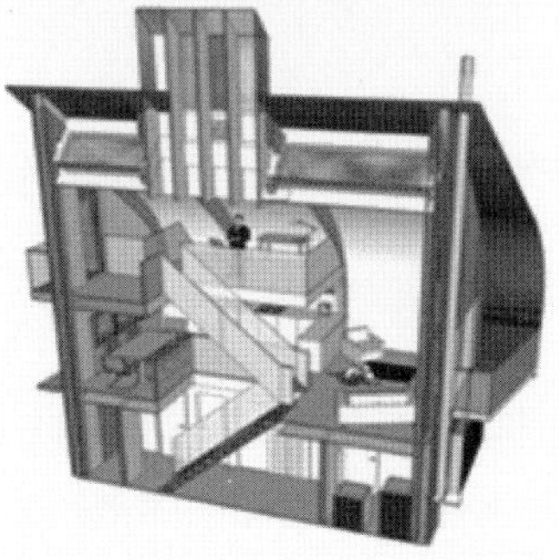

3) 저온 바닥난방 시스템

(1) 개요

45℃ 이하 온수로 바닥을 난방하는 저온 난방 기술로 신재생 에너지인 지열히트펌프를 연계한 것이 특징이다. 코일 배관을 조밀하게 배치함으로써 발열 효율의 향상, 바닥 표면온도의 균일, 응답성 향상, 운영상의 편의를 제공하고 난방에너지를 저감할 수 있다.

(2) 설계주안점

① 낮은 공급 수온으로 인한 문제점 예상

: 지열히트펌프에서 공급되는 온수온도가 45℃로서 보편적인 바닥난방에 비해 낮음.

② 현재 상황

- 전시관의 난방부하는 그리 크지 않은 편임 12,300 W/h (약 60 W/m²)
- △t = 5℃일 경우 전체 유량은 36 LPM, 배관내 유속은 0.45 m/s, 압력손실은 0.03 mmAq/m 미만
- 상기의 경우 표면의 평균온도는 연속운전시 약 33℃로 예상되어 다소 낮다고 느낄 수도 있음. (공급 수온 50℃일 경우 바닥난방 표면의 평균온도는 35℃ 정도임)
- 45℃로 공급시에도 난방에 필요한 열량은 충분히 공급 가능함.

③ 해결 방안

- 피복 두께를 줄이는 방법
  · 바닥난방의 피복두께는 바닥난방 표면온도에 큰 영향을 주지 않음
  · 두께를 줄일 경우 표면 열편차를 증가시키고 시공상의 문제 및 내구성 저하가 발생할 소지가 있어 권장하지 않음
- 유량을 증가시키는 방법
  · 열교환 효율의 저하와 소음의 원인이 될 수 있음.
- 배관의 pitch를 줄이는 방법
  · 배관의 보편적인 pitch는 200mm이나 배관의 pitch를 보다 줄일 경우 응답성 확보 및 표면온도 편차를 줄일 수 있음.

④ 결론

이러한 방안들에 대한 명확한 기준 및 지침은 없기 때문에 위의 내용은 경험치에 의거한 것임. 현재 상황에서는 배관길이를 줄이는 방안을 추가로 생각해 볼 수 있겠으나 현재 설계로도 연속운전시 적정 수준의 난방성능을 발휘하는 데에 문제가 없음.

보편적인 성인 발바닥 온도는 여름철 32~33℃, 겨울철 29~30℃로서 맨발로 생활할 경우에도 입식생활의 경

우에는 불쾌감을 유발하지 않으나 눕거나 앉을 경우에는 불쾌감을 유발할 수도 있다고 판단됨. 따라서 pitch를 줄이는 방안의 적용이 바람직함.

⑤ 초박형 저온바닥난방의 적용

보다 나은 실내 난방환경과 난방효율 증대를 위해 pitch와 배관경을 획기적으로 줄인 초박형 바닥난방(건설기술연구원등에서 개발)을 적용

(3) 적용현황

가. 저온바닥난방 시스템 개념도

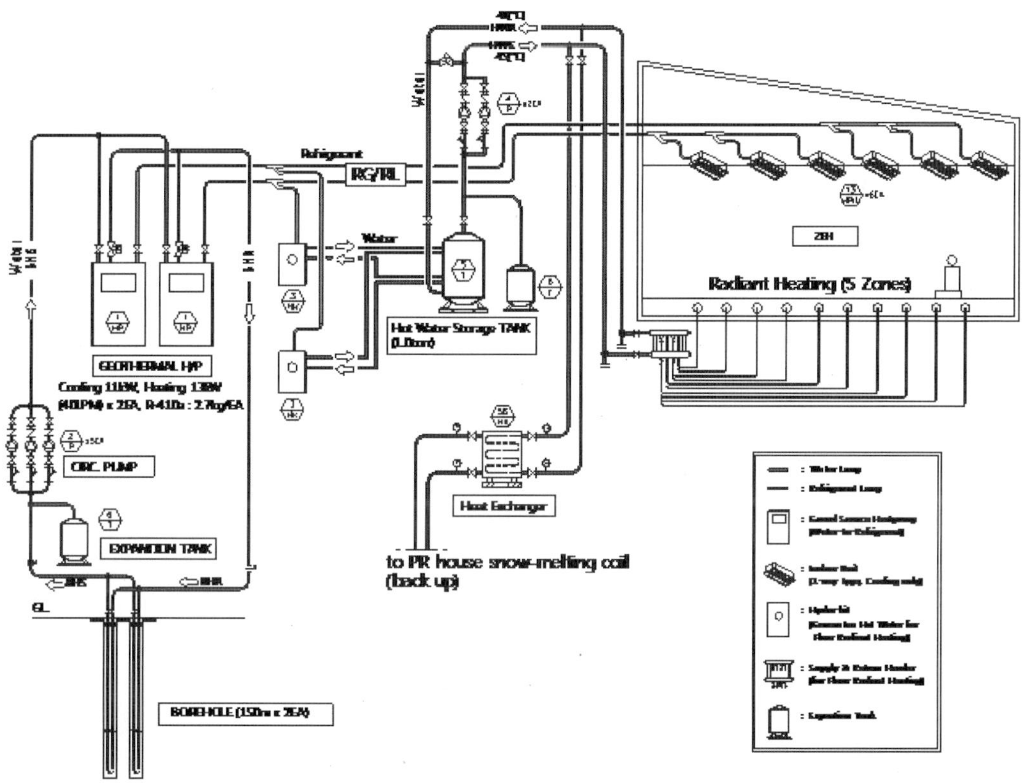

나. 적용 부위 및 시스템 사양

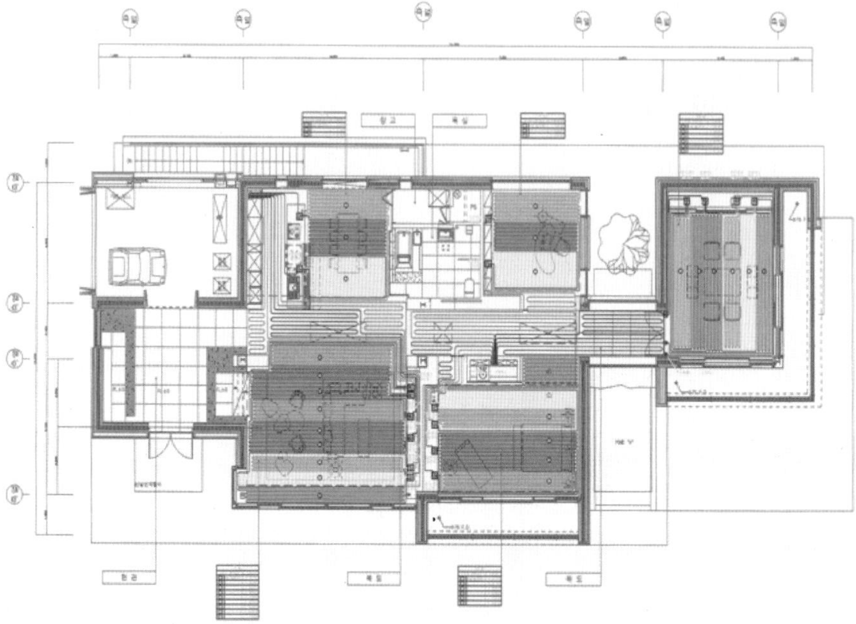

a. 난방코일 (메인 분배기 → 써브 분배기)	b. 난방코일 (써브 분배기 → 바닥난방코일)	c. 초박형 판넬
1. 종류: PB 관(Polybuthylene) 2. 관경: 15mm 3. 피치: 150mm	1. 종류: PB 관(Polybuthylene) 2. 관경: 8mm 3. 피치: 75mm	1. 크기: 450mm×450mm 2. 두께: 12mm

다. 현장시공 사진

[초박형 온돌 판넬]

[초박형 온돌 판넬]

[메인 분배기]

[서브 분배기]

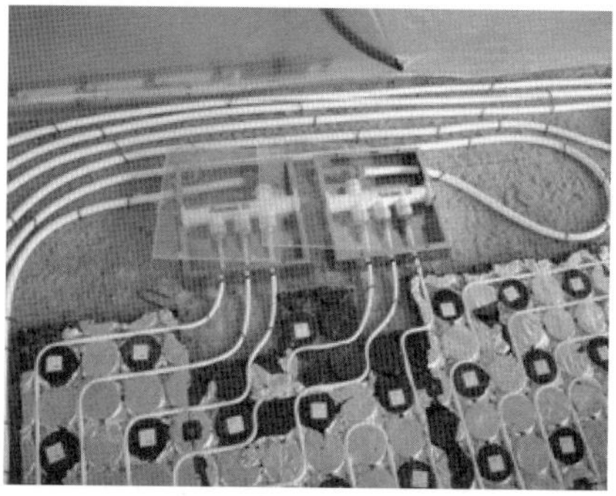

[서브분배기 부위 배관 설치]

[배관 설치]

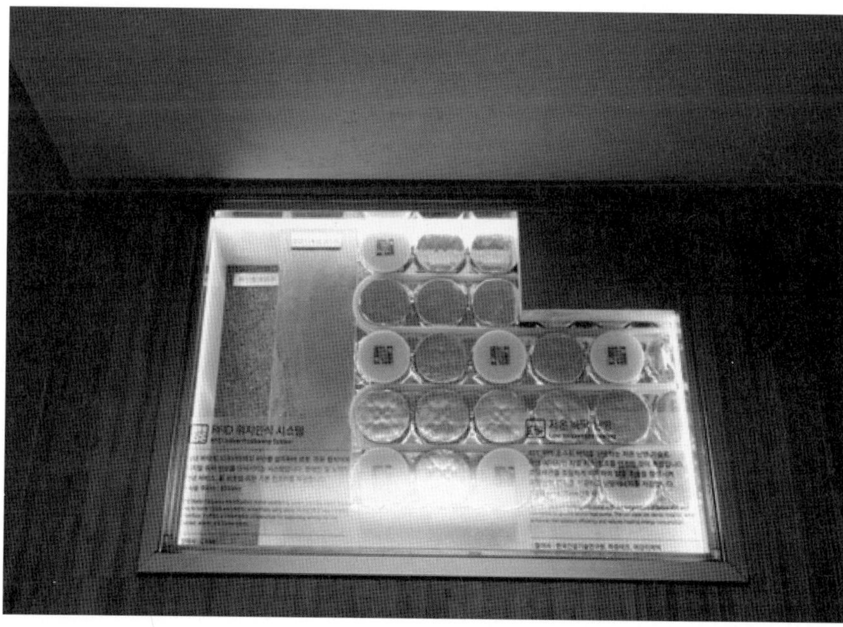

라. 시공 관리 포인트

- 배관 시공사는 설치 전 반드시 현장을 방문하여 판넬 설치 현황을 파악하는 것이 매우 중요하다
- 매설물의 위치를 정확히 파악하여 못으로 인한 피해가 없도록 철저히 관리한다.
- 타설시 서브 분배기가 움직이지 않도록 핀 또는 못으로 고정시킨다. 서브 분배기는 점검하기 쉬운 위치에 설치하며, 상부에는 열 수 있는 구조로 만든다.
- 배관을 판넬에 고정할 때 도면과 정확하게 일치하는지 확인 후 고정시킨다. 시공 중 배관이 파손되지 않도록 주의한다.
- 배관 작업이 모두 끝난 후 수압 Test를 실시하여 배관 파손 및 연결 상태를 확인한다.

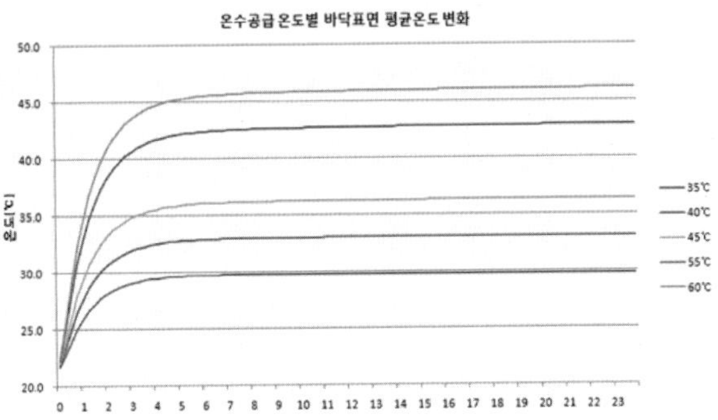

(4) 예상효과

오른쪽 그림은 건설기술연구원의 시뮬레이션 자료이다. 45℃의 온수 공급시에도 연속운전시의 표면온도는 약 36℃를 유지하여 쾌적성을 저해하지 않는 것으로 판단된다.

아래 그림은 온수코일의 관경과 pitch에 따른 바닥표면 온도를 열화상 카메라로 촬영한 사례이다. 동일한 온수공급 조건에서 바닥난방 코일의 관경과 pitch를 줄인 경우에 표면온도 분포가 고르게 나타나 재실자의 쾌적성을 향상 시킬 수 있는 것으로 나타나고 있다.

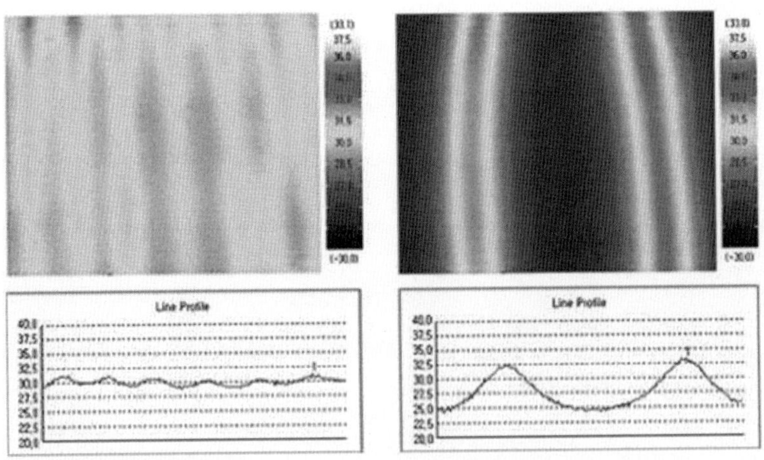

[구경8mm/간격75mm] [구경15mm/간격200mm]

[온수 코일별 바닥 열화상 및 온도 분포]

4) 썬룸 공기순환 시스템

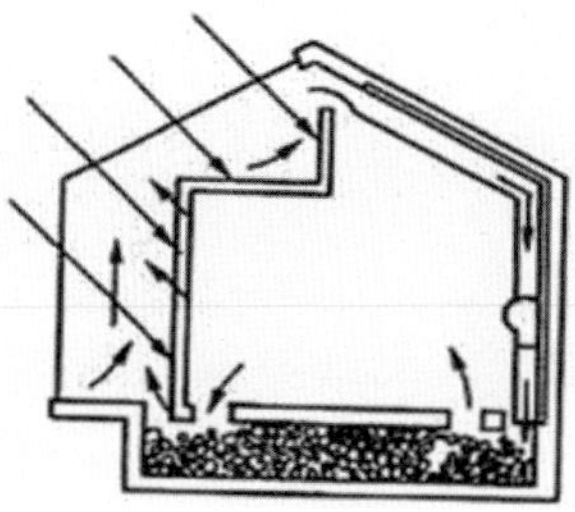

(1) 개요

- 바닥에 축열층을 형성하여 이곳에 썬룸의 가열된 공기를 순환시킴으로써 열을 축적하여 열손실을 막고 방의 기온을 장시간 유지시켜주는 효과
- 발코니에도 이중외피를 형성하여 햇빛으로 공기의 기온상승을 유도

(2) 적용현황

가. 썬룸 공기순환 시스템 개념도

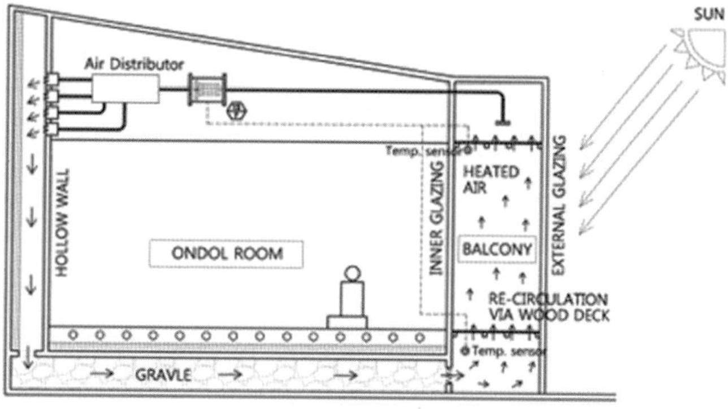

태양일사를 이용한 썬룸 공기순환 시스템은 패시브 난방시스템 중 하나로 발코니와 같이 이중외피 공간에 겨울철 일사로 데워진 공기를 이중벽체로 순환시켜 하부 축열재에 열을 저장한 후 야간에 재순환시켜 열을 창이나 벽체를 통하여 방열시키는 개념이다. 또한 여름철은 데워진 발코니 공기를 외부로 배출시킴으로써 발코니 측 전면 유리로 취약해진 외피부하 저감을 기대할 수 있다.

나. 제어방식

- 댐퍼는 항상 개방되어져 있고, 팬은 겨울철 또는 난방 기간에 사용한다.
- 팬 기동 조건 : 하부 센서 온도가 상부 센서 온도 보다 2℃ 이상 높아질 경우
  (온도차 2℃는 실증실험 후 최적화할 예정임)
- 팬 정지 조건 : 하부 센서 온도가 상부 센서 온도 보다 작거나 같을 경우

다. 현장적용사항

① 발코니에 이중외피 형성

② 바닥에 축열층 형성

③ 공기순환 유도

라. 시공 사진

바. 바닥하부 축열층 시공 사진

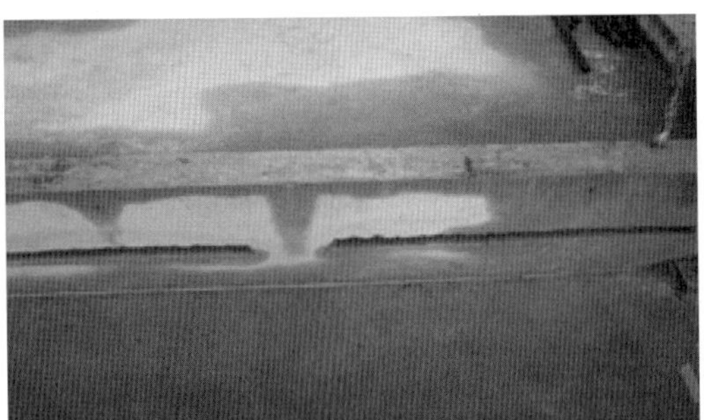

[공기통로 설치(발코니 측)]

[쇄석채움(기초판 공사후)]

[쇄석채움 완료]

[고르기]

[바닥데크 설치]

[마감공사후 전경]
(좌측이 썬룸, 아래쪽 바닥 하부가 축열층)

(3) **예상효과**

발코니와 같은 이중외피 공간 내에서 겨울철 일사로 데워진 공기를 이중벽체 및 바닥하부 축열층에 순환시켜 열을 저장한 후 야간에 열을 방출시켜 중간벽에 재순환 시킴으로써 벽체와 바닥을 통한 열손실을 최소화한다. 여름철은 데워진 발코니 공기를 외부로 배기시킴으로써 발코니 측 부하 저감을 기대한다.

가. 기술 특징

① 동하절기 발코니와 실내 설정온도 조건에 따른 설비운전 시(팬동력 소요) 에너지 수지 검토 필요

② Green Tomorrow의 경우 내측도 유리로 되어 있어 일사가 발코니에 전부 축열되는 것이 아니고 실내로 유입되는 양이 존재함

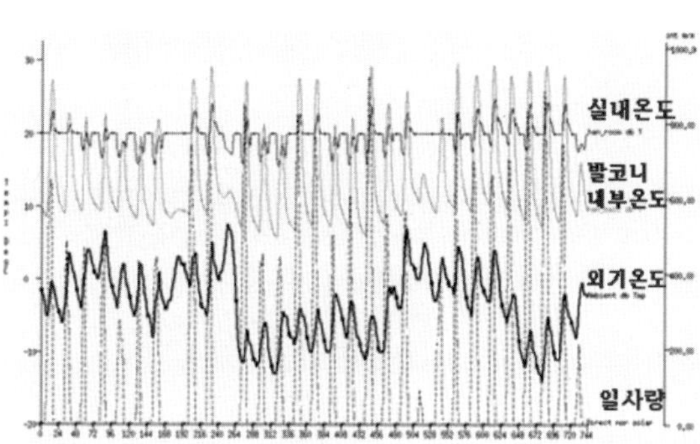

나. 겨울철 썬룸공기 순환에 의한 에너지 절감 검토

① 발코니 내부 온도는 주로 일사량에 영향을 많이 받고 낮 짧은 기간 동안 실온보다 3~5℃ 높은 온도를 나타냄

② 실내와 온도차가 크지 않고 시간도 짧아 겨울철 축열/방열로 인한 난방부하 저감 효과는 크지 않을 것으로 판단됨

③ 일부 축열이 된다 해도 축열층이 바닥 단열선 밖에 있어 이로 인한 실내 부하 저감 효과는 더 떨어짐

※ 측벽 방열로 인한 효과는 실증 실험이 요구됨

④ 팬 동력까지 감안하면 실의 에너지 저감 효과는 크게 없을 것으로 예상된다.

⑤ 실제 운전 데이터를 입수하여 실질적인 부하저감 효과를 검증하고, 최적의 운전 방식을 도출하여 시스템을 개선할 예정임.

5) 천장 복사 패널

(1) 개요

가. 복사 냉난방 시스템의 개념

- 복사냉방은 천장, 벽, 바닥 등에 설치된 열매체에 냉수를 공급하여 표면온도를 실내온도 보다 낮게 유지함으로써 복사, 대류에 의해 냉방하는 방식
- 복사난방은 복사열을 난방에 사용하는 것으로 복사에너지를 방사하는 표면온도에 따라 판넬난방(Panel Heating), 적외선난방(Infrared Heating)로 분류함
- 공간과의 열교환 중 복사의 비율이 50% 이상인 냉/난방 방식(ASHRAE 미국 공기조화냉동공학회 handbook 2000)
- 먼지의 비산 및 기류에 의한 불쾌감을 줄임

나. 복사 냉난방 시스템의 특징

① 장점

- 균일한 실내온도 유지 가능
- 쾌적한 온열환경
- 실내 기류/소음 저감
- 먼지 비산 방지

② 단점

- 결로 발생 가능성 존재
- 설치공간의 제약
- 복사열 증가에 따른 불쾌감 유발 우려
- 환기량 부족 및 적극적인 외기냉방 불가

(2) 설계주안점

가. 복사 냉난방 시스템의 종류

 	복사 판넬 방식 : 천장 설치 판넬에 냉수를 공급하여 판넬 표면 온도와 실내간 온도차에 의한 복사, 대류에 의해 실내 현열 제거
 	구조체 매입 방식 : 냉수코일을 슬라브 등의 구조체에 매입하여 구조체 표면과 실내간의 복사, 대류에 의해 실내 현열제거, 구체축열성능을 이용, 피크부하 저감

나. 판넬 설치 위치에 따른 특징

	천장 판넬	벽 판넬	바닥 판넬
장점	· 복사면이 가구 등에 의해 방해받지 않음 · 표면 온도를 바닥판넬 보다 높이거나 낮출 수 있음	· 유닛 판넬식의 구조가 설치, 취급이 간편함 · 창문 근처에 설치하여 실내로의 열손실 최소화 가능	· 시공이 용이함 · 난방시, 열쾌적성이 우수
단점	· 바닥 판넬에 비해 시공 난이 · 난방시, 천장이 낮은 공간에서는 재실자의 머리부분에 방사량이 많아져 불쾌감을 유발 · 냉방시, 결로발생 우려	· 파이프 매설식 구조는 시공이 곤란하고 가구 등에 의한 차단 우려 있음 · 못질 등의 외부 충격 또는 건물 수리로 인한 손상	· 천장 방식에 비해 케이블 (배관)의 손상 가능성 큼 · 냉방시 Cold Draft 발생 우려 · 냉방시 결로 발생 우려

(3) **적용현황**

가. 천장복사판넬 시스템 흐름도

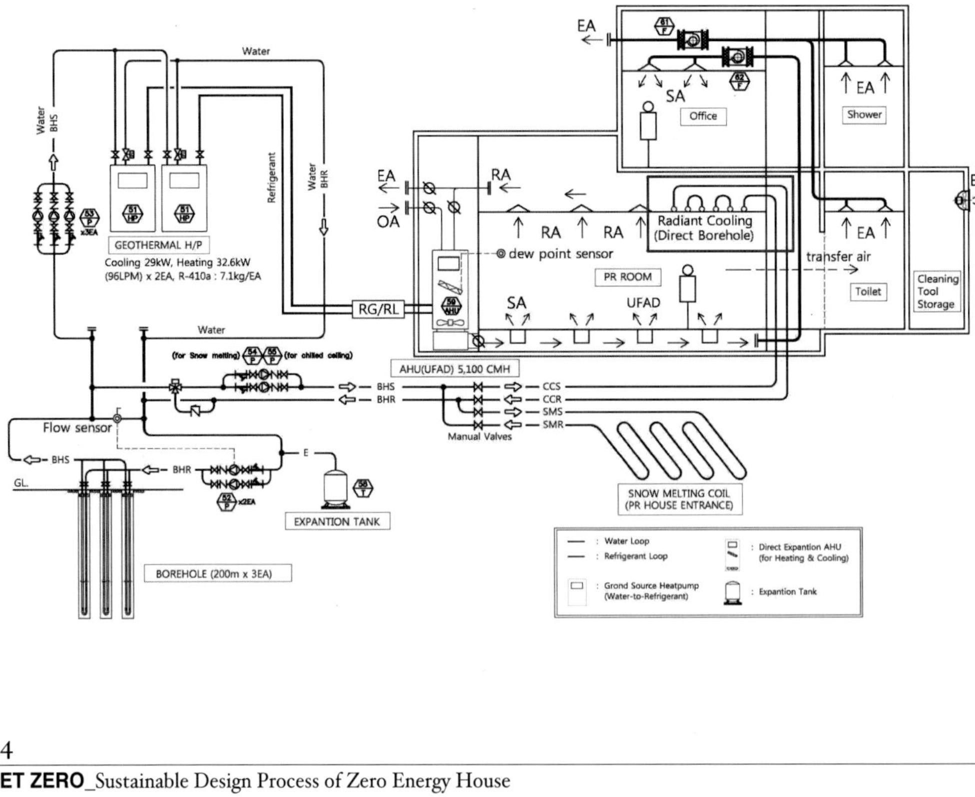

나. 제어방식

① 밸브는 노점온도감지기(DPS)의 값에 따라 천장결로방지를 위해 공급수온이 노점온도 +2℃가 되도록 3-Way 밸브를 비례제어하여 천정복사판넬의 공급수온도를 제어한다.

② 펌프가 있는 전단에 온도와 유량을 각각 관제한다.

③ 지열시스템의 유량계(FM)를 관제하여 일정유량을 유지하도록 관제한다.

다. 적용현황

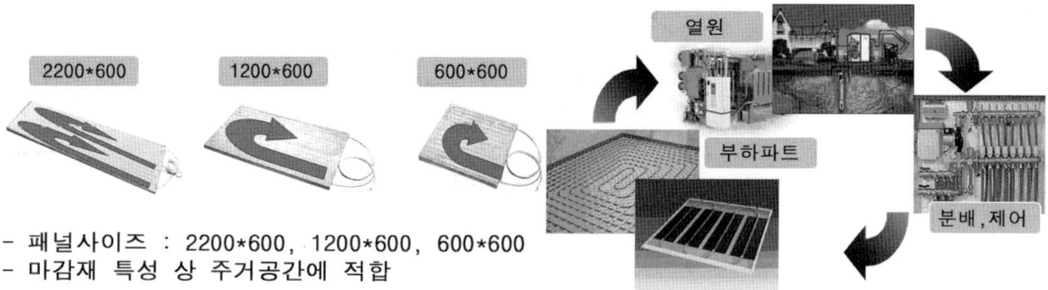

[천장복사판넬(금속판넬) 시스템 구성]

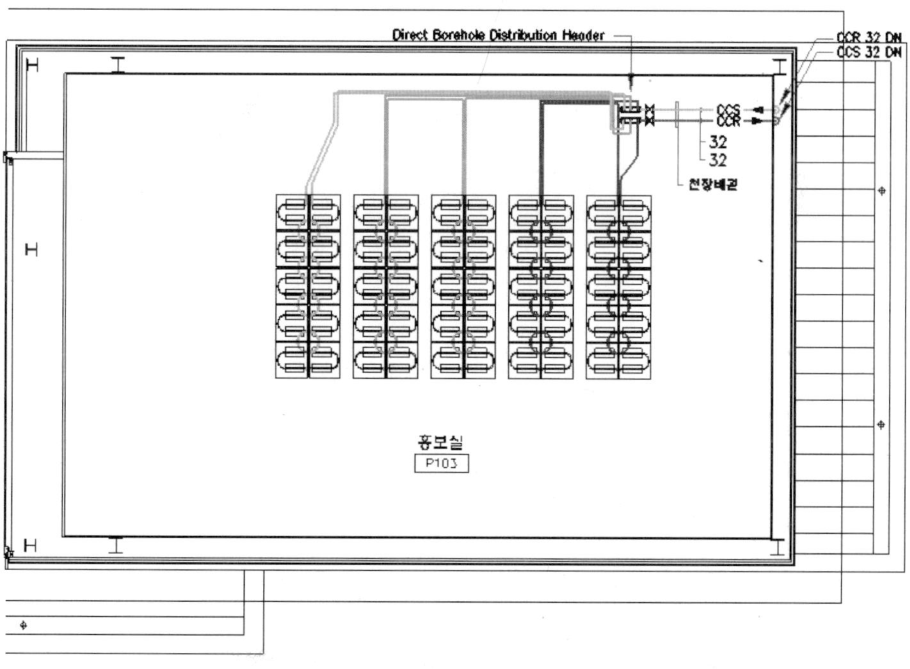

[복사판넬 설치 평면도(배관연결)]
(CCS: Chilled Ceiling Supply, CCR: Chilled Ceiling Return)

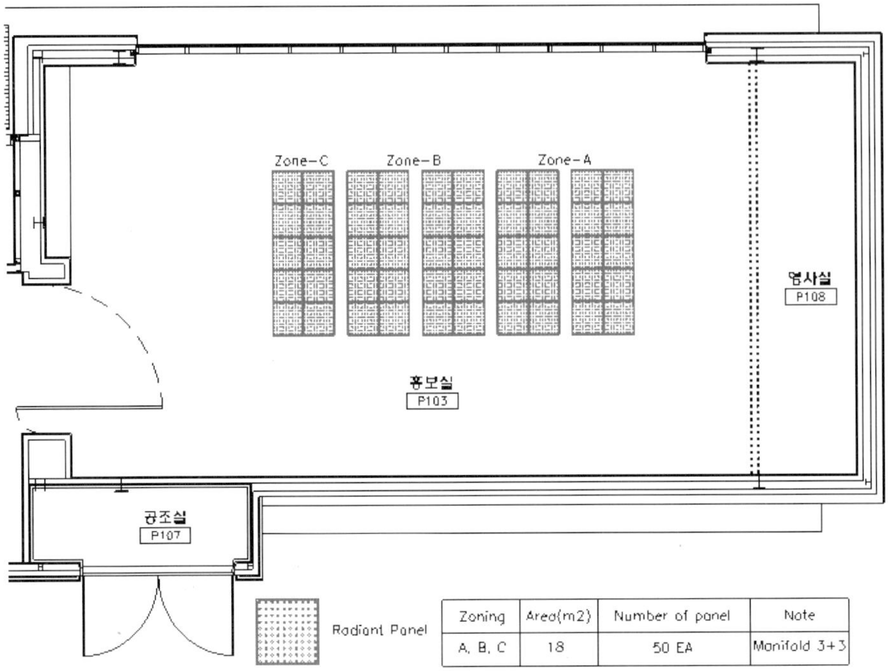

Zoning	Area(m2)	Number of panel	Note
A, B, C	18	50 EA	Manifold 3+3

[복사판넬 설치 평면도(판넬 배치)]

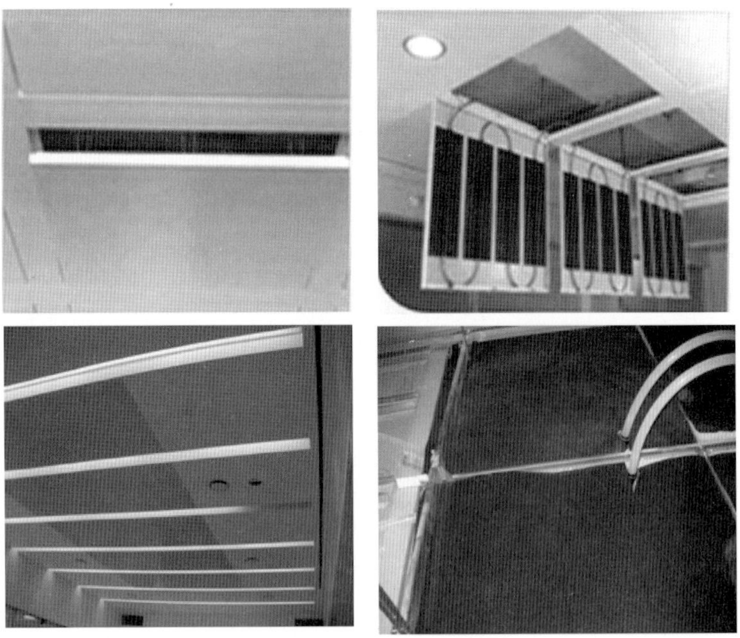

[복사판넬 설치 사진]

(4) 예상효과

가. 복사 판넬 성능

- 1㎡ 판넬 보유 냉방능력 × 총 판넬 넓이 = 복사판넬 성능
- 100W/㎡ × 18㎡ = 1,800W

나. 관람석 바로 위 천장에 판넬을 설치하여 복사효율을 극대화함

다. 복사판넬에서 담당하고 남는 부하는 공조기(바닥취출공조)에서 담당함. (복사판넬이 기저부하를 담당하며, 잠열을 포함한 나머지 부하는 공조기가 담당)

(5) 적용사례

가. 유럽의 적용사례

① London City Hall

건물 & 시스템 개요

·위치: 영국, 런던
·준공: 2002 년 7월
·연면적: 18,000㎡
·규모: 지상10층
·UFAC+ 천장복사냉방시스템
·지하수가 공급되는 천장 복사 냉방 시스템

② Innovate Office

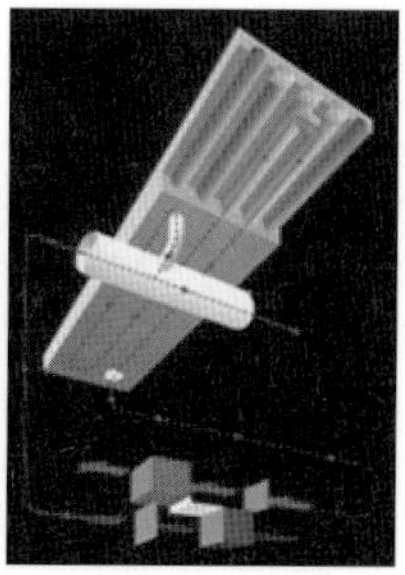

건물 & 시스템 개요

·위치: 영국, 워트포드
·준공: 1996 년
·규모: 3층
·Thermodeck+PAC+ 나이트퍼지
·공기식 복사 냉난방시스템 (Thermodeck) 적용
·콘크리트 축열에 의한 난방 효과: 인체 및 장비 발열
·콘크리트 축열에 의한 냉방 효과: 나이트 퍼지

나. 동북 아시아의 적용사례

① 키엔스 본사 · 연구소

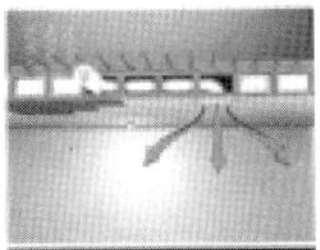

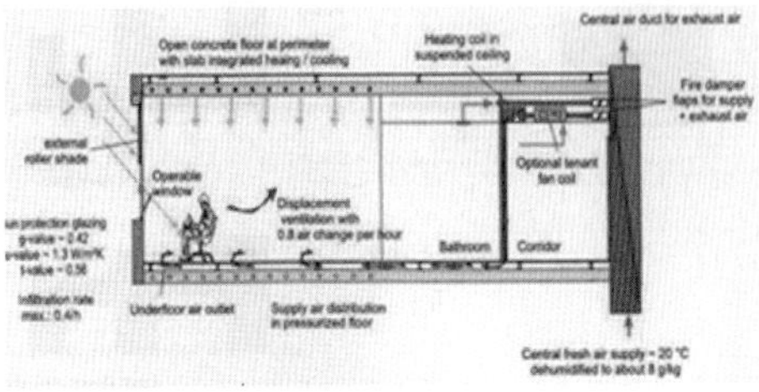

건물 & 시스템 개요

·위치: 중국, 북경
·준공: 2008 년 예정
·연면적: 210,000㎡
·규모: 지하1층, 지상21층
·UFAC+ 천장복사냉난방

② Grand MOMA(Linked Hybrid)

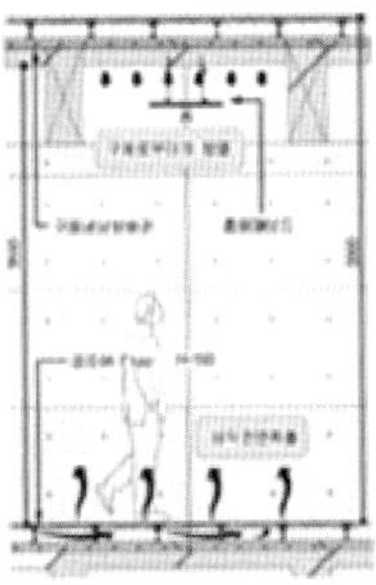

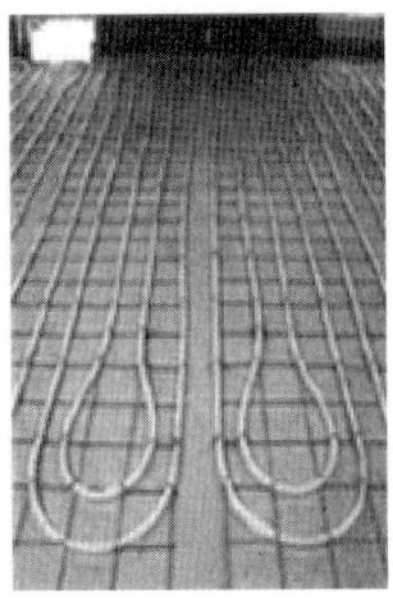

건물 & 시스템 개요

·위치: 일본 북해도
·준공: 2006 년 6월
·연면적: 6,970 ㎡
·규모: 지하1층, 지상8층
·UFAC+ 천장복사냉난방+자연환기
·구조체축냉·열 후 천장에서 복사

6) 바닥 취출공조

(1) 개요

가. 기술 개요

① 바닥급기공조 시스템은 Free Access Floor의 하부 공간을 이용하는 공조설비시스템으로 건축과 설비가 공통의 공간 및 부재를 이용하여 쾌적한 실내환경과 에너지절약을 달성할 수 있는 시스템이다.

② 기존의 일반적인 공조시스템은 건물의 천장으로부터 공조공기를 급기(송풍)하고 천장으로 배기하는 천장급기-천장배기 방식으로, 시스템의 환기효율 면에서 살펴보면 본 방식은 유입공기가 바로 배기되는

[기존 방식]

[바닥취출공조 방식]

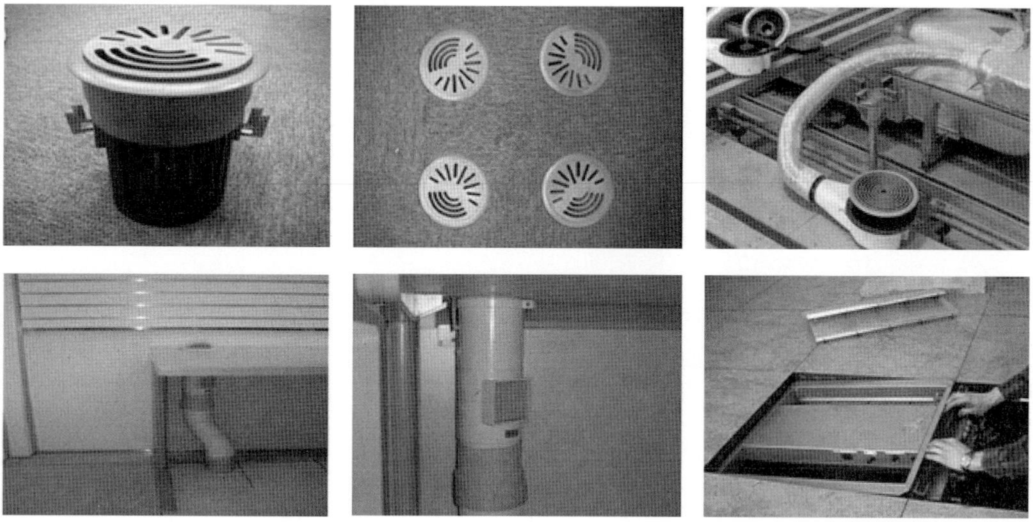

Short Circuit 현상에 의해 환기 효율이 낮고 실내공기가 오염되었을 경우에 회복하는데 많은 시간이 소요 된다.

③ 바닥급기공조 시스템은 건물바닥에 설치되는 Free Access Floor의 하부공간을 이용하여 공조공기를 실내에 급기하고, 급기된 공기는 거주역공기와 혼합되어 거주역온도를 형성하게 되며, OA기기 등 실내에 설치된 각종 발열기기의 열을 흡수하고 고온이 된 공기는 그 상승력(자연대류)으로 천장부근에 고온층을 형성하면서 천장으로 배기되는 바닥급기-천정배기 방식의 공조시스템이다.

④ 시스템 환기효율면에서 바닥급기공조시스템은 실내 기류방향이 자연대류와 일치하므로 기존 공조방식에 비해 효율이 높아 실내공기 개선에 효과적이다.

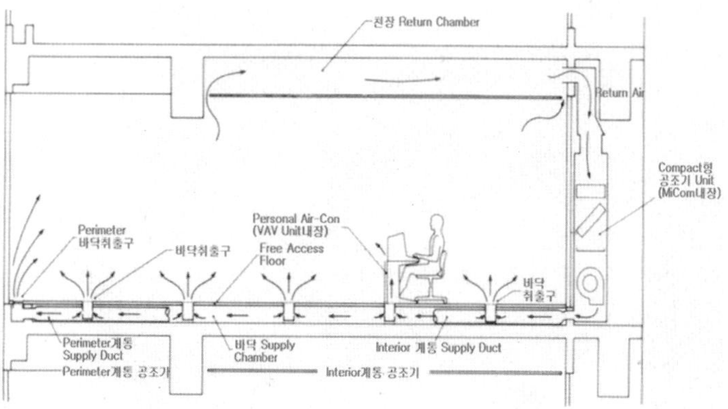

⑤ 실내에 설치된 바닥급기 공조기로부터 Free Access Floor 하부공간으로 공조 공기를 공급하여 적정 압력으로 가압하고, 필요한 장소에 급기유닛을 설치해 실내로 취출한다.

⑥ 취출된 공조공기는 실내 발열부하를 흡수하고 상승하여 천정으로 흡입된다.

⑦ 천정내 공기의 일부는 외부로 배출되고, 나머지는 신선외기와 혼합되어 공조기를 통해 다시 실내로 공급된다.

나. 바닥급기공조 시스템 특징

① 바닥급기공조 방식은 기존 공조방식과 비교하여 각종 성능면에서 많은 장점이 있다

② 실내환경의 쾌적성의 경우, 기존 공조방식은 책상 및 파티션 등에 의해 공기가 정체되는 구역이 발생하게 되어 환기효율이 낮으나

③ 바닥급기공조는 실내 기류흐름이 바닥면에서 천청면으로 자연스럽게 발생하므로 시스템 환기효율이 향상되어, 실내 오염공기 등의 확산을 방지할 수 있다

④ 또한, 개인 취향에 따라 바닥 급기유닛 조절로 송풍량 및 기류방향을 자유롭게 조절가능한 퍼스널 공조 제공으로 냉난방시의 쾌적감 향상이 가능하다

⑤ 아울러, 사무실 용도변경에 따른 레이아웃/파티션/OA기기 이동시 기존 공조방식 대비 바닥급기공조는 급기유닛 이동이 쉬우므로 유연하게 대응 가능하다

⑥ 시스템 유지관리나 개보수공사 등의 작업성도 급기유닛이 바닥면에 설치되기 때문에 작업효율 및 안전성 등이 향상된다

⑦ 유지관리비는 기존 공조방식이 실 전체를 공조대상 범위로 하는데 반하여, 바닥급기공조 시스템은 재실자의 거주공간으로 대상범위가 한정되므로 공조공간이 줄어들며, 존별 제어에 의한 건물 에너지절약 가능하다.

(2) 설계주안점

가. 바닥공조 적용시 설계 주안점

① 바닥공조 시스템을 적용할 경우, 바닥공조를 적용하는 분명한 목적을 갖고 그 목적에 맞게 설계 Concept design부터 의사결정을 해야한다.

② 실시설계 과정에서 디테일 및 제어방식을 결정함에 있어서도 모든 의사결정은 이 Concept design에 맞추어 진행해야 한다.

③ 이런 과정이 제대로 진행되지 못할 경우 초기의 목적을 달성하지 못하게 된다. 또한 이 목적을 위해 희생된 초기투자비 등은 고스란히 사용자의 부담으로 남게 된다.

④ 바닥공조가 가진 모든 장점을 한 개의 프로젝트에서 모두 달성하는 것은 쉽지가 않다. 초기 컨셉에 맞는 1가지만 달성하더라도 제대로 설계될 경우 그 효과는 크다.

⑤ 바닥공조를 적용하게 되는 주요 목적에는 다음과 같은 것들이 있다.

- 층고 절감
- 개별 재실자별 쾌적 성능 향상 : 이것이 Green Tomorrow에 적용한 주요 이유임
- 에너지 절감

나. 일반 공조와 바닥급기공조의 시스템 특성 비교

구 분		일반공조 방식	바닥급기공조방식
쾌적성	냉방	○급기온도16℃	⊙급기온도18℃
	난방	○책상, 의자 등에 의해서 바닥 면 근처 온도분포가 불균형함	⊙바닥면 취출로 온도분포가 균일하여 쾌적성 향상
	오염물질 실내확산 방지	○	⊙혼합 및 확산 감소
	분진 실내확산 방지	○	⊙혼합 및 확산 감소
	기류분포	○실 전체가 균일	○거주역만이 균일
	천정부근 고온공기와 거주역 공기 섞임 방지	△	⊙섞임을 방지하고 거주역만 공조하여 냉방에너지 절감
	Cold Draft	○	○더 높은 급기온도 설정 및 개별 조절로 해결 가능
	개별제어성	△	⊙개별재실자의 취출구 조절
	보행감	⊙	○
	소음	○	○
변 화 유연성	OA기기 증가에 따른 열부하처리	△	⊙내부 발열이 지나치게 큰 경우는 처리에 한계가 있음
	OA기기 이동에 대응	△대응 불가함	○
	칸막이 변경에 대응	△대응 불가함	○
	책상위치 변경에 대응	△대응 불가함	○
	실용도 변경에 대응	△대응 불가함(추가 공사 필요)	○
	케이블배선	△변경, 증설 대응 곤란	⊙
공 간 유 효 이 용	평면	○	○
	천장고	○	⊙덕트가 줄어 층고 절감 가능
제어성	부분부하운전대응	△	⊙개별 대응 가능
건 물 유 지 관 리	점검성	○천정면 작업	⊙바닥면 작업(작업편의 향상)
	청소(취출구)	○	○
시공성	개보수공사	○천정면 작업	⊙바닥면 작업(작업편의 향상)
	시공실적	⊙	△국내보급 초기 단계
	누기 방지 시공	○	△누기 방지 시공에 주의 필요
안전성	취출구와 보행자	○	○
	방재		
	시공	△천정면 작업	○바닥면 작업(작업편의 향상)

△〈○〈⊙ : 비교우위

고려사항	내 용
평면계획	· 공조기계실의 위치 및 공간을 고려한 조닝 · 방화구획 및 방연구획을 고려한 조닝
단면계획	· 층고의 설정 - 천장 내부의 유효높이 - 천장높이 - 이중바닥의 높이
시공계획	· 건축 및 설비기능의 복합화 공법 고려 · 이중바닥의 기밀성 및 바닥 하부 청소 대책 · 바닥판넬의 종류 선정 · 콘크리트 슬래브 바닥면의 방진대책 · 슬래브 바닥 내화피복재의 박리방지 대책 · 안전 및 공기단축을 위한 공사순서 계획

(3) 시공주안점

가. 바닥공조 설비 권장 공사순서

① 바닥슬라브 표면 청소

② 바닥슬라브 표면 코팅 또는 방수

③ 억세스 플로어 페데스탈 위치를 슬라브 표면에 마킹한다. 이때는 억세스 판넬의 정확한 계획과 억세스 하부에 설치될 각종 서비스 배관 등의 계획을 매우 세심하게 고려하여 그 위치를 마킹해야 한다. 페데스탈은 실제 설치하지 않고 마킹만 함으로써 타 공종 공사를 편리하고 안전하게 진행할 수 있다.

④ 외주부 공조설비, fan terminal unit, 기타 터미널 유닛, 급기용 덕트를 설치한다. 바닥하부의 air highway*와 파티션은 아직 설치하지 않는다.

* air highway : 플로어 하부에 토출된 공기를 원하는 곳으로 보내는 장치로서 급기 덕트를 대체한다. air highway의 하부는 바닥슬라브 표면, 상부는 억세스플로어 하부표면, 측면부는 슬라브와 억세스까지 이어지는 시트 메탈(또는 기타 재질) 펜스로 이루어지는 것이 보통이다.

⑤ 전기 및 통신선을 설치한다. 각 라인의 말단에는 최종 연결될 장비까지 연결될 수 있도록 여분의 길이를 확보하여 말아둔다.

⑥ 온수배관, 외주부 터미널 유닛용 배관 등 모든 배관을 설치한다. 그 후에 외주부의 경우에는 억세스 플로어를 덮을 수도 있다.

⑦ 플레넘과 접하는 모든 수직 표면(간막이벽 등)에 있어서의 기밀 시공 여부를 확인한다. 이러한 수직 표면이 슬라브와 접하는 모든 부분, 각종 슬리브, 기타 수직 파티션을 포함한 모든 부분에 대해 확인이 필요하다.

⑧ 억세스 페데스탈을 비로소 설치하며, 디퓨저 설치용 opening을 뚫지 않은 "solid floor panel"을 설치한다.

⑨ Air highway와 바닥하부 파티션을 적합한 위치에 설치한다. Air highway는 보통 바닥 plenum에 비해 높은 압력하에 놓이게 되므로 기밀성 확보에 매우 주의해야 한다. Air highway를 형성하는 시트 메탈 펜스와 바닥판넬/바닥슬라브와의 모든 이음 부분은 기밀하게 시공되어야 한다. Air highway 상부를 형성하는 부분의 바닥판넬은 일단 설치되면 다시 뜯어내는 일이 발생하지 않도록 반드시 마킹을 해두어야 한다.

⑩ 바닥디퓨저와 전원/통신 터미널의 위치를 정한다. 특히, 오픈 플랜 사무실 공간이라면, 파티션과 개인 워크스테이션의 위치를 반영하여 사전에 계획되어 있어야 한다. 또한 바닥하부에 설치되는 주요 공조설비(fan terminal unit, 주덕트, air highway 등)의 위치도 반영하여 계획되어야 한다. 이러한 장비들은 유지관리를 위해 접근성이 확보되어야 한다. 모든 배치 계획은 앞의 ③번에서 정해진 grid에 맞추어 이루어져야 하며 디퓨저와 케이블 outlet의 위치도 적합한 위치에 계획한다(예를 들면 워크스테이션 1곳당 1개소씩 설치한다든지 하는 방식으로). 바닥 디퓨저는 하부에 바스켓이 달려있으므로 큰 사이즈의 공조장비를 디퓨저가 위치한 곳에 배치해서는 안된다.

⑪ 바닥디퓨저가 설치되기 전까지는 solid floor panel을 덮어두는 것을 권장한다. 왜냐하면 억세스 플로어면을 작업자들이 밟고 다니면서 작업할 때 안전하며, 바닥 하부 공간에 이물질이 들어가서 오염되는 것을 막을 수 있기 때문이다. 또한 판넬에 디퓨저를 삽입하는 과정은 별도의 작업공간에서 수행하는 편이 더 효과적일 수 있다. 필요하다면, ⑩번에서 정해진 위치에 사전에 천공된 판넬을 설치하되 천공부위에 임시 덮개를 씌워두는 방법도 사용할 수 있다.

⑫ 각종 먼지와 쓰레기가 발생하는 공종이 끝나면 억세스 플로어면을 깨끗이 청소한다. 바닥하부 plenum에 쌓여있는 곳이 있다면 그부분을 청소한다.

⑬ 사전에 디퓨저와 전원/통신 터미널을 삽입하여 만들어둔 판넬 어셈블리를 제 위치에 설치한다

⑭ 카펫타일에 디퓨저, 그릴, 전원/통신 터미널을 위한 천공을 하고 설치한다.

시공을 하면서 반드시 억세스 하부 plenum 내의 설치상황이 정확히 표현된 준공도면을 작성해야 한다. 나중에 이를 바탕으로 plenum 하부에의 접근, 유지보수, 시스템 업그레이드 등을 실시해야 하기 때문이다.

바닥공조 시스템을 설치함에 있어서는 설비/건축 분야간에 책임부담에 대해서 상호 확인과정과 조정 과정이 반드시 필요하다. 일반적인 공조시스템에 있어서는 기계설비 시공자가 급기 설비에 대해 모든 책임을 지지만, 바닥공조 시스템의 경우에는 드라이월과 억세스 플로어 시공자에게 상당 부분의 책임이 따르기 때문이다. 때로는 air highway의 성능 발휘 역시 그들의 책임일 수 있다. 가압식 plenum 방식의 경우에서는 특히 그렇다. 얼마나 기밀하게 시공했는지가 바람직하지 않은 누기를 줄이는데 크게 영향을 미치기 때문이다.
일반적인 함석 덕트를 시공할 경우에는 누기율을 허용치 이하로 만들기 위해 기존의 규정과 기준을 따르면 된다. 하

지만 바닥공조의 경우는 아직 이런 규정이나 기준이 없다. 기계설비 시공자가 아닌 타 분야 시공자는 건물 각 부위(plenum 둘레, 슬라브와 벽/창호 연결부, 계단 하부, shaft 등)의 기밀성 확보에 특별히 주의를 기울여 본 적이 없다. 특히 이런 부분의 시공에 있어서는 타 분야의 시공자가 투입되어 같이 진행해야 한다. 기밀성 유지 여부가 바닥공조 시스템의 효율적인 성능 발휘에 매우 중요한 부분을 차지한다는 사실을 이러한 부분의 공사를 맡은 시공자가 깨닫고 공사를 진행하는 것이 중요하다.

Plenum과 Air highway의 기밀성은 초기 설치시 뿐만 아니라 모든 다른 부속 공정이 진행되는 과정에서도 유지되어야 하며, 사용자가 입주한 후에도 지속적으로 유지되어야 한다. Air highway와 바닥하부 파티션의 기밀성은 타 공사를 진행하는 과정에서 자주, 그리고 쉽게 손상받을 수 있기 때문이다.

(4) **적용현황**

가. 바닥취출공조 시스템 개념도

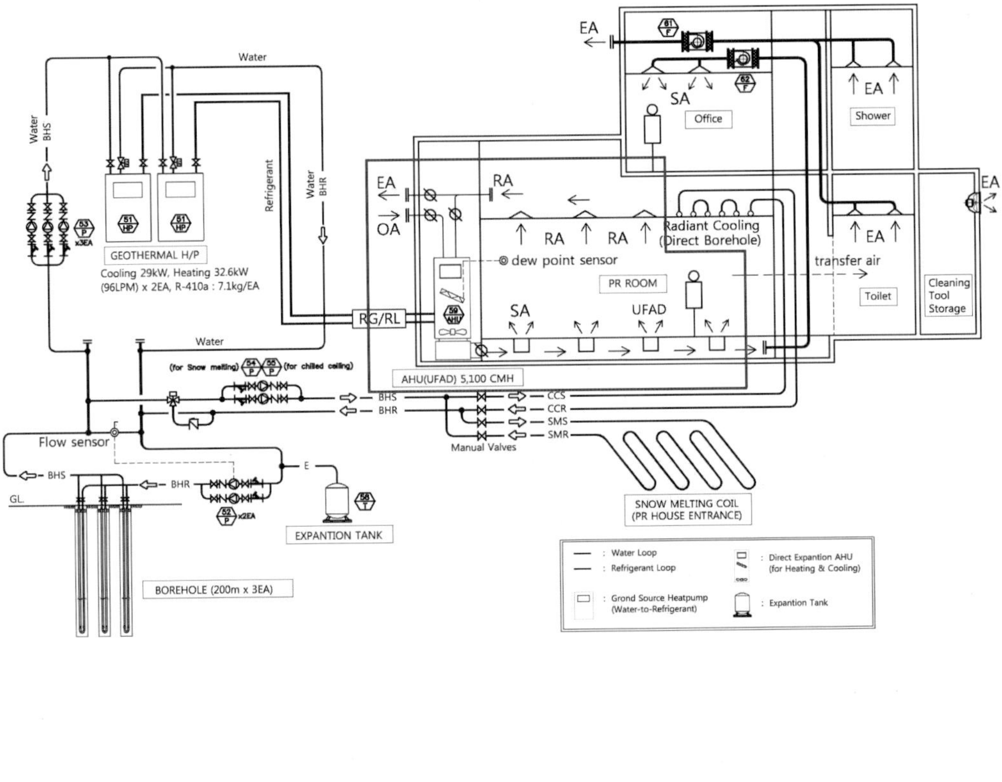

나. 바닥취출공조 배치 도면

① 평면도

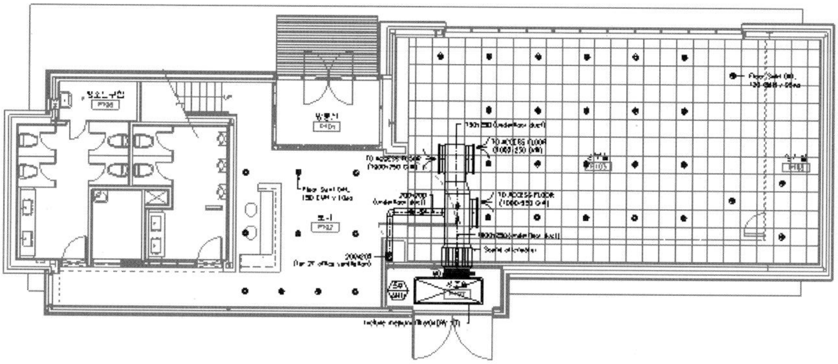

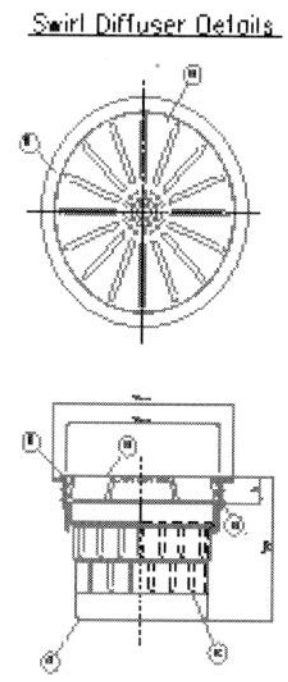

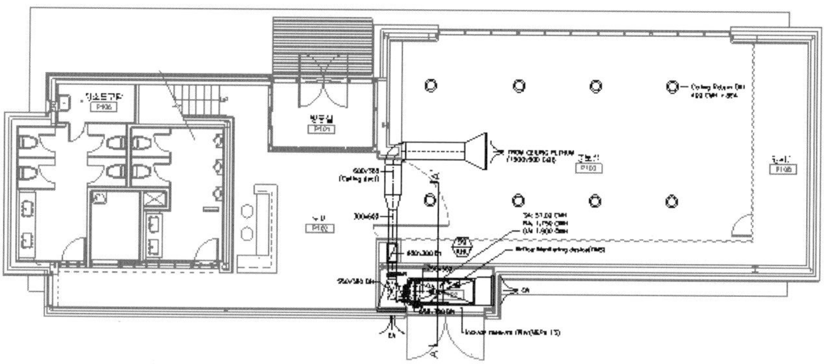

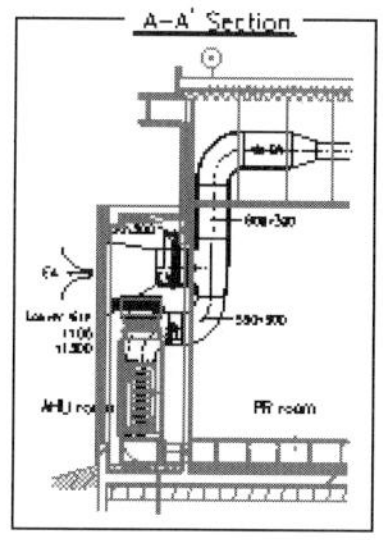

② 디퓨저 스케줄

SA 디퓨저 위치	규 격	수 량	풍 량
로 비 바닥	D 200	10 EA	150 CMH
홍보실 바닥	D 200	25 EA	130 CMH

[바닥공조 디퓨저]

[디퓨저 배치]

[바닥공조용 콤팩트 공조기]

(5) **예상효과**

가. 풍량의 개인조절 가능

- 개별 재실자가 주변의 급기구를 조정하여 풍량조절 가능
- 사무실 레이아웃 변경시 바닥급기 유닛 이동 등 퍼스널 공조로 개인의 쾌적성 향상

[기존 천장급기 공조]

[혼합기류형 UFAD 공법]

[공조방식 비교(천장급기 VS. 바닥급기)]

나. 실내공기질 향상

- 천장급기 공조방식 대비 미세먼지 및 이산화탄소 농도 감소: 오피스 측정DATA 비교

[기존 천장급기 공조]

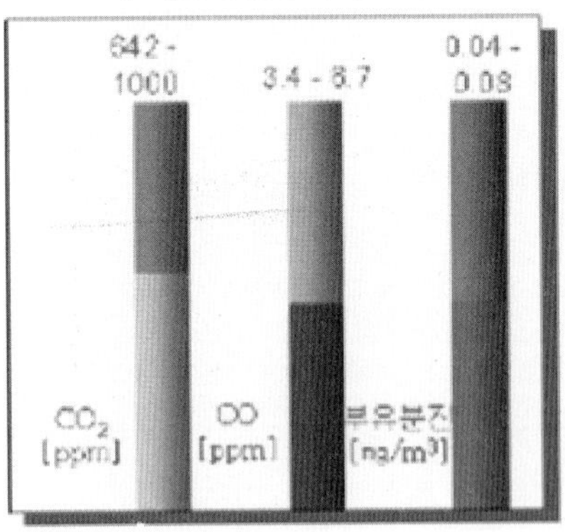

[혼합기류형 UFAD 공법]

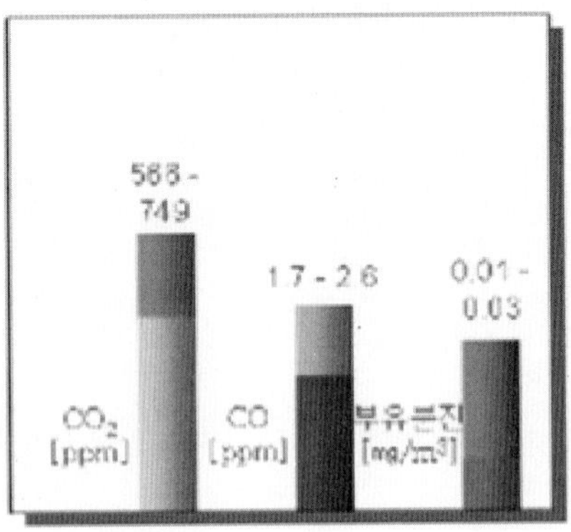

다. 층고 절감

- 천장급기 공조방식 대비 층고 20cm 절감가능 : 연면적 23,000㎡ 규모 사무소 기준

[기존 천장급기 공조]

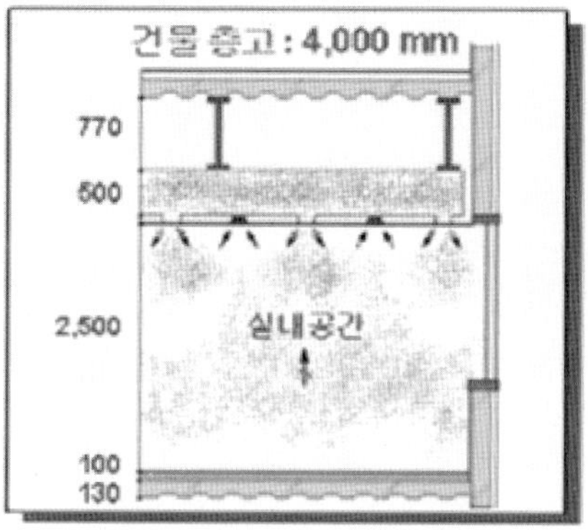

[혼합기류형 UFAD 공법]

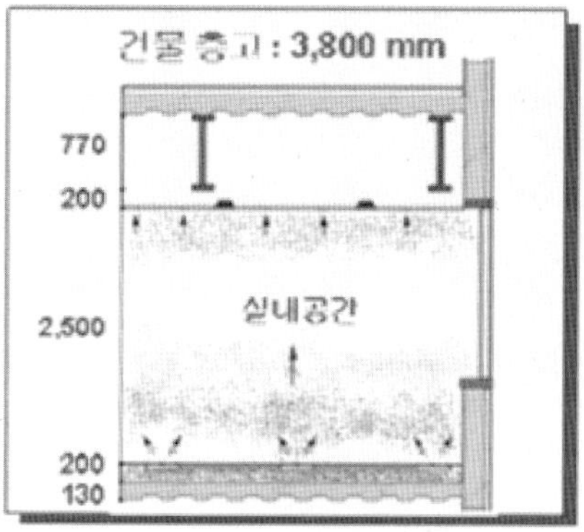

라. 기류확산능력 우수

- 급기유닛을 통해 선회류 및 경사기류의 동시 급기가 가능하므로 기류 확산 능력이 우수함

(6) 적용사례

가. 국내사례

① 중앙우체국 청사

- 용도 : 업무시설
- 규모 : 지하 7층, 지상 21층
- 위치 : 서울시 중구
- 준공일자 : 2002년 12월
- 주요시스템의 특징

기준층 변풍량 공조기 급기챔버 바닥급기 공조 적용

② 누리꿈 스퀘어

- 용도 : 업무시설
- 규모 : 지하 4층, 지상 22층
- 위치 : 서울시 상암동
- 준공일자 : 2007년 11월
- 주요시스템의 특징

기준층에 바닥급기공조 + Air Barrier 시스템 적용

친환경 · 저에너지 기술 다수 적용

나. 해외 사례

① PANASONIC Information & Communication Center

- 층고 4.5m, 천장고 2.7m 확보
- Ductless+Terminal Fan Unit 방식의 바닥급기
- Terminal Fan의 리모콘에 의한 풍량제어
- PEM에 의한 개별공조 대응
- 외기도입구→바닥 Plenum→Terminal Fan →실내→아트리움→외부의 경로로 외기를 유입한 Night Purge 제어로 냉방부하 절감

② ITOKI New Office Gallery

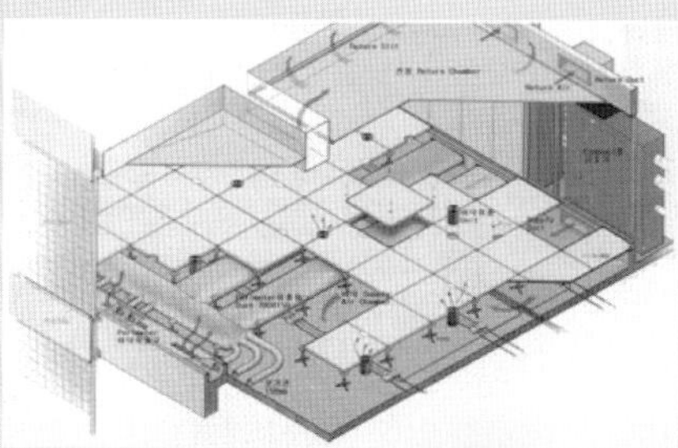

- 높은 천장고(2.85m)확보
- 내주부, 외주부용 공조기 분리
- 내주부 Ductless(Floor Chamber)방식+외주부 Duct방식
- VAV내장형 Personal Air-Con에 의한 개별공조 대응

4.5.2 물이용 효율화

1) 패키지 중수처리 시스템

(1) 개요

가. 기술 개요

중수처리설비는 건물에서 발생하는 오수를 다시 처리하여 조경용수나 화장실 용수 등 생활용수로 재이용하는 시설을 말한다. 국내 운영중인 중수 처리 시스템은 하수처리장의 규모를 축소한 형태로 설치됨에 따라 넓은 공간이 필요하고, 운전비용이 과다하며 악취 발생 등의 문제가 있다. 이에 따라 놀이시설, 백화점 등 물 사용량이 많아 경제성이 확보되는 일부 상업 시설을 제외하고 오피스 등 일반 건축물에서 중수도 시설의 운영이 어려운 실정이다. 따라서 건축물에 적합한 중수시설은 유지관리가 편리하고 지속적인 운영이 가능한 시스템 구축이 중요하며, Green Tomorrow에 적용된 중수시스템은 중수도 수질기준을 만족하면서 유지관리 편리성을 확보할 수 있도록 하였다.

나. 중수이용 시스템

Green Tomorrow에서 배출되는 양변기와 소변기의 오수는 정화조에서 처리된 후 잡배수와 함께 유량조정조로 유입하며, 감압형 MBR(Membrane Bio Reactor)장치에 의해 처리된다.

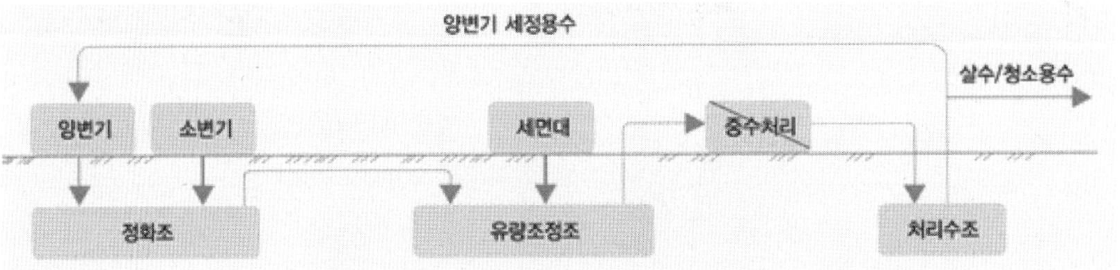

[GREEN TOMORROW의 중수처리 프로세스]

발생하수 100% 처리 후 양변기 세정수, 조경용수, 청소용수 등으로 재이용하고 외부 순환식 패키지형 MBR 시스템을 이용하여 유지관리비를 절감할 수 있다.

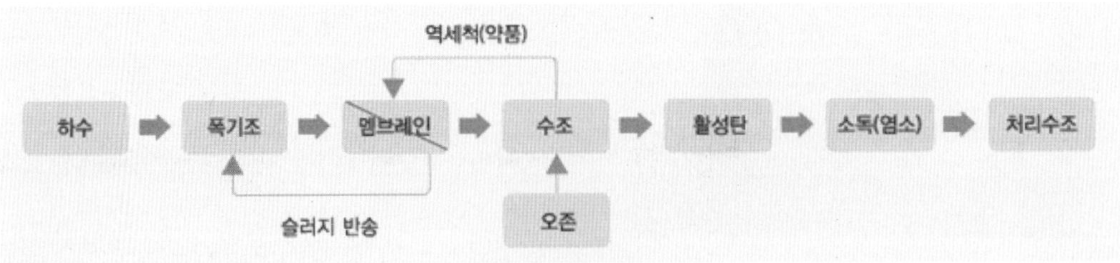

[중수처리 공정]

다. 처리수질

구분	유입	처리(제거율)
BOD	250 ↑	5 ↓ (98%)
색도	150 ↑	2 ↓ (99%)
대장균균	검출	불검출(100%)

①생물학적 처리 (MBR) : 유기오염물질 제거

②화학적 처리 (오존) : 색도/냄새 제거

③물리적 처리(활성탄) : 잔류 색도/냄새 제거

④소독(염소) : 소독 잔류성 확보

라. MBR 공법

① MBR 공법은 Membrane의 고액분리 기능을 활용한 기술로서 N,P 제거는 기존 생물학적 고도처리기술인 BNR 공정에 의해 이뤄진다.

② MBR 공법은 고액분리 효율이 멤브레인의 공경크기에 의해서 결정되는 반면 활성슬러지를 이용한 생물학적처리 공정은 침강성에 의하여 결정된다.

마. MBR 공법의 특징

① 부유고형물을 100% 제거할 수 있어 슬러지의 침강성에 관계없이 안정적이다.

② 활성슬러지법에 의해 미생물 농도를 3~4배 높여 폭기조 용량 감소 효과가 크다.

③ 침전조가 필요없고, 농축조 부피 또한 감소되어 공정의 Compact화가 가능하다.

④ 질산화가 매우 유리하며, 잉여슬러지 발생량이 적다.

⑤ 소독 및 여과공정이 불필요하다.

바. MBR 공법과 생물학적하수처리 방법(BNR) 비교

① 유기물, 질소, 인 제거 : BNR 공정

② SS, 대장균 제거: MBR공정

사. 기대효과

① 흡입 펌프에 사용되는 에너지 소모를 감소시켜 에너지 비용 절감

② 감압식 외부순환식 MBR 모듈로 별도 공기를 주입하여 고속의 막면 유속 대신 공기에 의한 진동으로 막 오염을 감소시킴

(2) 적용현황

가. 고효율 멤브레인 적용

- 막 폐쇄 억제를 위한 슬러지 유출이 용이한 구조로 제작

나. 중수처리 장치 및 중수 이용 시스템 구성도

- Membrane Bio Reactor(MBR)이란 중수처리 시스템을 활용 소변기와 양변기에서 사용된 오수를 처리, 제 2급수로 재활용

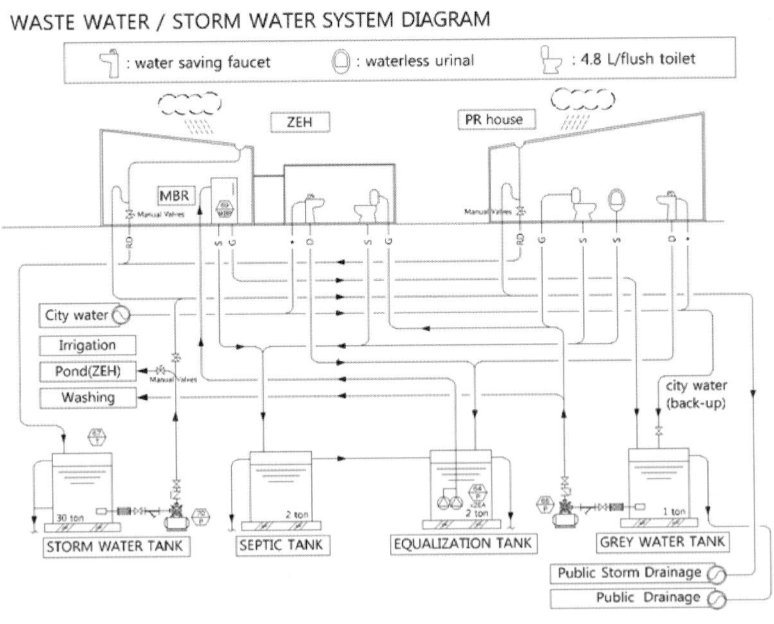

[중수 이용 시스템 구성도]

No.	장 비 명	수량	설치위치	형식	용량	동력 (kW)
P-64	**Grey Water Supply Pump (from equalization tank to MBR)**	2	equalization tank	submersible	20LPM	0.4
P-66	**Grey Water Supply pump (from grey water tank to toilet)**	2	grey water tank	booster	90LPM	0.75
T-67	**Storm water tank**	1	storm water tank RM		30ton	
MBR-69	**MBR**	1	garage	packaged	1ton/day	2.65
P-70	**Storm water supply pump(for Irrigation)**	2	Storm water tank RM	booster	125LPM	0.75

[장비 사양표]

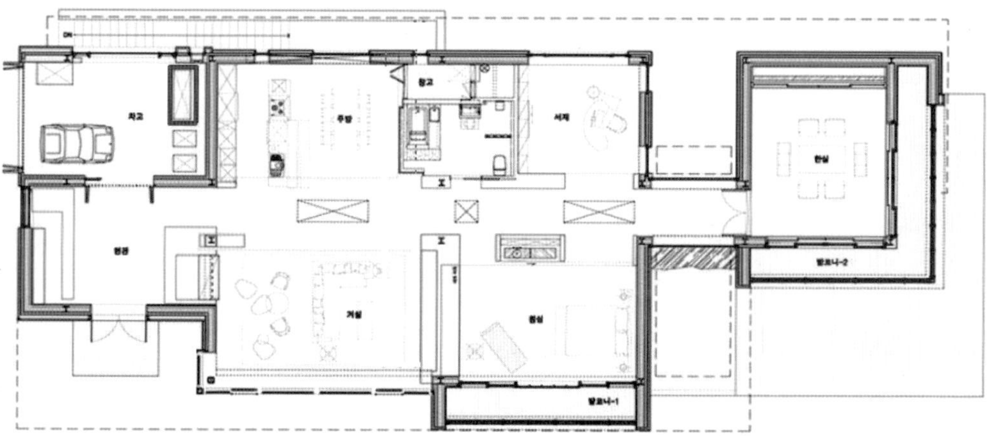

[적용 현황 및 위치]

위치	용량	수량	TYPE
전시관 차고	1톤	1	패키지, 감압식

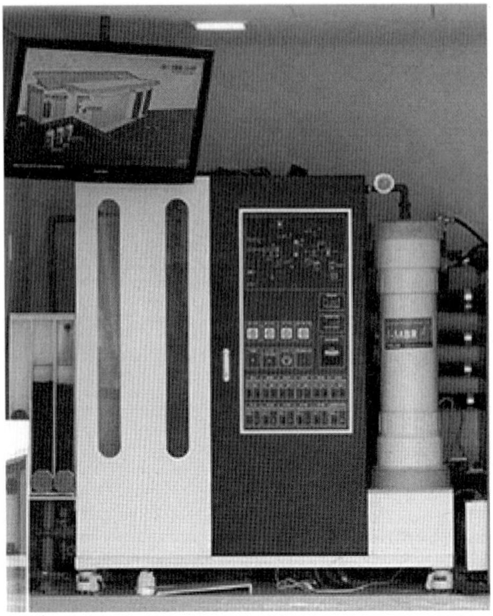

[패키지 중수처리 장치]

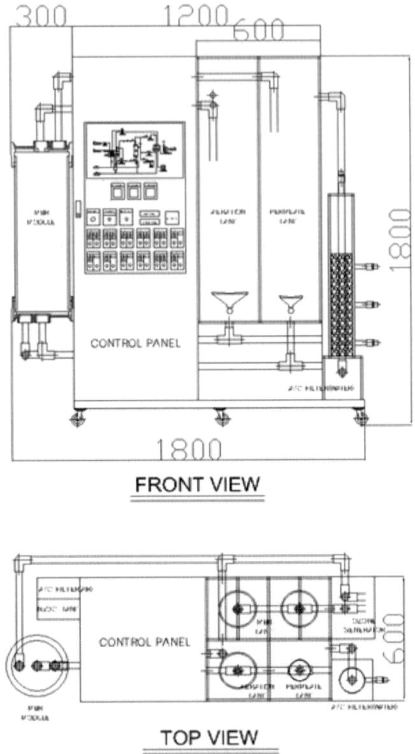

[패키지 중수처리 장치 도면]

(3) 예상효과

구분	내용
경제성 확보 (침지식 MBR 대비)	- 초기 투자비 : 기존 대비 17~21% 절감 - 유지 관리비 : 40~56%이상 절감 - 공간 효율화 : 설치면적 56~79% 감소
운전 효율 증대	막 폐쇄(Fouling) 억제로 투과 수량이 증가함에 따라 처리 효율 증대
운전 간편성 (슬러지 인발)	멤브레인 모듈 내 상부에 적체된 슬러지를 간헐적으로 배출하여 모듈 내 막의 처리 유효면적을 증가
실내 냄새, 해충 발생 방지	탈취조에 연결함으로써 악취, 모기 등이 외부로 확산되지 않아 배기 덕트의 부하를 줄이고 실내 환경 개선
유지관리 편리성	막 모듈의 교환 작업시에는 밸브조작으로 배관을 잠근 후 막 모듈만 탈부착 함으로써 설비가 간단하고 운전 용이
시스템 자동화	막 압력 변화에 따라 자동 역세, 세척 기능으로 처리 효율 및 운전 안전성 확보

2) 절수형 수전

(1) 개요

가. 기술 개요

생활수준의 향상과 더불어 인구의 도시집중화 현상에 따른 물 사용량의 급격한 증가로 공급수량과 사용수량의 균형이 잡히지 않아 도시에서는 특히 여름에 물부족 현상이 일어나고 있다. 따라서 물도 유한에너지란 사고에서 물을 유효하게 이용하고자 하는 사회적 요청에 부응하여 절수형(water saving type) 수전이 개발되어 사용되고 있다.

절수형 수전은 세척용으로 사용되는 수도꼭지에서 "사용하지 않는 동안 지수(止水)" 시키는 방식을 이용하고 있다.

나. 절수 방식에 따른 분류

절수형 수전은 수도꼭지를 사용하지 않는 동안 지수시킴으로써 절수하는 방식으로 다음과 같이 3가지로 분류할 수 있다.

① 자폐식 수도꼭지

구분	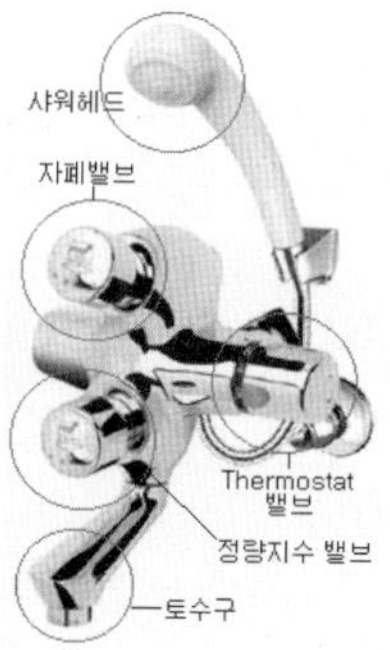	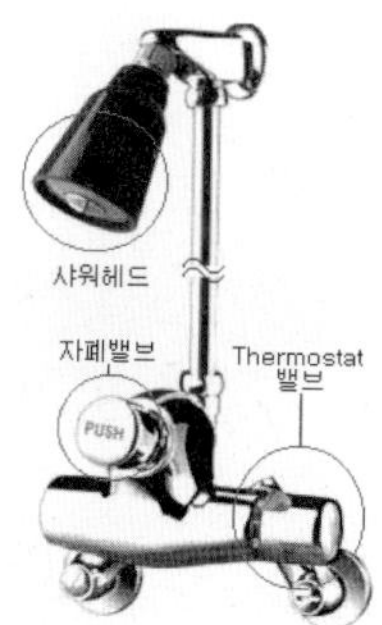	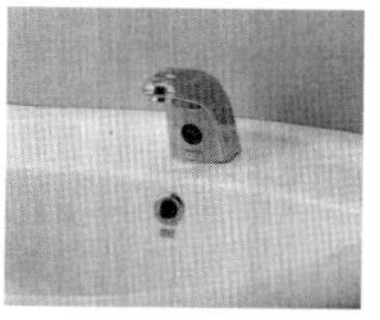 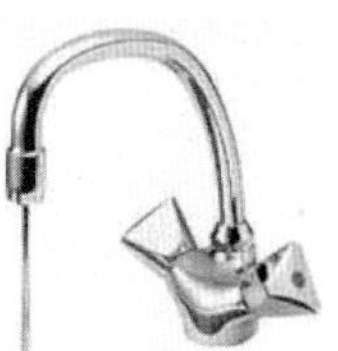	 
개요	자폐.정량지수기능이 조합된 샤워·욕조용 자동온도조절 수도꼭지	자폐기능이 있는 샤워용 자동온도조절 수도꼭지	전자감응식 수도꼭지(위) 즉시 지수식 수도꼭지(아래)	자폐식 수도꼭지

② 즉시 지수형 샤워헤드 및 벨브

구분		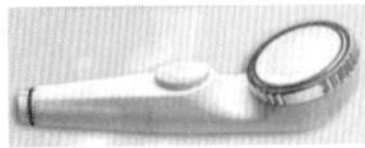		
개요	즉시 지수형 샤워 헤드			샤워헤드용 즉시지수 밸브

③ 풋밸브 및 자폐밸브

구분			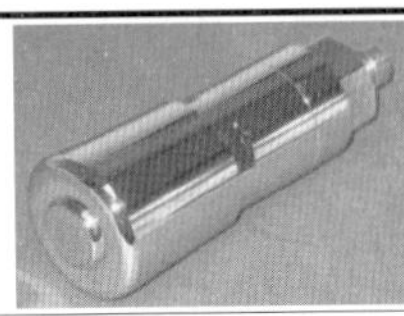	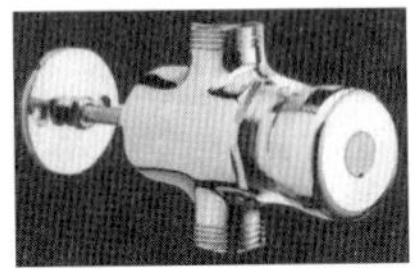
개요	즉시지수밸브 - 풋밸브(foot valve)	자폐 밸브		

(2) **설계주안점**

씽크 수전은 페달밸브를 이용하고, 세면기 수전은 전자 감응식 수전을 사용해 꼭 필요한 양만큼만 사용.

- 불필요한 물낭비 저감
- 물 사용량 절감으로 수질오염 예방

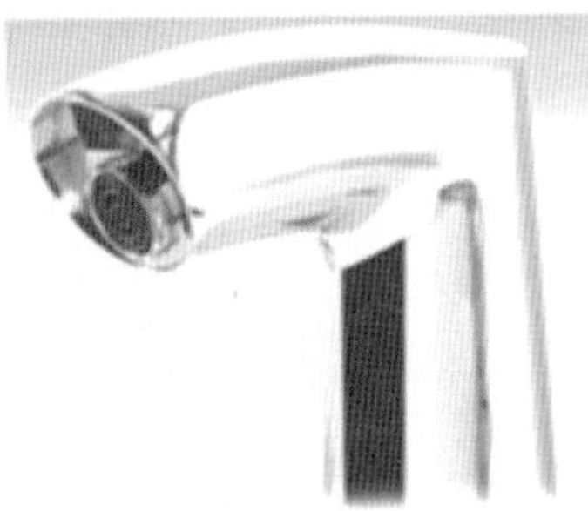

[전자 감응식 수전]

[싱크수전 페달밸브]

(3) 적용현황

가. 절수형 수전 적용 위치

① 홍보관 1F

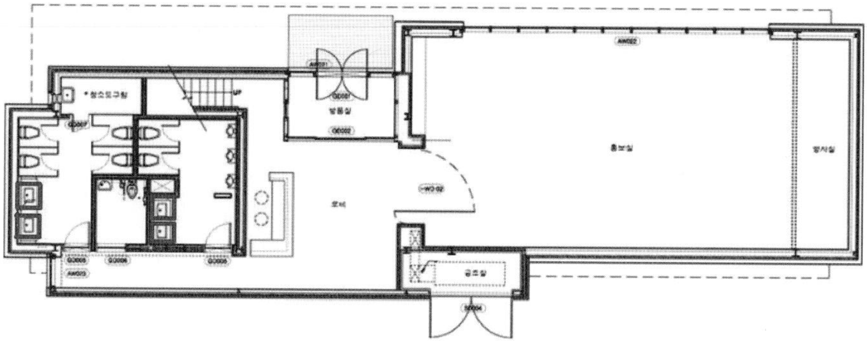

① 홍보관 2F

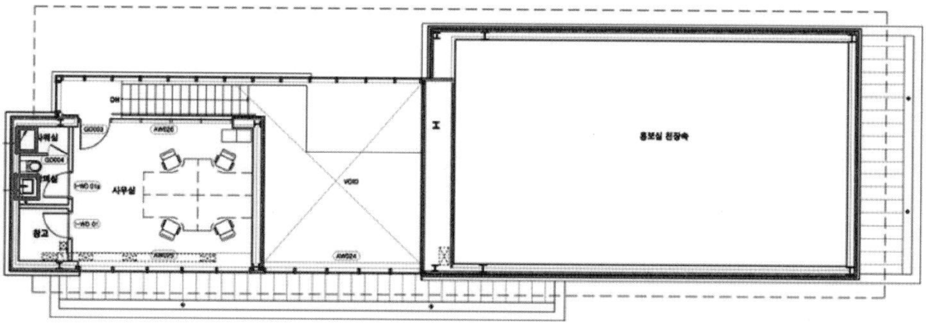

③ 전시관

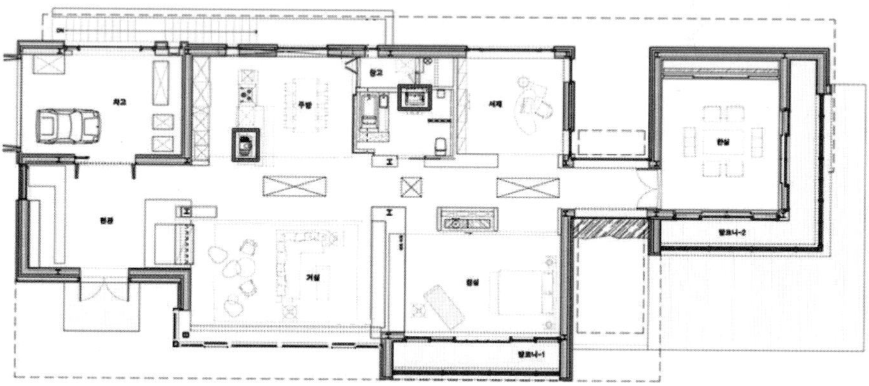

세면기 수전 싱크대 페달밸브 절수형 샤워기

[절수형 수전 적용 위치]

[절수형 수전 현장적용 사진]

(4) 예상효과

적용 기구	싱크대 페달벨브		세면기 자동수전		샤워기 자동수전	
사진						
성능	기존방식	절수방식	기존방식	절수방식	기존방식	절수방식
	12 L/day	10 L/day	142 L/day	116 L/day	28 L/day	20 L/day
	16.6% 절감		18.3% 절감		28.5% 절감	

3) 초절수형 양변기

(1) 개요

가. 기술 개요

양변기의 세척수량은 얼마나 빨리 오물 · 오수를 양변기로부터 배출할 수 있는가에 의해서도 정해지므로, 절수형 양변기는 양변기내 배수로 등의 구조를 바꾸어 적은 수량으로 사이펀 작용이 일어나도록 한 것이다. 세척수량을 줄이는 데는 세척용 로탱크의 경우 핸들레버를 계속 조작해도 일정량의 세척수량 밖에 토수되지 않는 기구(non-hold식 대소 전환핸들)가 있으며, 플러시밸브는 non-hold식 핸들, 설정 토수량의 표시, 세척밸브 개수용 절수 킷트 등이 있다. 또한 사용 중의 소리를 숨기기 위해서 사용되는 경우도 있으므로, 로탱크나 세척밸브의 조작을 저감 하는 효과가 있는 유사음 장치를 설치하여 세척수량을 절감할 수가 있다.

나. 절수 방식에 따른 분류

절수기기의 사용방식에 따라서 기존양변기에 사용되는 물을 절감할 수 있는 부속을 설치하는 방식 및 변기의 세척 구조를 달리한 방식으로 다음과 같이 3가지로 분류할 수 있다.

① 사용수량 조질형 : 로탱크에 대변 세척에 필요한 적정 사용 수량만을 배출하여 절수하는 방식

구분			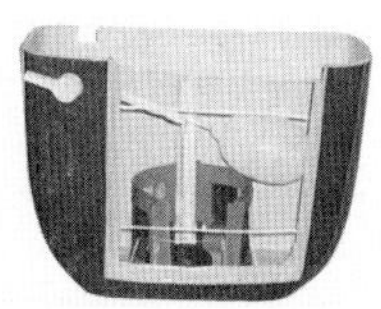	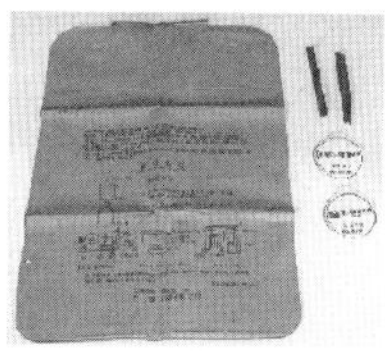
개요	중력식 절수기	사이펀 덮개	방호벽	물주머니

② 대소변 구별형: 대소변별로 사용수량을 조절할 수 있도록 고안된 절수기기를 설치한 방식

구분	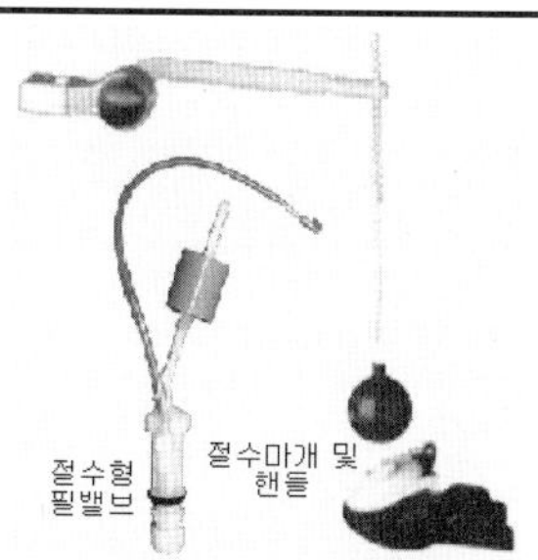	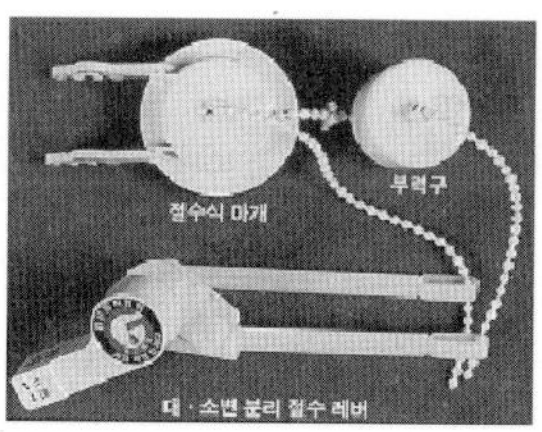	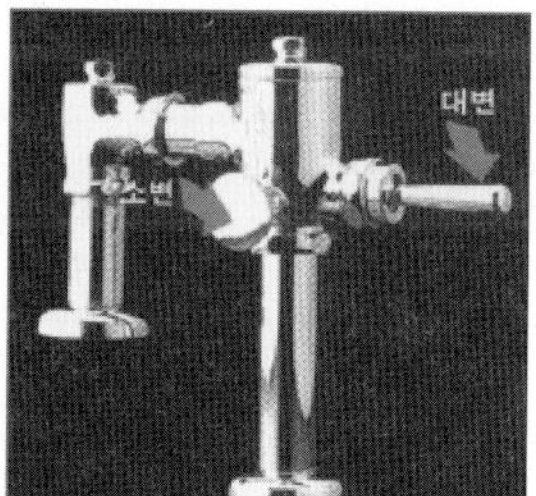
개요	대·소변 구별형 로탱크용 절수기기		절수 세척밸브

③ 사용수량 저감형: 가압에 따른 세척압력 증가, 물사용량 저감형 세척 구조에 의해 절수하는 방식

구분	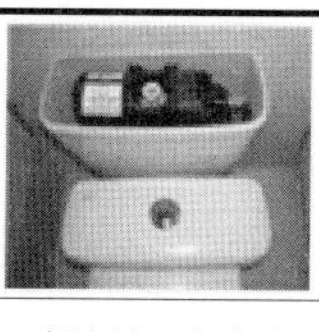	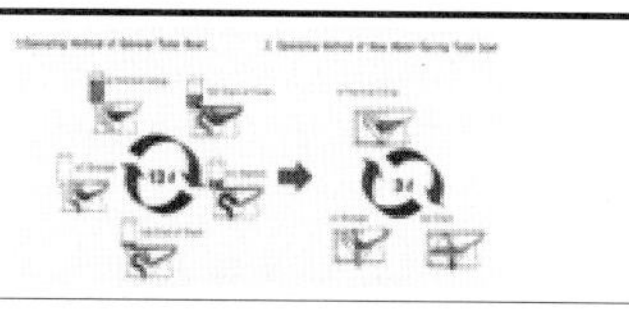
개요	가압식 양변기	사이폰 볼텍스 변기

다. 절수형 위생기구의 성능

아래의 표를 보면 세척구조를 변경하여 비교하였을때, 일반 양변기는 세척시 사용수량이 13~15L이나 절수형 양변기는 사용수량이 6~9L이다.

[일반 및 절수형 양변기의 사용수량]

종류	사용수량	설치가능 절수기기	사용수량 [L]	
			대변후 작동시	소변후 작동시
로탱크형 양변기	절수형(6L형)	대 · 소변 구분형	6	3.5
	절수형(9L형)	대 · 소변 구분형	8~9	4.5~5
	일반형(13L형)	대 · 소변 구분형	13~15	8~9
		사용수량 저감형	11~13	11~13
세척밸브형 양변기	절수형(9L형)	절수 세척밸브	9	5
	일반형(15L형)	절수 세척밸브	15	9
세척밸브형 동양식 변기	일반형(15L형)	절수 세척밸브	15	9

[동일 양변기에서 공급수압 변화에 따른 1회 물 사용량 변화]

공급수압	[kgf/㎠]	0.0	1.0	2.0	3.0	4.0
	[kPa]	0.0	98	196	294	392
사용수량 [L]	로탱크형	13.0	14.3	15.5	16.2	16.8
	세척밸브 부착형	-	15.0	21.2	26.0	30.0

(2) 적용현황

- 1회 사용시 4.8L 수량으로 일반 절수형 양변기 보다도 20%이상 추가로 물을 절약하는 초절수형 양변기 설치

가. 초절수형 양변기 설치 위치

① 홍보관

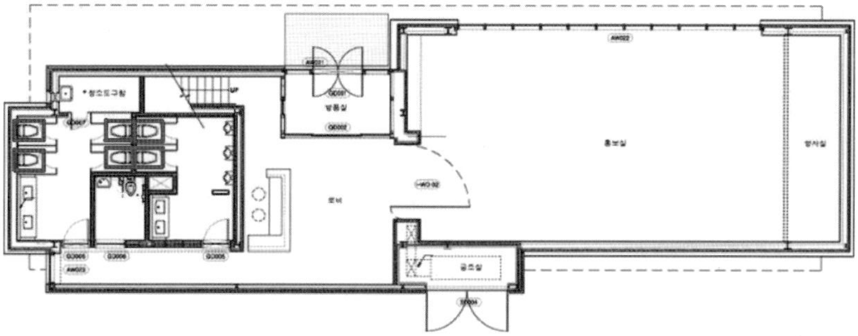

② 전시관

[▢ : 초절수형 양변기 설치 위치]

나. 초절수형 양변기 현장 적용 모습

다. 초절수형 양변기의 원리

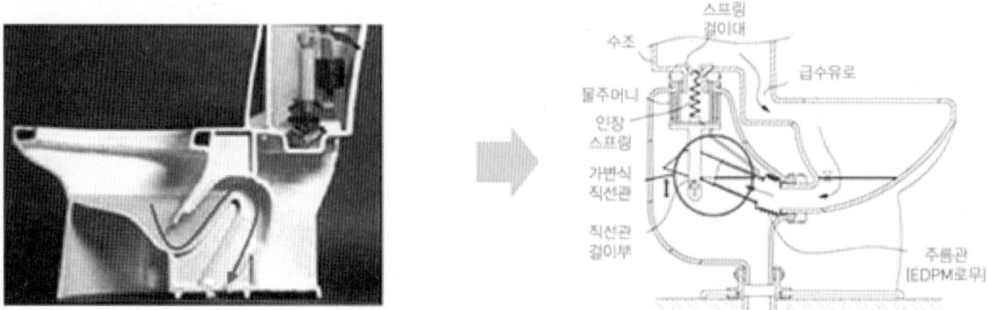

사이펀식 양변기(기존)

직선 가변식 양변기(GREEN TOMORROW 적용)

[가변식 직선관의 초절수형 양변기 적용 및 구성]

(3) 예상효과

가. 최종 소비자가 가지는 이점

① 고품격 원피스 절수형 변기로 품격, 저소음, 물 절약(환경사랑)을 실천

② 반피스 제품의 경우에도 사이폰관의 진공소음에서 해방

나. 건설 시공사가 가지는 이점

① 욕실, 화장실 고급화 추세에 적합한 제품을 저가 구입

② 환경을 생각하는 기업 이미지 홍보에 최적합

③ 시행건물에 대한 차별성 부각 요소로 활용

④ 환경 친화제품의 확보로 향후 절수정책에 부합 (강점 추가)

⑤ 비데 일체형 변기 채택 시 원가절감 탁월

다. 기존제품 대비 초절수형 양변기 비교

제품 특성	초절수형 양변기	기존 제품
디자인 다양성	고품격 - 원피스제품 적용 모든 형태의 변기 채용 가능	원피스 제품은 절수기능 채택 불가 절수제품은 디자인 채용의 한계
소음	50.0 ~ 53.2 db	61.7~63.0 db
세척력	실험구 배출 100개 전량 배출 입자(100기준)배출 잔류수 0~5개	실험구 85~100개 배출 입자배출 잔류 0 ~ 20개
물 사용량	1회 평균 3.3리터 사용 소변 3리터/ 대변 4.5리터	절수형변기 6~8리터 (통상 8리터) 일반변기 10~12리터

배출 방식	가변 직선 배출관 (토디식)		S자형 사이폰관 (사이폰방식)	
소비자 가격	22만원 ~ 33만원		15만원 ~ 35만원	
기타	대/소변 구분 버튼 부대장치 없이 절수, 저소음 실현		대/소변 구분 못함 절수 부대장치 채용 및 외부동력 필요	
적용 기구	양변기 (남)		양변기 (여)	
성능	일반절수형	초절수형	일반절수형	초절수형
	48 L/day	38 L/day	206 L/day	163 L/day
	20.8 % 절감		20.8 % 절감	

4) 물 안쓰는 소변기

(1) 개요

가. 기술 개요

기존의 일반 소변기들은 사용자가 소변을 보게 되면 자동센서가 작동하여 사람의 동작을 체크하고 물을 흘려 내려(일부는 버튼을 눌러서 물을 내림) 소변을 씻어 내리며, 소변냄새는 세척제와 방향제를 사용하여 근원적인 문제 해결방식(소위 원인처방)이 아닌 일시적인 현상처방방식을 통해 화장실의 청결을 유지하려고 노력하고 있다. 또한 적은 양의 소변을 씻어 내리기 위해 많은 양의 물을 사용하고 있어 수자원 절감부분에 문제가 야기되고 있다. 이러한 문제를 해결하기 위해 절수형 소변기의 개발이 이루어 졌으며 다양한 노력을 통하여 다량의 물과 화학물질을 사용하지 않는 소변기, 소변냄새가 나지 않는 소변기, 친환경적인 소변기 등이 이용되고 있다.

나. 절수 방식에 따른 분류

절수형 소변기에는 다음과 같이 물안쓰는 소변기, 센서형 소변기 등이 있다.

구분	물안쓰는 소변기		센서형 소변기
개요	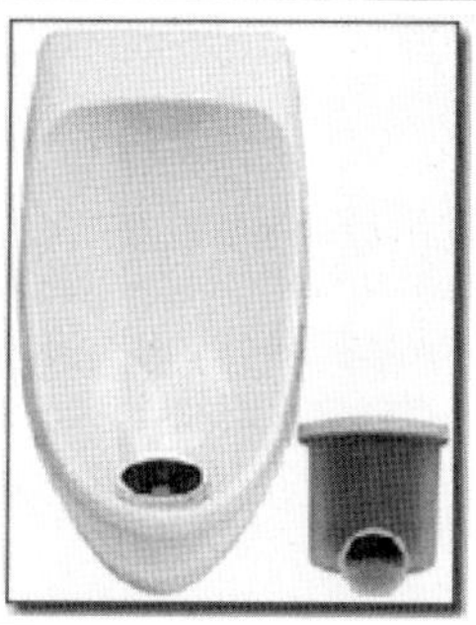		

① 물안쓰는 소변기 : 물사용량이 없는 시스템

소변과 이물질 제거에 효소 사용

카트리지 필터 사용 (10,000회)

필터 교체 필요, 물청소불가(전용 청소액 사용)

② 센서형 소변기 : 사용자 부주의에 의한 세정용수 낭비 방지

세정용수 배출시간 조절 가능

(2) 설계 주안점

① 벽에는 오수관 설치만 필요할 뿐 상수도관 설치가 전혀 필요 없다.

② 전원장치가 필요한 모델(L형)의 경우 전기배선(220V)을 미리 준비해 놓는다.

③ 소변기내 지폰이 트랩기능을 함으로 오수관에 추가 트랩설치가 전혀 필요 없음.

④ 소변기 높이 : 사용자들의 평균키에 따라 오수관 시공 시 조절가능

(어린이용의 경우 오수관 높이는 바닥에서 약 150~200mm가 적정)

(3) 시공 주안점

가. 오수관 (배관)

① 설치 전 오수관(배관) 내외부의 이물질을 깨끗이 제거한다.

② 오수관(VG2 ϕ 50mm)의 높이는 바닥타일 기준 350mm로 한다. (아동용: 150mm)

③ 오수관은 벽면 마감(타일벽)에서 55mm 돌출만 필요하므로 그 이상의 돌출을 제거한다.

(주의 : 물을 사용하지 않는 소변기임으로 급수배관은 전혀 필요 없음)

[물 안쓰는 소변기 설치를 위한 배관 준비 사진]

나. 벽 부착용 브라켓 설치(U자형)

① 바닥타일 기준 835mm(배관센터 기준 485mm) 높이, 벽면에 310mm 폭(소변기 센터 기준 좌우 155mm)으로 타공(ϕ 8mm)한 후 플라스틱앵커를 삽입한다.
(좌우 수평 확인)

② 위 브라켓을 타공한 위치에 볼트와 원형와샤를 이용하여 설치 고정한다.

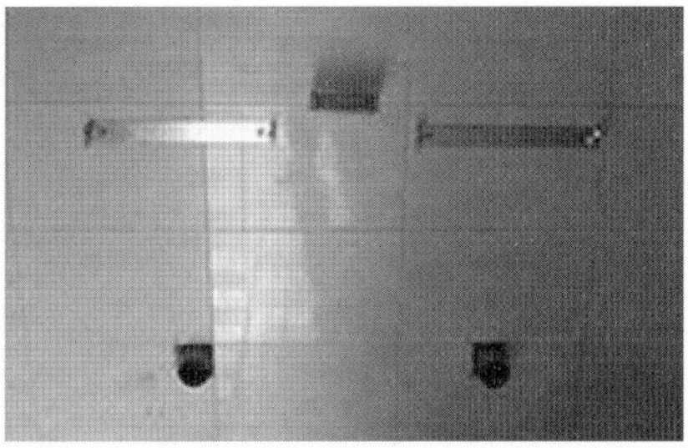

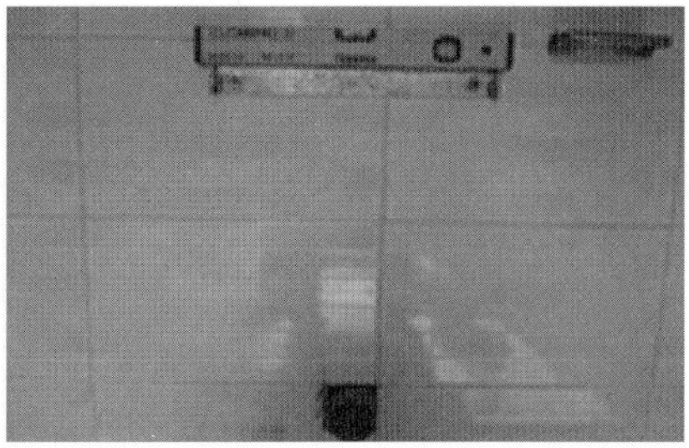

다. 소변기 설치

① 소변기 뒤편 오수관 외부에 적당량의 그리스를 바른다.

② 벽으로부터 55mm 돌출된 오수관에 고무패킹을 삽입 후 소변기의 배수관을 끼운다.

③ 소변기 좌우 외측에 凸형 와샤를 끼우고 육각렌치용 볼트를 이용하여 소변기를 고정한다. (좌우 수평 확인)

④ 여과망을 반듯이 올려 놓는다.

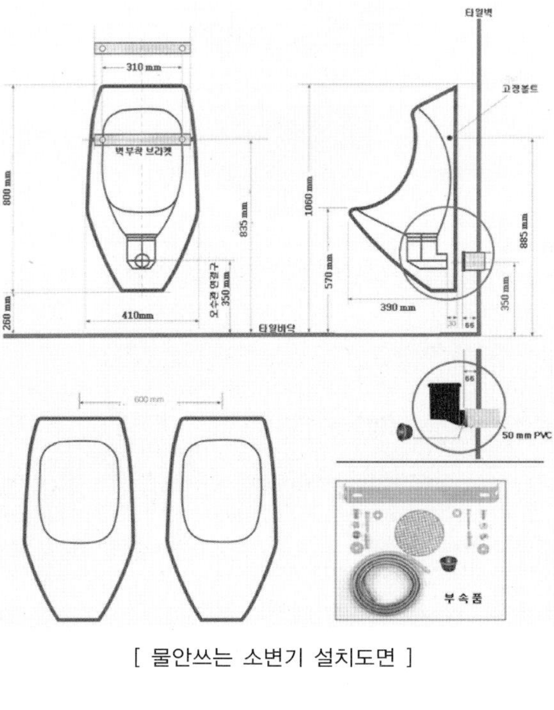

[물안쓰는 소변기 설치도면]

라. 작동검사

① 소변기에 충분한 양의 물을 부어(호스 이용) 오수관의 공기를 완전히 제거 시킨후 소변량 정도의 물을 부어 배수상태를 확인한다.

② 배수가 잘 안될 시 지폰의 부력체(녹색 또는 검정색 플라스틱)를 손가락으로 가볍게 눌러 공기를 방출시킨다.

(4) 적용현황

가. 적용 제품 내용

소변기에서 사용하는 물의 양은 특히 관공서, 휴게소 등의 공공장소에서 사용이 증가하고 있는 추세이다. 기존에 국내에서 사용되는 물 안쓰는 소변기는 화학 밀폐액, 부력체 등을 사용하여 소변 배출 후 대기로 암모니아 냄새가 확산되지 않도록 소변 배출구와 공기를 차단하는 방법을 적용하고 있다. 그러나 이들 제품은 주기적으로 카트리지 교체에 따른 폐기물 발생과 함께 교체비용의 경제적 부담, 교체시기 확인의 어려움에 따른 유지관리 불편 등 문제점이 있다. 이러한 문제점을 최소화한 제품을 선정하여 Green Tomorrow에 적용하였다. 이는 카트리지 교체 주기가 길어 폐기물 발생량을 억제하고 교체 비용이 저렴하며, 유지관리가 편리한 제품을 선정하여 타 제품에 비해 환경적 편익을 높이게 되었다.

[지폰의 부력체]

[물 안쓰는 소변기 적용 제품]

구 분	화학 밀폐액	부력체	차단막
형 태		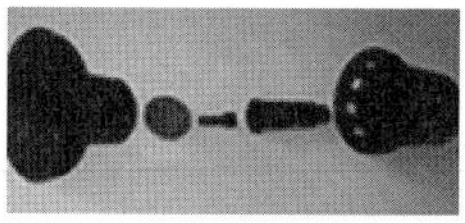	
방 법	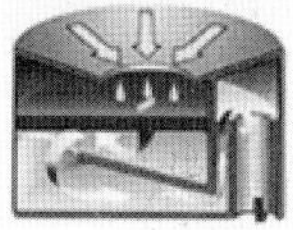		
기 능	소변 시 밀폐액과 소변 혼합후 밀폐액은 낮은 온도로 상승	소변 시 부력체는 하강하고 소변완료 후 부력체 상승	소변 시 차단막 사이로 소변이 배출되고 소변완료후 차단막 닫힘
장 점	화학적 기밀성이 높음	세척 후 재사용 가능하여 교체주기가 김	- 설치 간단하고 차단효과 확실함 - 교체 시 폐기물 발생량 적음
단 점	- 연속 사용 혹은 세척수 유입시 밀폐액 유실 가능 - 사용장소에 따라 사용횟수에 차이가 있어 교체 비용증가 - 폐기물 발생량 많음	- 부력체 상부에 틈이 발생할 경우 냄새 발생 가능 - 세척시 고농도 암모니아 발생으로 유지관리 어려움	- 차단막의 경화에 따른 사용횟수 감소 가능

[물 안쓰는 소변기 적용 방법별 특징]

나. 물안쓰는 소변기 현장 위치

홍보관

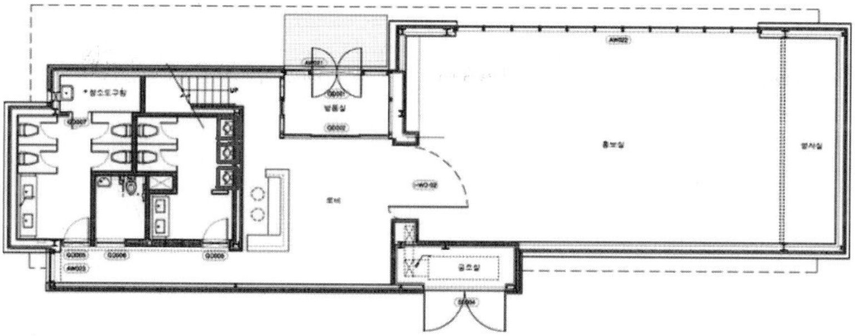

[▒ 물안쓰는 소변기 설치 위치]

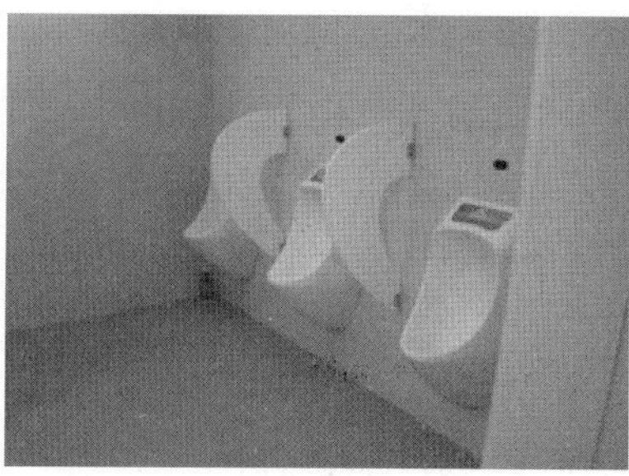

[적용 모습]

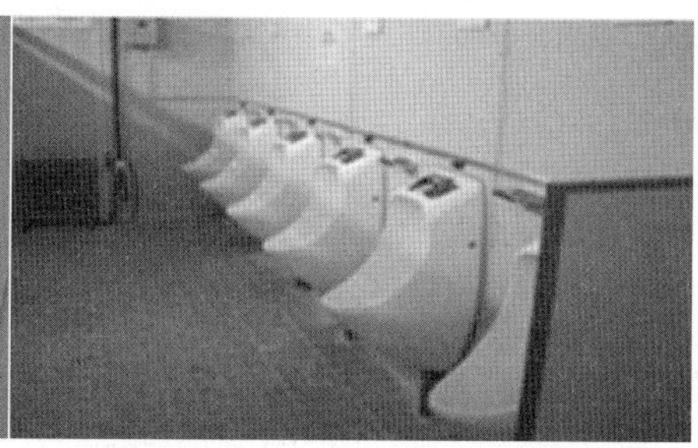

[적용전 현장 사무실 시험운영 시행]

(5) 예상 효과

- 1년 총 수돗물 사용량 약 36ton 저감 가능

적용 기구	소변기(남)	
성능	일반절수형	초절수형
	98.4 L/day	0 L/day
	100% 절감	

(6) 타 건물 적용사례

사진			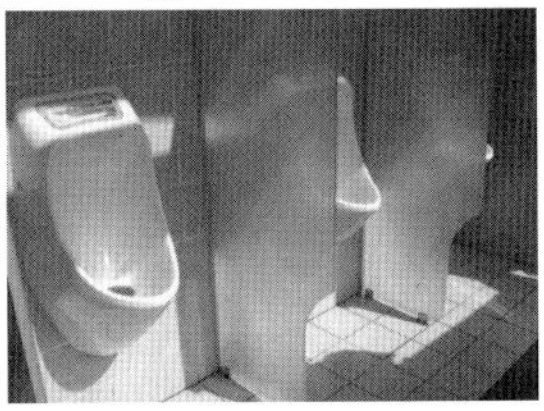
적용위치	유럽의 설치사례 Hotel Continental	부산 해운대 구청	일산 호수공원

5) 우수 재이용

(1) 개요

가. 기술 개요

우수 이용이란 빗물을 저장하여 해당 지역 내의 수원으로 활용하고 이에 맞추어 지역의 물 순환시스템을 구축한다는 넓은 의미와 더불어 건물에서는 지붕 등에 내린 비를 저장하고 화장실 세척수나 냉방용 냉각수 등의 기타용수로서 이용하는 시스템을 일컫는 말이기도 하다. 우수이용 시스템은 도시 내 우수의 배수 및 유출억제, 하수도관 및 처리시설 용량 축소, 상수를 대체하는 수원으로서의 기타용수 등을 이용 등을 유도하여 수자원을 보호하기 위한 자원 절약 시스템이다.

빗물은 강하되는 동안 공중의 각종 물질을 함유하게 되고, 건물 지붕 또는 건물 표면에 도달해 먼지나 세균 등을 함유하여 유입되게 되므로 초기 강우시 집수는 피해야 하고 생활용수, 조경용수 등 위생 용수로 사용하기 위해서는 수처리를 거쳐야 한다. 또한, 우수이용은 상수도 이용 보다 환경부하가 작으므로 적극적으로 적용 검토를 하는 것이 바람직하며, 우리나라는 1년 중 6월~9월경 여름철에 비가 집중되므로 빗물을 재이용하기 위해서는 일별, 월별, 연별 평균 강수량, 일일 최대 강수량 등 강우의 특징을 고려하여 계획하여야 한다.

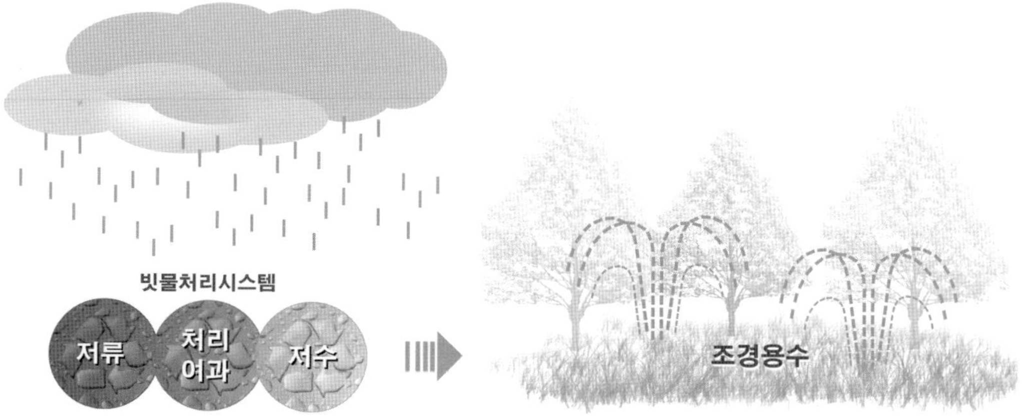

[우수 시스템 개념도]

나. 우수 재이용 시스템

① 우수시스템의 장단점

- 장점 : 빗물의 재이용으로 상수도 사용요금 및 상수도 처리비용을 절감
- 단점 : 원수의 공급이 여름 장마철에 집중되기 때문에 계획적인 용수사용이 어렵고 자연적으로 발생하는 원수를 용수로 공급하기 때문에 저류조의 설치면적이 커질 수 있음

② 우수 처리 시스템 흐름도

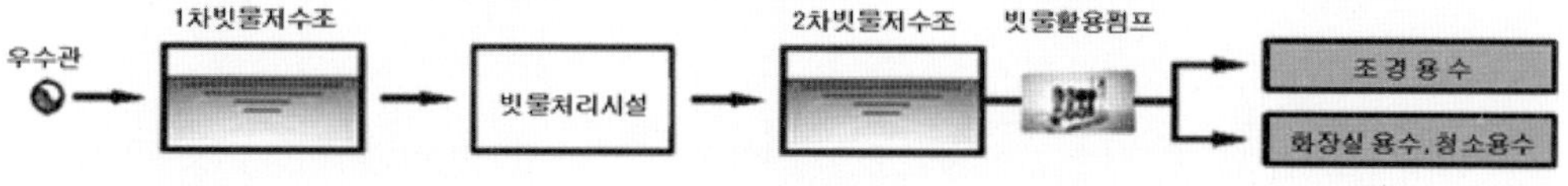

(2) 설계 주안점

구분	개념도	내용
지붕집수면	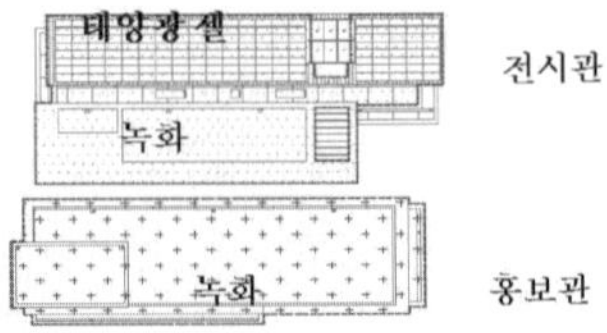	옥상녹화 부분에 빗물을 통과시켜 양호한 수질 확보
집수	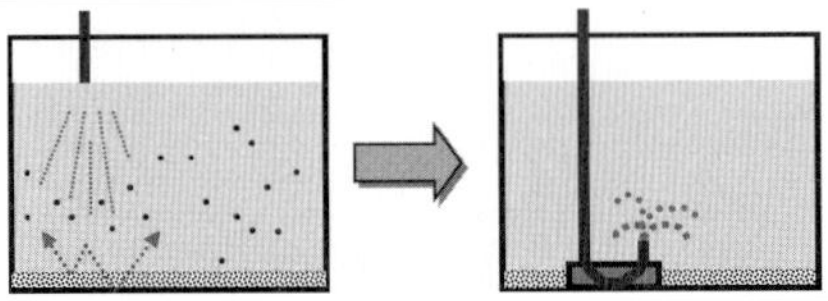	집수관 형태를 U자형으로 하여 집수조 침전물질 부유 방지
취수	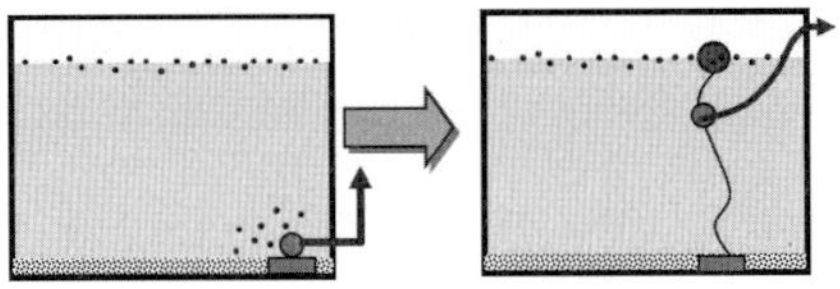	취수시 상하부의 이물질이 유입되지 않도록 Float 취수관 설치
부유물질침전	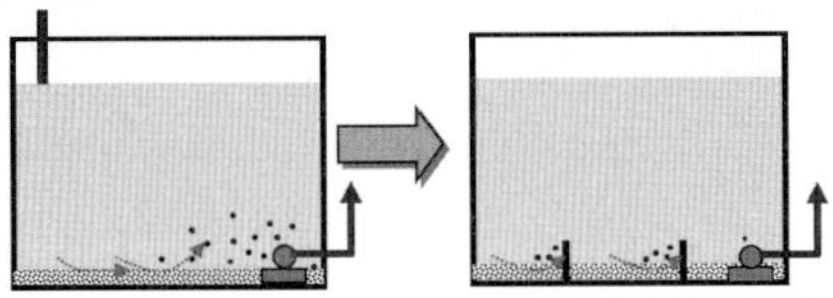	침전된 부유물질이 취수에 포함되지 않도록 유로 형성

(3) 적용현황

가. 우수처리 시스템 계통도

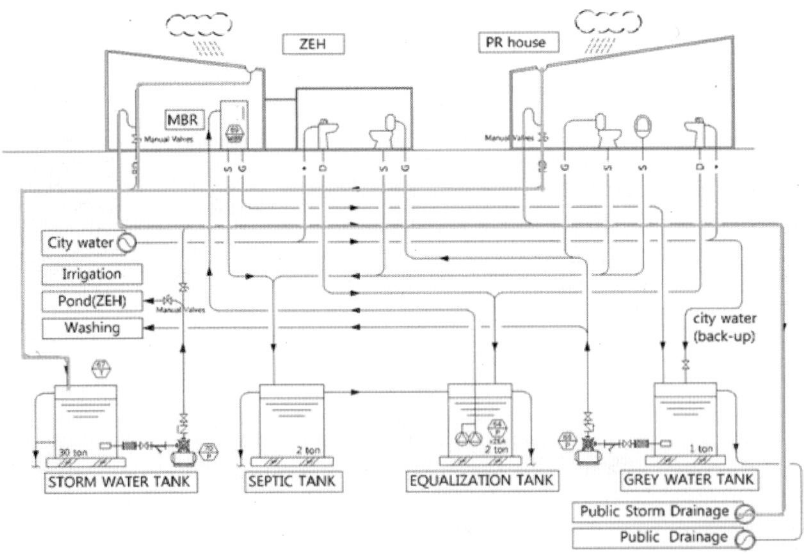

[빗물관리 계통도]

① 지붕의 빗물을 집수하여 옥외 공간의 조경용수 및 청소용수로 재활용

② 집수과정에서 오염물질 유입을 차단하여 양호한 수질 확보

③ 저류 및 취수시 침전물 부유, 유출을 방지하여 조경용수 활용

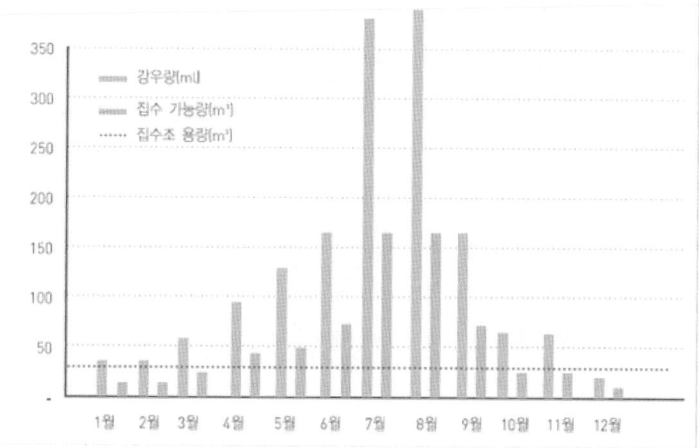

④ 지붕면의 불투수층에서 집수하여 30톤 용량의 저류조에 저장

⑤ 수원지역 과거 30년간 강우량 자료를 보면, 지붕에서 집수할 경우 4월에서 9월까지 저류조 용량의 빗물 저류 가능

[우수조 현장적용 모습]

(4) 적용사례

구분	건축물 이미지	시스템 적용도	시스템 내용
베를린 소니센터			- 사무빌딩과 야외시설의 화장실 용수, 조경용수, 소방용수로 사용 - 100~200m^3 용량의 저수조로 구성 - 전체용량: 900m^3
도쿄 가스 & 어스포트			- 옥상의 우수투입구를 통해 모은 빗물을 지하층 우수재 활용 시설에서 처리 - 건물 전체 물 사용량의 20%를 빗물로 대체
서울대학교 대학원 기숙사		 〈우수 집수구〉  〈화장실 공급펌프〉	- 기숙사 화장실 세정용수로 사용 - 지붕면 (2,098m^2)에서 우수 집수 - 빗물 저류조: 200m^3

4.5.3 스마트 전력계통

1) 스마트그리드

(1) 개 요

전력망에 정보기술(IT)을 접목하여, 전력 공급자와 소비자가 양방향으로 실시간 정보를 교환, 에너지효율을 최적화하며 새로운 부가가치를 창출하는 차세대 전력망.

(2) 설계 주안점

발진, 축전, 에너지 사용정보 등을 전력 시스템에 연계하여 수요를 관리하고 발전전력을 우선 사용하게 하여 발전 부담을 줄여 주는 지능형 전력망이며, 태양광 발전, 리튬 이온전지, 지능형 직류 전력량계 및 EMS 등으로 구성.

(3) 설계 기술

가. 구성요소

Advanced Smart Meter, 전기차 충전 인프라, 분산형 전원(배터리), 실시간 전기 요금제, 전력망의 자기치유(Self-Healing)기능, 신재생에너지 생산 · 판매 기능, DC전원공급 체계, 전력품질 선택 등

나. 특징

① 고장복구 및 계통감시(광역 계통 감시, SACDA, DAS)

② 소비자 참여, 전력품질 감시, 정보보호, 사이버 보안

③ 에너지 저장장치, 신재생에너지, 분산전원 연계

④ 전력판매 시장(AMI, 전력거래), 전력설비 관리 및 운영 최적화

다. 필요성

① [국가 차원] 에너지 · 환경문제에 대응

A. (에너지)국가 에너지 소비의 3% 절감(전기에너지의 10%) 및 태양광, 풍력 등 전력 생산의 불규칙한 신재생 발전원의 보급 확대 기반 조성

B. (환경)국가 CO_2 배출량 41백만톤('06년도 배출량의 7%)감축 및 전기차 보급 인프라 구축

〈 에너지절약 Mechanism 〉

② [기업차원] 녹색 성장 시대에 우리나라를 먹여 살릴 신성장 동력

A. (국내) 68조원 규모의 내수시장 창출을 통해 그린 일자리 50만개 창출하고 우리나라를 세계 스마트 산업의 테스트 베드화

※ 우리나라는 전력, 중전, 가전, 통신 부문에서 세계 일류 기업군을 보유→퓨전제품인 스마트 그리드 제품에서 시너지 효과 창출 기대

B. (수출) 조기 창출된 내수시장에서 축적한 노하우 · 경험을 바탕으로 세계시장 진출(' 30년 세계시장 점유율 목표 30%)

※ 선진국 노후설비 교체 수요와 개도국 설비 증설 수요에 따라 세계시장 전망은 매우 밝은 편 (최근 미국과 중국은 각각 45억불, 1,000억불 규모의 투자계획 발표)

③ [개인차원] 저탄소 · 녹색 생활 라이프 스타일의 정착

A. (주거공간) 녹색요금제 · 품질별 요금제 도입 등을 통해 소비자의 에너지 선택권 제고

- Advanced Smart Meter 보급을 통해 소비자의 전기사용량을 15% 절감, 각 가정에설치된 신재생 · 분산형 전원을 전력회사에 역판매 하여 수익창출(소비자의 Prosumer화)

※ 전기요금이 저가인 시간대에 충전한 전력을 고가인 시간대에 판매

B. (운송수단) ' 12년부터 아파트 · 관공서 주차장에 충전 인프라 구축, 전기차 배터리 임대 (Lease)비지니스 모델을 활성화

라. 실증단지 조성사업 개요

① 제주도 북동부에 위치한 구좌읍 일대 7,000세대로 구성

② 지역적 특성을 고려하여 6개의 구역으로 구분

마. 한국의 전력산업 정책방향

① 친환경 전력공급 체계 구축

A. 신재생에너지 보급 확대

- 발전차액 제도 및 RPA 등을 통해 투자 적극 장려

- 산업 파급효과가 큰 태양광, 풍력, 수소/연료전지 분야 핵심 지원

· 신재생 에너지 보급 목표:('07) 2.4%→('30) 11%

· RPA(Renewable Portfolio Agreement): 한전, 발전회사 등 9개 기관의 신재생에너지 공급참여 협약으로 ' 05~' 08년 동안 34만kW의 신재생에너지 설비 건설

B. 전력분야 CO_2 배출 저감 유도

- 업종별 배출량 산정 및 감축대책 수립 추진

- 배출권 거래제, 청정개발체제 등 온실가스 감축 이행기반 구축

- CCT 등 친환경 기술개발 지원 및 실증사업 추진 등

C. 분산형 전원 기술개발 및 사업화 확대

- 기존 대규모 중앙제어형 전원과 조화 추진

- 전력소비지 근방에 소규모 분산배치를 통해 생산: 소비지역 통합, 높은 열효율, 환경문제 해결 등 기대

② 에너지산업의 차세대 성장동력 육성

A. 민관 공동 스마트 그리드(Smart Grid) 구축사업 적극 추진

- '09. 2.16 VIP 주재 녹색 성장위 :

→ 세계 최초 국가단위 스마트 그리드 구축계획 보고

- '09.3.31 스마트 그리드 추진위 : 발대식 및 워크샵 개최(200명 참석)

B. 역점 추진사업

- 한국형 스마트 그리드 비전 선포

  · 에너지 절감, CO_2 저감, 신비즈니스 창출 관련 정량화된 비전 선포

- 실증단지 부지 선정

  · 입지 선정 실무협(4.28-5.19) → 최종부지 선정(5.28) → 대외 공표(6.2)

- 한국 스마트 그리드 협회(KSGA) 발족

  · 창립위 회의(5.8) → 창립 총회(5.21) → 설립 허가(5.26) → 설립 등기(5.29)

- 미국과의 양자 협력체계 구축

  · 美에너지 부처간 SOI, 협회간 MOU 체결, 민간투자포럼 개최

③ 전력산업의 신성장동력 확보

A. 전력산업의 해외진출 확대

- 화력발전, 송배전 등 전력기술이 세계적 수준인 점을 활용하여 전력설비 투자가 활발한 중국, 동남아, 북아프리카 등에 적극 진출

  · 해외 발전설비 용량 확보 : ('07) 265만kW → ('12) 800만kW

  → 국내 전력수요 성장한계에 따른 국내 전력업계의 미래 성장 동력을 확충하고 전력산업의 지속적인 발전 기반 마련

B. 전력산업에 첨단IT기술을 접목한 전력IT기술 지원

- 배전지능화, 전력선통신 스마트그리드 등 10대 핵심과제 개발
- PLC 활용 원격검침 및 변압기 감시 등 시범사업으로 사업화 기반 구축

C. 전력분야 핵심기술 개발을 위한 인프라 구축

- 전력전문투자조합 결성(250억원 규모)으로 개발기술의 사업화 촉진
- 전력산업분야 인력양성, 표준화 등 인프라 구축 투자 ('08년 372억원)

(4) GT 적용 기술

가. 기술 개요

① 에너지의 생산량 대비 소요량 조절을 통한 에너지의 최적화

② 상호 연결된 기기와 시스템의 운영을 감시하고, 보호하며 자동으로 최적화하는 고도화된 전력 운송 시스템

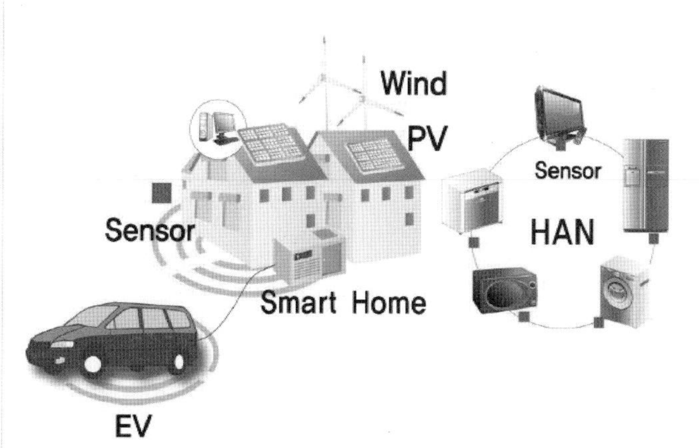

나. 기술 특징

① 최적의 친환경, 에너지 효율 기술을 집대성

② 건축자재 및 신재생에너지 발전으로 환경 부하 최소화

③ 유비쿼터스 기술을 바탕으로 Zero Energy 환경 및 편의 공간 창출

다. 기술 검토

① GT에는 REMS와 PV, Inverter, Converter, Battery를 연계하여 홈스마트 그리드 구현

- 세대 실별, 특정부하에 대한 전기사용량 조회
- 실시간 가스, 난방, 수도 사용량 및 요금 조회
- 신재생에너지 활용 발전량 및 사용량 모니터링

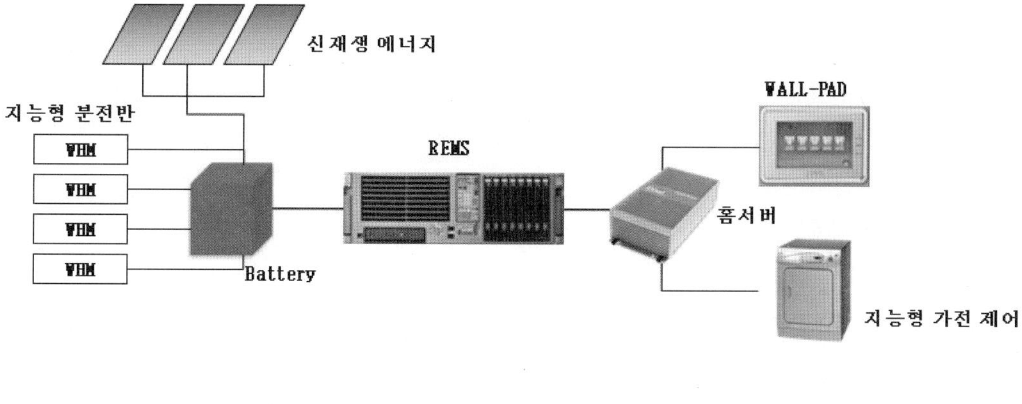

라. 시스템 구성도

① 전력 계통

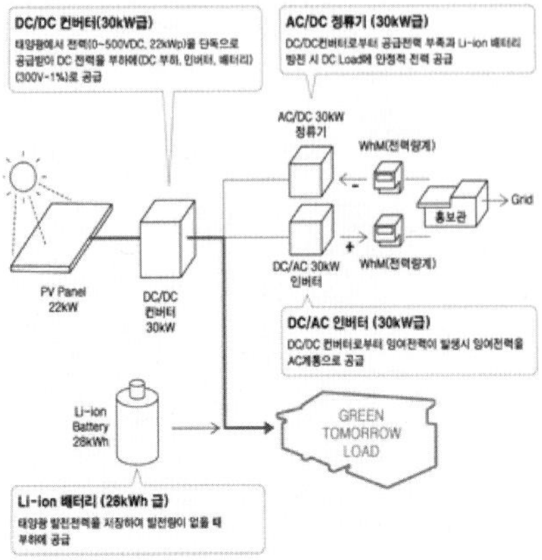

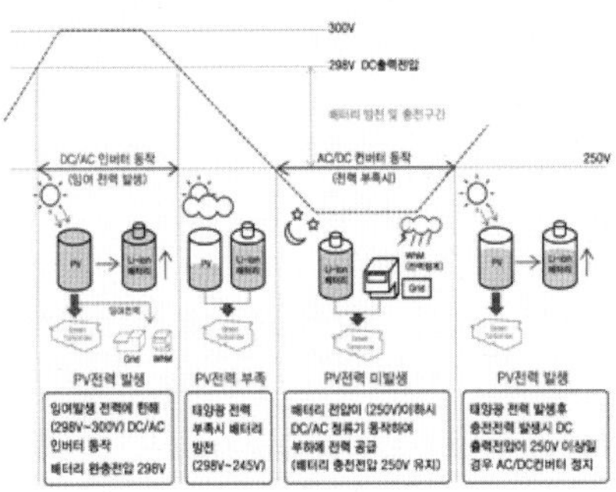

DC 계통 장비 배치도

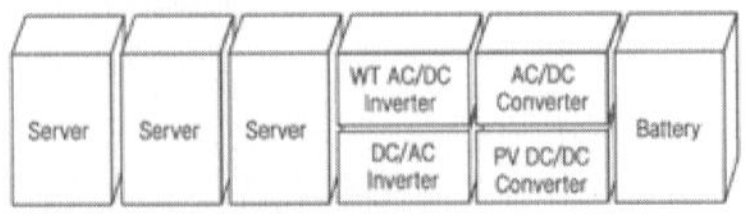

직류(DC) 구내배전 시스템 | DC Electricity

디지털 가전에 적합한 직류전원을 직접 공급하여 교류변화손실을 줄여 최대 10~20%의 에너지사용을 저감하는 배전기술 입니다. (노트북, 핸드폰의 전원을 아답터 없이 직접 공급해주는 콘센트)

홈 스마트 그리드 | Home Smart Grid

전력망을 지능화하고 신재생에너지와 배터리 등을 계통에 연계하여 수요관리에 맞추어 신재생에너지 등을 우선 사용하게 하여 발전 부담을 줄여주는 에너지 효율 전력망입니다.

구내 배전용 리튬이온 전지 | Lithium-ion Battery

신재생 에너지 시스템의 안정성을 위하여 발전 시 잉여전력을 충전하여 발전이 되지 않을 때에도 전원 공급이 가능토록 적용한 전지입니다.

그린 서버 시스템 (원격조정) | Green Server System

하나의 시스템 내부에 다수의 가상 시스템을 생성하여 복수 애플리케이션을 운영할 수 있도록 하는 기술입니다. 서버를 통합하여 활용도를 극대화하여 구축비용과 전력, 발열량(냉방비), 임대료, 인건비 등의 관리 비용을 낮추는 것이 목적입니다.

Zero Energy Zero Emission Green IT

② IT 계통

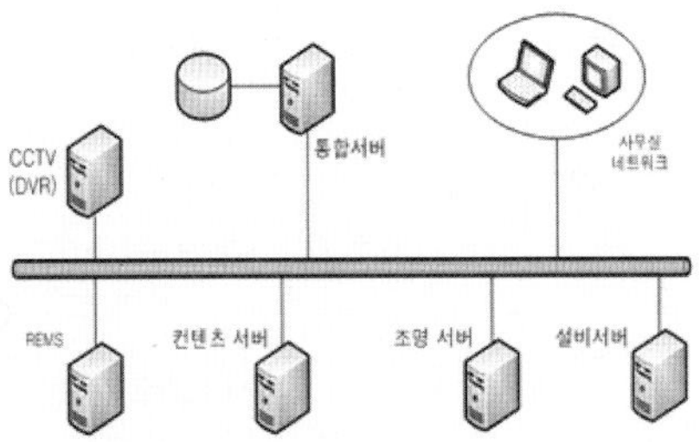

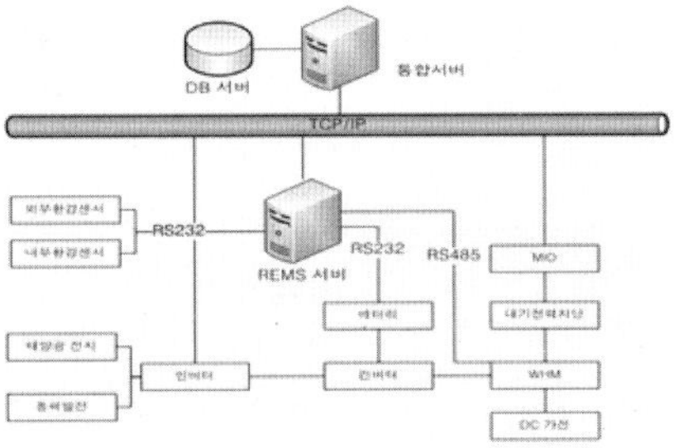

마. 에너지 모니터링

① 에너지 모니터링 정보

A. 모니터링 항목 표현방법

- 에너지 사용/발전량 실시간 표시(단위 : kWh)
- 에너지 사용/발전량 CO_2 수치로 환산 표시(단위 : kg-CO_2)
- 에너지 사용/발전량 금액으로 환산 표시(단위 : 원)

- 사용량을 표시할 경우 항상 Base-line과 비교 표시하여 절감효과를 쉽게 느낄수 있도록 유도

B. 모니터링 구분

- 조명 : 전시관, 홍보관, 옥외 3개존 표시
- 전열 : 냉장고, 세탁기, TV 등 설치된 전체 가전제품 개별 측정실별(침실, 거실 등) 사용 현황 표시
- 동력 : 지열시스템, 펌프, Fan 류 개별 측정사용현황 시스템 별 표시
- 발전량 : 태양광 발전, 풍력 발전, 태양열 급탕량, 지열 발생량, 중수처리 용량 표시

C. 실별 디스플레이

- 거실 : 55" LED TV (거실장 내 Main 영상에 표시)
- 주방 : 식품정보 시스템 (Island Sink 상판 표시)
- 욕실 : 매직미러 시스뎀에 표시(세먼대 전면 거울)
- 침실 : 피팅미러 시스템에 표시(침실장 전면 거울)
- 서재 : 재택근무시스템 듀얼 모니터에 표시(서재 책상 위)
- 별체 : 전자액자(동양화)
    · 한실 형태일 경우 동양화 하단에 서체로 만 표현
    · 프리젠테이션 실로 사용 시 거실 Main 영상 수준 표현
- 홍보관 : 에너지 모니터링용 Kiosk 별도 설치

② WHM

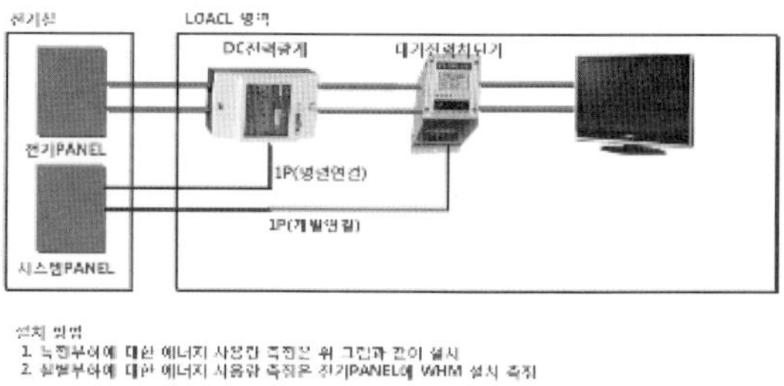

③ GUI 표현 형태

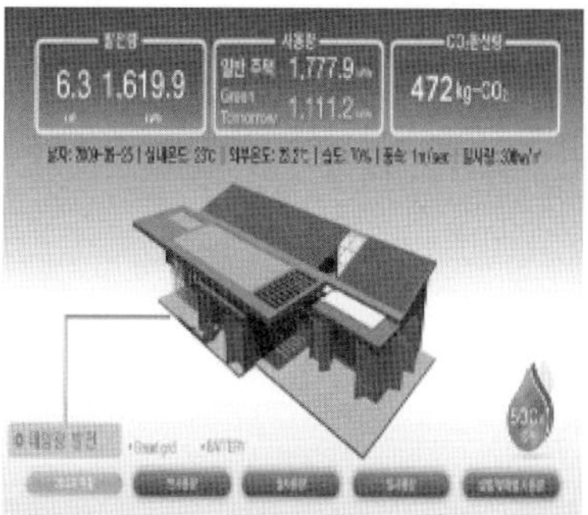

(5) 적용 분석

이러한 지능형 환경의 구체적인 형태로서 스마트 공간이란, 지능형 환경을 제공하기 위해 물리적인 공간을 구성하는 요소들을 컴퓨팅화하고 네트워킹화하여, 물리적인 공간들이 서로 연결되어 정보를 주고받거나, 공간에 존재하는 사람 · 사물들이 그 공간과 전자적으로 소통하는 곳을 이야기한다. 이렇게 되면, 거주자는 거주 공간 자체가 인지한 상황 정보에 따른 편의 서비스를 제공 받을 수도 있고, 물리적으로 구획되고 떨어진 공간이라도 인식적, 감정적으로는 같은 공간, 연결된 공간을 만들 수도 있다. [Smart Space : 스마트 공간, 지능형 공간, u-공간 등은 실제 같은 의미로 혼용]

그 실 사례로서 GT에서 추진하고 있는 에너지 관리 시스템인 REMS와 환경 모니터링의 구축방안에 대해 설명하였다. 이러한 시스템 구성은 최근 이슈가 되고 있는 스마트 그리드, 스마트 미터링과도 맥락을 함께 하고 있는 것으로, 국내 에너지 소비환경에 맞게 테스트와 보안이 이루어져 실질적인 에너지 절감 효과를 기대할 수 있다.

2) DC 구내배전 기술

(1) 개요

가. 교류-직류의 변환단계 횟수를 줄이고 고효율변환(직류-직류)을 통한 소비전력 절감

나. IT관련부하(TV, 오디오, PC 등)에 사용되는 어댑터(Power Supply)들을 큰 하나의 기기로 재배치함으로써 효율향상

다. 태양광 발전과 LED조명부하 모두 직류 변환단계를 줄임으로서 고효율화

라. 직류사용으로 신뢰성이 높고 우수한 전력품질 유지

마. 녹색전력기술로 미래 전략대응

바. 직류와 교류 정의

① 직류 : 자체의 값이 시간적으로 변화하더라도 전압, 전류의 극성(+ 또는 -)이 언제나 한쪽 극성만 취하는 것

② 교류 : 자체의 값뿐만 아니라 +, - 의 극성까지도 시간적으로 변화하는 전압, 전류

(2) 설계 주안점

건물에 직류 전원을 직접 공급하는 기술로 발전에서 배전까지의 직류 변화횟수를 줄여 전력손실을 저감한다. 가전제품, LED 조명 및 각종설비기기 등에 적용시 교류 저원 대비 효율이 향상된다.

(3) 설계 기술

가. 직류(DC) 배전 추진배경

① 직류는 가장 신뢰성이 높은 전원(Premium Power)임.

- 원자력발전소 안전등급1급 전원임.

- 정전시 Backup전원으로 사용됨(UPS보다 신뢰성이 높음).

② EPRI (미국 전력연구원)는 Digital 전력부하가 2020년까지 전체부하의 50% 까지 증가할 것으로 예상

③ 첨단IT 관련장비들이 직류기반으로 사용되나 개별적 어댑터사용으로 변환효율이 60~70% 수준임.

④ 차세대 광원인 LED조명도 DC기반으로 향후 주광원으로 활용예상

⑤ 신재생에너지인 태양광 발전, 풍력, 연료전지발전 등도 DC기반임.

⑥ 따라서 변환효율을 개선할 수 있는 DC기반 전원체계 구축이 요구됨

나. 직류 배전의 장점

① 신재생에너지와 연계

- 신재생에너지원은 직류배전에 쉽게 연계가능

- 전력변환단계 생략으로 2.5~10% 발전된 에너지손실 경감

② 신뢰성과 무정전공급

- 정전 시 중단없는 전기공급을 위해 직류전원 사용

③ 전압 안정성

- 직류와 교류 연계 시 직류역률 100%이며 무효전력 공급가능

④ 조명과 전자기기의 연계

- 형광등 및 LED조명등의 안정기는 직류전원 수용

- 가전 및 사무용기기의 정류손실 감소를 통해 효율향상

⑤ 전동기 가변속 제어

- 직류전동기 가변속 제어 구현용이

- 교류전동기 가변속 제어 전력변환 한 단계 축소

⑥ 전력품질

- 직류는 고조파 발생이 없음.

⑦ 인체안전

- 직류가 교류보다 안전 (200V까지)

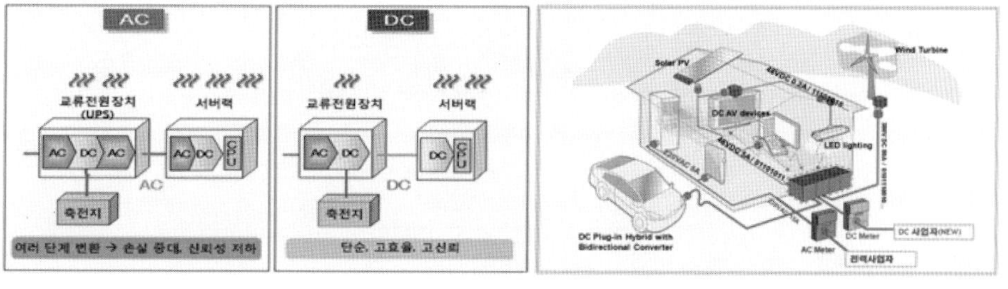

다. 직류 배전 적용분야

① 적용 분야

- 건축물 적용가능 부하
  · 인버터가 적용된 부하(조명안정기(LED조명), 무정전 전원장치, 인버터 부하)
  · 어댑터를 사용하는 부하(노트북, 충전기, 무선전화기, 모뎀 등 IT 기기)
  · 전원변환기(Power Supply)가 내장된 부하(TV, 오디오, 컴퓨터)

라. 설계 요소

교류-직류의 변환단계 횟수를 줄이고 고효율변환(직류-직류)하여 손실 요인을 최소화 설계

① 직류배전이 산업적으로 널리 보급되고 활용되기 위하여는 다음과 같은 요소기술들이 단계적으로 개발되어야 한다.

- 대전력 고효율 전력변환 기술
- 변환기에서 고조파 필터 및 차폐기술
- 계통연계 기술 (교류배전망-직류배전망 연계)
- 과전류 차단기술
- 접지 및 인체보호기술
- 에너지저장장치
- IT융합 전력모니터링 및 관리 기술
- 배전 전압레벨의 표준화
- 케이블 설계의 표준화

② 공급 전압별 효율

- 연구자료 분석결과 높은 전압에서 효율 향상
- 전압별 부하증가에 따른 종합효율 비교 (IEEE 2008 논문지 참고)
- 기존 220V AC 케이블 호환성을 고려 300V DC 전압선정

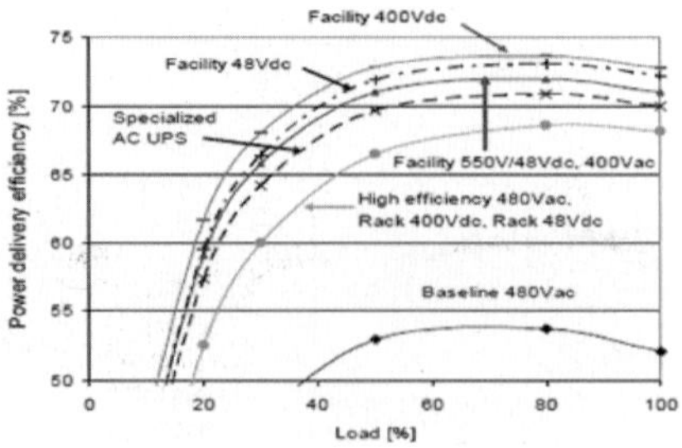

④ 직류 변환기 효율

- 보통 직류 전원시스템이 AC UPS보다 2-4% 효율이 높음

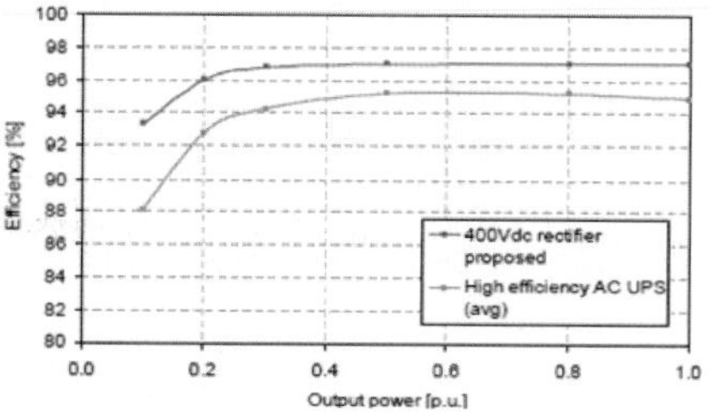

⑤ 과전류 및 단락보호

- 열동형 배선용차단기(800A 이하)로 과전류 보호 가능
- 단락보호는 순시치 트립치를 교류의 1.4배 적용함.
- 250V DC 초과 시 차단기 극을 직렬접속

⑥ 계통 접지

- 인체 안전이나 화재방지를 위한 적정 계통 접지방식 적용
- 전원의 접지와 기기 외함접지에 따라 TN, TT, IT방식으로 구분

(4) GT 적용 기술

가. 개요

GT에 적용된 전력 시스템은 크게 2가지 특징을 가지고 계획 되어 있다. 첫째는 Smart Grid를 근간으로 하는 DC 배전의 적용이고, 둘째는 全電化주거시설에서 제로에너지의 구현을 증명하는 것이다. 그 동안 DC 요소기술은 많은 기술개발이 진행되어 왔지만, DC 배전은 주거시설에 적용된 예가 없어 설계 기준 및 시공 방법에 대하여 이번 프로젝트를 통하여 새롭게 수립하고자 한다. 제로 에너지의 개념은 외부의 화석에너지를 이용하지 않고도 건물 내에서 생산하는 신/재생에너지로 생활이 가능한 것을 의미한다. GT는 사용전력 부하시뮬레이션을 통해 연간 소비전력 및 일일소비 전력을 예상하여 PV 및 전력 시스템을 설계하였다.그리고 안정성, 경제성 및 안전 또한 설계에 반영되었으며 주요 구성 요소는 BIPV, 컨버터, 정류기, 인버터 및 밧데리 그리고 메니지먼트 서버로 구성되어있다.

① GT에 인가되는 전원은 전시관의 DC 300V 와 홍보관의 AC 380/220V로 설계 되어 있음.

- DC 全電化 주택을 구현하기 위해 전원 계통은 전력기술인협회와 연계하여 사전 검토 완료.
- 이론 검증 및 현장 적용을 위해 DC 300V 사전 TEST 진행 완료.

② DC 전압 비교

전원방식	전압	효율	Cable 내경	가선작업성	경제성	Safety
DC	326V	◎	◎	◎	◎	○
	48V	○	○	○	○	◎

나. GT 전원 계통 설계

① GT 전원 계통 구성

- DC/DC 컨버터 (30kW급)
  주요기능: 태양광에서 전력(0~500Vdc, 22kWp)을 단독으로 공급받아 DC 전력을 공급
- DC/AC 인버터 (30kW급)
  주요기능: DC/DC컨버터로부터 잉여전력이발생시 잉여전력을 AC계통으로 공급
- DC/AC 정류기 (30kW급)
  주요기능:DC/DC컨버터로부터 공급전력 부족&Li-ion과 방전시 DC Load에 안정적 전력공급.
- Li-ion 배터리 (28kWh 급)
  주요기능: 동일

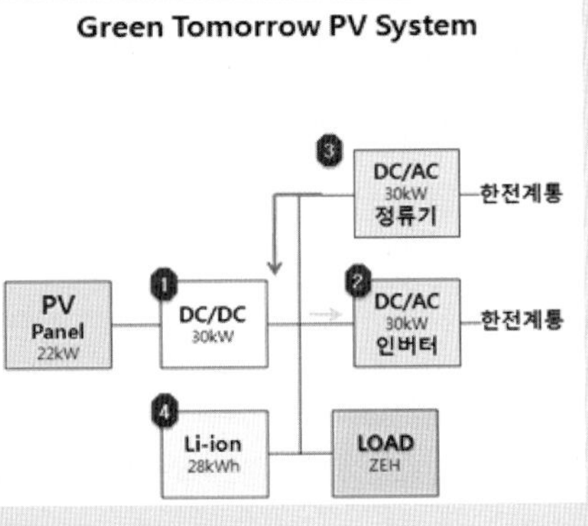

[GT DC 계통 구성도]

- 전력 계통 Flow
  · 조건1: PV 발전량이 충분할 때
  1. DC/DC Converter를 통해 전시관 부하와 BATT에 전력 공급
  2. BATT 만충전 상태이고 잉여 전력 발생 시 DC/AC Inverter를 동작시켜 홍보관으로 잉여전력을 보낸다

  · 조건2: PV 발전량이 부족할 때
  1. BATT로 전시관 부하 전력 공급.
  2. BATT도 일정 수준 이하로 전력량이 저하되면 AC/DC Converter가 동작되어 전시관 부하와 BATT에 전력을 공급.

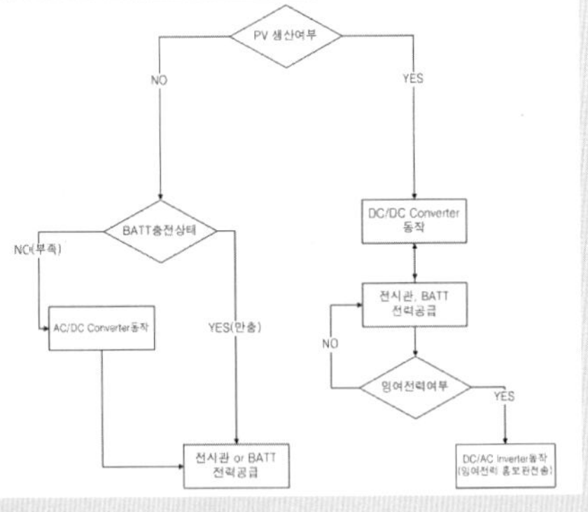

[DC 전력 계통 FLOW]

② DC 전력 제어GT 전력 기기들은(컨버터, 정류기, 인버터 및 배터리) 병렬로 구성되어 있다. DC/DC 컨버터에서 각 기기별 전압제어를 통해 운전 및 정지하도록 되어있다. 각 전압의 상태에 따른 동작 Sequence는 아래와 같다.

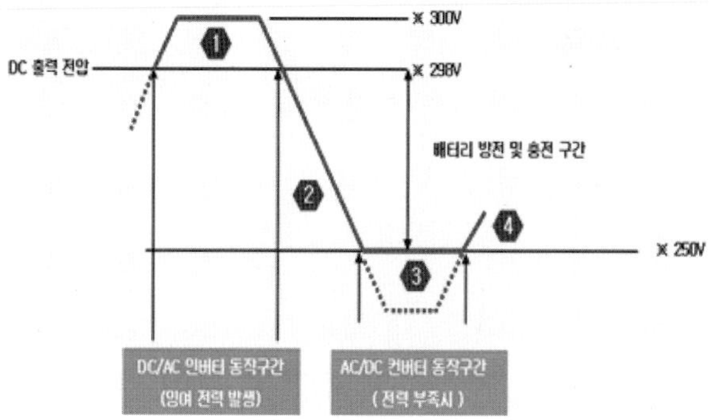

[DC 전압에 따른 동작 SEQUENCE]

③ 접지 배선 공사

GT에 적용되는 접지 방식은 IT 접지로 비접지 방식이다. 비접지 방식은 낮은 전압에서는 접지 방식 (TN, TT 계통)에 비해 더욱 안전하다. 그리고 배관 및 배선기준은 AC 220V와 동일하게 적용되어 시공하였다. (GT에 적용된 DC 300V는 AC 220V를 정류 하였을때 나오는 전압이다)누전을 감지하기 위해 절연감시 장치를 메인에 설치하여 저항값을 계측하여 이상 저항 발생시 차단기에 신호를 보내어 Shunt Trip을 할 수 있도록 하였다.

④ DC 적용 기기

- 배선 보호 차단기:기존 AC 차단기를 교정하여 DC 500V 내압Test를 통과한 차단기를 사용한다.
- 누전 차단기:DC 누전차단기가 사용화 되어 있지 않아 절연 감시 장치를 통해 기능을 대체 하였다. 선간 절연을 절연감시 장치를 통해 측정하고 절연이 10kΩ이하 일 때 차단기에 신호를 보내어 Shunt Trip이 되도록 분전반을 구성하였다.
- DC 전력량계 : 전류 측정은 DC Current Transformer을 이용한 A/D 샘플링하여 측정하고 전압측정은 전압 분배후 필터링 이후 A/D 샘플링하여 측정하도록 구성하였다.
- DC Outlet : 3Pin용을 사용하여 극성 변경에 따른 사고를 방지하였다.

  : 개요

  · 트랙을 사용하여 OUTLET 설치 사양 및 수량을 쉽게 조절 할 수 있는 시스템.

  : 주요 현황

  · DC 적용에 따른 OUTLET 변경에 쉽게 대응 가능.

  · DC 전원 +, -극성 구분에 편의성 확보.

  · 인테리어 설계팀과 설치 위치 협의 필요.

· 표준디자인 및 가격 등의 문제해결 필요.

<전열 시스템 적용 위치>

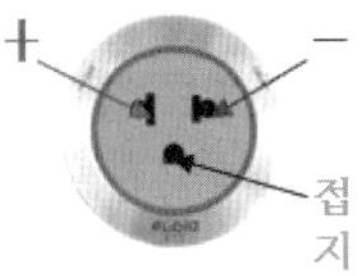

<Adapter>

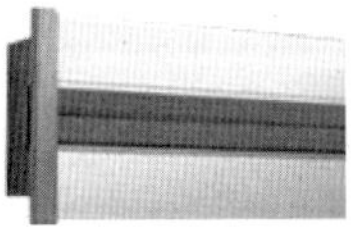

<파워 트렉>

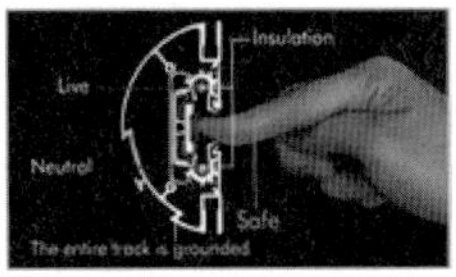

<파워트렉 상세도>

· DC 콘센트 TYPE 선정

※ Outlet 극성 선정:

미국, 일본 Outlet의 제작기준에 따라 왼쪽: - 극, 오른쪽 : +극으로 시공 예정

- LED 드라이버 : 지류 드라이버를 적용하여 DC 300V를 DC 12V로 변환하여 LED 조명기구에 전원공급
- DC 가전기기 : DC 전원을 사용할 수 있는 SMPS 전원공급장치를 내장한 가전기기는 그대로 사용하고 일부 가전기기는 전원공급장치를 개조하였다.

(5) 적용 분석

가. 시공 사진

[전기실]

[컨버터 랙]

[DC 전력 시스템 TEST]

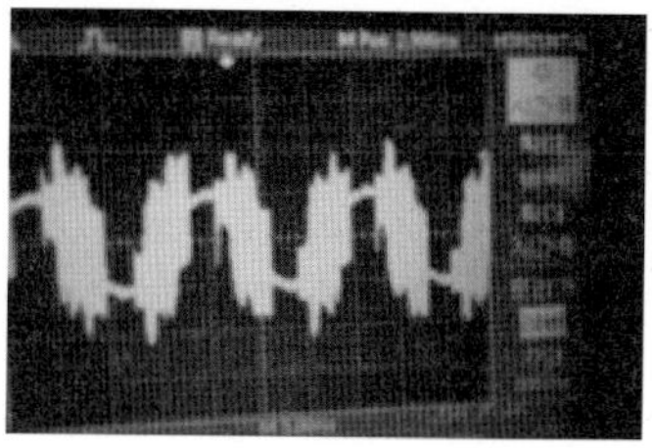

[인버터 고조파 측정]

[인버터 고조파 제거 절연 TR]

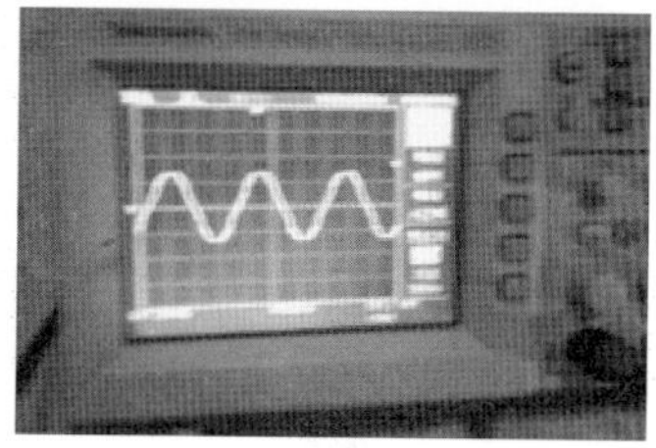

[인버터 파형 측정]

나. 시공관리 포인트

① 배선공사 : (+), (-) 극성 혼동으로 인해 생기는 사고를 방지하기 위해 Wire 색상을 미리 선정 하고 시공하여야 한다.

② 분전반 설계 : AC 차단기에 비해 차단 시 아크가 많이 발생하는 DC 차단기는 Frame Size가 AC 차단기에 비해 크므로 이를 고려하여 설계하여야 한다.

③ 통신 : AC, DC 기기 간 통신 시 각 계통간의 접지 전위가 달라 전위차가 발생 한다. 전위차가 발생하면 기기의 손상이 생기기 때문에 이를 방지하기 위해 각각의 통신 포트를 절연 컨버터를 이용하여 절연시켜 각각의 접지 전위를 동등하게 하였다.

다. 향후 발전방향

- GT의 전력 시스템은 요즘 주목 받고 있는 Smart Grid의 개념과 밀접한 연관이 있다.
- 전기 에너지의 효율적인 사용으로 에너지 소비량 및 발전량을 줄여 환경 오염을 줄이고 경제적인 에너지 소비를 하는데 도움을 준다. 이러한 관점에서 GT의 전력 시스템은 다방면의 접근이 가능한 것을 보여 준다.
- Retrofit이 가능한 시스템과 EMS(에너지 매니지먼트 시스템)가 적용 되어있어 앞으로 Smart Grid 연구의 장으로 활용 될 예정이다.
- 앞으로 건설 회사에서 적용할 수 있는 Smart Grid의 기준을 마련하고 TEST하여 자료를 수집 분석 하면 우리나

라의 전력 배전 기술 발전에 기여할 것으로 기대한다.

① 제로 에너지 구현의 실증

제로 에너지 구현을 위해서는 BIPV와 배터리가 주된 역할을 담당하고 있다. 주택의 경우 전력 소비량은 아침 식사 시간대와 저녁 시간대에 에너지 소비량이 최고가 된다. 이를 위해서 낮시간대에 PV가 발전한 전력을 배터리에 충전하여 이를 이용할 수 있도록 하여야 한다. 그래서 일일 최고 전력을 안정적으로 방전할 수 있고 장마 등의 사유로 4~5일간 발전이 되지 않을 때도 외부에너지 없이 전력을 공급하기 위한 배터리가 선정되어야 한다. 하지만 설계기준대로 배터리를 시공 시 아직은 리튬이온 배터리의 시공 비용을 무시 할 수 없어, GT에서는 배터리을 축소하여 시공하고, Back up으로 계통(Grid) 전원을 이용하여 부하 공급을 하였다.

생산 전력과 계통에서 공급 받은 전력량을 측정하여 생산 전력이 계통에서 공급 받은 전력량 이상이면 제로에너지가 구현되는 것을 증명할 수 있다.

3) SMPS (Switching Mode Power Supply)

(1) 개요

스위칭 모드 파워 서플라이(Switching Mode Power Supply : S.M.P.S)는 전력용 MOSFET 등 반도체 소자를 스위치로 사용하여 직류 입력 전압을 일단 구형파 형태의 전압으로 변환한 후,필터를 통하여 제어된 직류 출력 전압을 얻는 장치로서 반도체 소자의 스위칭 프로세서를 이용하여 전력의 흐름을 제어함으로 종래의 리니어방식의 전원공급장치에 비해 효율이 높고 내구성이 강하며, 소형, 경량화에 유리한 안정화 전원 장치이다.

S.M.P.S 는 스위칭 주파수를 높여 에너지 축적용 소자를 소형화 함으로써 소형, 경량화를 이룰 수 있고, 이를 위해서는 고속 반도체 소자의 개발이 필요하다. 그러나 스위칭 주파수를 고주파화하면 스위칭 손실, 인덕터 손실 등 전력손실이 증대하게 되는 점과 스위칭에 의해 발생하는 써지, 노이즈 문제를 고려해야 한다. S.M.P.S 의 용도는 통신용과 산업용 및 PC, OA기기, 가전기기 등의 민수용으로 분류된다.

(2) 설계 주안점

대부분의 전자제품과 IT기기 제품들은 위와 같은 SMPS 구조로 형성이 되어있기 때문에 직류를 직접 공급하게 되면 여러 소자들이 필요 없어지므로 소형화, 안정성을 가질 수 있으며 교류에서 직류로 변화하는 과정을 생략하기 때문에 에너지 효율 측면에서도 최소 10~20% 정도의 효과를 볼 수 있다.

(3) 설계 기술

가. 기본구성

S.M.P.S의 기본구성은 교류 입력전원으로부터 입력 정류 평활 회로를 통해 얻은 직류 입력전압을 직류 출력 전압

으로 변화하는 DC-DC 컨버터, 출력 전압을 안정화 시키는 궤환 제어 회로, 과전압, 과전류 보호 회로 등으로 되어 있다. 궤환 제어 회로는 다시 출력전압의 오차를 증폭하는 오차 증폭기, 증폭된 오차와 삼각파를 비교하여 구동 펄스를 생성하는 비교기, DC-DC 컨버터의 주스위치를 구동하는 구동회로 등으로 구성 되어 있고, DC-DC 컨버터는 주스위치와 환류 다이오드, 2차의 저역 통과 필터인 LC 필터 등으로 구성되어 있다. 여기서 DC-DC컨버터는 전력의 변환을 담당하는 주요부분으로서 입출력 변화비의 크기 및 회로구성에 따라 많은 종류의 컨버터로 분류된다.

S.M.P.S의 회로 방식은 고주파 트랜스포머의 유무에 따라 크게 비절연형과 절연형으로 나눌 수 있는데, 비절연형으로서는 Buck 방식, Boost 방식, Buck-boost방식, C'uk 방식 등이 있고, 절연형으로서는 Flyback 방식, Forward 방식, Full-bridge 방식, Half-bridge 방식 등이 있다.

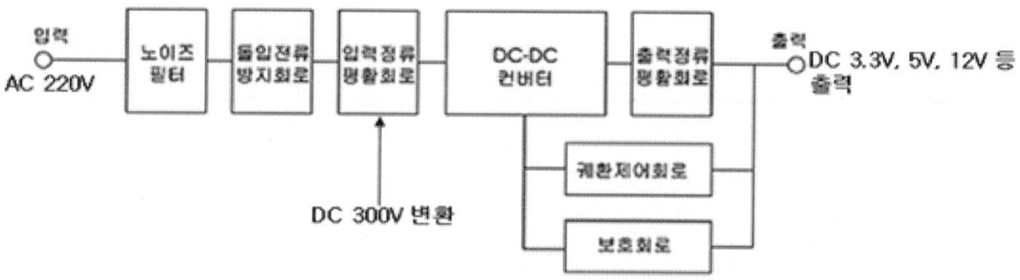

[기존 SMPS 구조]

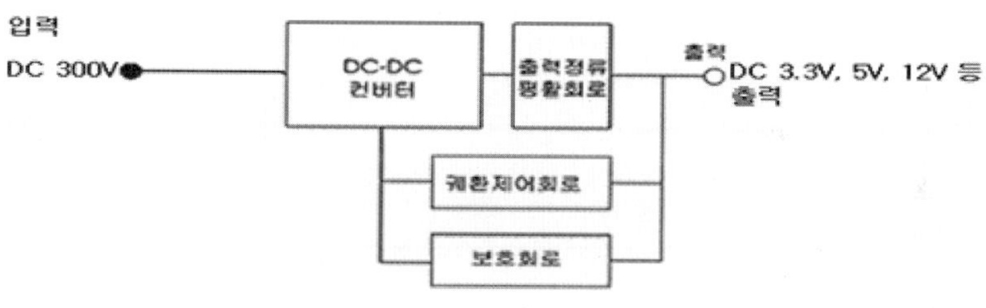

[GT SMPS 구조]

나. S.M.P.S와 리니어 전원 공급 장치(linear power supply)

NO	방식 항목	리니어 전원공급 장치	SMPS
1	효율	낮다(30~60%)	높다(70~85%)
2	크기	대형(변압기와 방열기의 스페이스)	소형(1/4~1/10)
3	중량	무겁다(변압기와 방열기가 무겁다)	가볍다(1/4~1/10)

NO	방식 항목	리니어 전원공급 장치	S M P S
4	회로	간단(변압, 정류, 안정화)	복잡(정류, 스위칭, 펄스제어, 변압, 정류)
5	안정도	높다(0.001~0.1%)	보통(0.1%~3%)
6	리플(P.R값)	작다(0.1mV~10mV)	크다(10mV~200mV)
7	과도응답속도	빠르다(50Ms~1Ms)	보통(500Ms~10Ms)
8	입력전압의 대응	입력전압 폭이 넓으면 효율이 저하 · 입력전압 폭이 넓어도 좋다.	직류 입력에 대응 할 수 없다. 100V/220V 공용도 가능.
9	* 코스트	낮다	보통(급속히 격차는 감소되고 있다)
10	신뢰성	부품수가 적고 높지만, 온도 상승으로 내려간다.	온도상승을 내리고 동일하게 가능.
11	불요 폭사	없다	있다(필터, 실드로 방지가 가능)
12	용도	고정밀도 전원, 고속프로그램 전원, 10W 이하의 전원, 실험용 가변 전원	기기조립용 전원전반, DC 입력기기 소형 고효율을 요구하는 전원.
13	실내장치의 용이성	변압기가 무겁기 때문에 PCB 실장 불가능.	소형 경량 부품,수 100W 까지 PCB 실장이 가능.

* : w 당 코스트는 전력, 회로수로 크게 변화한다.

** : ( ) 내의 숫자는 일반적으로 예외도 많이 있다.

다. DC용 가전기기

① 개요

대부분의 가전기기들은 저 소비 전력화 기술 개발과 함께 전자회로로 구성되어 있으며 냉장고, 에어컨, 청소기, 선풍기 등의 교류모터를 사용하고 있는 제품들도 전자회로 구동방식(인버터) 또는 직류 브러쉬레스(DC Brushless Motor)모터로 대체되어 가고 있다. 따라서 이러한 가전기기들은 더 이상 교류전기 환경보다는 직류전기 환경이 유리하나, 전기/전력기기들의 대다수가 Digital 부하에 기반함에도 불구하고 기존의 전력 체계인 AC를 의문 없이 사용하고 있으며, DC의 공급을 위하여 기기별로 분산된 형태로 AC/DC 변환기(효율 40~90%)

를 사용하고 있다. 또한 교류전기환경에서는 각 전자제품 내부에 별도의 트랜스포머와 AC/DC 변환용 전원장치를 필요로 하므로 전력손실을 초래 하고, 부피와 중량이 증대되는 것이다. 그러므로 각 가전기기들에 직류전기를 직접 사용할 수 있는 환경을 구축할 경우 전력소비 감소는 물론 가전제품의 소형, 경량화, 저가격화를 실현할 수 있다.

- 가정 : TV, PC, Monitor, STB, DVD, 전화기, 조명 등
- 사무실 : PC, Notebook, FAX, 복사기, 조명 등

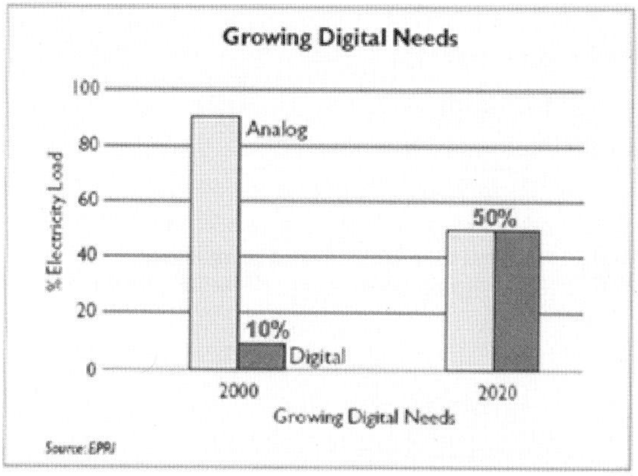

② DC 가전기기 도입 시 장점

- 고효율: DC 부하를 기반으로 하는 제품의 AC에서 DC로 변환하는 과정을 생략함으로써 에너지 손실분 제거
- 친환경: AC/DC 변환기의 설치가 필요 없으므로 생산 및 폐기 시 생기는 오염이 저감됨. 방열 및 소음 설계가 간단하여 오염 저감
- 소형화: AC/DC 변환기의 부피와 가격만큼 경량화, 소형화를 통해 공간절감, 사용편리성, 디자인 자유도 향상
- 안전성: DC 전원이 AC전원 보다 안전함(저압 200V 이하)
- 경제성: 가격 경쟁력으로 DC 출력을 가지는 태양광 발전 등의 신재생에너지 시스템 사업에 쉽게 연계하여 신재생에너지 보급 활성에 기여

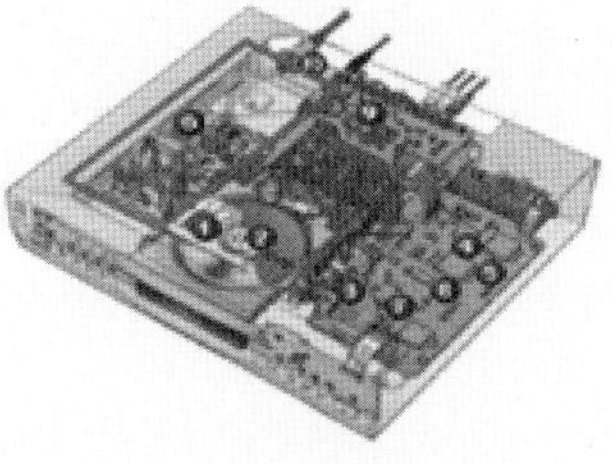

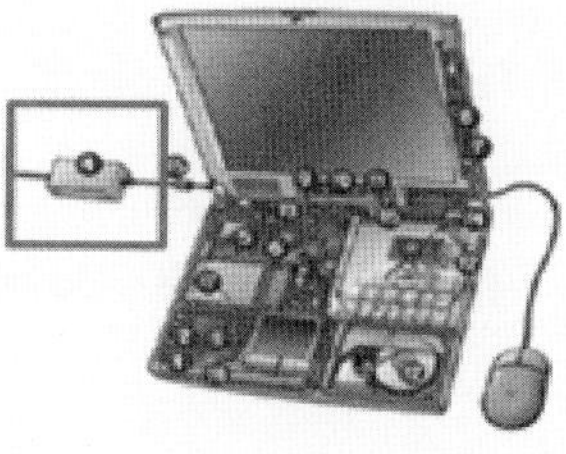

(4) GT 적용 기술

가. 개요 :

① 최신모델 고효율 가전기기를 적용 에너지 절감 효과 기대

② 가전기기에 DC 300V를 직접 공급하여 효율 증가(효율 개선 10% 이상 기대)

나. 주요 현황

① 개별기기 소비전력, 운전 상태 실시간 모니터링

② DC 300V 전원 공급용 DC/DC Converter 개발.

③ MOTOR 사용기기에 대한 효율개선 방안 연구.

[에너지효율기기 디스플레이 위치 및 소비전력]

다. DC 가전기기

① 기술 적용

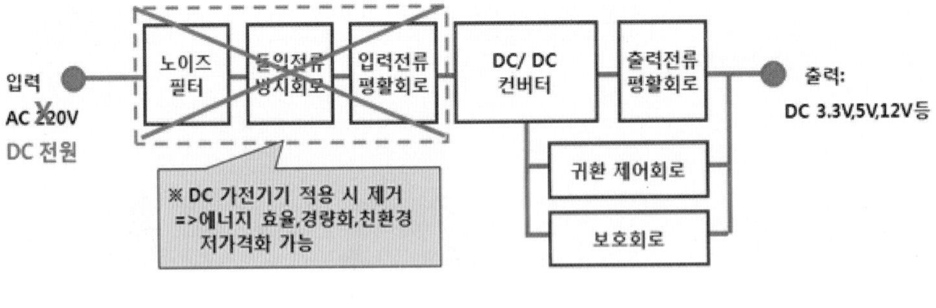

[AC 가전기기 전원 SYSTEM]

라. DC 모터 기동

① 개요:

교류(AC) 전원 동력 모터를 직류(DC)전원 으로 직접 공급하는 기술

② 주요 현안

- 전원공급시 DC전원을 직접 인가하여 AC에서 DC로 변환하는 단계를 생략하여 효율향상
- 예비 모터의 경우 기존 인버터를 활용하여 기동하도록 시스템 구축
- AC 전원용 인버터를 DC 전원용으로 개조
- DC 인버터 모터 기동: 입력과 출력을 일치 시키는 가변속 제어를 SMPS를 통해 쉽게 구현하여 에너지 효율을 향상
- DC Brushless Moter : 현재 전자회로 구동(인버터)방식에서 직류 브러쉬 레스 모터로 대체되고 있어 직류배전 이용 시 효율 향상

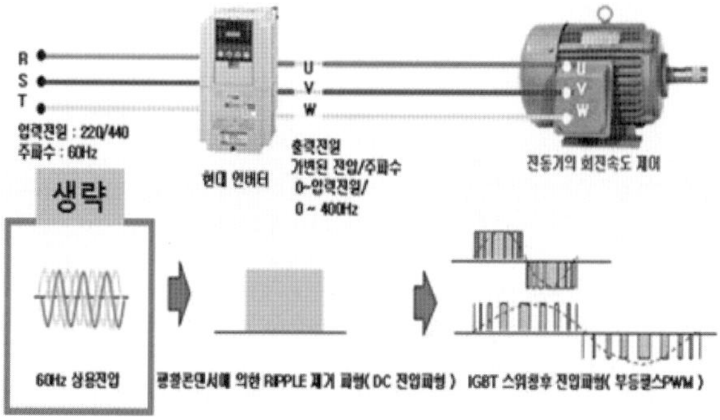

[DC 차단기]

[DC INVERT 기동 구성도]　　[DC INVERT 모델]

마. DC LED 등기구

① 개요

기존 LED 등기구는 AC/DC드라이버를 적용하였으나, GT에서는 DC를 최대한 활용하기 위해 DC/DC드라이버를 적용하여 경량화, 소형화.

② 기술 적용

[DC Driver]　　[LED 모듈]

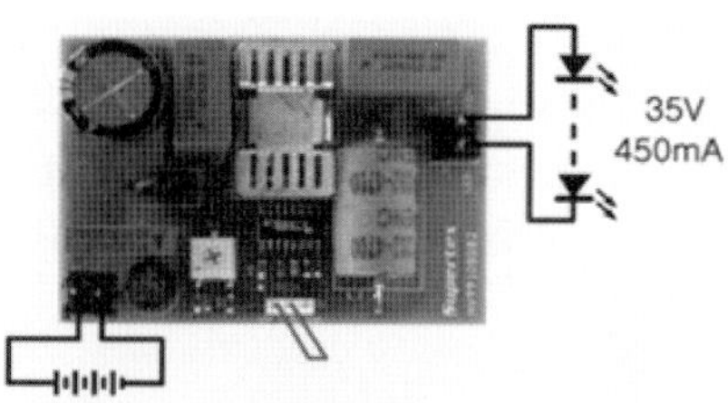

300V DC　최대전력용량 : 20W

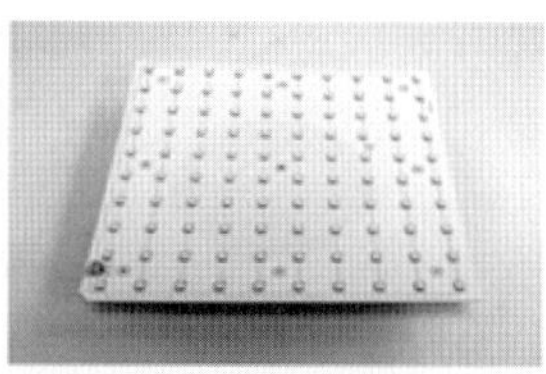

최대전력 : 20W(0.2W×100EA
색온도 : 6,500K

구분	입력(DC)			출력(DC)			변환효율 (%)
	전압(V)	전류(mA)	전력(W)	전압(V)	전류(mA)	전력(W)	
+10%	330	52.5	17.3	34.5	471	16.2	93.8
기준	300 V	56.2	16.9	34.5	448	15.5	91.7
-10%	270 V	60.8	16.4	34.5	431	14.9	90.5

[LED 모듈 효율]

바. GREEN IT

① DC 배전을 통해 신뢰성, 확장성,유연성, 경제성, 효율성 증대

② 기술 적용(KT ICC Center 적용 예)

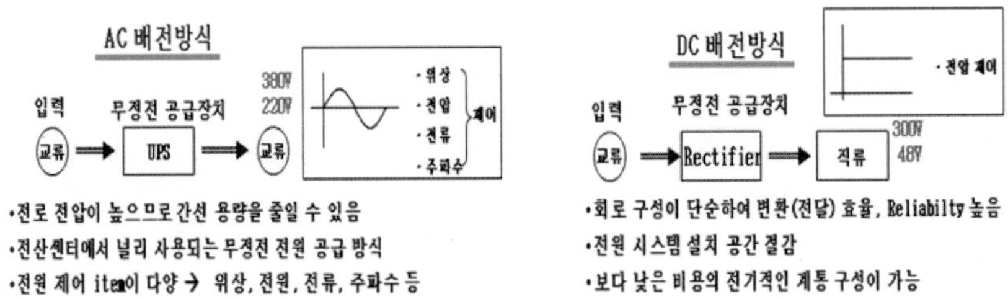

[회로 구성도]

사. 가전 전원 공급 계통도

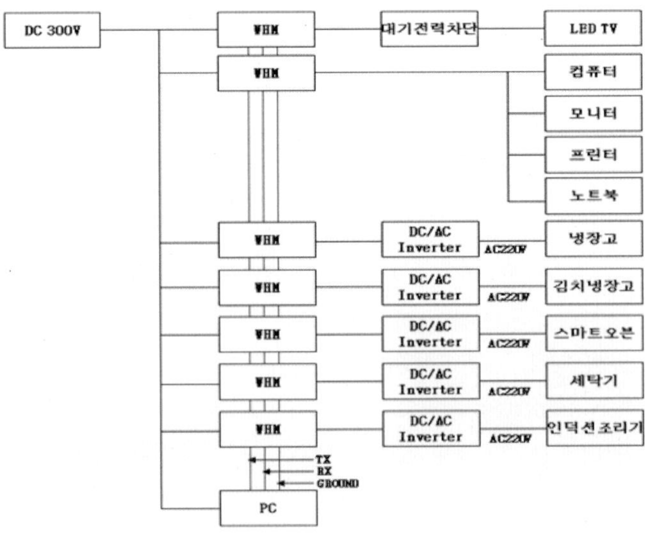

(5) 적용 분석

가. 시공 사례

① 설치 환경

- DC가전 가능한 List

번호	부하명	제품사양		비 고
		제품명	소비전력	
1	LCD TV	UN55B6000VF	130W	LED TV
2	컴퓨터(본체)	DB-X150-CA160	100W	
	컴퓨터(모니터)	P2370 23인치	30W	
3	에너지 절감 노트북	센스 X360	60W	
4	에너지 절감 프린터	CLP 315K	흑백:322W,컬러:496.7W (MAX:700~800W)	

- 고효율 인버터를 사용하는 List

번호	부하명	제품사양		비 고
		제품명	소비전력	
1	고효율 냉장고	HBRL26GUL/R	33Kwh/월	빌트인
2	고효율 김치 냉장고	HRM316GWMQ	17.9Kwh/월	
3	인덕션 조리기	DER-3800GB	3.8Kw:(대버너:1.8Kw, 소버너:1Kw×2ea)	빌트인
4	스마트 오븐렌지	HSB-C427AST	2.95Kw	빌트인
5	오존 이용 드럼세탁기	SEW-HAR149AUR	582Wh	

[DC 가전기기_거실 TV]

[DC 가전기기_데스트탑]

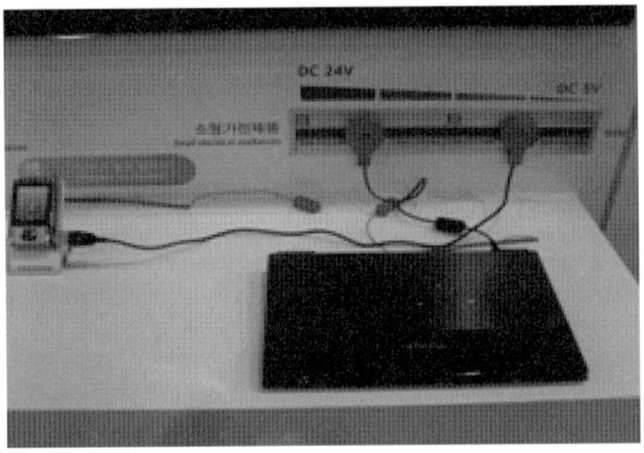

[DC 가전기기_랩탑 휴대폰]

[DC 가전기기_ 호브, 스마트 오븐렌지]

나. 시공관리 포인트

① 09년 6월8일 DC가전 확인 작업

A. 문제점

- SMPS구조가 아닌 제품들은 Main 부품들이(모터, fan등) 교류를 사용함
- 가령 DC 부품으로 교체 하려 해도 기구물과 사이즈가 맞지 않고 제품구동 SPEC과 동일한 부품 수배가 어려움

B. 변경 적용 案

- 전문가들의 자문을 받아 계통 연계형 고효율인버터를 사용하는 형태로 변경
- 약 2개월 가량의 제작기간 필요
- 단가 상승
- 인버터 설치 시 노출이 아닌 매립 타입으로 시공, 그러나 인버터 발열을 고려하여 환기가 가능하도록 설치

② 09년 6월12일 냉장고 기동부하 테스트

A. 문제점

- 최초 전원 투입 시 기동부하 전류가 1Kw 이상 상회

- DC/AC 인버터 용량 고려 사항 발생
- 최초 기동전류 외에는 모터가 동작 시에는 위 사진과 같이 약 150~250W 사이 전류소모, 그 이외에 모터 정지 시는 약 20~30W 정도 소모

B. 변경 적용案

- 인버터 용량 최소 1Kw급 이상으로 선정 필요
- 냉장고뿐 만 아니라 모터류를 사용하는 가전제품들은 모두 적용 필요

다. 향후 발전방향

① 일반적으로 IT기기들에 사용되는 SMPS는 AC 220V를 공급받아 평활작업을 거쳐 DC 300V급을 만들어 낸다. 그러나 DC 300V를 바로 공급하여도 전력효율에 약간의 손해가 발생한다. 이 부분을 DC에 최적화하여 SMPS를 개발할 필요가 있다.

② 냉장고, 세탁기, 오븐 등 모터 등을 사용하는 기기들은 아직도 교류 모터 등을 직접 사용하고 있다. 따라서 DC용 모터, 발열체 등을 적용하여 DC를 공급받을 수 있게 제품 개발 등이 필요할 것이다.

4) 리튬이온전지

(1) 개요

가. 전지는 물질이 가지고 있는 화학에너지를 산화, 환원반응을 통해 전기에너지로 변환하는 장치

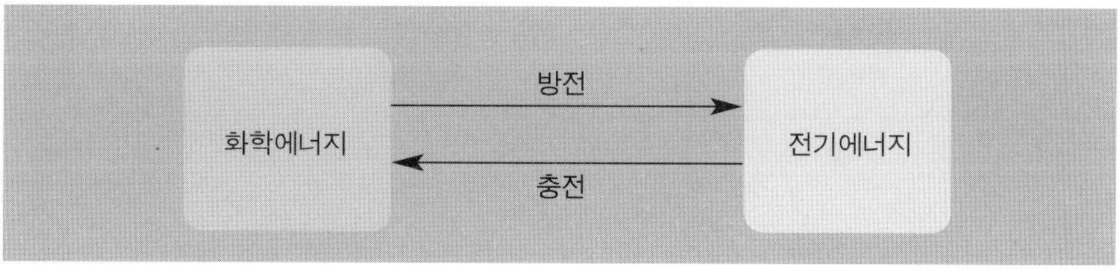

나. 전지는 전해질과 전해질에 담겨 있는 양극과 음극이라는 활 물질 그리고 분리 막으로 구성

① 양극 : 외부 도선으로부터 전자를 받아 양극 활 물질이 환원되는 전극

② 음극 : 음극 활 물질이 산화되면서 도선으로 전자를 방출하는 전극

④ 전해질 : 물질의 환원반응 및 산화반응이 화학적 조화를 이룰 수 있도록 물질이동이 일어나는 매개체

⑤ 분리 막 : 양극과 음극의 물리적 접촉을 방지하기 위한 격리판

다. 충 · 방전 원리는 전지의 물질 상태가 양극과 음극에서 서로 달라 이로 인한 전위차가(물질의 고유 에너지 상태) 발생하여 전기 화학적 산화, 환원 반응에 의해 전자 이동

(2) 설계 주안점

태양광 발전시 잉여전력을 충전하고 발전이 되지 않을 때 전원공급이 가능한 축전지이다. 동일 용량의 납축전지 대비 소형이며, 친환경적.

(3) 설계 기술

가. 전지의 분류

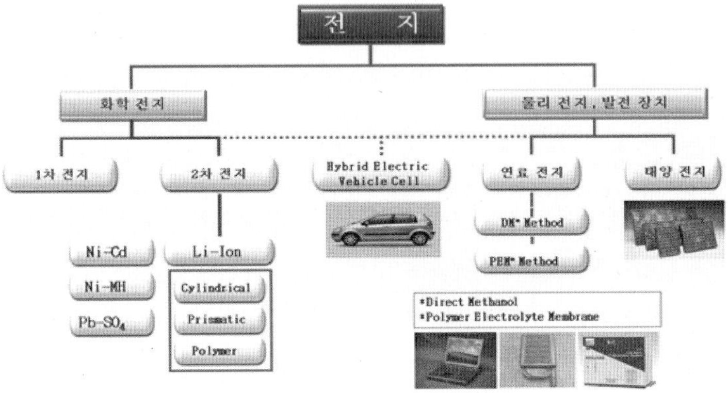

나. 주요 전지 비교 [소재별 비교]

구분	납축전지	Ni-Cd	Ni-MH	Li-ion
전지사진	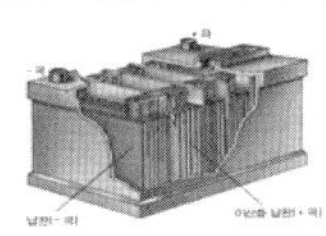			
전지구성	납(Pb)	니켈, 카드뮴	니켈, 메탈수소	리튬, 이온
평균전압(V)	2.0	1.2	1.2	3.6
교환주기	240 Cycle	500 Cycle	500 Cycle	2,000 Cycle
유지정비	有			無
장점	가격저렴, 안정화	무게 및 부피감소 안정성, 대전류방전	무게 및 부피감소 무공해, 안정성	고전압, 공간효율 항시 충방전 가능
단점	부피 및 무게가 큼	저전압, 환경유해	고율방전低, 저전압	안정성
환경오염물질	납, 황산 등	카드뮴	-	-
관련업체	-	-	Panasonic, Sanyo (세방, 에너랜드)	삼성SDI(STB)

다. 리튬 이온 전지

① 리튬은 금속 중에서 가장 가볍고 우월한 전기화학적 위치를 고수하고 있으며 대용량의 에너지를 제공. 재충전 전지의 전극을 리튬 금속으로 사용하면 높은 전압과 풍부한 용량을 제공 받을 수 있으며 결과적으로 대단한 에너지 밀집체.

② 리튬이온 전지 장점

A. High Energy Density

같은 용량에서도 종래 니켈카드뮴(Ni-Cd) 전지나 니켈 수소(Ni-MH) 전지에 비해, 중량으로 약 1/2 체적으로 약 20~50% 소형 · 경량화가 가능.

B. High Voltage

니켈카드뮴 진지나 니켈수소진지 약 3배의 고진압을 얻을 수 있기 때문에, 진지 사용개수를 줄일 수 있으며, 진자기기의 소형 · 경량화에 공헌.

C. No Memory Effect

Memory effect란 니켈카드뮴 전지와 같이 방전과 충전을 반복하면 방전 용량이 감소하는 것을 말합니다. Memory Effect가 없기 때문에 수시로 충전하여도 어느 한계까지는 용량이 줄어들지 않습니다.

D. Environment friendly

카드뮴(Cd) · 납(Pb) · 수은(Hg) 등 환경 규제 물질을 포함하지 않고, 재사용이 이뤄지기 때문에 환경에 해롭지 않습니다.

E. High Rate Discharge

최대연속 20C mA 방전이 가능하므로 Note PC나, DVC, DSC 등 Drive 구동을 위한 Large Power 소비에도 적합함.

F. Fast Charge & Long Life Cycle

1CmA, 4.2V CC-CV 전용 충전기를 사용 급속 만충전 가능함. 500회 이상의 충전/방전 반복 사용이 가능함

구 분	납축전지	Ni-Cd	Ni-MH	Li-ion
전 압	2.0V	1.2V	1.2V	3.7V
Li-ion 대비 부피	9.7배	3.2배	1.9배	1배
Li-ion 대비 무게	6.7배	3.3배	2.5배	1배
안전성 문제	無	無	無	有
용량당 가격 ('07年, $/Wh)	0.04	0.38	0.36	0.51

(4) GT 적용 기술

가. 신재생에너지 시스템의 안정성을 위하여 발전 시 잉여 전력을 충전하여 발전이 되지 않을 때에도 전원 공급이 가능토록 리튬이온 전지(SDI 파워 스택) 적용

나. 기존 납축전지 대비 1/2 크기이며 충 · 방전 능력이 우수한 친환경 소재 리튬이온 전지를 28kWh로 PV 충전용으로 구축

다. 삼성 SDI 차세대 사업으로 육성 중인 파워스택을 주거용 전원으로 GT에 최초 적용

라. 그린 에너지 사업의 테스트 베드로 활용 예정.(지경부 가정용 BATT 보급사업)

마. PV 발전량이 없는 시간에 일일 사용 전력량 (전시관 운영 기준)의 전력 공급

[GT 적용 파워스택]

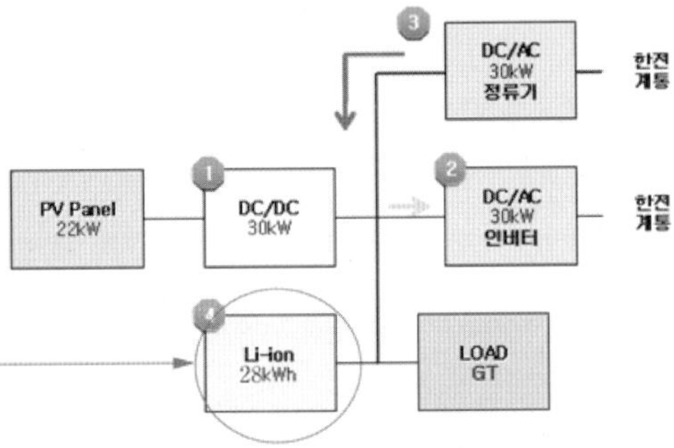

[GT 전력 시스템 계통도]

항 목	파워스택	연축전지	니켈-수소
이미지		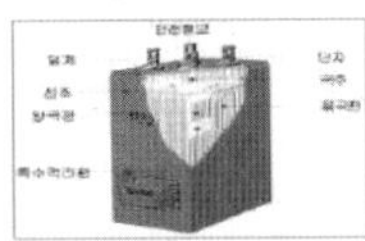	
중량 에너지밀도	190~210(Wh/kg)	2~40(Wh/kg)	50~80(Wh/kg)
체적 에너지밀도	420(Wh/L)	80~100(Wh/L)	150~200(Wh/L)
동작온도 (방전)	0~60℃	0~30℃	-20~50℃
교체주기	1,000 cycle	300 cycle	1,000 cycle (주기적 유지보수 필요)
환경오염 물질	없 음	납, 황산	없 음
구성방식	병 렬	직 렬	직 렬

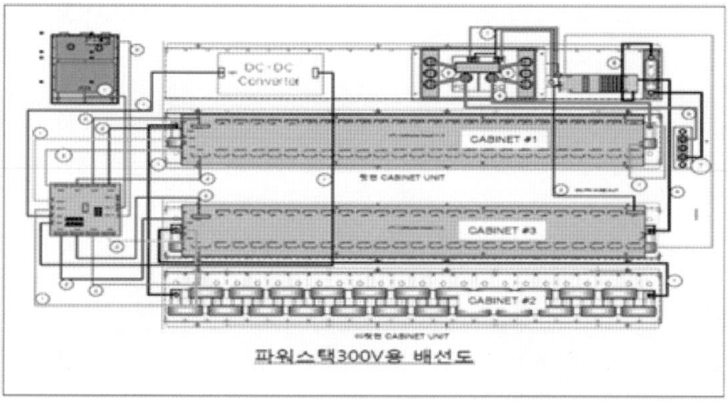

삼성 SDI Power Stack 구성
- 셀구성 : 18650-24E
- 팩구성 : 72S×10P(7kVA)
- POWER STACK : 72S 10P (7kVA)
- CABINET:4 POWER STACK 으로 구성

=〉72Sx10Px4개=2,880셀 (28kVA)

(5) 적용 분석

가. 시공사진

구내배전용 리튬 이온 전지	리튬 이온 전지 모형	1층 차고에 설치

나. 향후 발전방향

밧데리의 가장 중요한 성능이 충·방전의 횟수에 따른 수명이라 할 수 있다. 현재까지 출시되고 있는 2차 전지의 충·방전 횟수를 획기적으로 늘려서 경제성을 확보하여야만 일반 보급의 시기를 앞당길 수 있을 것이다.

5) 대기전력차단 시스템

(1) 개요

가. 대기전력이란(待機電力; Active Standby)? 실제로 사용하지 않는 시간대에 소비되는 전력으로서 리모컨 신호 대기, 타이머 또는 모니터 표시 등과 같이 기기 본래의 기능과 무관하게 전기가 낭비되고 있다는 의미에서 대기전력이라 한다. 네트워크로 상시 연결된 디지털기기는 전원을 꺼도(소비자는 꺼진 것으로 착각) 외부로부터

신호를 기다리기 위해 실제로는 내부회로가 살아있는 상태에서 20~30W에 이르는 많은 전력을 소비하고 있음.

나. 주택이나 아파트의 난방, 조명 등을 전화나 휴대폰으로 제어하는 가정의 네트워크화는 상시 대기전력을 매년 평균1.3%씩 증가하여, 2020년 홈네트워크 시대에는 총 소비전력의 25%가 대기전력으로 소모될 전망 [국제에너지기구(IEA)발표자료].

(2) 설계 주안점

사용하지 않는 가전기구가 대기모드일 때 자동으로 전원을 차단하여 에너지를 저감하는 기술이며, 대기전력 차단 해체는 주방관리 시스템으로 가능.

(3) 설계 기술

가. 대기전력의 문제점

① 가정의 경우 TV, 전자렌지, 세탁기 등을 하루 24시간 동안 꽂아 둔 채 사용하면 대기전력은 사용되는 전력의 약 11% [가구당 대기전력 사용량 25.5 kWh/월]를 차지하며 이를 절약할 경우 연간 전국 6,000억 원의 절약이 가능함.

나. 대기전력의 현황

① 전기제품 평균 대기전력

NO	대상제품	대기전력(W)	NO	대상제품	대기전력(W)
1	TV	4.33W	8	셋톱박스	7.85W(20~30)
2	비디오	5.45W	9	컴퓨터	3.26W(10~50)
3	오디오	9.12W	10	모니터	2.53W(4~80)
4	DVD플레어	12.20W	11	프린터	3.07W(20~65)
5	전자레인지	2.77W	12	비디오폰	1.23W(3~7)
6	카세트라디오	1.11W	13	휴대전화충전기(2대)	1.72W(0.86W×2대)
7	유무선전화기	2.15W	합계	56.79W	

② 각국의 대기전력 소모량(1 가구 기준)

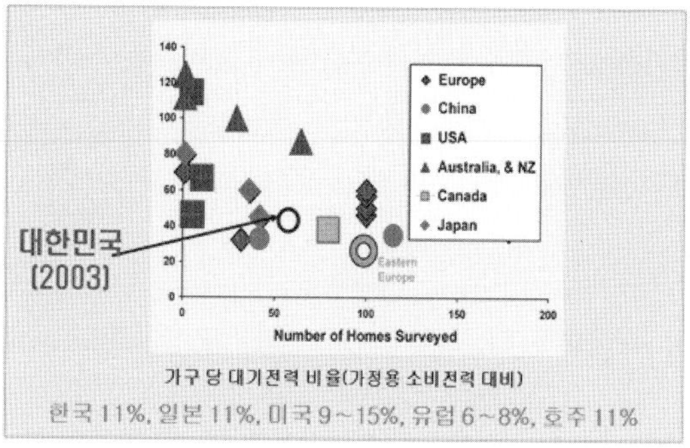

③ 가구당 대기전력의 증가 전망

- 홈네트워크화에 따라 향후 20년간 매년 5.8%이상 증가 예상 (스위스/IEA, 2002)
- 네트워크 기기의 대기전력이 off-line 기기의 4배
- 2020년경 가정대기전력은 가정소비전력의 25%점유 전망

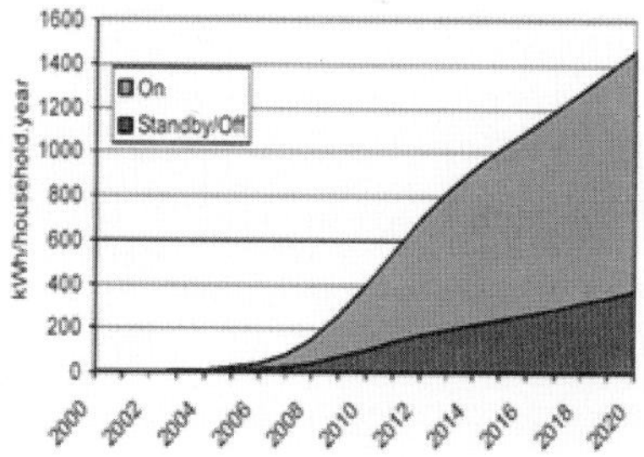

다. 대기전력 감소용 콘센트

① 특징

- 기존의 수동적인 전원 OFF에 의한 대기전력 차단방식 탈피
- 메인전원기기 사용에 따라 종속관계의 기기 전원흐름을 완전히 차단하여 대기전력을 제거
- 대기전력에 따른 전기 에너지 절감과 제품의 수명 향상을 가짐

② 설치효과

- 월간 전기료 절약금액 도표

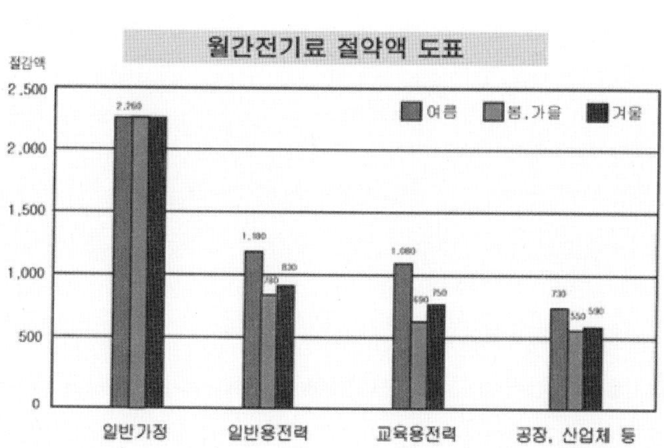

③ 대기전력 감소용 콘센트

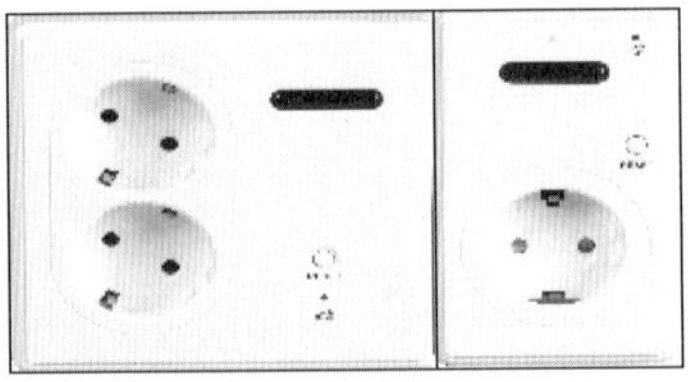

- 벽부 꽂음형 그린 콘센트(에너지 절약 계획서 가점 대상항목)
- 그린콘센트는 기존의 일차원적인 전열콘센트 차원을 넘어 절전, 전기화재예방, 전자제품 낙뢰보호 등 다양한 서비스를 제공 받을 수 있는 혁신적인 매입형 콘센트임.

라. 적용 방안

① 생활 Pattern

구분		내용	비 중	에너지 절감형 운전	비고
거주자 세대 내 존재	활 동	- 식사 - TV 시청 - 학습 대화 및 놀이	30~40%	모든 전원 On 에너지 사용이 최대	
	비활동	- 취침	20~30 %	필수 전원 On 냉난방 기기, 조명 상시 전원 기기 Mode 제어 : 취침, 기상	선택적 절감
거주자 세대 내 비존재		- 사회 활동 - 회사 및 학교 외출	30~40 %	최소 전원 필요 상시 전원 기기 에너지 절감 최대 일괄 제어 : 외출, 귀가	최대 절감

(4) GT 적용 기술

가. 개요

사용하지 않는 전자시스템의 대기전력을 차단하여 최소한의 에너지 사용도 절감하는 시스템

나. 주요 현황

① 가전기기의 전류 상태를 측정하여 제어

② 가전기기를 사용하지 않을 때(전류값이 낮을 때) Relay를 사용하여 대기전력을 차단

③ 시스템과 연동하여 주방식품관리시스템에서 주방 가전에 대한 상태 확인 및 제어 가능

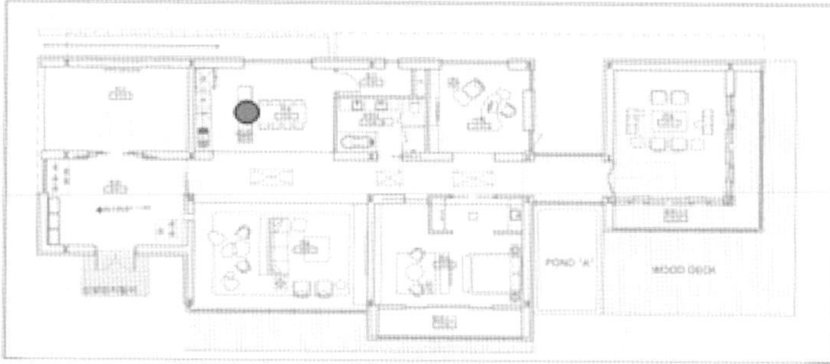

[적용위치]

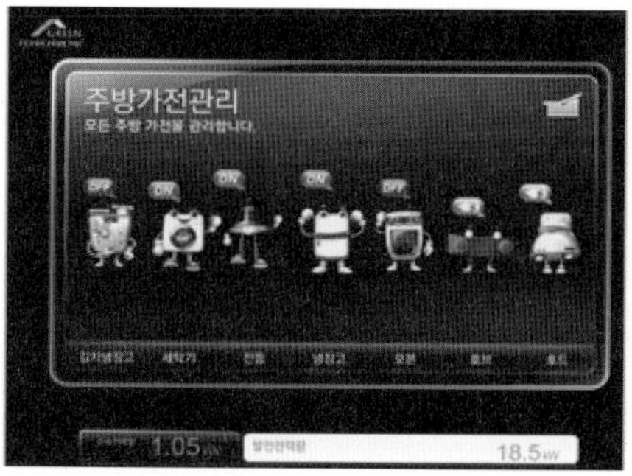

[가전에 대한 상세 정보 제공]

[대기전력이 차단되어있는 제품의 차단해제실행]
[가전 상태 표시 (ON/OFF 상태 표시)]

라. 시스템 구성도

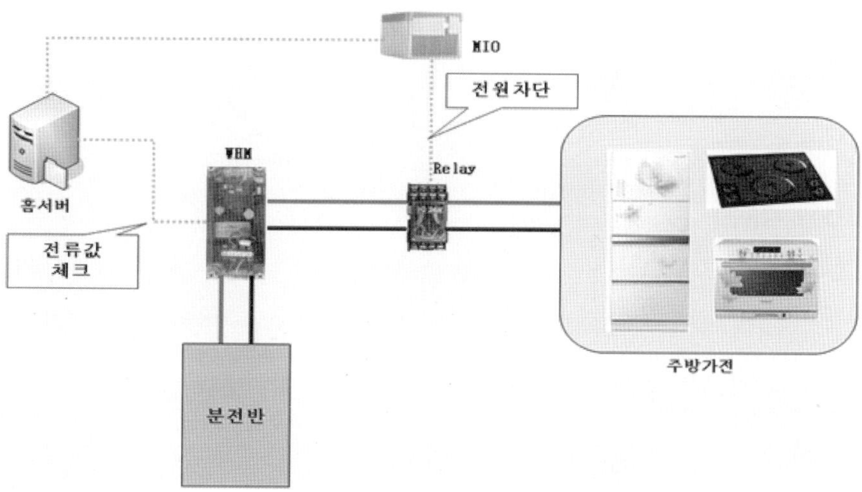

(5) 적용분석

가. 향후발전방향

현재까지 시중에 판매되고 있는 제품들은 사용자들이 직접 행위를 해야만 대기전력 차단 및 해제가 되므로, 소비자들의 관심이 있을 때만 수동적으로 제어가 가능하다. 이러한 문제들이 해결되려면 궁극적으로 가전기기들 자체에 인공적으로 대기전력 인지 및 차단, 해제기능 등이 포함되어야 한다. 과도기적으로 별도의 대기전력차단을 하기위해서는 최소한 자동인지 차단 시스템의 개발 적용이 필요하다.

4.5.4 고효율 조명

1) DC용 LED 조명기구

(1) 개요

가. 조명의 기초

① 조명 산업의 구조

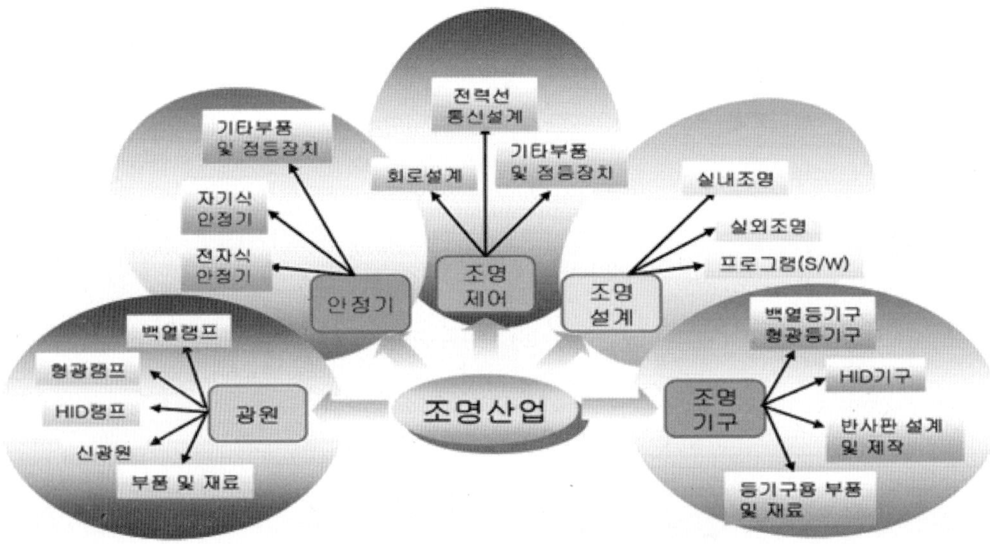

② 광원의 종류

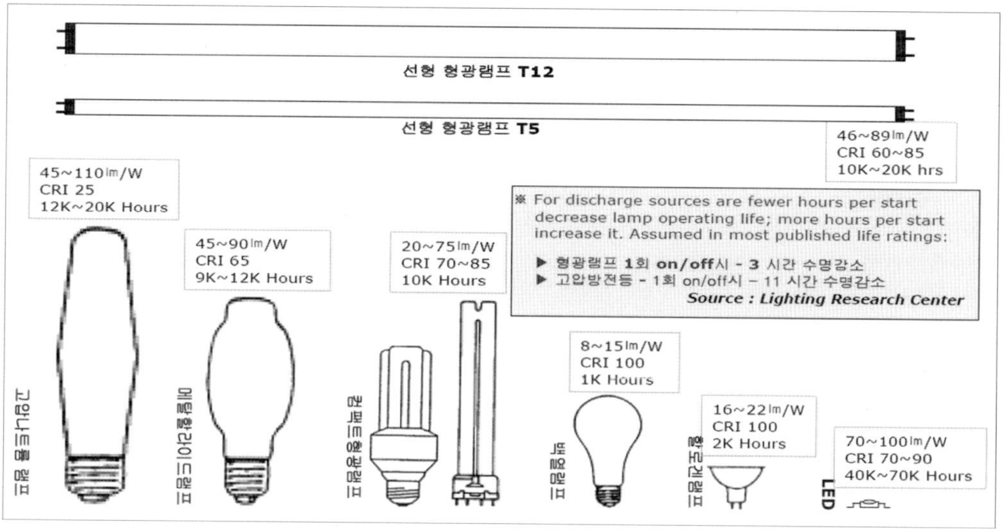

(2) 설계 주안점

연색성이 좋은 고효율 LED 광원과 광손실이 최소화된 등기구를 적용하며, 직류용 LED 드라이버를 사용하여 교류용 드라이버에서 생기는 교류/직류 변환 손실을 제거하여 에너지효율을 향상.

(3) 설계 기술

가. LED 개요와 산업 동향

① LED 조명의 개요

A. LED는 전류가 흐르면 빛을 내는 반도체

- LED(light emitting diode)는 전기신호가 들어오면 빛을 발산하는 화합물 반도체의 일종으로 발광다이오드라고 함
- 가시광선뿐 아니라 적외선, 자외선을 내는 LED도 있고 가시광선의 경우 적색부터 보라색 까지 모든 색의 표현이 가능

※ 종류별 시장 점유: 가시광선(90-95%), 자외선(5%), 적외선 (2%) 미만

[LED 소자의 종류]

- Low Power LED
  일반적으로 5mm 사이즈, 0.1W급, 저전류(~20mA), DC 3.2V, 2-4 lm/W
- High Power LED
  1-3W, 고전류(350, 700, 1000mA). 40-80 lm/W, 조명용 고휘도 LED

B. LED 조명의 장단점

장점	단점
- 2~4V 저전압에서 동작하기 때문에 전구에 비해 전기 소비량 단축 - 소자의 수명은 5만 시간 이상이며, 효율은 이론상 300lm/W 이상 - 필라멘트, 유리벌브 등을 사용하지 않아 견고하고 안전하며 즉시 점등 - 형광등에 사용되는 수은(Hg)을 사용하지 않아 친환경적임 - 점 광원으로 다양한 형태로 집적화와 정교한 디자인이 가능	- 기존광원에 비해 상대적으로 높은 가격 - 많은 열이 발생하여 온도 상승 시 허용 전류와 광 출력이 감소 - 광학적으로 선명한 단색광을 보여줌으로써 기존광원에 비해 연색성이 떨어짐

C. 효율 향상과 가격 하락이 진행 중

- '하이츠의 법칙' 에 따라 성능 대비 가격이 하락하는 추세

애질런트의 과학자 롤랜드 하이츠(Roland Haitz)가 제안한 법칙으로 10년마다 가격은 10배 하락, 성능은 20배 향상된다는 내용

- 광효율은 2008년 80 lm/W, 2012년 134 lm/W 예상
  - · 2007년 vs. 2008년 전망, 효율 향상이 가속화 되는 추세

② LED 산업 관련 국가별 정책

주요 국가별 LED 조명 보급 활성화 계획

- 세계 주요 국가들은 친환경 · 에너지 저소비형 LED 조명의 필요성을 인식, 장기적 로드맵과 실천 계획 수립 중

국가	LED 조명 개발 및 보급 계획
한국	LED/반도체 조명산업 발전전략 - 2010년까지 120lm/W급(선진국 수준), 2012년까지 140lm/W급 LED 기술 개발 추진 - LED 조명 15/30 보급프로젝트 - 2015년까지 LED 조명 비중 30% 달성, 에너지 400만 TOE 절감
미국	Next Generation Lighting Initiative(Vision 2020) - 2020년까지 200lm/W 개발, 조명시장 50% 점유
일본	21세기 광 프로젝트 - 백색 LED를 이용한 반도체 조명계획 수립(최종목표 120lm/W) - 2010년까지 조명에너지 20% 절감
중국	중국 5개 지역에 '국가 반도체조명 산업화기지' 지정 육성 - 제13차 국가경제개발계획에 LED 및 반도체 조명산업 육성 포함('05년 7월)

[자료] 국가별 LED 조명 보급 추진 계획, 지식경제부

③ 국내 산업 동향

A. 경쟁력 현황

- 조명으로 상용화된 제품의 효율은 70 lm/W로 형광등에 근접
- 국내 LED 기술 수준은 일본, 독일, 미국 등 선진국의 75%정도, 원가 측면에서 중국, 대만에 떨어지는 넛 크래커 상황
- 기초 및 핵심원천기술이 없으므로 미국, 일본 등에 막대한 로열티를 지불해야 하는 상황
- 일반조명용 백색 LED개발에 대해서는 니치아의 형광체와 대등한 품질을 가진 형광체 개발에 어려움을 겪고 있음

나. 이슈 및 방향

① 조명 시장 진입을 위한 이슈

분류	조명산업	LED 조명
광원	전구형(Bulb)	반도체 소자(Chip)
업의 특성	조명	반도체
분야	전기	전자
시장의 특성	성숙되고 안정	현재진행형
성능	고정된 와트, 안정된 성능	전력, 밝기,수명이 유동적
열적 특성	복사열(Radiant heat)	전도열(Conductive heat)
수명 특성	순간 소등(Burn out)	밝기가 서서히 감소 (progressively dim)
수명	광원별로 다름	칩의 수명은 5만 시간 이상 기구 수명은 L70, L50로 정의
성능저하 원인	시간에 따른 감쇠 (필라멘트, 가스, 형광체, 전극)	방열이 잘 되지 않을 경우, 수명과 광량이 저하
경제성	조명기구	3 ~ 5배
	광원(램프+안정기)	10 ~ 15배
연색성	80 이상	80 이하
색온도	실내용은 주로 4000K이하	상용화 제품은 5000K이상
광원 효율	최근 램프는 90 lm/W 이상	소자는 70-90 lm/W정도
기술 동향	기존 조명 분야도 지속적인 개발과 효율 개선이 진행 중	파라보릭 형광등, CFL 다운라이트 정도 대체 가능
산업표준	IESNA, CIE 등 수많은 국내 · 외 기준 마련	미국 에너지성(DOE)와 메이저 회사를 중심으로 준비 중
전문가	조명 디자이너(Design)	과학자(R&D)
시장 특징	성숙되고 안정	현재진행형
시장 방향	광원, 기구, 설계가 각각 분리되어 독립적 성장 가능	통합과 타분야와의 융합을 통한 수요창출이 필요

[기존 조명 산업과 LED 조명의 비교]

(4) GT 적용 기술

가. 개요

① 에너지 절감을 위해 고효율 LED 등기구 사용

② DC용 300V LED Driver 개발 [현재 사용되는 LED 등기구 제품은 AC 220V or DC 24V용].

나. 주요 현황

① 전시관에 DC 300V 전원용 LED 적용

② 기존 L EDDriver 보다 10%이상의 고효율 DC 300V Driver 개발 필요.

③ LEED 용 L ED외등 개발.

다. LED 조명과 직류전원 드라이버

① LED 광원

LED에 대한 많은 연구가 진행되고 있는데, 특히 LED 소자의 효율은 급격한 개선을 보이고 있다. 미국 에너지성에 따르면 2015년에는 Cool white의 경우 190lm/W, Warm white의 경우 130lm/W 이상의 성능을 가진 LED 제품이 상용화될 것으로 예상한다. 현재 상용화된 제품의 효율은 Cool white와 Warm white middle power LED 소자의 경우 각각 90lm/W와 85lm/W이다.

GT 건물은 거주 공간의 특성을 고려하여 Warm white 제품 85lm/W 이상의 고효율과 연색성이 75 이상인 LED 소자가 사용되었다. LED 광원을 사용함으로써 연간 전기요금은 기존광원 대비 32,604원 절약된다.(LED연간 전기요금: 617,233원, 기존광원 연간전기요금: 649,836원).

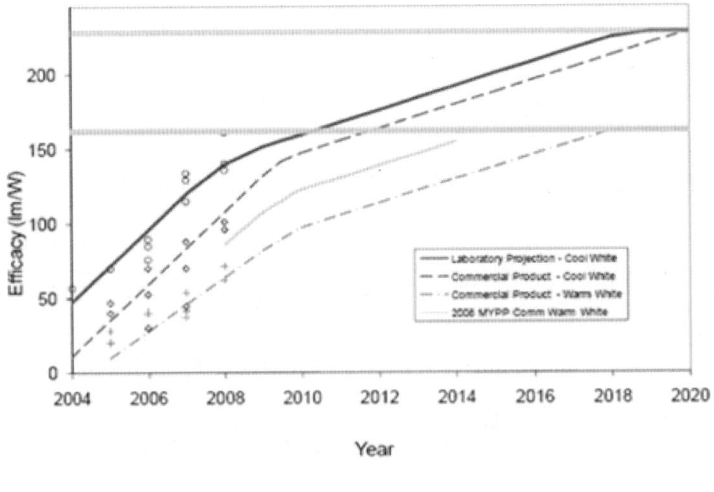

[색 LED 고체조명(SSL: SOLID STATE LIGHT)의 효율 동향]

② L ED드라이버

LED 모듈은 드라이버를 통해서 전원을 공급받는다. 교류용 LED 드라이버는 4단계의 과정을 거쳐 LED 모듈에 전원을 공급한다.

A. 교류를 정류 (맥류 발생)

B. 정류된 맥류를 직류 변환

C. 직류를 스위칭하여 고주파 펄스로 변환

D. 고주파 펄스를 콘덴서를 통하여 직류로 변환하는 기능

직류용 LED드라이버는 앞의 2단계를 생략하고 직류를 직접 이용하여 정전류 회로를 만드는 것이다. 교류 드라이버는 직류 드라이버에 비해 교류를 직류로 만드는 과정에서 역율을 개선 해야 하고 정류 과정에서 손실이 발생하여 효율이 떨어지는 단점이 있다. 효율을 개선하기 위해 본 건물에 적용되는 LED 조명용 드라이버는 300V 직류를 입력 전원으로 사용한다.

(5) 적용 분석

가. 시공 사례

거실	서재	서재 스탠드

욕실	주방	식탁등
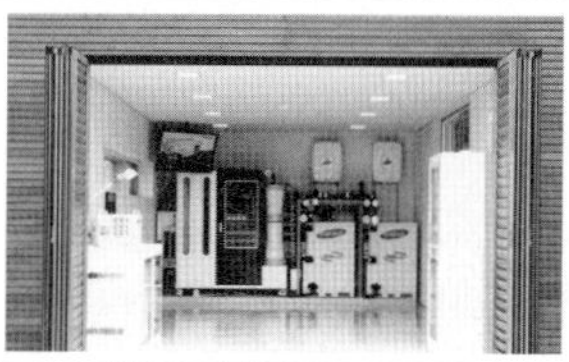		
차고	침실	침실 스탠드

한실	현관	기계실
	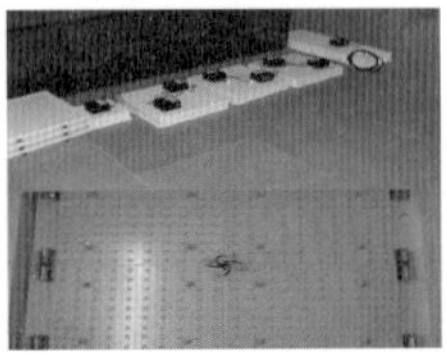	
옥외등 및 볼라드등	DC 드라이버 수정 및 TEST	LED 등기구 TEST

나. 향후 발전방향

GT를 구현하기 위하여 조명부분에서는 고효율과 장수명의 장점을 가진 LED 광원 및 직류 LED 드라이버를 사용하여 정류과정에서 생기는 손실을 방지하여 LED 드라이버의 효율을 개선하였다. 자연광을 조명으로 적극적으로 활용하고 각종 센서(광센서, 재실자 감지 센서)와 스케쥴에 따라 조명제어를 하여 에너지절약을 도모하였다. 또한 옥외나 실내등에서 나온 빛이 해당부지를 벗어나 하늘이나 인접대지 및 건물로 새어 나가는 것을 방지하기 위해 Full Cutoff 가로등을 사용 하였다. LED 광원이 일반 조명으로 활용되기 위해서는 LED 소자의 효율뿐만 아니라 연색성도 개선되어야 하며 다양한 디자인의 높은 등기구 효율을 가진 기구 개발도 병행되어야 한다. 또한 LED 조명기구의 신뢰성 및 안정성에 대한 검증과 기준 마련도 시급하다.

2) 절전형 조명제어 시스템

(1) 개요

가. 조명제어 시스템은 조명등, 센서(조도센서/재실센서), 전동차양 시스템을 이용하여 재실자에게 최적의 환경을 제공한다.

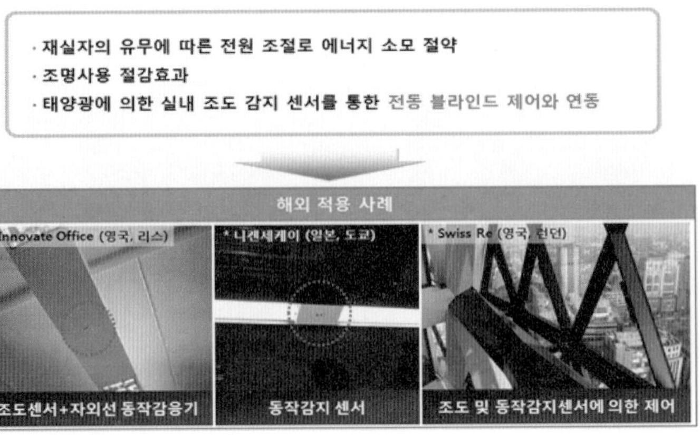

나. 조명 제어는 다음과 같이 에너지 절약 가능

① 피크 부하나 조명이 불필요 시 자동으로 램프를 디밍 또는 소등하여 전력 소모 감소

② 조명이 점등되는 시간을 줄임

③ 실내 열부하도 감소하여 실내 냉난방공조 시스템 용량 감소 및 건물 냉방 부하 감소

④ 외부 동작 감지 센서와 실내 재실자 감지 센서를 이용하여 실내가 부재 시 자동 소등

(2) 설계 주안점

가. 실내에 유입되는 자연 광량 및 각 실 용도에 따라서 조명 밝기를 자동 조절

나. 재실자 감지를 통해 부재 시 조명을 자동으로 점/소등

다. 자동모드(센서 제어)와 수동모드(사용자 제어)모두로 작동 가능한 듀일모드로 실계

라. 운영시나리오에 맞춰 실별 적정조도 확보

(3) 설계 기술

가. 조명제어 방법

① 점/소등 스위치

A. 표준 점/소등 스위치와 릴레이는 여러 개의 조명 기구 그룹을 동시에 점/소등 가능

B. 간단한 제어 방식이나 회로 분리를 통해 다양한 설계 조건으로 발전 가능

- 한 기구내 3개의 램프가 있다고 가정 시 ➡ 3개중 2개 또는 1개만 제어
- 등기구 한 개 건너씩 제어
- 창문 근처 공간에 충분한 주광 유입 시 등기구 소등

② 재실자 감지 센서, 주광 센서, 타임 스위치 등을 이용한 수동 및 자동 디밍 장치

A. 재실자 감지 센서

- 기능
  · 실내 공간에 재실자가 있으면 자동으로 조명 점등
  · 공간에 재실자가 있는 동안 계속적인 조명 점등
  · 공간이 사람이 없을 경우 일정 시간 후 자동 소등
- 재실자 감지 센서 종류
  · Passive infrared sensors (PIR) : 감지 범위 내에서 열을 발산하는 물체의 움직임 을 감지했을 때 작동. 소규모 개인 사무실에 적정. PIR센서는 막혀 있는 벽이나 파티션 등에 가리게 될 경우 감지가 어려워 작동 안함. 센서에서 재실자로의 직접 시야 확보 필요.
  · Ultrasonic 센서 : 초음파를 발산하여 움직이는 물체로 인한 센서로 돌아오는 신호 의 변경 유무에 의해 재실

감지. 센서에서 재실자로의 직접 시야가 확보되지 못한 공간에 적합. 초음파 센서(PIR)보다 미세한 동작 감지 가능.

· Dual-Technology 센서: 초음파와 적외선의 두 가지 기술을 병용하는 센서로 재실자 가 없을 경우에도 조명이 점등되는 등의 오동작 위험 줄여 줌.

- 설계 시 주의점

· 재실자 감지 센서 설치 위치 매우 중요. 재실자 감지 센서는 Coverage 영역 외의 움직임을 감지 하지 않아야 함. 예) 문이 열려 있을 때 문 밖의 움직임에 해 작동되지 않게 하여야 함

· 초음파 센서는 공기 움직임에 민감하므로 오동작을 일으킬 위험이 있는 공조기의 Diffuser 근처 피해서 설치.

- 적용방안

· 실이 비어있을 때 조명 완전 소등 또는 미리 설정된 레벨로 자동 조절

· 주광 유입이 충분하고 실내에 재실자가 있을 경우의 조명 소등

B. 주광 센서

주광 센서로 감지된 실내 주광 유입량에 따라 설계 조도에 맞도록 자동으로 인공 조명을 점/소등 또는 디밍

C. 타임 스위치

특정한 시간대에 조명을 점/소등함.

예) 일몰/일출 시 외부 조명기구를 점/소등점심시간 동안 실내 조명기구 점/소등업무시간 이후에 조명기구 일괄 소등

나. 조명제어 시스템 구성

① 조명제어 시스템은 크게 3개의 요소로 구성

sensing 장치		논리 회로		전력 제어
논리회로에 정보제공	➡	얼마만큼 조명을 공급해야 하는지 결정	➡	조명 밝기 조절

다. 조명제어 방식

① 조명 자동제어 레벨

일반 자동제어		Enhanced 자동제어
기본 제어	Advanced 제어	Enhanced 제어
점/소등 제어 타이머/시간 제어 수동 디밍 제어	조도센서 재실자센서 주광센서를 이용한 디밍	일괄 조명 제어 Override 제어 Demand limiting 제어 재실자 센서 디밍

② 스위칭 제어 vs. 디밍 제어

방식	스위칭	디밍
주요사용목적	에너지 관리	시환형
기능	점/소등	조명 밝기 부드럽게 조절
혜택	에너지 비용 감소	재실자 만족도, 시스템 유연성, 에너지 비용 감소
장점	비교적 저렴하고 커미셔닝 쉬움	임의의 조명 밝기로 세팅 가능. 밝기가 부드럽게 변화하기 때문에 사용자 만족감 높음
단점	조명 밝기가 급변하기 때문에 사용자 만족감 떨어짐	초기 설치 비용 높음. 세심한 커미셔닝 필요

③ 중앙 제어 vs 로컬 제어

건물을 다수의 제어존으로 구분, 단일 콘트롤러에 의해서 개별 조명제어존이 제어

로컬제어	중앙제어
각각의 존이 개별 제어 포인트에서 제어	단일 제어포인트에서 모든 존이 제어
저비용, 상대적으로 간단한 커미셔닝	시스템 유연성, 잠재적 비용 절약

(4) GT 적용 기술

가. 개요

① GT의 조명제어 시스템은 무선통신 기술인 IEEE 802.15.4 기반의 Mesh Network 방식으로 적용되었다. 하나의 네트워크에 최대 255개의 조명 및 조명제어기를 연결할 수 있고 16개 Channel과 16개의 서로 다른 PAN ID(Personal Area Network ID)를 사용하여 최대 65,000개의 조명과 조명제어기의 제어가 가능하다.

또한 무선조명제어 프로토콜을 이용하여 무선으로 조명과 조명 제어기를 제어할 수 있으며, 각각의 상태를 조명 서버를 통하여 모니터링 할 수 있다.

② 실내용 주거와 사무실을 모델링하여 시스템을 적용하였다.

③ 내부 조명은 실별로 용도에 맞게 조도센서 및 재실센서를 이용하여 디밍 제어 또는 스위칭 제어 되며, 실별로 용도에 맞게 설정되어 있는 Multi Scene 제어가 가능하다.

④ 에너지 절감을 위하여 내부 조명은 조도 센서를 이용하여 실내에 유입되는 자연 광량을 측정하여 설계 조도에 맞도록 인공조명을 디밍하며, 재실 센서와 연결되어 수동 점등된 후 일정시간 부재 시 자동 소등된다.

⑤ 외부 조명은 일사 센서에 의해 측정된 일사량에 따라 일출과 일몰 예측하여 자동으로 점/소등 된다.

나. 전시관 및 홍보관 조명 제어 운영 방안

구 분			시스템 운영	비 고
전시관	실내	재실	- 수동으로 Programing 스위치 동작. - 조명 ON 상태에서 조도센서를 통해 Dimming 기능 활성 에너지 절감.	재실센서를 통해 재실 및 부재여부 파악
		부재	- 재실 센서를 통해 자동으로 조명 OFF.	
	옥 외		- 외부 환경 센서를 통해 일사량을 측정 및 타이머를 이용하여 가로등 및 볼라드등 ON/OFF.	
홍보관	홍보실		- 영상 상영, 회의 모드 등 다양한 Scene을 Programing Switch에 저장하여 연출	
	안내 데스크		- 텀블러 스위치를 통한 수동 제어 - 조도센서 및 재실 센서를 통한 제어	
	사무실		- 텀블러 스위치를 통한 수동 제어 - 조도센서 및 재실 센서를 통한 제어	
특이사항			- 전시관 운영 시간 종료시 실내 조명이 자동으로 OFF되며 별도 스위치 수동 ON/OFF 할 예정임.	

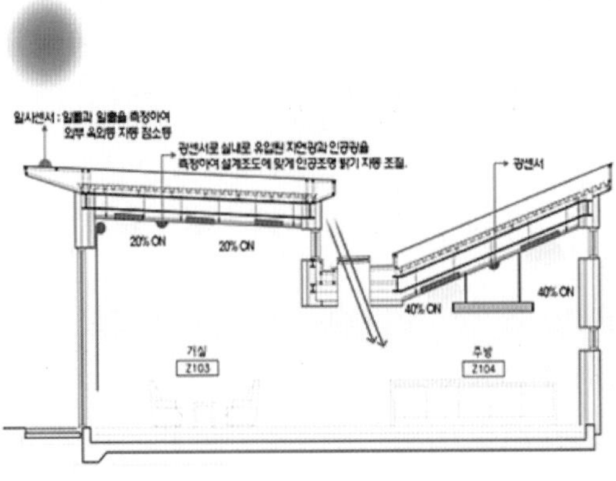

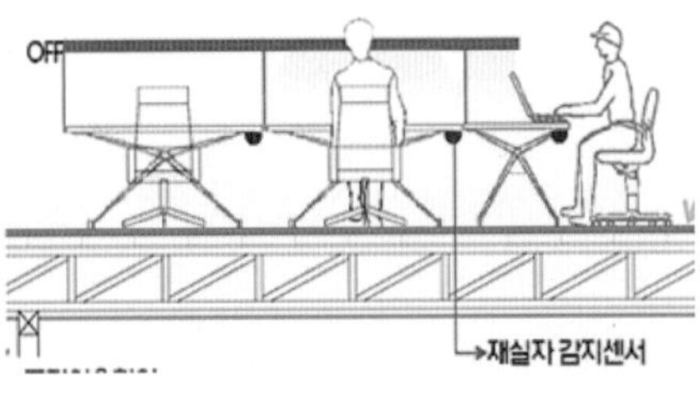

다. 조명제어 시스템 구성도

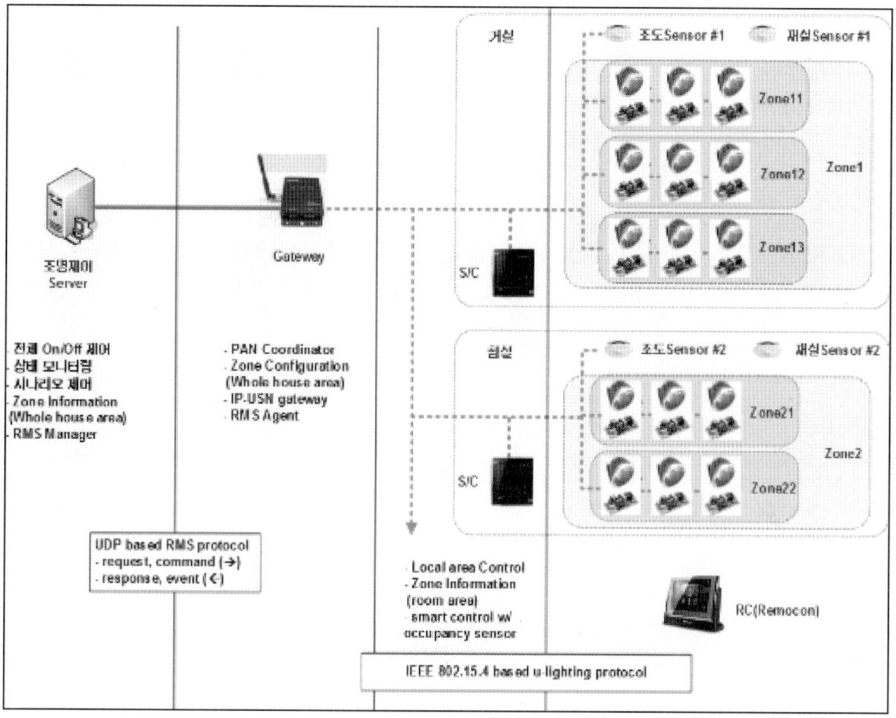

[조명제어 시스템 계통도]

라. 조명제어 컨트롤 설정

① 전시관 조명제어 SC(Scene Controller) 설정

- Scene Mode 설정

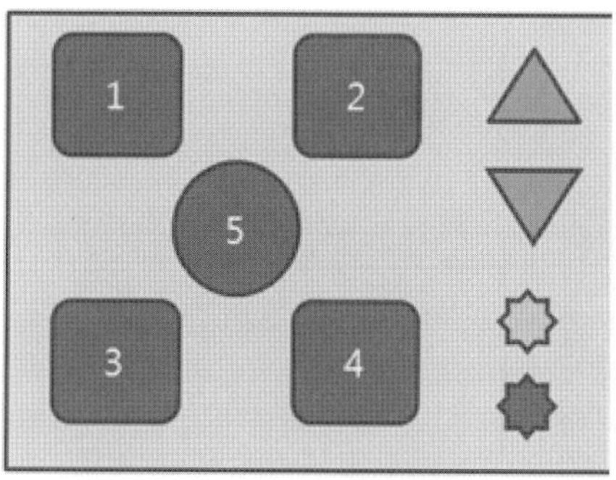

Scene Mode

1~5번까지 지정된 Scene을 실행한다.

	Scene
1	지정 Scene #1
2	지정 Scene #2
3	ALL ON (100%)
4	ALL OFF
5	조도 센서 연동 모드

- 홍보실 조명 시나리오

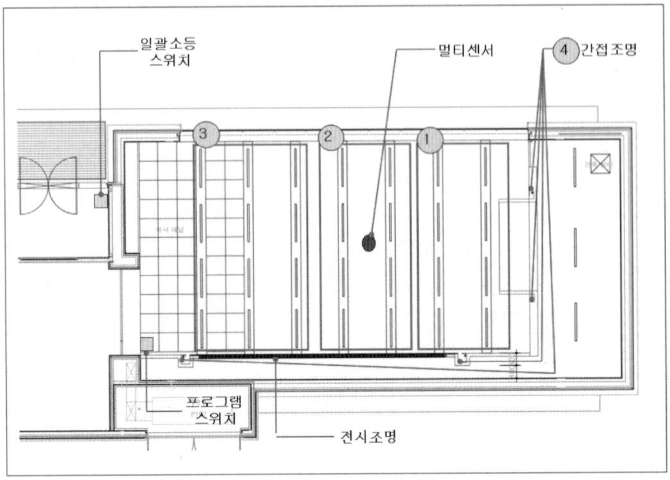

1. 관람객 입장/ 대기
1, 2, 3, 4번 조명 ON
전시조명 OFF
2. 전시 시작/ 프로젝터 영상 시작
1, 2, 3, 4번 조명 DIM.(최저조도)
전시조명 OFF
3. 전시 시작/ 프로젝터 영상 종료
1, 2, 3, 4번 조명 DIM.(최저조도)
전시조명 On
4. 전시 종료
1, 2, 3, 4번 조명 On
전시조명 On
5. 관람객 퇴장
1, 2, 3, 4 및 전시조명 OFF

(5) 적용 분석

가. 시공 사례

① 전시관 센서, 스위치, 서버 등 시공 사진

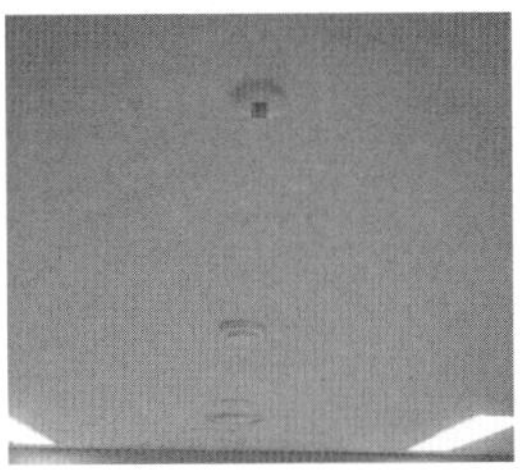		
전시관 광센서	전시관 조명 및 센서	전시관 무선조명제어 스위치
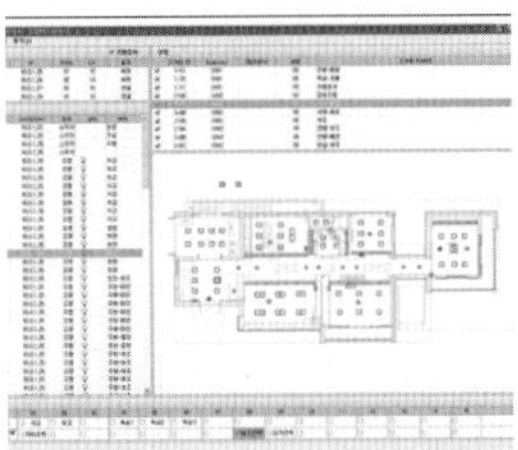		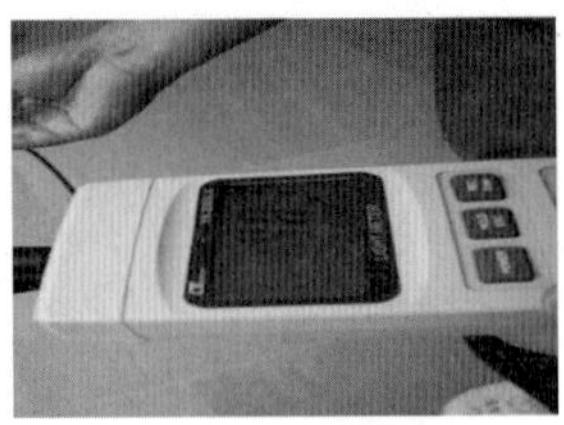
전시관 조명제어 서버	전시관 조명제어 서버	조도 측정

나. 시공관리 포인트

① 에너지 절약적인 조명설계와 제어

A. 설계조도에 만족하는 최적화된 실내조명부하

실 별 설계조도는 KS와 북미조명공학회의 기준을 만족시키며 재실자의 필요에 따라 추가적인 조도 확보를 위해 스탠드를 설치하였다. 실내 조명용량이 과도하게 산정되는 것을 방지하기 위하여 조명부하는 실 별 설계조도에 맞게 최적화하여 결정되었다. 본 건물의 평균 조명부하는 10W/m^{2}로서 ASHRAE 90.1-2004의 전시관 기준인 14/m^2 대비 29%의 조명 에너지를 절약할 수 있다 아래 표는 실별 조도 기준과 조명밀도를 나타낸다.

실명	설계조도 (Lux)	조명밀도(W/m^2)	조명제어
침실	200 (400: 스탠드 추가사용)	8	주광이용 디밍
거실	200 (400: 스탠드 추가사용)	10	주광이용 디밍
한실	200	15	주광이용 디밍
서재	250 (500: 스탠드 추가사용)	10	주광이용 디밍
주방	300	22	주광이용 디밍
현관	100	4	점/소등
창고	200	11	점/소등
차고	200	6	점/소등
복도	100	2	점/소등

[실 별 설계조도와 조명 밀도, 조명제어 방법]

B. 조명제어를 통한 에너지 절약

실별 조도를 맞도록 최적화 설계되어 설치되는 조명부하를 최소화였으며 추가적인 조명 에너지 절약은 조명제어를 통한 조명 사용시간 감소로 이루어졌다. 본 건물의 주요 공간에 적용된 조명제어는 다음과 같다. [상기 표]

- 스케쥴 제어를 통해 업무 시간 이외에 모든 조명을 자동 소등한다.
- 주 재실공간은 가능한 자연광을 조명으로 활용한다. 천장에 부착된 광센서로 실내의 조명량(자연광+인공광)을 감지하여 설계 조도보다 높을 때에는 인공광을 자동으로 디밍하여 설계 조도에 맞춘다.
- 벽에 설치된 디밍 스위치로 인공광을 제어하여 재실자가 선호하는 조명환경을 조성할 수 있다. 다은 그림은 광센서에 의한 조명제어를 설명한다.
- 간헐적인 사용 패턴이 예상되는 공간은 재실자 감지를 통해 재실자가 점등해 높은 상태로 실을 떠나는 경우

자동 소등하여 낭비되는 조명 에너지를 줄인다.

- 사무실의 경우 기존의 천장 부착형 등기구로 전반과 국부 조명 방식으로 조명부하를 이원화하여 전반 조명은 항상 점등되어 있고 국부 조명은 필요할 때만 사용하여 조명 밀도를 감소하였다. 개인 책상아래에 설치된 재실자 감지센서는 국부 조명과 연결되어 재실자가 책상을 일정시간 동안 비우면 자동 소등된다. 전반조명은 천장에 부착된 광 센서로 실내의 조명(자연광+인공광)을 감지하여 미리 정해진 광센서 신호값 이상이면 조명기구가 소등되어 조명에너지 절약한다.

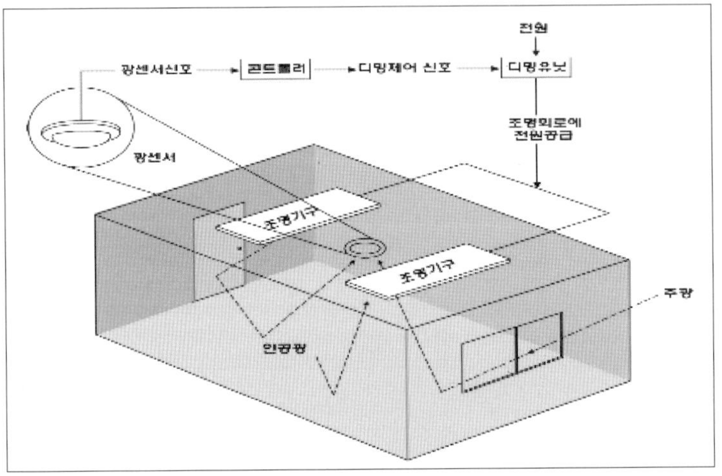

[광센서를 이용한 조명제어 시스템]

다. 향후 발전방향

① 조명제어 시스템은 건물 내 조명의 시스템적 관리가 가능하다. 중앙서버와 Gateway를 이용 하여 전체 조명의 일괄점등과 소등뿐 아니라, 부분제어를 할 수 있기 때문에 에너지 절약, 관리 및 고장여부와 상태 체크 등이 용이하여 향후 아파트, 빌딩 등 건축물에 보편적으로 적용될 것으로 예상된다.

② 무선 조명제어 시스템을 활용하면 공간활용이 보다 유연해진다. 현재 대부분 사무실은 실내 공간의 레이아웃이 변경되면 조명 스위치 설치와 조명 재설정을 위해 전기공사를 해야만 한다. 하지만 무선 조명제어 시스템은 물리적 설계가 아닌 논리적 설계에 바탕을 두기 때문에 추가 전기공사 없이 자유롭게 조명의 레이아웃을 변경할 수 있고, 신축 건축물 뿐만 아니라 기축 건축물에도 적용이 가능하기 때문에 무선 조명제어 시스템은 유선 조명제어 시스템과 혼용하여 적용될 것으로 예상된다.

3) 스마트 가로등

(1) 개요

가. 복합 지능형 가로등을 통하여 G/T 신축에 융복합 서비스를 제공(CCTV, 음악, 조명제어, LED조명 등 통합 설치)

나. 태양광+풍력 하이브리드 가로등과 통합 설치 가능.[GT 미적용]

(2) 설계 주안점

비상콜 버튼, 무선 인터넷 중계기 및 CCTV를 포함한 다기능 옥외 보안등.

(3) 설계 기술

가. 도입배경

① 단지의 보행로 자체를 지능형 보행로로 구축하여 업무환경 개선

② 개인 단말을 활용하여 사외에서 사내 인프라 활용 및 수행업무를 연속적으로 수행할 수 있는 환경 구축

③ 외부 방문자에게 단지 내 교육 및 각종행사 정보를 쉽게 인지할 수 있는 정보 접근성 제공

④ L ED조명의 색상과 조도 변환을 통한 각종 이벤트 연출

⑤ 안내 방송 및 방범기능 강화

(4) GT 적용 기술

가. 제품 개요

① L ED가로등

- LED 조명을 사용 (에너지 절감)
- 천공시계에 따른 자동 On/Off 제어 (외부환경 센서와 연동)
- 가로등 조명 원격 제어

② 비상콜

- 비상 알림 기능
- 비상버튼 작동시 경비실과 사무실 등에 응급상황 전파
- 가로등에 장착된 스피커를 통하여 알람 발송

③ 외부환경센서

- 실시간 기상관측
- 풍향, 풍속, 온도, 습도, 자외선량, 일사량, 강우량 등 측정
- Consol 단말기 및 모니터링 프로그램을 통한 실시간 모니터링

④ CCTV

A. 기술 개요

- 카메라의 영상을 분석하여 미리 설정한 보안행위에 위반되는 움직임을 자동인식하는 CCTV 시스템
- 가정 내 월패드, TV와 같은 디스플레이에 이상 상황 경보함.

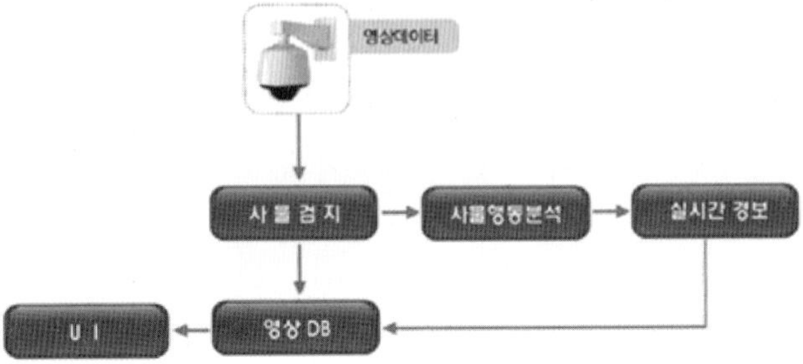

B. 기술 특징

이상 상황 조기경보 및 상황 녹화 추적 가능

사람 여부, 행동감시, 침입여부 판정을 통해 보안성 증가

사람의 쓰러짐을 감지하여 의료 사고 방지

C. 기술 검토

- GT에는 가로등에 지능형 CCTV 배치하여 실외 영상 감지
  · 인공지능을 이용한 대상의 행동패턴분석
  · 주요 보안 지점에 CCTV를 배치하고, 보안구역 설정하여, 침입 시 경보
  · 사람인지 동물인지 대상 식별. 행동추적, 사람의 쓰러짐 등이 발생하면 경보
  · 화재 발생시 경보

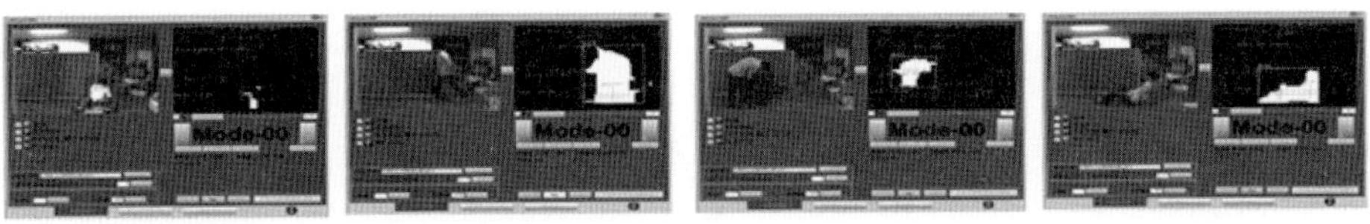

화재방화 침입감지 이상 움직임 넘어짐

(5) 적용 분석

가. 비상콜 : 가로등 4개소에 설치

① 요청사항

- 하단 부분 (높이 약 1250)에 타공

- 바닥 부분에 전원 및 UTP선을 배선할 수 있는 공간 필요

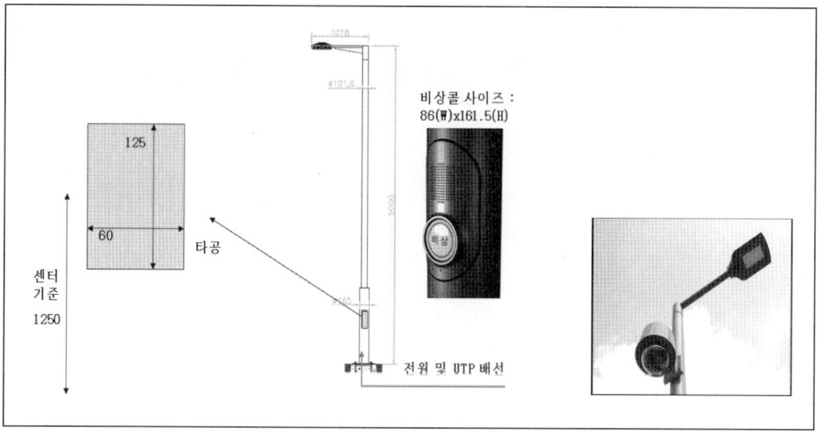

나. CCTV : 비상콜이 부착된 가로등 중 2개소에 설치

① 요청사항

- 바닥 부분에 전원, UTP선 및 케이블선을 배선할 수 있는 공간 필요

다. 외부환경센서 : 외부환경센서 부착용 폴대 필요

① 요청사항

- 가로등과 유사한 디자인의 폴대 필요
- 폴대의 직경은 60mm이하
- 풍향, 풍속계는 폴대의 가장 윗 부분에 설치

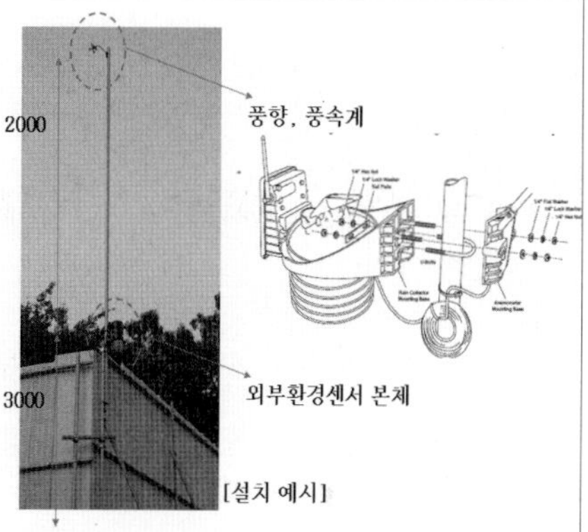

[설치 예시]

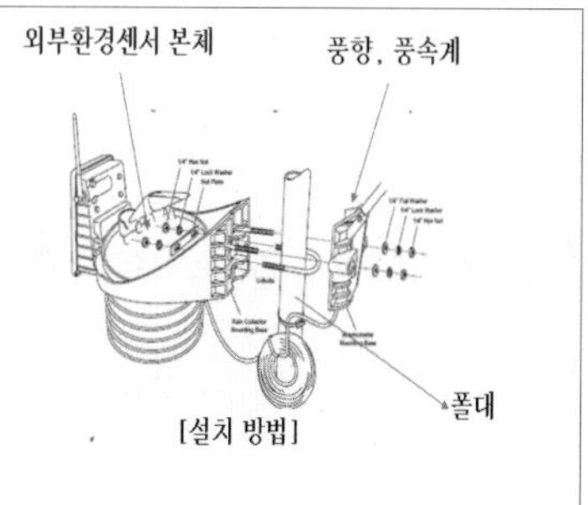

[설치 방법]

- 장비고정을 위해서 직경 60mm 이하의 둥근 폴대 필요
- 별도의 배선은 없음

라. 시공관리 포인트

① 친환경적인 옥외 조명

- 광공해는 옥외등에 의하여 계획된 대지나 건물외벽 외에 하늘(sky glow) 또는 대지 경계선 외부(light trespass)로 빛이 새어 나가 피해를 주는 현상이다.
- 광공해를 최소화하기 위해서 옥외등은 90° 이상에서 새는 빛이 없고 80° 이상에서 램프광속이 10%를 넘지 않는 Full Cutoff 등기구를 사용하였다[아래 그림 참조]
- Full Cutoff 등을 사용함으로써 인접대지로 새는 빛을 최소화하여 대지 경계선에서 최대 수평 및 수직 조도가 각각 2.2lux 와 1.1lux를 넘지 않는다. 또한 대지 경계선에서 4.57m 이내에서 최대 수평 조도가 최대 0.1lux를 넘지 않게 옥외 가로등을 배치되었다.
- 일과시간 이후에는 비상조명을 제외한 모든 실내조명이 소등되도록 하였다.
- 외부환경센서로 일사량 등을 측정하여 일몰과 일출시간을 판단하여 실외에 설치된 가로등을 자동 점 · 소등한다. 또한 가로등에 비상콜 시스템을 접목시켜 긴급상황 발생 시 비상알림을 통해 응급 상황 전달 및 알람을 발생시켜 건물의 보안 기능도 담당할 수 있게 하였다.

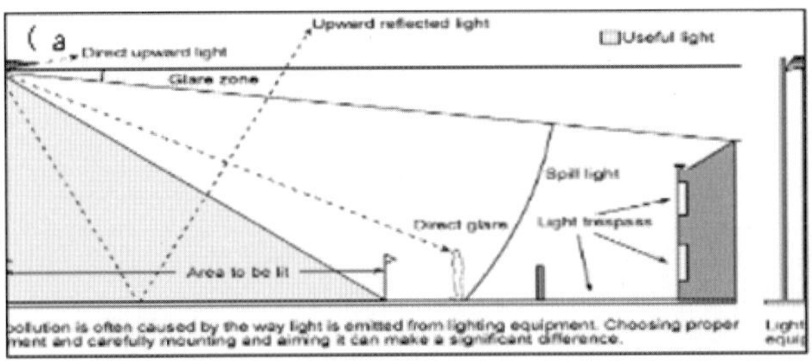

(a) 광공해

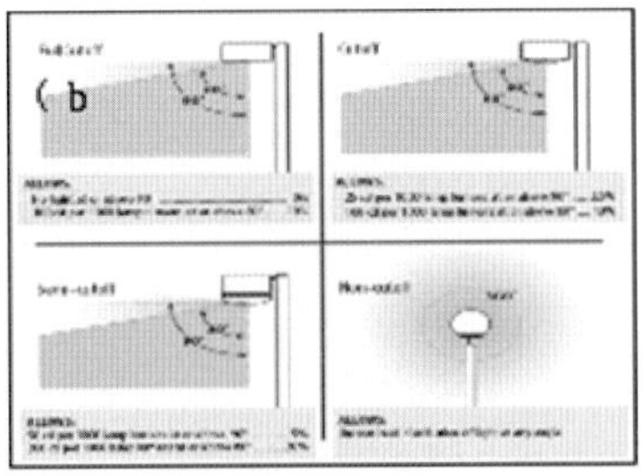

(b) Full Cutoff 조명

(Source: Institution of Lighting Engineers)

[광공해와 FULL CUTOFF 조명]

마. 향후 발전방향

향후 태양광+풍력 하이브리드 TYPE의 외적인 디자인을 고려하며, 기능[무선AP, 미디어보드, LED 조명, 스피커, CCTV 등]을 최적화한 복합지능형 가로등을 개발하여야 한다

4) 자연채광(광덕트)

(1) 개요

가. 자연채광 구성

① 자연채광은 건물의 개구부(측창, 천창, 고창 등)와 자연채광 시스템을 통해서 실내로 자연광을 유입시키는 기술

② 건물의 외관보다는 기후 및 방위를 고려해서 개구부의 크기나 위치를 결정해야 효과적인 자연 채광 가능

- 남측 창문 : 자연채광에 가장 효과적. 적절한 쉐이딩 장치 활용으로 겨울철 대부분의 직사광선 유입시키고, 여름철 직사광선 유입 최소화
- 북측 창문 : 상대적으로 균일하고 자연광 유입. 여름 일사열 부하 최소화
- 동/서측 창문 : 아침과 늦은 오후에 실내로 직사광선이 깊이 유입 가능하므로 직사광선 유입 방지 필요.

③ 실내로 유입되는 자연광의 양에 따라 밝기가 조절되는 인공조명 시스템의 적용으로 에너지소비 및 전력 피크 부하를 줄이며 조명 및 이와 관련된 냉방부하도 줄일 수 있음.

④ 자연광은 인공광 보다 발광효율이 높고 연색성이 좋으며 인간에게 가장 편안한 시환경을 제공하며 수은 및 기타 오염물질이 없음.

⑤ 재실자의 생체시간을 조절하여 체온, 호르몬 분비, 수면 등 다양한 인체 활동에 긍정적인 영향

나. 자연채광 방식

① 건축 일체화 채광 시스템

- 측창, 천창, 고창, roof monitor 등의 건물 개구부를 이용해서 자연광을 건물 내부로 유입
- 건물 설계 시부터 고려하여야 적용 가능하며 다양한 건물 외피 계획이 가능
- 설치 후 변경이 어려우므로 초기단계부터 정확한 성능 예측 필요

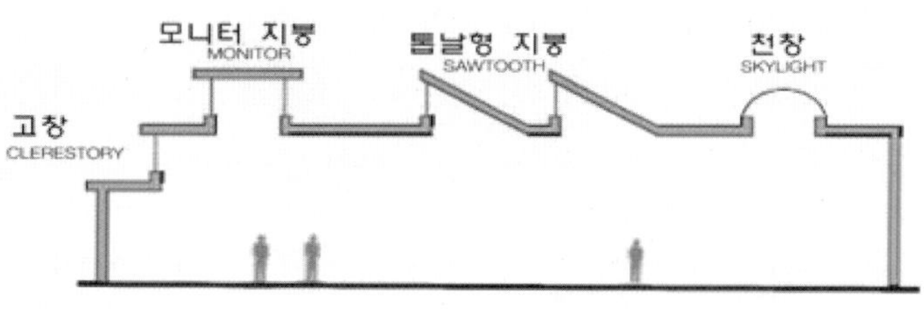

② 자연채광 시스템

- 광덕트, 반사거울 시스템, 마이크로 쉴드 루버, 프리즘 루버 등 자연채광 시스템을 이용해서 적극적으로 자연광을 실내로 유입하는 방식
- 자연광 유입이 불가능한 실내 채광 가능
- 하드웨어 설치 전 정확한 채광성능 예측 필요
- 종류

광덕트	반사거울	광케이블방식	프리즘	마이크로쉴드
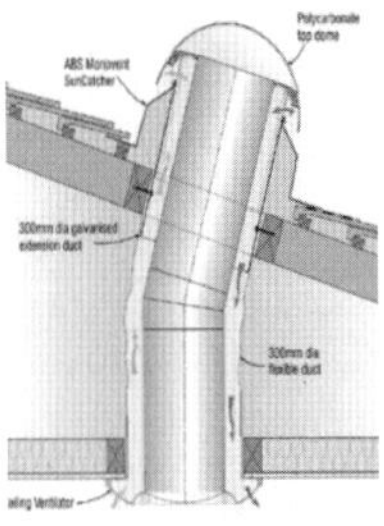			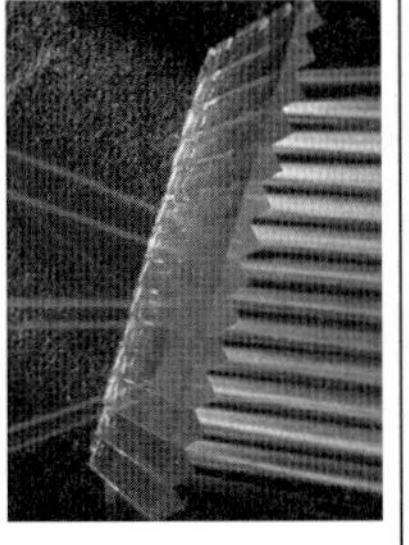	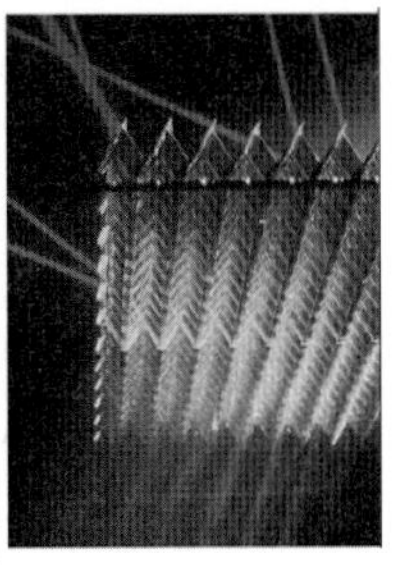
- 채광을 하는 폴리카보네이트돔과 반사율〉98%의 알루미늄파이프를 통하여 실내로 자연광 유입 - 날씨과 무관하게 효율적으로 자연광을 균등하게 실내로 내보냄	- 태양의 궤도를 자동으로 추적하여 원하는 대상물이나 장소에 자연광을 유입시키는 시스템으로 반사에 의한 광전달 손실이 거의 없음 - 글레어 현상을 방지하기 위하여 설치위치 선정 주의필요	- Solar panel로 모아진 태양광이 광케이블을 통해 건물 내부로 이동, 등기구를 통해 실내로 전달 - 광케이블 직경이 작으므로 retrofit에 적합	- 직사광선 유입은 방지하고 확산광만 유입 가능 - 적용위치에 따라 프리즘 각도의 정밀한 계산 필요	- 남쪽 직사광선은 차단되고 북쪽 천공광만 유입 - 경사진 유리건물의 벽이나 지붕에 적용 적합

(2) 설계 주안점

자연과의 실내 유입을 최대화하기 위해 천창을 설치하고, 외부로 창을 내지 못하는 공간은 광덕트를 적용하여 인공조명의 사용을 줄이고 재실자의 생산성과 쾌적감을 향상.

(3) 설계 기술

가. 광덕트을 이용한 자연채광

① 광덕트의 특징

- 자연채광은 무한한 태양에너지 자원과 자연 그대로의 빛을 활용하여 에너지절감 및 친환경 조명기술로 쾌적한 빛 환경을 창조 가능.

- 자연채광에 따라 조정되는 고효율의 인공조명 시스템은 에너지 소비 및 전력피크부하를 줄이며 조명 및 이와 관련된 냉방부하도 줄일 수 있음.
- 천정, 빛 우물, 빛 정원 등을 이용하여 건물의 약 30% 정도는 인공조명을 대체할 수 있음.
- 실내 환경의 개선과 작업성능 향상

  자연광은 인공광 보다 발광효율이 높고 연색성이 좋으며 인간에게 가장 편안한 시환경을 제공하며 수은 및 기타 오염물질이 없음. 작업환경 향상으로 작업성능 6-8% 증가, 학업성취도 7-26% 향상됨.
- 인간의 건강증진

  인간의 생활리듬과 건물 내 거주자들의 만족감을 향상시켜 정신적 건강증진 시키며 절대적인 자연의 빛을 선택적으로 하여 인간이 이용 가능한 자연요소로 함.

② 광덕트의 구성과 원리

- 구성
  - · 태양광 집광장치
  - · 내부가 반사률이 높은 거울면으로 구성된 스텐레스 튜브나 덕트

[광덕트를 이용한 자연채광 개념도-수직덕트]

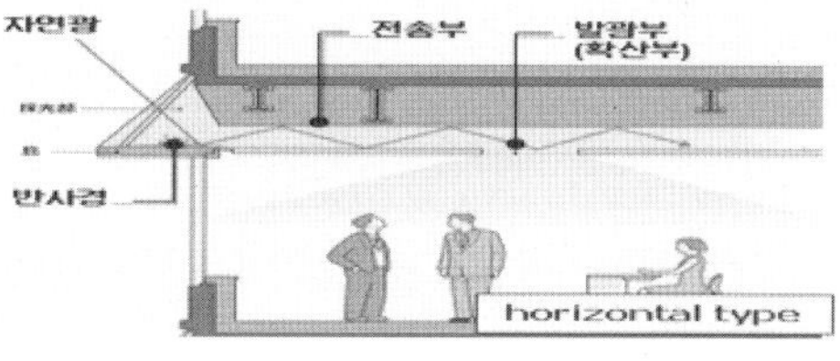

[광덕트를 이용한 자연채광 개념도-수평덕트]

(4) GT 적용 기술

가. 개요

쾌적한 실내환경조성 및 자연광 유입으로 인공조명 에너지 절감을 위해 채광 시뮬레이션을 통해 자연광유입이 어려운 복도에는 천창 및 화장실은 광덕트 적용

나. 주요현안

광덕트 및 천창 설치 위치에 누수 위험 검토.

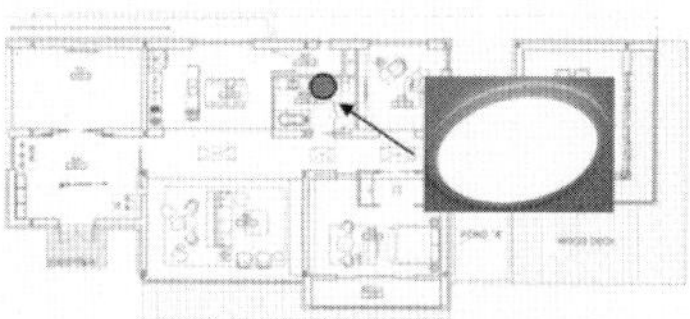

[광덕트 설치 위치]

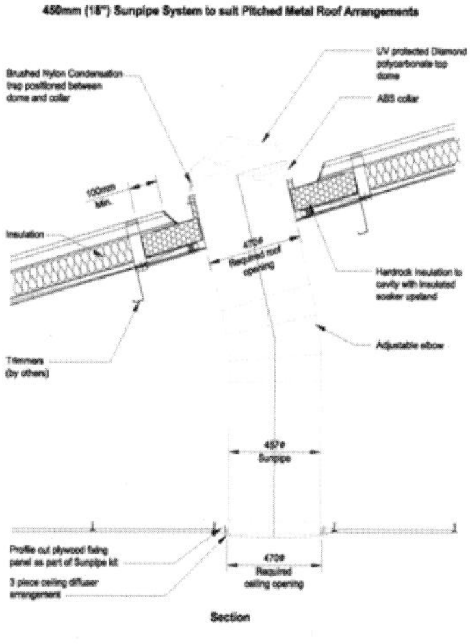

[광덕트 시공 상세도]

다. 천창

① 개요

- 천창은 측창에 비해 더 넓은 면적 채광 가능하며 균일한 조도 분포 가능 (측창은 창문에서 멀어질수록 조도가 현저하게 떨어짐)

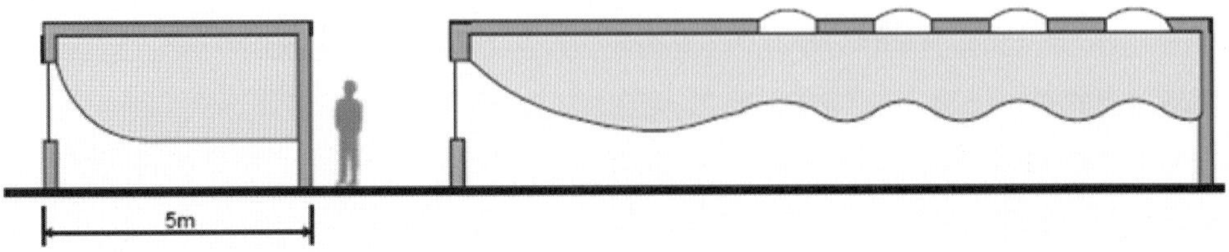

- 단층 건물이나 최상층에만 적용 가능
- 태양의 위치 및 구름의 유무에 따라 실내로 유입되는 자연광의 방향과 양이 변화됨.
- 일사열 획득이나 열손실에 의한 냉난방 에너지 증가를 최소화 하기 위해 고성능 유리재 선택 필요
- 시공시 누수가 생기지 않도록 curb를 설치하거나 접속부를 꼼꼼하게 밀봉해야 함.천창의 flanges/flashing 위에 방수 처리 고려 필요.

② 천창 배치

- 천창 면적이 바닥면 면적의 5% 넘지 않도록 설계 함.
- 천창 간격은 바닥면~천장 높이와 비슷하게 배치

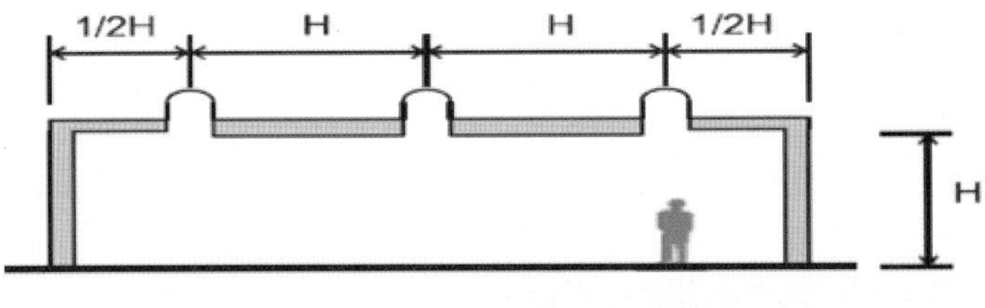

라. 광덕트

- 개요
  · 폴리카보네이트 재질의 피라미드나 돔을 통해 유입된 자연광을 고반사(96% 이상)덕트를 통해 실내로 전달시키는 시스템
  · 천창보다 간편하게 설치 가능하며 태양의 위치에 상관없이 모든 방향으로 자연광 발산
  · 맑은날 뿐만 아니라 흐린날, 비오는 날에도 효율적으로 자연광을 실내로 유입
  · 구동장치가 없어 운영비와 별도의 에너지 소비가 없음
  · 수광부에 팬을 설치하고 개폐 가능하게 하여 환기 기능 추가 가능(별도 모터 비용추가)

· 전송부 길이가 길수록 효율 저하

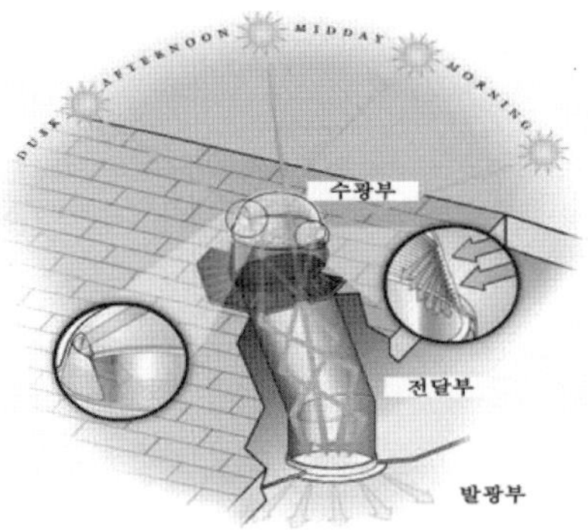

마. SUN-LES-P vs. Sunpipe 광덕트 비교

모델명	SUN-LES-P	Sunpipe
수광부	 프리즘을 이용하여 낮은 각도에서 입사하는 집광 효율 향상시킴 크기 : 600×600×205mm	 피라미드 돔 형태로 Self-cleaning 가능하며 결로 문제 개선 크기 : 직경 450mm
전송부	 10mm 폴리카보네이트 복층판에 반사율 95% 아노다이징 시트를 부착하여 시간에 따 른 시트 탈착 우려	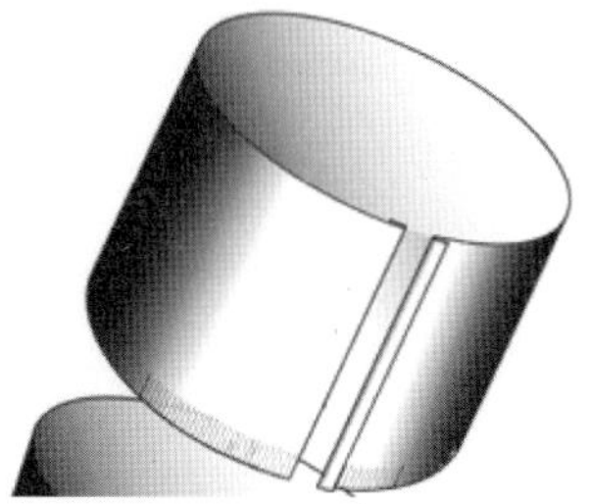 반사율 98%의 아노다이징 판을 사용하여 내구성 우수

모델명	SUN-LES-P	Sunpipe
발광부	 프리즘의 굴절로 인해 빛이 고르게 확산되지 않고 일부방향으로 편중되는 경향	 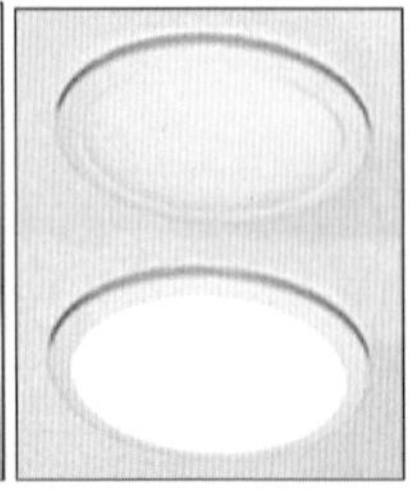 빛을 전방향으로 고르게 확산시켜주고 천장 마감에 맞는 디자인 선택 가능

※ 동일 형태의 집광기에 다면 프리즘 적용 시 평판 유리 대비 약 140% 집광 효율 향상

- Sunpipe 제조사인 Monodragught는 광덕트 제작을 1995년부터 시작 한국 ABM건설은 2007년부터 연구개발을 통해 시제품화
- Sunpipe는 10년 이상 발생된 제품 하자에 대한 대책이 반영된 제품으로 신뢰성이 높음.
- 집광효율은 SUN-LES-P 제품이 Sunpipe에 비해 우수하나 전체적인 제품 완성도 및 디자인은 Sunpipe 제품이 우수
- GT 현장에 제품에 대한 신뢰성과 완성도가 우수한 Sunpipe 제품 적용 결정

(5) 적용 분석

가. 시공 사례

나. 시공관리 포인트

① 자연채광 이용 극대화

- 조명에너지 절약을 위해서 에너지 생산 비용이 들지 않는 자연광을 주간의 조명으로 적극적으로 활용하였다.
- 외부로의 시야를 확보하기 위해서 각 실에 충분한 창문면적(바닥면적 대비 약 22%)을 두었다. 춘추분 정오 맑은 하늘 기준으로 각 실 바닥 면적의 75% 이상에서 최소조도 323lux가 확보되며 바닥 면적의 90% 이상에서 외부로의 조망이 가능하도록 창문 면적과 위치를 결정하였다[그림 위참조]. 복도에는 천창을 설치하였고 외부에 면하지 않아 창문을 내기 어려운 욕실은 광덕트를 설치하여 자연채광을 가능하도록 하여 쾌적한 실내 분위기를 조성하고 조명 에너지 절약을 도모하였다. 광덕트는 천창과 달리 방향성이 있는 직사광선 대신 균일한 확산광을 유입하고 열 획득이나 손실로 냉난방 에너지에 대한 영향이 매우 작다. 아래 그림은 욕실에 설치된 광덕트의 단먼을 나다낸다.
- 창문과 천창은 고효율 창호를 사용하여 열손실과 일사에 의한 부하를 최소화하여 창 면적증가에 따른 냉난방 에너지에 대한 영향을 줄이고 투과율은 높여 자연채광의 효율성을 최대화하였다.

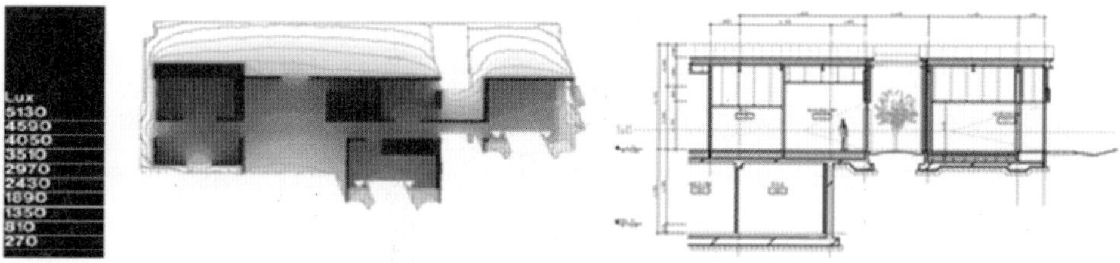

(A) 3월 21일, 정오, 맑은 하늘 주광에 의한 (B) 모든 실에서 외부로 조망 확보 실내조도

[자연채광과 충분한 조망 확보]

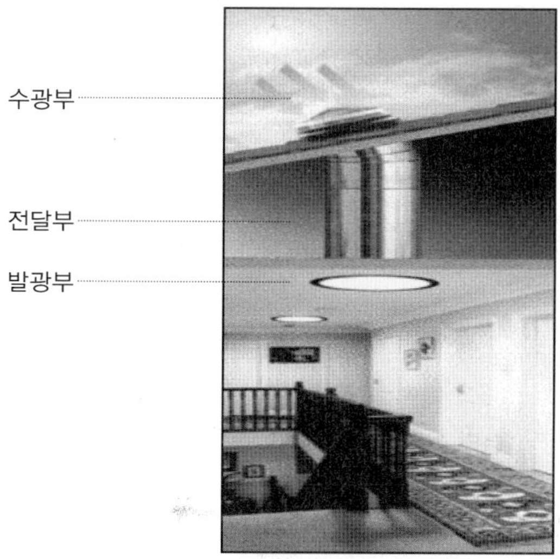

[광덕트 단면]

다. 향후 발전방향

건물의 외관보다는 기후 및 방위를 고려해서 개구부의 크기나 위치를 결정해야 효과적인 자연 채광이 가능하므로 설계 초기단계에 건축과 세부 계획 및 협의가 필요하다고 사료됨.

4.5.5 실내공기질 및 커미셔닝

1) 공사 중 및 입주전 Flushing out

(1) 개요

최근 신축 건물에서 실내 공기질의 문제는 환경 문제 뿐만 아니라 웰빙이라는 심신의 건강과 쾌적을 보다 적극적으로 추구하는 거주자들의 의식 확산으로 사회적인 큰 관심과 요구의 대상이 되고 있다. 환경부에서 2004년 5월 "다중이용시설의 실내 공기질 관리법"을 시행하고 이를 2005년 개정안을 통하여 100세대 이상의 공동주택에서는 시공자가 주민 입주전에 신축 주택의 실내 공기질을 측정하여 입주민에게 공고하도록 내용을 수정 및 보완함에 따라 신축 건물의 실내 공기질의 중요성을 확인시켰다. 또한 최근에는 거주자가 생활하는 동안에도 에너지 절약을 위하여 단열을 강화하고 고기밀화를 통하여 환기량이 충분히 확보되지 못하며 자연환기가 적극적으로 활용되지 못하게 됨에 따라 실내 공기질 관리에 대한 적극적인 대책이 요구되고 있다.

(2) 입주전 Flush out 방안

가. Flush out 정의

Flush-Out이란 새로 지어지는 건축물이나 리노베이션된 건물들의 접착제나 페인트, 카펫, 가구들 같은 자재들 자체 혹은 이를 설치하는 과정에서 발생하는 다양한 유해물질들을 방출하는 것을 의미한다. 실내 공기 유해물질들을 제거하기 위해서, 몇몇 건물들은 환기 시스템을 이용하여 건물 전체에 적절한 온도가 유지된 많은 양의 공기를 불어넣기도 한다. 일반적으로 Flush-out은 건물의 자재나 가구와 같은 것들이 설치된 후 입주자가 입주하기 전 3일에서 30일 사이에 시행한다.

나. Bake-Out vs. Flush-Out

실내 공기에 영향을 미치는 VOCs 및 포름알데히드는 일반적으로 건축물 시공시 각종 건축자재에서 유해물질과 함께 방출되어 실내 재실자들의 건강에 직접적으로 영향을 미친다. 최근엔 이러한 물질들을 입주전에 물리적으로 가열하고 환기를 통하여 제거하는 방법인 베이크 아웃이나 플러쉬 아웃 등을 시행하고 있다. 일반적으로 국내에서 사용되는 방법은 베이크 아웃(Bake out)이다. 베이크 아웃의 경우 약 40℃ 이상으로 실내 온도를 높이고 배기하여 오염물질을 방출하는 것으로서 우리나라의 난방방식인 저온 복사 난방을 사용하여 자연환기를 통해 배기하는 방법이나 현재로서는 베이크 아웃의 적정기간과 환기횟수 등의 자료가 미흡한 상황이다. 또한 몇몇의 연구문헌에 따르면 베이크 아웃을 한 이후 기존보다 VOCs의 양이 증가하는 양상을 보이기도 하였다. 반면 플러쉬 아웃은 팬이나 장비 등을 이용하므로 효과적인 배기를 할 수 있으며 베이크 아웃보다 낮은 온도에서도 많은 풍량을 통하여 효과적으로 유해물질을 제거한다는 장점이 있다.

다. Flush Out 과정

Flush-Out은 HVAC 시스템의 시운전 개시후 그리고 공사가 끝나고 가구가 설치되고 재실자가 입주하기 전까지의 기간 동안 이루어진다. Flush-Out을 위한 최소 기간은 7일로 제안되고 있다. 이는 모든 가구들이 설치되고 재실자가 입주하기 전에 완전히 이루어져야 한다. HVAC 시스템은 24시간 동안 지속적으로 운영이 되어야 하고 리던 에어나 재순환 공기 없이 100%외기를 이용하여야 한다. 외기는 실내 온도를 유지하기 위하여 냉난방 된 공기를 필요에 따라서 이용해야 한다. 습한 지역에서는, 외기에 포함된 습기가 Flush-Out을 진행하는 동안 제거되어야 한다. Flush-Out의 진행 및 공사 진행기간 동안에는 공조기에 임시 필터가 장착되어 있어야 한다. 이러한 필터들은 Flush-Out이 끝난 이후에 교체되어야 한다.

라. LEED 인증의 Flush Out 관련기준

[LEED EQ CREDIT 3.2중 FLUSH OUT 내용]

EQ Credit 3.2 Construction IAQ Management Plan
입주 전

목적
건설 인력 및 입주자의 편의와 건강을 위해 건설, 보수 과정이 실내 공기에 미치는 영향 감소

조건
입주 전 기간 동안 실내 공기 수준 (IAQ) 관리 계획을 수립 및 시행

강제환기(Flush Out)

- 공사가 끝나고, 입주가 시작되기 전, 평방피트 당 14,000 입방 피트의 외기를 공급하여 건물 전체를 강제 환기시킨다. 실내 온도는 최소 60°F로 유지하고, 상대 습도는 60%를 넘지 않도록 한다.

혹은

- 강제 환기 전 입주를 해야 하는 경우, 바닥 면적 1평방피트 당 최소 3,500 입방피트의 외기를 공급한다. 입주 후에는, 1평방피트 당 0.30cfm의 비율, 혹은 EQ 전제 조건 1의 외기량 규정 중 더 큰 쪽을 적용하여 외기를 도입해야 한다. 매일 환기 기간 중, 환기는 점유 전 최소 3시간 동안 하며, 점유 후 지속한다. 이러한 작업을 1평방피트 당 14,000 입방피트의 외기가 도입될 때까지 반복한다.

- 가장 중요시되는 부분은 일정량 이상의 Flush out 풍량과 적정 실내온습도를 유지해야 한다는 것임
- 공기중의 오염물을 제거하기 위하여 HVAC 시스템 또는 별도 Blower 이용
- 강제환기 작업은 모든 공사 작업이 완료된 이후에 시작
- 커미셔닝의 경우 오염물을 건물로 진입시키지 않는 한 강제환기 작업 중에 실시 가능
- 구석이나 먼곳에 위치한 곳의 환기가 불충분 하거나, 스택작용과 같은 예상치 못한 공기의 흐름에 의해 환기량이 부족해 지지 않도록 주의
- HVAC 시스템을 Flush Out에 이용할 경우 MERV 13이상의 필터를 이용
- 입주된 상태로 강제환기 수행 시, 최소 환기율 0.3cfm/ft² 또는 설계상의 최소 외기율 중 엄격한 규범을 따름.

(3) Green Tomorrow Flush-Out 수행

가. Flush Out 수행방안-1 (약 15일 소요)

구 분	바닥면적 (m²)	LEED 풍량기준		Flushing-out 필요풍량 (m³)	장비풍량 (m³/h)	장비	소요시간 (h)	소요시간 (day, 일당 8h 가동)	비 고
		ft³/ft²	m³/m²						
ZEH	401	14,000	4,260	1,708,260	20,400	별도블로어(10,200 CMH) x 2EA	84	10	- 10,200 CMH 별도블로어 2대 이용시 약 10일 소요 예상
PR room(1F)	276	14,000	4,260	1,175,760	12,700	기존공조기(5,100CMH), 별도블로어(7,600CMH)	93	12	- 기존공조기+별도블로어(7,600CMH)이용시 약12일소요 예상 - 전외기+전배기 방식으로 flush-out 수행시 공조기에 필터를 장착하지 않아도 무방함 (최소한의 외기 필터링을 위해 부직포 사용 권장)
PR room(2F)	38	14,000	4,260	161,880	7,600	별도블로어(7,600 CMH)	21	3	- 1F 완료후 1F 에서 사용하던 별도블로어(7,600CMH)이용시 약3일소요 예상

나. Flush Out 수행방안-2 (약 12일 소요)

구 분	바닥면적 (m²)	LEED 풍량기준		Flushing-out 필요풍량 (m³)	장비풍량 (m³/h)	장비	소요시간 (h)	소요시간 (day, 일당8h 가동)	비 고
		ft³/ft²	m³/m²						
ZEH	401	14,000	4,260	1,708,260	17,800	별도블로어 (10,200 CMH) 별도블로어 (7,600 CMH)	96	12	**- 별도 블로어 2대(10,200 CMH, 7,600 CMH 각 1대) 이용시 약 12일 소요 예상**
PR room(1F)	276	14,000	4,260	1,175,760	15,300	기존공조기 (5,100 CMH), 별도블로어 (10,200 CMH)	77	10	**- 기존 공조기+별도 블로어(10,200 CMH) 이용시 약 10일 소요 예상 - 전외기+전배기 방식으로 flush-out 수행시 공조기에 필터를 장착하지 않아도 무방함 (최소한의 외기 필터링을 위해 부직포 사용 권장)**
PR room(2F)	38	14,000	4,260	161,880	10,200	별도블로어(7,600 CMH)	16	2	**- 1F 완료후 1F에 사용하던 별도 블로어(10,200 CMH) 이용시 약 2일 소요 예상**

- LEED 인증에서 제시한 기준에 맞추어 Flush out을 수행하였음
- 기존 공조기 외에 추가로 별도의 블로어를 설치하여 Flush out 수행
- 가능한 한 너무 짧은 기간에 flush out을 종료하기 보다는 충분한 시간을 투입하여 Flush out을 수행하는 것을 권장
- Green Tomorrow의 경우 수행방안-1에 따라 Flush out을 수행하였음

2) 커미셔닝

(1) 개요

가. 빌딩 커미셔닝

- 건축물은 아무리 잘 시공하더라도 물리적 열화가 진행된다. 또한 사회적, 경제적, 환경변화로 건물 기능의 고도화를 요구하게 되면서, 건축 초기 기능과 현재 요구 기능 사이의 격차로 인한 사회적 열화도 최근에는 급속히 진행되고 있어 개보수를 위한 설계 및 시공 기술의 개발 필요성이 어느 때보다 절실하게 느껴진다.
- 건축 초기부터 건물주의 요구에 따른 성능을 갖는 건축물을 건축하는 것은 매우 중요하다. 이렇게 건축물의 신축이나 개보수를 함에 있어서 효율적인 에너지 관리를 위하여 건물주나 설계자의 의도대로 설계, 시공, 유지관

리 되도록 하는 새로운 개념의 건축공정이 주목을 받고 있다. 이는 "빌딩 커미셔닝(Building Commissioning)"이라 부르며 그 역할은 '건물이 설계 단계부터 공사 완료에 이르기까지 건물주가 요구하는 성능을 유지하고, 또한 운영 요원의 확보를 포함하여 입주 후 건물주의 유지 관리상 요구를 충족할 수 있도록 모든 건물 시스템이 작동하는 것을 검증하고 문서화 하는 체계적인 공정'이라 할 수 있다.

- 빌딩 커미셔닝은 특히 효율적인 건물 에너지 관리를 위한 가장 중요한 요소로서 앞서 말한 바와 같이 건축물의 계획, 설계, 시공, 시공후 설비의 시운전 및 유지관리를 포함한 전 공정을 효율적으로 검증하고 문서화 하여 에너지의 낭비 및 운영상의 문제점을 최소화하는 공정기술이기 때문에 이를 잘 활용하면 건물 시스템의 건전하고 합리적인 운전이 가능하여 거주자의 쾌적성 확보, 안전성, 목표한 에너지 절약 및 수명의 연장을 달성할 수 있다.

나. 국외 현황

- 미국은 1993년 이래 작년까지 6차에 이르는 학술발표회를 매년 개최해 오면서 이에 관한 적용 사례 및 개발 기술의 정보 교환을 하고 있고 'Recommissioning'과 'Continuous Commissioning'의 필요성도 강조되어 그 사례가 적지 않게 발표되어 왔다.
- 빌딩 커미셔닝 대상 건물은 건물의 규모, 용도, 에너지 사용량, 복합성 등 여러 가지 요소에 의하여 결정되나 미국은 1989년에 제정된 건물 설비, 외피, 에너지 사용량, 유지보수 등을 규정한 'Federal Commercial Building Efficiency Standards'에서 설계의 문서화와 지속적인 모니터링(Monitoring)이 필요한 에너지 사용 용량 150kW 이상 또는 공간 면적이 40,000ft^2 이상인 건물을 대상으로 하고 있다.
- 실제적으로 빌딩 커미셔닝을 통하여 건물 에너지 사용량을 20~40%까지 절약할 수 있으며 건물의 결함을 대부분 해결할 수 있는 것으로 보고되고 있고 이에 소요되는 추가적 투자비는 설비 시공비의 1~3%로 평균 투자비 회수 기간은 3년 미만으로 평가되고 있다. 개별기기나 시스템에 대한 커미셔닝은 오래전부터 수행되었으며 영국의 경우 CIBSE(The Chartered Institution of Building Service Engineers)가 1971년부터 격년으로 개별기기 및 시스템에 대한 커미셔닝 코드를 제정하여 왔었다. 그러나 이와 같은 종합적인 빌딩 커미셔닝은 최소의 비용으로 최대의 효과가 기대되는 분야로 인식되고 있음에도 불구하고 빌딩 커미셔닝에 사용되는 비용이 건물에 직접 투자되지 않는 잉여 비용으로 분류되어 미국에서도 '90년대 초까지는 이에 대한 시행, 연구 개발 및 투자가 미미한 실정이었다. 그후 미국을 중심으로 한 선진국에서는 연구개발 및 기술의 표준화를 위한 노력이 매우 활발하게 진행되고 있으며 빌딩 커미셔닝을 건설사업의 통상적인 한 분야로 정착시키기 위하여 산학연관이 공동으로 대처하고 있는 것으로 알려져 있다.

다. 국내 현황

- 우리나라는 빌딩 커미셔닝에 대한 개념도 아직 많이는 알려지지 않은 것으로 생각되며 이에 대한 연구 개발도

미진한 상태이다. 1996년 4월 미국 플로리다주 세인트 피터스버그에서 개최된 제 4차 National Conference on Building Commissioning에 유일하게 한국에너지기술연구소 연구원이 참가하여 입수한 제도적, 기술적 정보를 바탕으로 1996년 7월에 시작된 RaCER(에너지, 자원 기술개발 지원센터) 지원 연구과제인 '효율적인 건물 에너지 관리기법 개발을 위한 기획연구'를 통하여 이에 대한 체계적인 연구 개발 계획수립과 빌딩 커미셔닝에 대한 선진국의 기술현황을 분석해 놓은 것이 시작이었다.

- 현재 국내에는 이와 유사한 개념으로 신축건물의 경우 설비시공 감리, 감독이나 개별설비에 대한 시운전이 이루어지고 있고, 기존 건물의 경우 에너지 다소비건물에 대한 정기적인 에너지 소비진단이 에너지관리공단에 의해 행해지고 있으나 빌딩 커미셔닝이 포함하는 체계적이고 종합적인 검증 및 문서화 공정과는 크게 차이가 있다.
- 따라서 효율적인 빌딩 커미셔닝을 위해서는 건물유형 및 용도와 특성을 고려한 표준화된 기법, 법규 및 가이드라인 작성, 성능분석을 위한 분석기기 및 방법개발, 커미셔닝을 통한 경제적 효과를 정량화하는 경제성분석 소프트웨어 개발, 커미셔닝 및 건물 유지관리 요원의 교육 등에 관한 연구 개발이 절실하게 필요하다.

(2) Green Tomorrow의 커미셔닝

가. 커미셔닝 프로세스

- Green Tomorrow의 커미셔닝은 건축주 요구사항(OR) 검토에서부터 시공 제출서류 검토, 기능 테스트 및 결과 검토, TAB 결과 검토, 성능테스트 실시 및 검토, 운영진 교육계획 준비와 운전 및 유지관리 매뉴얼 문서화에 이르기까지의 건설 전 단계에 걸쳐 업무를 수행하였다. 이러한 수행 절차는 상당부분 LEED 인증에서 규정하고 있는 "기본 커미셔닝"과 "심화 커미셔닝"의 가이드라인에 따른 것이다. LEED 인증에서 제시하는 커미셔닝 (이하 LEED 커미셔닝)의 내용을 살펴보면 다음과 같다.

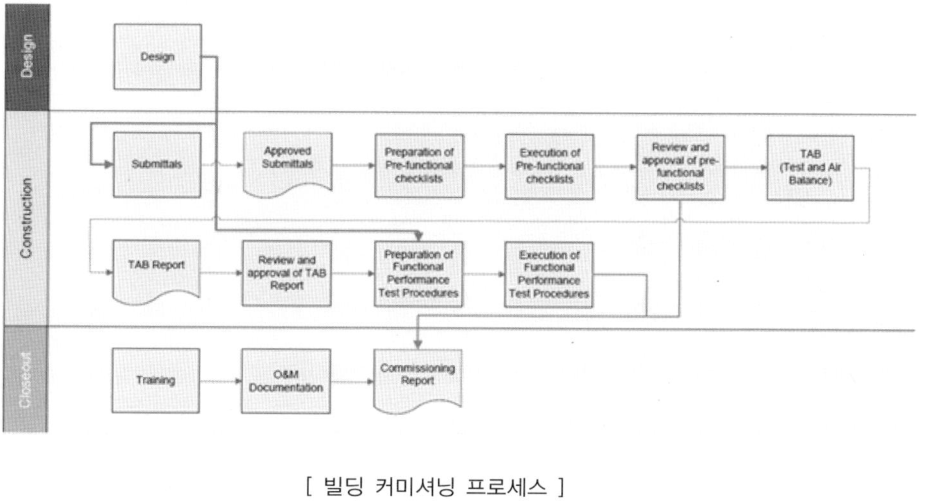

[빌딩 커미셔닝 프로세스]

(3) LEED 커미셔닝

가. LEED 커미셔닝 개요

미국 친환경 인증 제도인 LEED에는 커미셔닝과 관련된 점수를 얻는 항목들이 존재한다. Energy & Atmosphere 섹션에서 가장 처음 접하게 되는 Prerequisite 1인 커미셔닝은 같은 섹션의 세번째 Credit "Best Practice Commissioning" 과 밀접한 관계를 가지고 있다. 이 Prerequisite을 통과하기 위해서는 시공자와 설계자 외에 제 삼자가 개입하여야 한다. 디자인 초기 단계에서부터 커미셔너는 디자이너가 디자인한 대로 건물이 작동할 것인지를 조사하고 검증하게 되는데 아래의 순서와 같다.

- 프로젝트에 직접적으로 관련이 없는 개인 커미셔너의 고용
- 설계도서의 재검토
- 커미셔닝 조건들을 문서화
- 커미셔닝 플랜의 작성 및 업데이트
- 건물의 작동, 유지 관련 문서들의 검증
- 커미셔닝 리포트의 완료

커미셔닝을 하게 되면 처음 금액은 더욱 비싸지지만, 건축물이 제대로 작동될 것이라는 보장이 가능하기 때문에 하지 않았을 경우 생길 불이익을 미리 막을 수 있다는 장점이 있다. 완공후 건물이 제대로 작동되지 않을 경우, 그 시스템을 일부 또는 전부 보수해야 하기 때문에 초기 설계단계에서부터 커미셔닝 절차를 수행하는 경우에 비해 비용이 몇 배로 더 들어갈 수도 있다. 그렇기 때문에 LEED에서도 커미셔닝을 적극적으로 권장하고 있다. 다음의 Credit 3의 Enhanced Commissioning을 진행할 경우 1점의 포인트를 더 얻을 수 있다. Credit의 내용은 아래와 같다.

Credit 3. Enhanced commissioning

1. 실시설계가 완료되기 전에 커미셔너로 하여금 디자인을 재검토 하게 합니다.
2. 건설을 위한 시공도서 완료 전에 Construction Doc을 재검토 하게 한다.
3. 시스템에 관련된 시공자의 제출물을 재검토 하게 한다.
4. 건물주에게 건물 시스템에 대한 메뉴얼을 제공한다.
5. 사용자들과 커미셔너와 함께 건물의 작동 효과를 재검토하고 큰 문제가 있을 시에 일년 안에 해결 가능한 계획을 미리 짜놓는다.

나. LEED 커미셔닝 내용

LEED 인증에서 요구되는 커미셔닝의 수준은 다음의 두 가지로 구분된다.

- Fundamental Commissioning of the Building Energy System (EA Prerequisite 1: 의무사항)
- Enhanced Commissioning (EA Credit 3: 가산점 1점)

다. LEED 커미셔닝 담당자

과제	책임자	
	EAp1만 충족하고 있는 경우	EAp1과 EAc3를 충족하고 있는 경우
CxA 커미셔닝 업체 선정	건축주 또는 프로젝트팀	건축주 또는 프로젝트팀
OPR (Owner's Project Requirement)을 문서화	건축주	건축주
BOD(Basis of Design) 작성	설계팀	설계팀
커미셔닝 요구사항을 공사 문서에 포함	프로젝트팀 또는 CxA	프로젝트팀 또는 CxA
공사도중 문서에 앞서 커미셔닝 설계 검토 수행	N/A	CxA
커미셔닝 계획을 수립하고 이행	프로젝트팀 또는 CxA	프로젝트팀 또는 CxA
커미셔닝 시스템의 설치와 성능을 확인	CxA	CxA
커미셔닝 시스템에 대한 시스템 지침서 작성	N/A	프로젝트팀 및 CxA
연수 요구사항 완료 여부를 확인	N/A	프로젝트팀 및 CxA
커미셔닝 요약 보고서를 작성	CxA	CxA
건물이 실질적으로 완공된 후 10개월 동안 건물 성능 검토	N/A	CxA

라. LEED 커미셔닝 작업내용

① 공사 문서를 작성하기 전, 커미셔닝 과정을 주도하고 리뷰 및 감독할 책임자(CxA)를 선정한다.

② CxA는 건축주의 프로젝트 요구사항(OPR), 설계 기준(BOD), 공사 중반 이전의 설계 문서 들에 대해 검토를 하며, 차후 제출된 설계들에 대해서는 이전 검토 사항을 체크한다.

③ CxA는 계약자가 제출하는 자료 중 커미셔닝 해당 시스템과 관련된 자료들을 검토하고 OPR 및 BOD와의 일치 여부를 확인한다. 본 검토는 A/E(Architect and Engineer) 리뷰와 동등한 효력을 가지며 설계팀 및 건축주에게 제출한다.

④ 차후 참고가 될 수 있도록, 커미셔닝 시스템의 최적의 시행 방법을 지침서 형태로 작성한다.

⑤ 현장 인원과 건물 입주자들에 대한 교육을 시행했음을 확인한다.

⑥ 건물이 실질적으로 완공된 후 10개월 동안 O&M 담당자 및 입주자들과 더불어 건물 성능 검토 작업에 CxA도

참여하도록 한다. 또한, 미처 시행하지 못한 커미셔닝 이슈에 대한 해결 방안을 수립한다.

(4) 커미셔닝의 발전 및 진행 과정

LEED 커미셔닝이 제시하는 커미셔닝 방법은 ASHRAE에서 제정한 가이드라인과 밀접하게 연관되어 있다. 다음은 이러한 내용을 포함한 미국의 커미셔닝관련 규정 및 가이드라인에 대해 알아보겠다.

가. 커미셔닝 발전 과정

- ASHRAE 가이드라인은 1-1989 "HVAC 커미셔닝 프로세스"로 시작되었다.
- 1-1996으로 가이드라인이 발전하였다.
- 1998년 USGBC에서 Leadership in Energy and Environmental Design(LEED)를 소개하였다.
- 2005년 가이드라인 0-2005에서 "The Commissioning Process"를 제시하였다.
- 2008년 1-2008 가이드라인을 제시하였다.

나. 커미셔닝 진행 과정

건물의 커미셔닝 과정은 계획단계, 설계단계, 시공단계, 턴오버 단계에서부터 운영단계에 이르기까지 5단계에 걸쳐 진행된다.

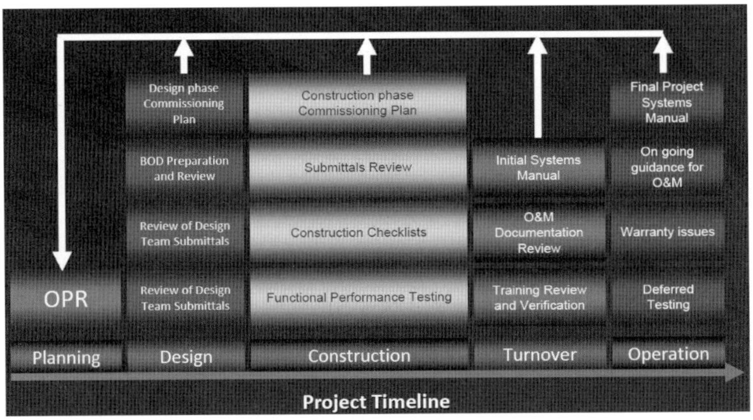

① 계획 단계

- 커미셔닝 계획
  - · 커미셔닝 과정 수행방법에 대한 로드맵 작성
  - · 프로젝트의 마지막에 최종 레포트를 제출
  - · 각각의 단계로 구성되거나 혹은 두개의 섹션으로 구성됨 : 가이드라인단계, 결과단계
- 설계 체크리스트
  - · 각각의 팀 멤버들에게 OPR이 제공된다.

· 설계팀에서 예상되는 부분들을 상세화 한다.

· OPR과 설계 제출 서류들과 일치하는지 확인한다.

- 설계 진행

· Basis of Design 작성

· 디자인 팀에 의해서 준비된다.

· 시공 도서에 OPR을 반영하기 위하여 설계팀이 수행내용을 문서화

- 디자인 리뷰(Design Review)

· 설계 제출서류가 OPR과 일치하는것을 검증하는 Quality 리뷰 수행

· 4가지 진행 과정

ⓐ일반직인 품질을 리뷰

ⓑ항목의 일치화 리뷰

ⓒ각 항목의 상세 리뷰

ⓓ설명서 리뷰

- 커미셔닝 과정 요구사항

· 커미셔너의 요구사항을 통합하여 반영

· 가장 중요한 사항 : 일치하지 않는 항목에 대한 영향 파악

② 시공 단계

- 제출서류 리뷰

· 설계팀의 품질 과정을 증명

· OPR과 내용이 일치하는지 확인

· A/E와 발주자의 요구사항이 동시에 만족되었는지 확인

· A/E에게 제공하는 서류에 언급한 내용을 명시

- 시공 체크리스트(Pre-functional Checklist)

· CxA가 체크리스트 양식 작성

· 시공팀에 의해서 수행됨

· CxA에 의해 증명됨

- 성능 시험 (Functional Checklist)

· 시스템의 운전 및 발주자의 요구사항과 일치하는지 증명

· CxA에 의해서 수행 및 작성되고 시공자에 의해서 시공과정 테스트

· 발주자와 시공자 모두 완료되었음을 확인하는 최종 확인서 제공

③ 턴오버 단계 (인수인계)

- 초기 교육
  · 1단계 : CxA에 의해 수행
  · 2단계 : 디자인 팀에 의해 수행
  · 각 교육과정은 질의응답 바탕으로 O&M (Operation & Management)담당자에게 제공됨
- 교육과정
  · 시공자에 의해서 수행
  · 디자인 팀은 사용자와 O&M 교육
  · CxA에 의해 증명
- 최종 O&M 서류
  · 운전 매뉴얼
  · 준공도서
  · 초기 커미셔닝 리포트
  · 교육과정 기록

④ 운영단계

- 기간별 요구사항
  · 지속적인 교육
  · 계절별 시스템 테스트
  · 문제 해결
- 품질 보증 리뷰
  · 10개월 지난 후 수행
  · 품질 보증이 된 후 수정안이 필요한 아이템들을 확인
  · 운영상의 문제점들의 해결책 확인
- 워크샵을 통하여 교육
  · 팀 회의를 통해 프로세스를 확인하고 이를 향상시킬 수 있는 방안 검토
  · 워크샵 포멧을 활용
- 커미셔닝 리포트
  · 모든 커미셔닝 활동 최종 기록
  · 다음 프로젝트를 위하여 프로세스 과정에서 향상 방안 확인
  · 커미셔닝 프로세스에서 진행되는 요구사항의 디테일

다. 커미셔닝 진행 과정

LEED의 의무사항인 기본(Fundamental)커미셔닝은 일반적인 ASHRAE에서 지정하는 커미셔닝 보다 단순하다. ASHRAE에서 지정하는 커미셔닝의 방법을 수행할 경우 디자인 전단계인 계획단계에서부터 수행계획을 짜서 수행하게 되며, 이를 수행할 경우 추후에 장비 교체나, 문제가 생길 경우 발생되는 잠재비용을 절약할 수 있다. LEED에서 요구하는 커미셔닝은 디자인 프로세스가 모두 끝나고 건물이 완공 된 후, 작동을 시작하기 전단계에 이루어지며 이 단계에서는 잠재비용의 절약 가능성은 줄어들게 되지만, 작동단계에서 기기의 문제에 의해서 발생할 수 있는 비용을 미리 확인하고 차단할 수 있는 가능성을 갖게 된다.

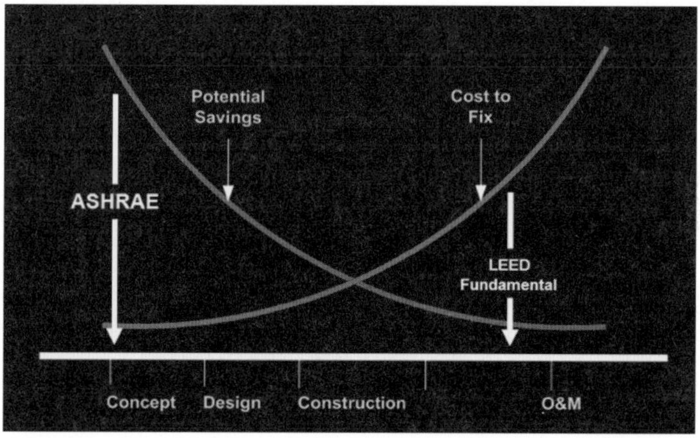

4.6 Renewable Energy

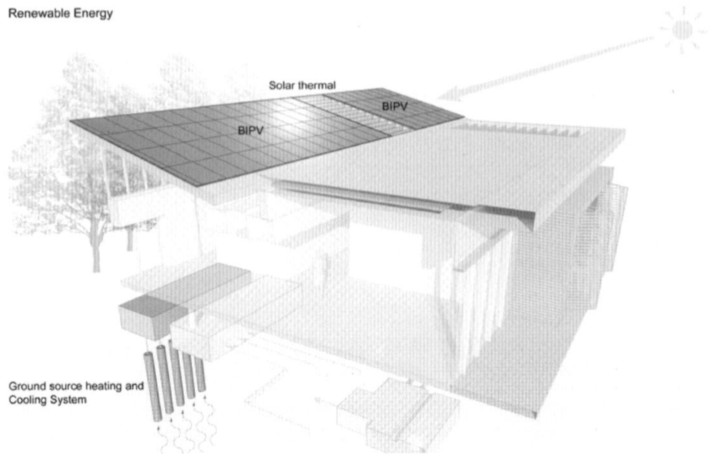

[신재생에너지 다이어그램]

4.6.1 BIPV(Building Integrated Photovoltaic)

(1) 개요

가. 태양에너지(빛)를 반도체로 구성된 태양전지를 이용해 전기에너지로 변환

나. 모듈이 빛을 흡수하면 표면에서 전자가 생겨 전기가 발생하도록 하는 광전자효과를 기본 원리로 함

다. 구성: 주요소자는 태양전지 모듈, 인버터 및 구조물로 구성 [태양광 발전 모듈과 어레이]

(2) 설계 주안점

태양에너지를 전기에너지로 변화하는 설비이며, 건축마감재를 대체할 수 있는 태양전지모듈을 건물 일체형으로 설치

(3) 설계 기술

가. 태양 전지 종류

① 실리콘 태양전지

- 결정질 실리콘: 단결정 기판형, 다결정 기판형 (효율 15~17%)
- 비정질 실리콘 박막 (10% 안정화 효율)

② 화합물 반도체 태양전지 (효율 6.5%)

- II-VI: CdTe, CIS 등
- III-V: GaAs, InP, InGaAs 등
- 기 타: Dye Cell 등

					효율
태양전지	실리콘 태양전지	결정질 실리콘	기판형	단결정 (Single Crystal Silicon)	15~17%
				다결정 (Poly Crystal Silicon)	
		비정질 실리콘 박막 (Amorphous Silicon (a-Si))			10% 안정화 효율
	화합물 반도체 태양전지	II-VI : CdTe, CIS 등			6.5%
		III-V : GaAs, InP, InGaAs 등			
		기타 : Dye Cell 등			

※ 비정질 실리콘 박막태양전지 또는 화합물계 반도체 태양전지의 경우 실제 적용에 있어서 셀에서 모듈의 변환 효율이 낮고 일정한 전력을 생성하기 위한 안정화 효율이 불확실(아직 20년 이상 실증된 데이터가 없음)하여 상용화 적용이 어려움→ 결정질 실리콘 Type이 세계 태양광 시장의 Market Share 90%.

③ 염료감응형(DSSC)

A. 염료감응 태양전지는 화학반응을 이용한 전기화학전지로서 광감응 염료가 태양광을 흡수하며 전자를 발생시키는 원리로 발전

B. 특히 소재의 특성 상 투명하고 다양한 색상의 태양전지를 구현할 수 있는 장점을 가지고 있음

C. 향후 적용 가능 Application

- Building Integrated Photovoltaic (BIPV) 투과성 차양 및 외벽용 태양전지

[지붕형]

[차양형]

[외벽/창호]

- 휴대/이동 전원 (mobile & 군사용) 발전용

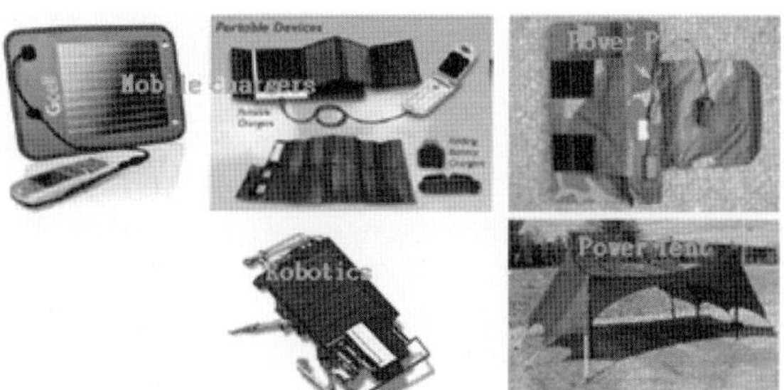

- BIPV란 건물 일체형 태양광 발전 시스템으로 PV모듈을 건축물의 외장재로 적용

  → 디자인 요소 뿐만 아니라 건설비용 절감효과 고려, 적용 증가 추세

- BIPV 적용에는 DSSC 〉 박막계 〉 결정계 순으로 유리

구 분	결정 / 박막계	염료감응형[DSSC]
설치각도에 따른 발전량 변화	정남향 대비 발전량 저하	입사각 영향을 덜 받음
음영 발전 성능	전류단락발생으로 발전량 급락	분산 광에서도 발전 가능
온도상승시 효율변화(~45℃)	약 10% 효율 저하	약 5% 효율 상승
건축물과의 조화 / 외관	검은 청색 / 붉은 계통의 불투명	다양한 색상구현 可, 투명성 조절 可

나. 설계 요소

태양에서 계통으로 전송되는 에너지의 손실요인을 최소화 하여 설계

① 지역별 경사 및 방위별 일사량 분포의 차이

- 국내의 경우, 정남을 기준 지역별 최적의 발전량을 생산하는 각도(중부권: 32도, 남부권: 28~30도, 제주도: 24~28도)

  ※ 참조 : 발전량 증가를 위해서 계절에 따른 태양의 고도, 입사각을 추적하는 Tracking System은 상업용 태양광 발전소에 적용이 많이 되고 있음(평균 20% 정도 발전량 증가)

● PV System 설치 방위각과 태양의 입사각의 관계

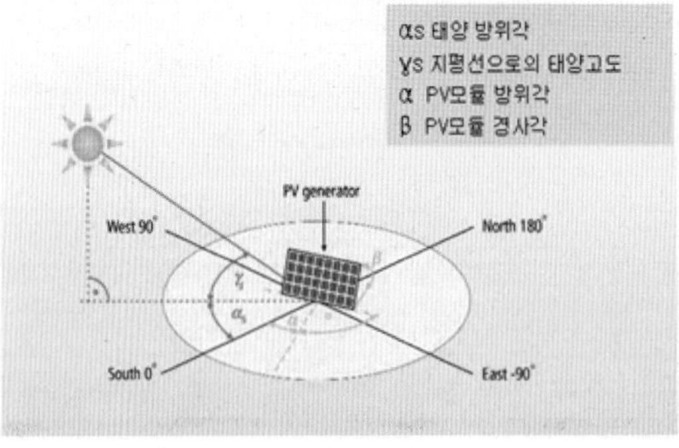

● 계절에 따른 태양의 고도변화

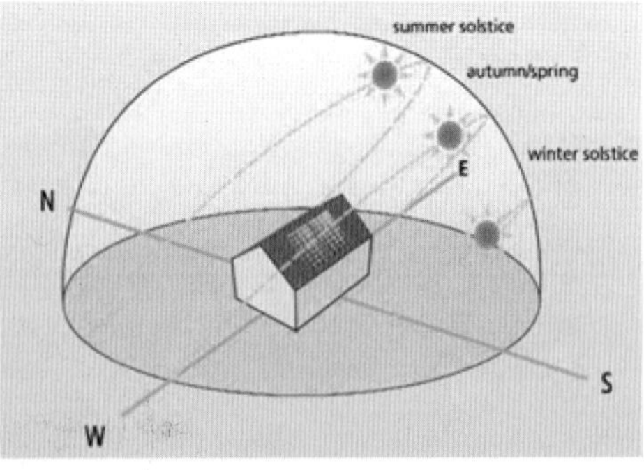

② 그림자

● 그림자와 관계

Module의 국부적인 Heating

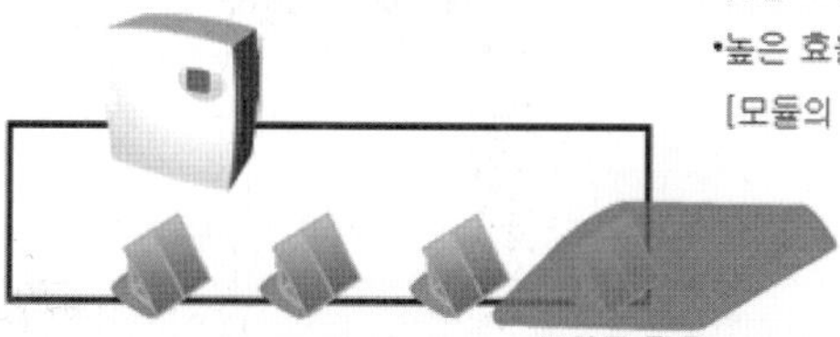

● 그림자에 의한 설계 예

<주변건물에 의한 그림자>

<동지 기준 9:00 그림자 분석>

<동지 기준 12:00 그림자 분석>

③ 태양광 발전 손실요인

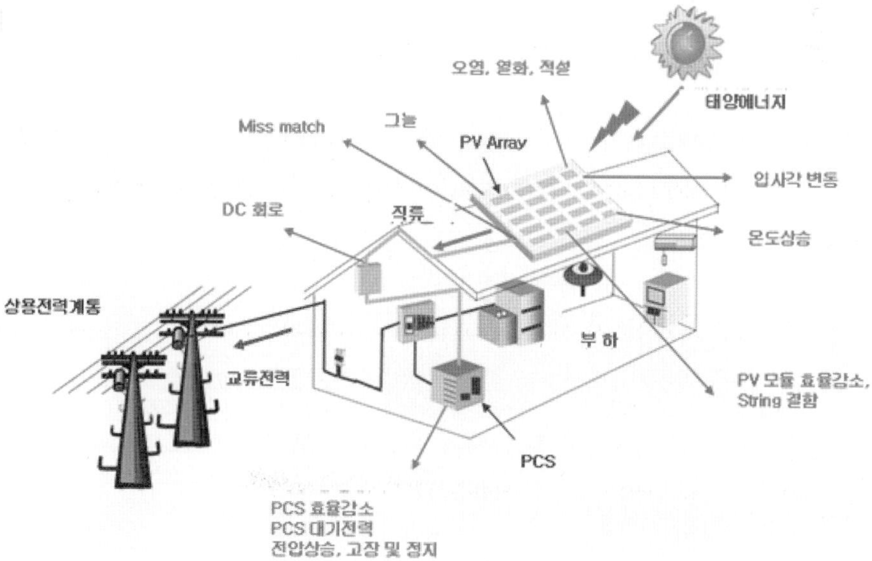

④ BIPV 설치 각도에 따른 발전량 검토(GT 예)

A. 시스템 시뮬레이션 결과

시스템 용량 22KW	음영 영향 有	음영 영향 無
설치 경사 각도 15도	15.55 MWh/Year	20.71 MWh/Year
설치 경사 각도 30도	16.55 MWh/Year	21.29 MWh/Year

- 시뮬레이션 결과 값이며, 실제 발전량과 차이가 있음.
- 해당 조건(설치 각도)만 변경한 경우에 대한 비교 자료임.

B. 시뮬레이션 결과 분석

- 음영영향에 따른 발전량 차이는 발생하지만 실제 시공 시 모듈 Array(모듈간의 직렬 병렬연결)Mismatch와 여름 기간 높은 온도에 의한 모듈 효율손실 발생분 등을 고려하였을 때 BIPV 설치 각도에 따른 효과는 미비함

다. 태양광 발전 System 유지 보수

① 모듈 효율 : (Standard Test Condition: 외기온도 25℃, 일사량 1,000W/m²)

생산일로 부터 10년 : 기존 효율의 90%

생산일로 부터 25년 : 기존 효율의 80%

② 시스템 유지 보수

일반적인 계통연계형 인버터의 경우, 유지관리 빈도는 설치 후 3년 이후 많이 발생. (해외의 경우 운전 유지비는 시스템 입지 및 종류에 따라 다르지만 0.2%~1%수준)

(4) GT 적용 기술

가. 적용 현황

G/T는 전시관 연간 사용전력량 시뮬레이션을 통해 설계되어진 22kWP의 태양광 모듈을 전시관 상부에 설치하였다. DC 300V 출력을 안정적으로 할 수 있도록 직류 입력저압이 400V가 가능하도록 태양광 모듈[125Wp, 개방전압 22V]을 22직렬 8병렬로 구성하였다.

① 설치사진

길 이	690mm
너 비	1320mm
두 께	32mm
출 력	125Wp
개방전압	19.52V
단락전류	9.03A
최대전압	15.91V
최대전류	7.80A

나. 적용 모델 사양

① Photovoltaic type

[적용 모델 외관]

길 이	690mm
너 비	1320mm
두 께	32mm
출 력	125Wp
개방전압	19.52V
단락전류	9.03A
최대전압	15.91V
최대전류	7.80A

② 태양광 발전용 "Solar Cell" 제품 비교

- Design 요소를 고려, 「지붕 일체형 제품」을 중심으로 도입 경로 검토 (지붕 외장+태양광 발전)
  - · 해외 업체는 성능 검증제품의 납품실적 등이 우수 *가격(4.5億 규모) 및 효율 등은 국내업체와 대동소이
  - · 국내 업체는 ZEH 적용을 위한 System 최적화에 유리 *보안관리/ DC정원 변환 설계/ 시공 등 업무협조 용이

다. Array

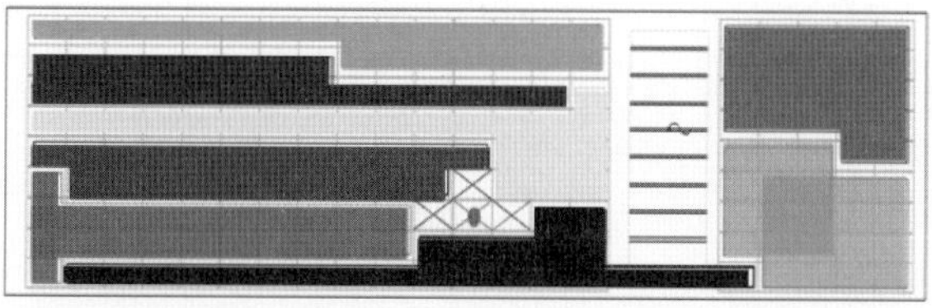

설치면적	174m²
모듈결선	22직렬 8병렬
모듈수량	176매

라. 연간 절감 전기요금

구 분	단 위	수 량	비 고
GT 설치용량	kWp	22	
일일 평균 발전시간	Hr	3	
1 년	일	365	
연간 발전량	MWh/year	19.63	그림자 및 효율 반영
전력량요금 단가	원	95	한전 평균 요금단가
연간 절감 전기요금	원	1,864,850	

마. GT 설치 시뮬레이션

PVSYST V3.41		Page 2/2

Grid-connected PV system: Main results

Project : **ZEH**
Simulation variant : **ZEH**

Main system parameters	System type	**Grid-connected**		
PV field orientation	Tilt	15	Azimut	0
PV modules	Model	SM-125	Pnom	125 Wp
PV array	Nb of modules	176	Pnom total	**22 kWp**
Inverter	Model	SP 25 000	Pnom	22 kWp ac
User's needs	Unlimited load (grid)			

Main simulation results				
System production	Total	19.63 MWh/year	Specific	892 kWh/kWp/year
	Performance ratio PR	69.7 %		

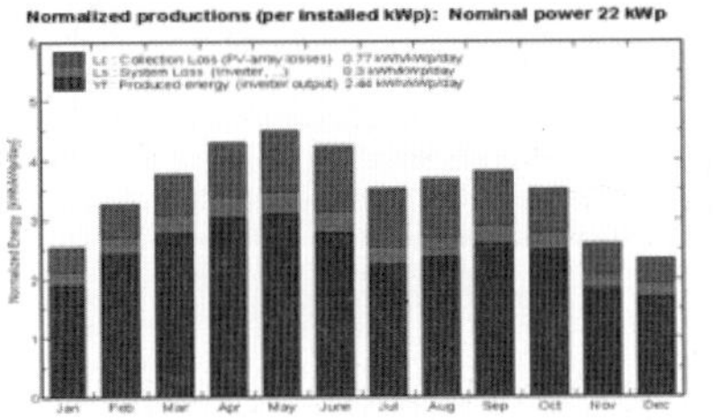

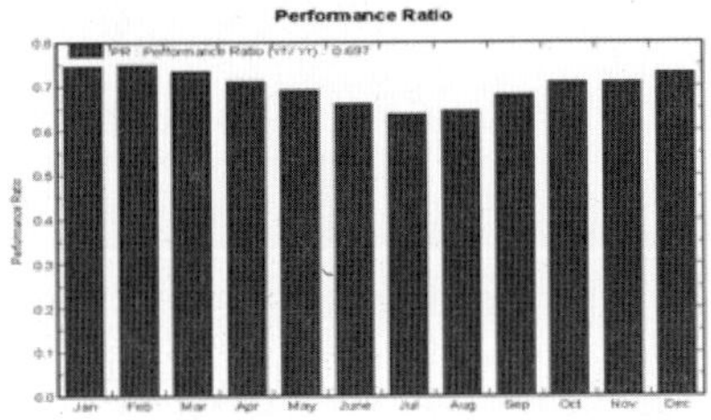

ZEH

Balances and main results

	GlobHor kWh/m	T Amb 값	GlobInc kWh/m	GlobEff kWh/m	EArray kWh	EOutInv kWh	EffArrR %	EffSysR %
January	65.2	-3.20	79.2	76.0	1465	1303	11.20	9.96
February	77.8	-1.00	91.4	88.0	1678	1506	11.13	9.99
March	107.3	4.50	117.0	112.9	2109	1893	10.92	9.80
April	125.2	11.20	129.1	124.4	2245	2018	10.53	9.47
May	139.7	16.70	139.5	134.5	2370	2123	10.29	9.22
June	128.9	21.40	127.3	122.8	2074	1847	9.87	8.79
July	110.4	24.80	109.5	105.5	1743	1533	9.64	8.48
August	113.4	25.20	114.5	110.2	1830	1619	9.69	8.57
September	108.2	20.20	114.3	110.1	1915	1708	10.15	9.06
October	95.8	13.40	108.9	104.8	1894	1698	10.54	9.45
November	65.2	6.10	77.7	74.5	1374	1214	10.70	9.46
December	57.4	-0.40	72.2	69.1	1312	1161	11.01	9.74
Yearly sum	1194.3	11.64	1280.6	1233.0	22010	19625	10.41	9.28

Legends:				
	GlobHor	Horizontal global irradiation	EArray	Effective energy at the output of the array
	T Amb	Ambient Temperature	EOutInv	Available Energy at Inverter Output
	GlobInc	Global incident in coll. plane	EffArrR	Effic. Eout array / rough area
	GlobEff	"Effective" Global, corr. for IAM and shadings	EffSysR	Effic. Eout system / rough area

바. 블라인드 태양광 발전 및 창문형 태양광 발전

① 개요

- 태양광 발전 및 직사광선 차단 기능
- 일반창문과 같이 조망이 가능한 유리창에서 발전(염료 감응형)

② 주요 현안

- 침실 남측 창 1개소에 SDI에서 연구중인 창문형 태양광 모듈 30장 적용(270mm×300mm)
- SDI 연료감응형 PV는 2~3년내 상용화하여 기술연구소 적용 전까지 G/T에서 지속적 TEST 예정
- 창문형 모듈설치 창문틀 제작시 격자 형태 디자인 고려하여 제작(향후 Size 확대 예정)

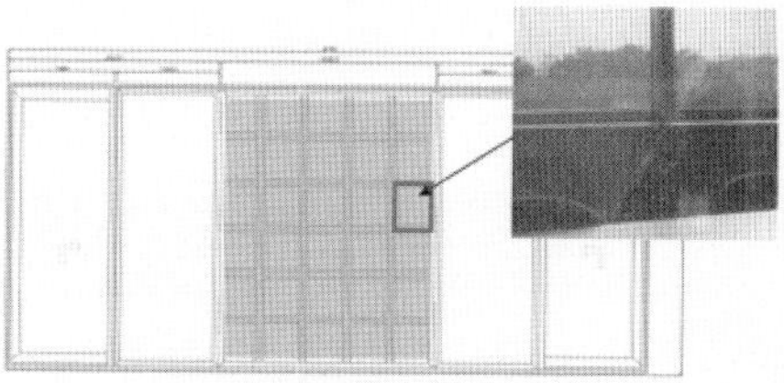

[창문형 태양광 모듈]

[블라인드형 태양광 모듈]

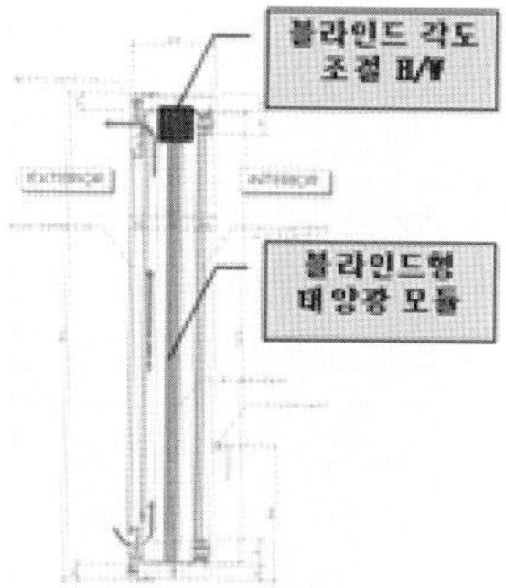

[블라인드형 측면도]

(5) 적용 분석

가. 시공 사례

① BIPV 시공순서

[하부 고정요 프레임 설치]

[하단 모듈 설치]

[상하좌우 프레임 조립]

[모듈커넥터 연결 및 구조물접지]

[모듈 가스켓 설치]

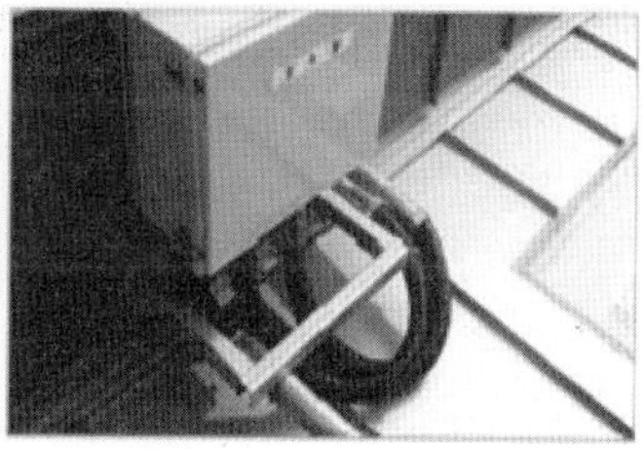

[접속함 설치 및 결선]

[String별 전압 Check]

[PCS 설치]

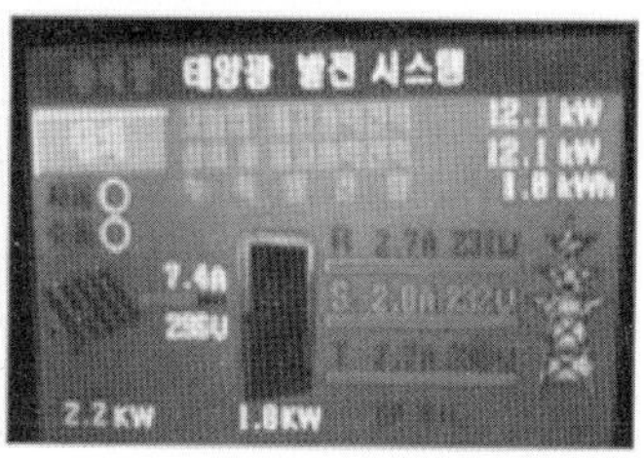

[PCS 가동 및 Test]

- BIPV 시공 사진

태양광 모듈 설치

태양광 모듈 설치

태양광 모듈 설치

태양광 모듈 설치

태양광 모듈 하부 구조물 설치

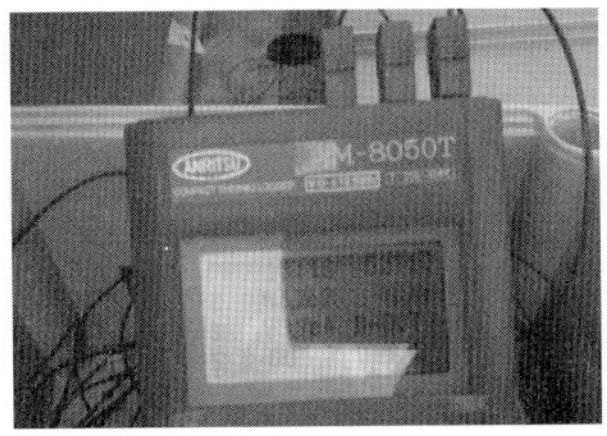

태양광 모듈 온도 TEST

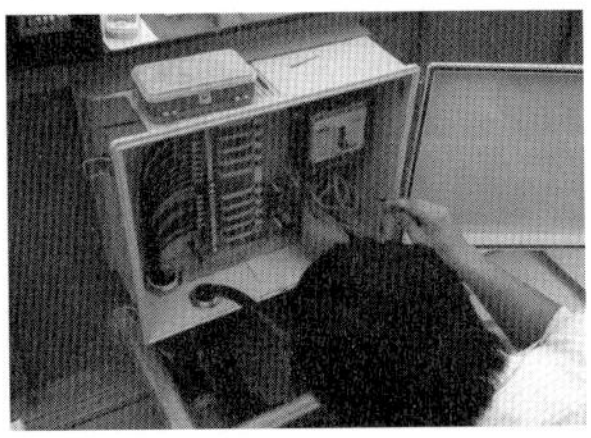

접속함 설치

접속반 전압 측정

태양광 모듈 청소

- 염료감응형 태양광 시공 사진

염료감응형 태양광 시공

염료감응형 태양광 시공

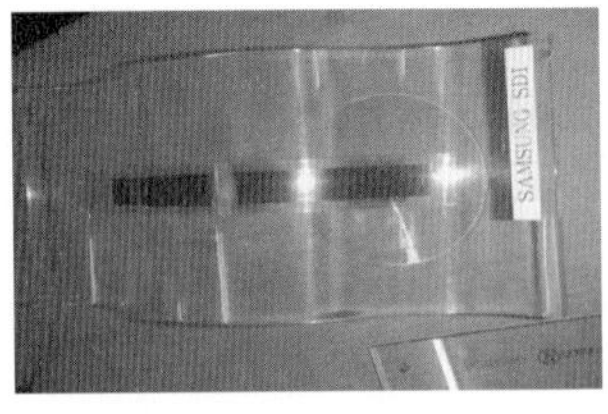

flexble태양광

- 블라인드형 태양광 시공 사진

		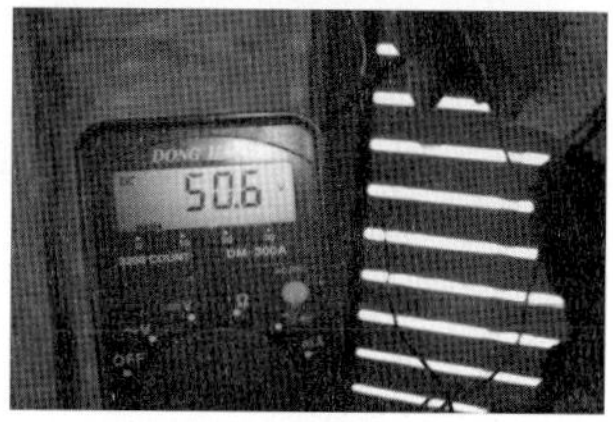
블라인드형 태양광 시공	블라인드형 태양광 시공	블라인드형 태양광 TEST

나. 시공관리 포인트

① 그림자에 의한 Hot spot

태양광 발전은 효율이 낮은 Cell에 의해 특성이 결정되어 음영이 부분적으로 발생할 경우 높은 효율의 Cell 출력이 열로 소모되는 Hot spot Heating이 발생한다. 주변지역이 개발 진행 중인 곳은 도시계획을 고려하여 태양광을 설치해야 한다.

- 하지 6월 21일 기준 음영 시뮬레이션

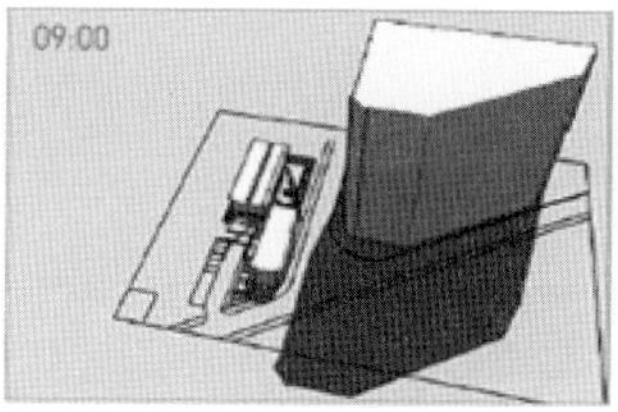

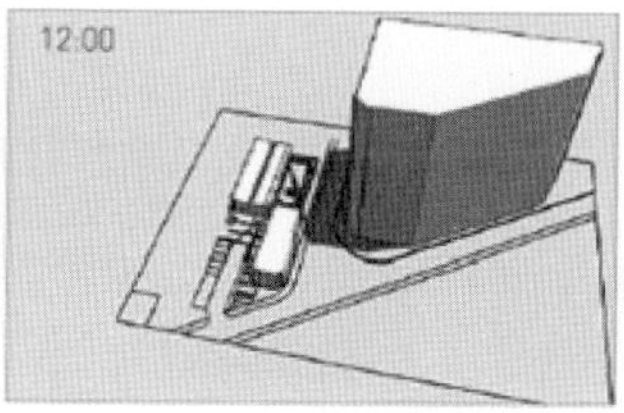

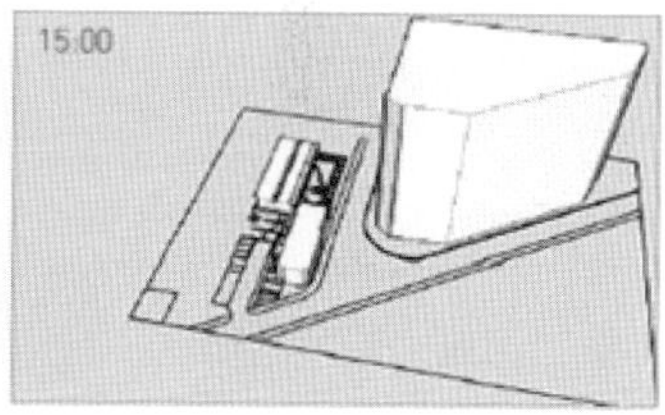

② 모듈 결선

모듈 결선시 String별로 (+), (-)극을 확인하여 결선하여야 한다. 결선 후 출력 전압을 확인 하여 이상 유무를 체크한다.

③ 온도상승에 따른 효율 감소

건물 일체형 태양광 발전은 모듈 온도 상승을 방지하기 위해 자연 통풍 또는 강제 배기를 고려하여 시공하여야 한다.

④ 방수 하자

그림과 같이 태양광 모듈 프레임을 좌우 조립시에는 가스켓을 이용하여 결합시키고 상하 조립시에는 기와와 같이 겹쳐 시공하여 방수하자를 최소화 한다.

- 모듈 프레임 조립

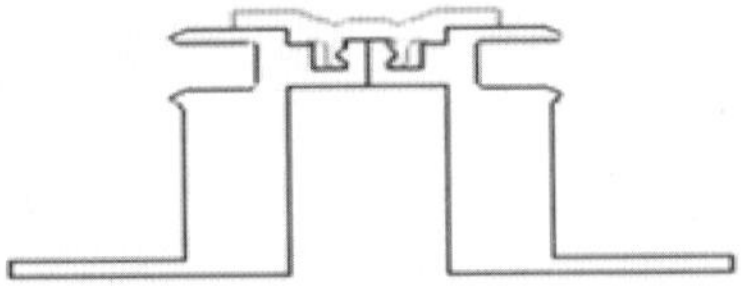

좌/우 조립

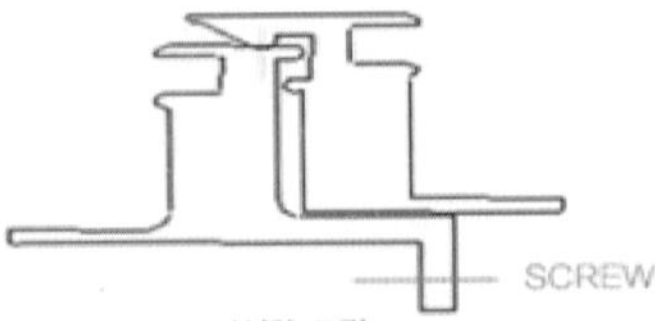

상/하 조립

다. 향후 발전방향

① 염료감응형 태양광 발전은 화학반응을 이용한 전기화학전지로서 광 감응 염료가 태양광을 흡수하여 전자를 발생시키는 원리이며, 이는 식물의 광합성원리와 매우 유사하여 인공광합성이라고도 한다.소재 및 공정이 기존 반도체 태양전지에 비해 저렴하고 친 환경적이며, 특히 투명하고 다양한 색상으로 구현 가능하여 건축물의 창호를 대체하거나 디자인적 요소로 적용 가능하다고 사료됨

② 태양전지의 오염(먼지, 눈)으로 인한 발전량 저감을 방지하기 위한 시스템 또한 개발되어야 한다.

4.6.2 풍력

(1) 개요

풍력 발전(Wind Power Generator)이란 공기의 운동에너지(Aero Dynamic) 특성을 이용하여 회전자(Rotor)를 회전시켜 기계적 에너지가 발생되며, 발생된 기계에너지를 이용 유도전동기를 통해 전기에너지로 변환하는 기술

가. 풍력발전 시스템 개념도

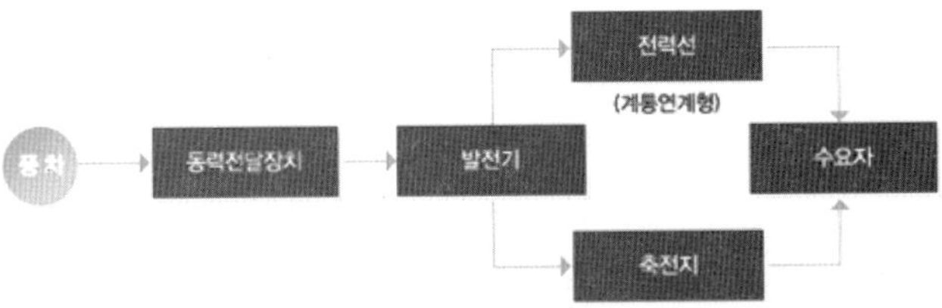

나. 풍력발전 시스템 분류

[수직축 발전기]

[수평축 발전기]

[GEARED 형]

[GEARLESS 형]

(2) 설계 주안점

자연풍을 이용한 전기에너지를 생산하는 설비이며, 도심지 풍환경에 적합한 수직축 풍력발전기를 적용.

(3) 설계 기술

가. 풍력발전 시스템 특징

① 발전 연관 산업이 많아 고용효과가 큼

② 1기당 보급 용량이 크며 이용율이 큼(20~30%)

③ 다른 재생에너지와 달리 육상, 해상 모두 설치 가능

④ 무한정의 청정 에너지 이용

⑤ 가장 비용이 적게 들고, 건설 및 설치기간이 짧음.

⑥ 종합적으로 CO_2 감소 위한 저비용, 고효율 기술임

⑦ 단점으로 소음공해 및 시각적 혐오감 조성 가능

나. 향후 기술개발 추진계획

1 단계(~2005년)	2 단계(2006년~2008년)	3 단계(2009년~2012년)
- 중형급 750kW 풍력발전기 개발·상용화 - 소형분산형 30kW급 풍력 발전기 상용화 - 경량화·저가화 개발 - 소형풍력기의 연계 기술 확립 및 보급 - 풍력자원 DB구축 및 예측 기술 개발	- 대형급 1,500kW 풍력발전기개발 및 상용화 - 해양풍력 발전기 개발 및상용화 - 해양풍력 자원 DB구축	- 초대형급 3MW 풍력 발전기개발 및 상용화 - 해양 풍력단지 보급확산 - 풍력 발전산업 고도화로 해외수출 확대

다. 건축물 적용 시 고려사항

① 풍향 분석

② 풍력자원 분석

A. 지역별 풍속과 풍향 등의 풍력자원 분석

B. 국내의 경우

- 계절풍의 영향
- 여름과 초가을 사이 태풍의 영향 : 월평균 풍속이 오히려 적음
- 겨울과 초봄사이 : 월평균 풍속이 가장 큼

C. 국내 풍속 지도

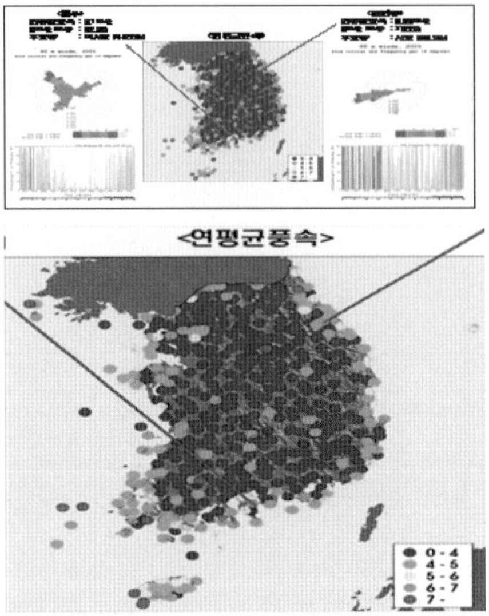

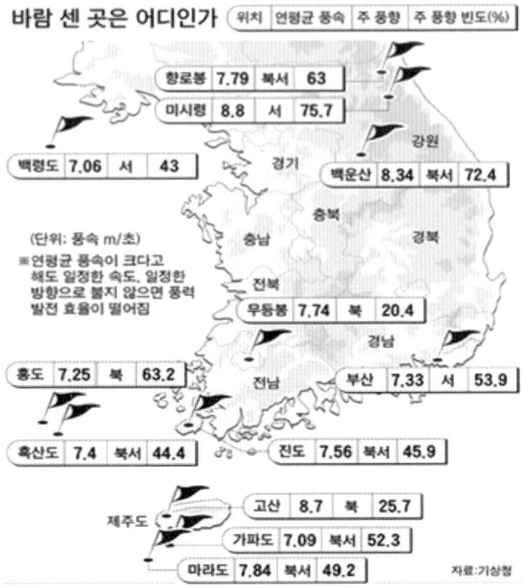

[지상 50M 및 80M 지점 측정(2005년)]　　　[기상청 풍력자원 지도(2008.1.14)]

③ 건축물 배치

- 일렬배치 : 건축물 측면부 약1.2배의 바람 세기로 풍력발전 적용 가능하나 후면부는 0.3~0.4배로 감소 적용 불가
- 평행배치 : 바람의 유입 방향에 따라 약 1.2배 정도 상승하나 건물 후면의 경우 0.5배 이하로 감소되어 적용 불가
- L형 배치 : 건물 후면, 건물과 건물사이 풍속 저하

④ 장애물 : 전면부 장애물에 의한 풍력 감소 고려

⑤ 언덕 및 터널효과 : 빌딩 사이 압축된 공기로 인한 외란 및 증가 고려

⑥ 소음 및 진동 : 블레이드 소음 5dB과 기계적 소음이 합쳐져 약 53~55dB 정도 발생 공동주택 에서의 소음수준 정도 유지 가능

⑦ 하중 : 일반적으로 20kW급의 경우 기초면적 7.5m^2 2ton으로 m2당 266kg의 하중이 걸림. 일반적으로 설치되는 냉각탑의 무게(약 1.5ton)와 비슷한 수준

⑧ 전파장해 : 금속재질의 블레이드의 경우 전파장해 발생가능

⑨ 경관 : 건물 사용자의 관점 분석 필요

⑩ 건축물 적용 시 설계순서

대지현황 분석
1. 친환경 설계 우선 고려
2. 난류 및 와류형성지역 고려

↓

풍력자원분석
1. 풍속 분석(월평균 풍속, 건물높이에서의 풍속)
2. 풍력 에너지 밀도분석(W/m2)

↓

시스템 기종선택
1. 설계 풍속 및 설치 장소 고려 선택
2. 지상층과 옥상층으로 구분하여 설치 고려

↓

설치가능지역분석
1. 부지내 이격거리 고려하여 선정
2. 바람의 이동경로에 따른 Zoning 계획 고려

↓

운전
1. 연간 발전량 및 사용량 검토
2. 계통연계 고려

⑪ 풍력발전 사업 추진 시 기타 고려사항(에너지관리공단 자료 참조)

- 주민들과의 사전 협의
- 풍력발전 환경 가이드 라인 소음, 경관, 조류 위해성, 그림자

(4) GT 적용 기술

가. 풍력 발전 DATA 수집 배경

G/T 주변 풍력을 전기 에너지로 변환해 부하에 공급하여 에너지 발전량 및 향후 적용 가능여부 검토

나. DATA 수집기간

① 09년 3월 24일~09년 5월 30일(68 일간)

다. DATA 수집방안

① 수직축 발전기 3kW 1대 설치하여 풍향계로 풍속을 측정하고 가설 전기 한전계통과 연계하고 적산전력량 측정

라. 풍속 및 발전량

① 풍속 (풍속계와 발전기 위치 차이로 오차 요소 있음)

구 분	예상	실측	비고
평균 풍속	2 m/sec	0.927	m/sec
최대 풍속	-	8.9 m/sec	
발전개시 풍속	3.5 h/Day	1.31 h/Day	3m/sec 이상
회전 시간		4 h/Day	2m/sec 이상

② 발전량

- 평균 발전량: 472 Wh/Day
- 누적 발전량: 32.1 kWh
- 월간 발전량: 3월 : 4kWh, 4월 : 14.5kWh, 5월: 13.6kWh

마. 풍력 발전기 회전

① 풍속 2m/sec에서 풍력 날개가 회전하므로 일일 평균 회전시간은 4시간 정도로 日 중 17%정도는 회전하는 상태를 유지함

② 회전 시간대는 주로 새벽에서 오전에 분포함

바. 발전기 사양 [현장 적용 모델]

[DS3000 (HTTP://WWW.HI-ENERGY.CO.KR)]

항목	제원	GRID_TIED_system_connection
운전 온도 조건	-20 ~ 40℃	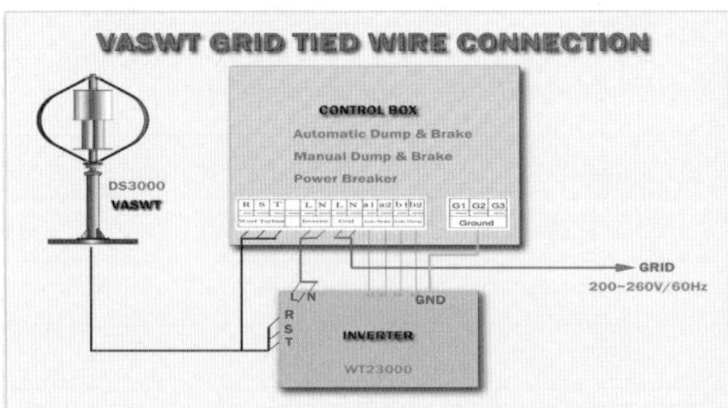
풍차 크기	4m(W) / 4.2m(H)	
풍차부 무게	680kg	
발전 용량	3,000W	
기동 풍속	2m/sec 미만	
발전 개시 풍속	3.0m/sec	
정격 풍속	12m/sec	
한계 풍속	60m/sec	

(5) 적용 분석

가. 시공 사례

① 일시 : 2009년 3월 11일(수) 12:30～16:30(4시간) (사전기초작업 / 계통연계 작업 제외)

② 장소 : 용인 동백 신축연구소 현장/GT

③ 인원 : 총 8인 현장 2인, 본사 1인, 협력사 5인(설치 3인/중장비 2인)

④ 내용 : 3kW급 수직축 풍력발전기 설치, 시공작업 공유 및 개선사항에 대한 리뷰

- 수직축 type-계통 연계형
- 설치용량: 3kW
- 길이:12m(마스터:8m, 발전기:4m) 폭 : 4m

나. 풍력 발전기 기초 결과

① 사용재료 : 콘크리트 Fck=210kgf/cm^2(21Mpa)\철근(SD400)

- 설계 지내력 : Fe = 10.0tf/m^2
- 기타 POST등의 철골부재 및 앵커 등은 DS-3000에서 제시한 SPEC.에 준함
- 피복두께는 흙에 접하는 경우이므로 8.0cm로 할 것.

다. 향후 발전방향

① 현장 풍속 여건으로 발전 효율 기대 어려움(회전 : 2m/s, 발전 : 3m/s, 현장 약 2m/s)

② 조경 및 건물 외관을 고려하여 입구에 설치(홍보용 상징물로 활용 예정)

③ 추후 현장의 기상상태, 발전기 실제 특성 등 발전 효율을 파악 하여, 앞으로 풍력발전의 설치 타당성 검증을 할 수 있는 계기가 될 수 있을 것으로 기대.

4.6.3 연료전지

(1) 개요

가. 연료전지 시스템은 수소를 에너지원으로 하여 전기를 발생시키는 환경 친화적 신에너지 발전시스템임.

나. 연료전지는 연료인 수소와 산소가 가지고 있는 화학에너지를 직접 전기에너지로 변환시키는 직접 발전방식으로 에너지 변환 효율이 높다.

다. 직접발전방식에 의한 높은 에너지 변환효율은 CO_2배출량을 획기적으로 줄일 수 있으며, 연소과정이 없어 오염물질 발생이나 소음, 진동 등 공해요인도 없다.

(2) 설계 주안점

LPG, LNG 등에서 분리된 수소를 연료로 전기를 만드는 시스템으로 건물에 전원 및 온수를 공급.

(3) 설계 기술

가. 연료전지 개념

① 일종의 발전장치(發電裝置)라고 할 수 있으며 산화・환원반응을 이용한 점 등 기본적으로는 보통의 화학전지와 같지만, 닫힌 계내(系內)에서 전지반응(電池反應)을 하는 화학전지와 달라서 반응물이 외부에서 연속적으로 공급 되어, 반응생성물이 연속적으로 계외(系外)로 제거됨. 가장 전형적인 것에 수소-산소 연료전지가 있음

나. 연료전지 발전 원리

① 전기분해(Electrolysis)

- 물질에 전기에너지를 가하여 산화, 환원반응이 일어나도록 하는 것을 의미한다. 자발적으로 산화, 환원반응이 일어나지 않는 경우 전기에너지를 이용하여 비자발적인 반응을 일으키는 것을 전기분해라고 한다.
- 물의 전기분해 : (+)극에서 산화반응으로 수소를 얻을 수 있고, (-)극에서는 환원반응이 일어나 산소를 얻을 수 있다.

② 연료 중 수소와 공기 중 산소가 전기 화학 반응에 의해 직접 발전

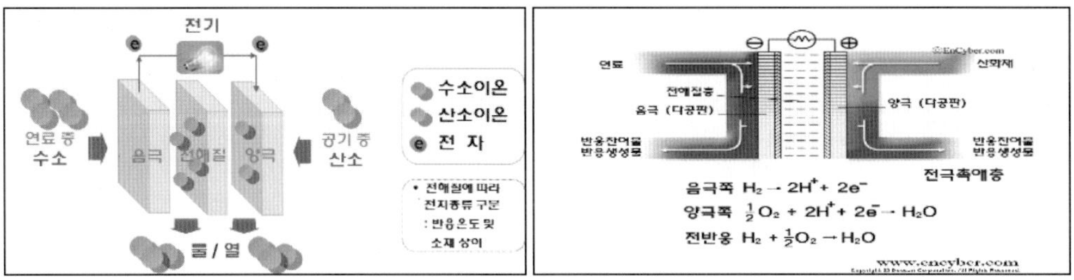

[연료전지 발전원리]

다. 연료전지 시스템 구성

① 연료전지 발전시스템 구성도

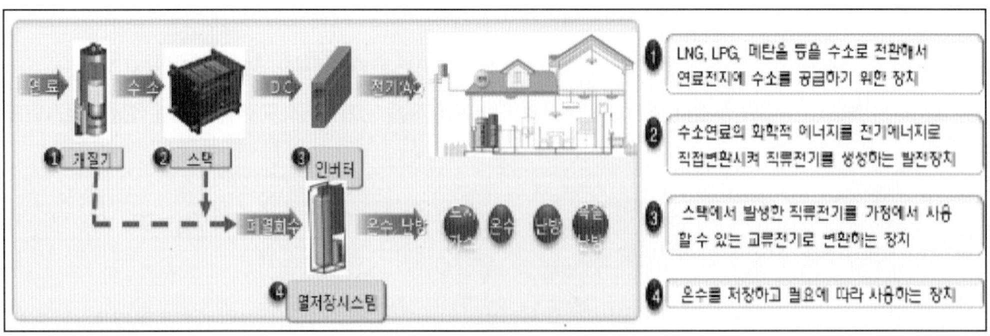

A. 개질기(Reformer)

- 연료인 천연가스, 메탄올, 석탄, 석유등을 수소가 많은 연료변환 시키는 장치

B. 단위전지 (Unit Cell)

- 연료전지 단위 전지(Cell)는 기본적으로 전해질이 함유된 전해질 판, 연료극(anode), 공기극(cathode) 이들을 분리하는 분리판 등으로 구성
- 이 단위전지(Cell)에서 전류를 인출하는 경우 통상 0.6~0.8V의 낮은 전압이 생성

C. 스택(Stack)

- 원하는 전기출력을 얻기 위해 단위전지를 수십 장, 수백 장 직렬로 쌓아 올린 본체

D. 전력변환기(Inverter)

- 연료전지에서 나오는 직류전기(DC)를 우리가 사용하는 교류(AC)로 변환 시키는 장치

라. 연료전지의 장점

① 연료전지 발전시스템 특징

구 분	내 용
고효율 시스템	- 40%~60% 정도의 발전 효율로 기존 화력발전 대비 높은 효율 (열병합 발전 시 80% 이상 가능) - 화학반응시 발생하는 열을 이용하여 온수 및 스팀으로 활용 할 수 있어 에너지 활용 극대화
저공해,친환경 에너지	- 질소산화물(NOx), 유황산화물(SOx) 등의 대기오염물질과 소음이 거의 발생하지 않음. - CO_2 발생량도 미분탄 화력발전에 비해 20~40% 감소
기저부하로 사용	- 날씨 등 기후여건에 영향을 받지 않으므로 24시간 무정전이 요구되는 병원, 방송국, 데이터 센터 등의 시설에 적합
낮은 운영비	- 천연가스, 메탄가스를 비롯 화석 연료와 생활 폐기물 발효 처리과정에서 얻어지는 바이오가스도 사용이 가능 - 부수적인 대형 기계장치가 필요 없어 유지 보수 등의 운영비 절약
모듈화,분산형 시스템	- 시스템을 모듈화하고 분산화 할 수 있어서 적재적소에 분산 배치하여 다른 발전 시스템과 연계하여 운영할 수 있음

② 발전원별 특징 비교

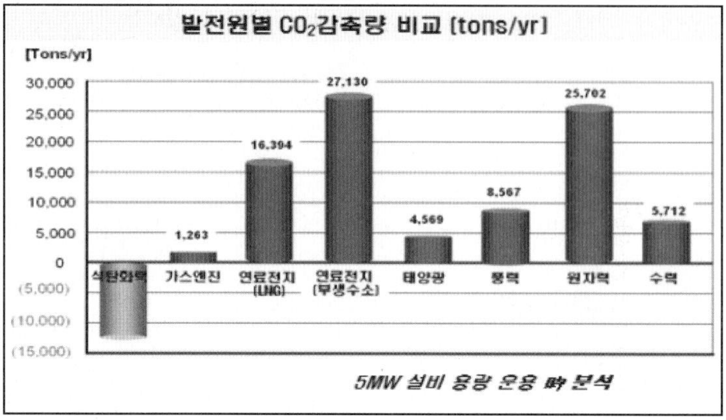

- LNG를 이용한 발전의 경우, 연료전지의 CO_2 감축효과는 태양광의 약 3.5배, 풍력대비 약 1.5배 상회함(열병합효율을 기준時)
- 부생 수소 발전의 경우(개질기 無) : LNG연료전지 발전 대비 1.6배 상회함

③ 각 발전방식 비교

가. 기존발전

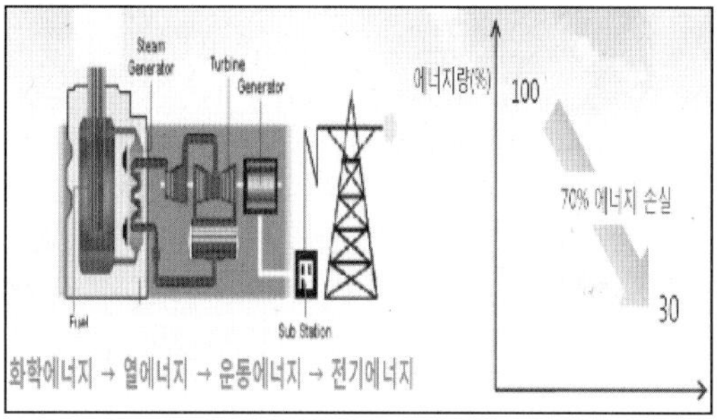

나. 연료전지: 화학에너지→전기에너지

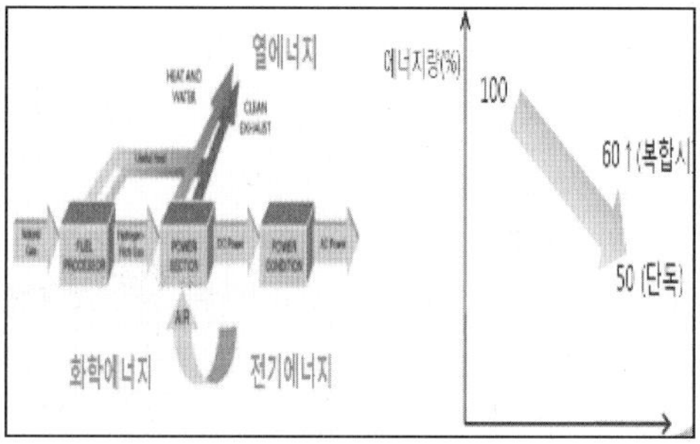

구 분	화석	원자력	수력	태양광	풍력	연료 전지	해양(조력)
에너지효율(%)	30~40	30~35	30~40	15	35~50	70~90 (CHP효율)	30~40
설비이용율(%)	54	92	40	15	23	90~95	25
1MW 소요면적 (평)	-	-	-	9천	1.4만~ 2.6만	25~50	-
1MW 투자비 (억)	10	24	25	70	16~20	35~45	15
보급량 (세계, MW)	5,863 (61%)	2,319 (23%)	1,267 (13%)	5.9GW	94GW	140GW	30MW

마. 주요 수소 생산 방법

- 수소는 물, 화석연료, 생명체 등에 내재하고 있으며, 에너지로 이용하기 위해서는 원료별로 적절한 추출 과정을 거쳐야 합니다.
- 원료는 천연가스, 석유/가스화 바이오메스, 석탄, 물 등이며, 현재 가장 저렴한 수소 생산 방법은 천연가스를 이용하는 것입니다.

바. 국내설치 사례 벤치 마킹 [호평 파라곤]

① 단지 소개

- 위치 : 경기도 남양주시 호평동 산 56-1번지 일대
- 규모 : 지하 3층, 지상 15~20층 25개동 및 커뮤니티시설
- 2010년 하반기 입수 예정
- 아파트 1,275세대 중 타운하우스(T01~03)의 280m²(84평)형 40세대에 연료전지 시스템 설치예정(총 40대)
- 기타사항
  · '09년 하반기 모델하우스 설치예정(대당 가격 7,000만원),
  · '10년 개별 세대 설치 예정(대당 가격 5,000만원 예상)

[타운하우스 조감도 및 단지 배치도]

② 적용된 연료전지 Spec.

A. ㈜퓨얼셀파워에서 개발한 1kW급 PEMFC이 적용될 예정

- LNG사용량 : 최대 260 L/hr (0.26 Nm³/hr)
- 발전효율 33%, 종합효율 80% (Full 부하 운전 시)

- 기기수명 : 10년

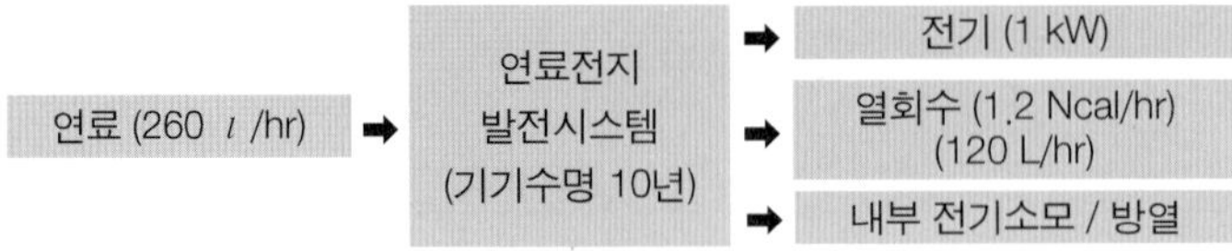

B. 난방 및 급탕 열원 확보용으로 보조보일러를 내장한 형태

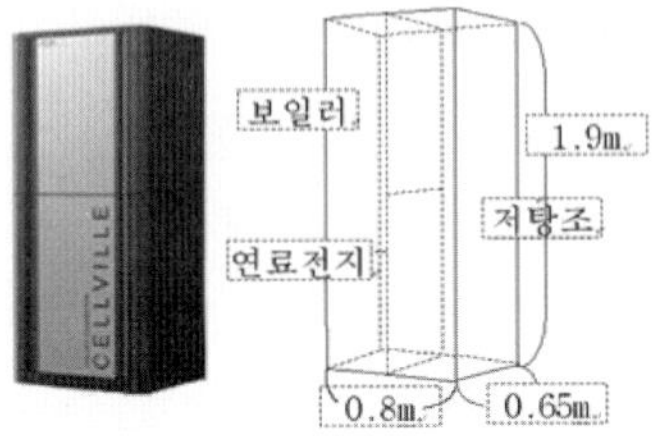

- 보조보일러 용량 : 35,000 kcal/hr
- 저탕조 : 150 L
- 크기 : 너비 0.8m× 폭 0.65m× 높이 1.9m
- 중량 : 300 kg

* 스탠드형 에어컨보다 약간 큰 정도

③ 경제성 분석 (Full 부하 운전 시)

A. 입주자 측면 : 월평균 전기사용량이 720kWh인 세대의 경우, 년간 212만원 절감

- 발전량 : 720 kWh/월 (8,760 kWh/y, 44.69 kWh/m²y)
- 회수열량 : 849 Mcal/월 (10.2 Gcal/y, 36.43 Mcal/m²y)
- 절감액 : 추가 연료 사용비용(7.3만원/월)과 한전 수전 시

월 평균 전기사용량 [kWh]	425	500	600	700
년간 비용 절감량 [만원/년]	4	61	127	191

※ 서초 래미안 50평형의 경우, 월평균 전기 사용량 : 425kwh(44kwhm²y)

B. 건설사 측면 : 현재 초기 투자비 과다로 경제성 미흡

(회수기간이 23.5년으로 기기수명 10년보다 장기임)

- 단, 국가 보조금 제도 시행시(기기 설치비용의 90% 보조 예정)

회수기간 2.3년으로 경제성 확보

년도		2008	2010	2015	2020
예산 단가 [백만원]		70	50	7	3
단순회수기간[년]	보조금제도* 지원 시	-	2.3	1.9	-
	보조금제도 미지원 시	33	23.5	3.3	1.5

- 국가보조금 제도는 '09년 시행발표 예정에서 1년 연기되어, '10년 시행발표 예정

(4) GT 적용 기술

가. 개요

① GT에는 화석연료를 사용하지 않는 전전화 주택이므로, 실제 가정용 연료전지는 요소기술에서 제외하였으나, 향후 연료전지 발전가능성을 고려하여 Portable Fuel Cell System [200W, 12~24V] 적용.

② LPG를 연료로 사용하여 전기를 생산하는 고분자전해질형 연료전지(PEMFC, Polymer Electrolyte Membrane Fuel Cell) 제품.

③ LPG에서 수소를 생산하는 개질기는 수소발생부/연소부의 일체화 설계기술을 적용하여 2.5liter 라는 작은 부피를 실현했고, 이로 인하여 기동시간 또한 10분 이내로 단축.

④ 향후 양산에 대비하여 대량 생산성 및 효율면에서 유리한 적층형 판상 기화기를 적용했으며, 연소부-수소발생부-CO제거부로 연계된 반응기별 열관리 최적화 기술을 적용하여 부피 대비 높은 에너지밀도의 개질기를 구현.

⑤ 개별냉각방식 및 단열설계 기술을 적용한 스택은 효율적인 열관리를 통한 안정적인 운전이 가능하며, 스택 내부에 적용된 MEA는 SDI가 자체 설계한 MEA로 저가의 탄화수소계 멤브레인을 채용하고 촉매층 내의 고효율 촉매 분산기술을 통하여 백금 촉매 사용량을 저감시킴은 물론 우수한 출력성능을 가지고 있음.

⑥ 이는 현 연료전지의 최대 애로점인 가격 저감의 문제를 해결하는데 상당한 기여를 할 것으로 기대하며, 제품의 성능을 안정화 시키기 위하여 동적 출력 제어기술을 적용하여 급격한 부하 변동에 대응할 수 있으며, 스택의 운전상태를 실시간으로 파악하면서 스택상태에 따른 시스템의 출력을 제어하는 기술을 적용하여 스택의 수명 연장과 제품의 출력을 안정화 하였음.

나. 주요 현안

① 이동형 연료전지

② 차고 내부 인테리어에 맞춰 설치

③ 연료전지 발전시 나오는 배기를 기존덕트에 연결하여 배출.

다. 연료전지 구성품:

① Fuel Cell, Battery, Water Tank, LPG Tank, DC/DC converter

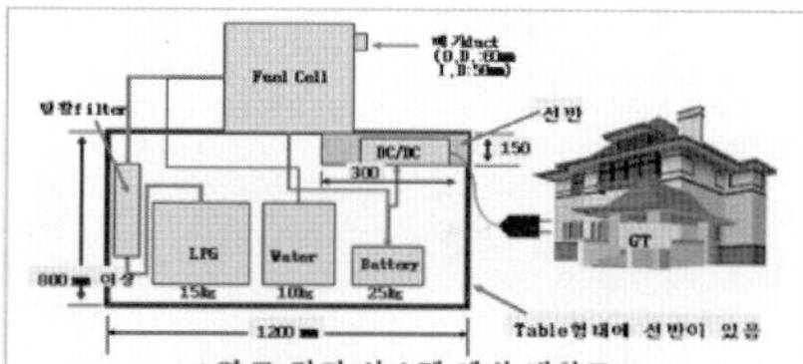

< 연료 전지 시스템 예상 배치도 >

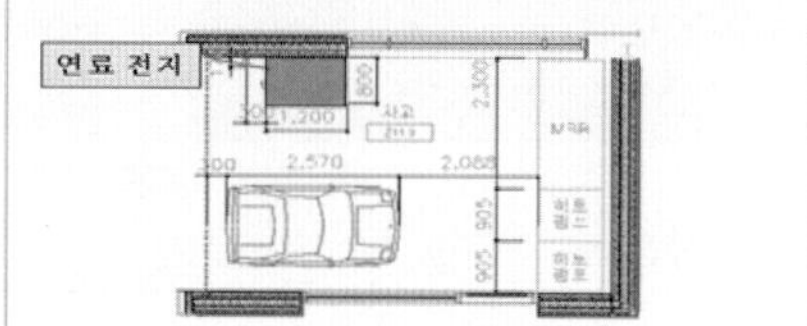

< 연료전지 위치도 >

(5) 적용 분석

가. 시공 사례

① 연료 전지 수납장 SIZE

A. 연료 전지 시스템 전체 필요 공간

- 1250W × 1200H x 800D

B. 세부 시스템 SIZE

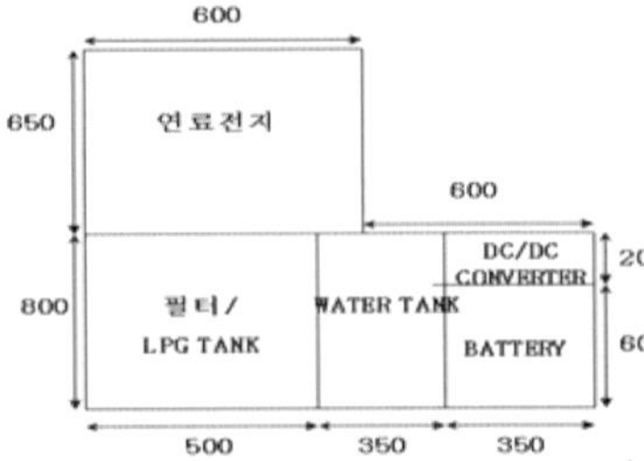

< 연료전지 서랍사이즈 >

- 배기 duct size : 내경 58 / 외경 60(duct흡입 FAN 장착)
- Fuel Cell: 400(W)x450(H)x550(D), 주위벽면과의 유지 거리: 20cm 이상
- Battery: 330(W)x218(H)x172(D)
- Water Tank: 440(H)x200(O.D)
- LPG Tank: 440(H)x250(O.D)
- DC/DC converter : 공간확보 300(W)x150(H)x300(D))

C. 세부 시스템 무게

- Fuel Cell: 25Kg / Battery: 25.5Kg
- Water Tank: 10Kg / LPG Tank: 10~15Kg
- DC/DC converter : 3Kg 내외

비상용 연료전지	비상용 연료전지	가정용 연료전지
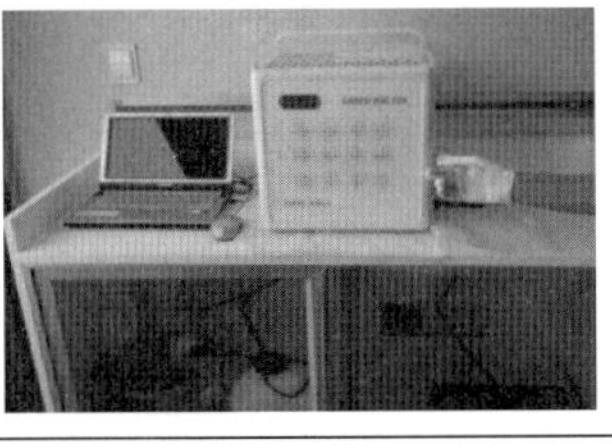		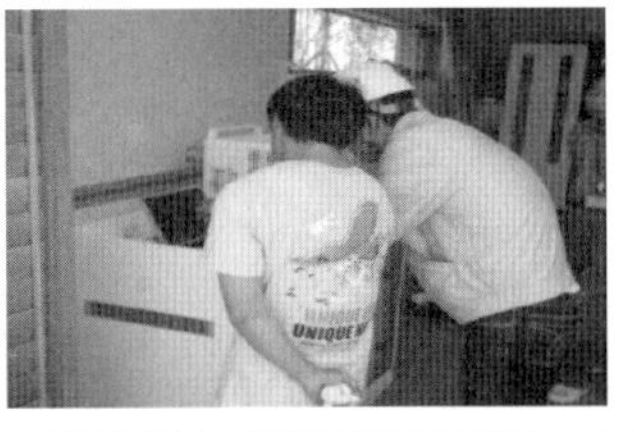
연료전지 시공	연료전지 시공	연료전지 TEST

나. 향후 발전방향

① 12V 200W의 전력을 생산하는 연료전지 시스템으로 캠핑, 낚시 등 야외에서의 레저 활동에 필요한 전기제품의 전력 공급에 사용.

② 전시 형태와 같이 연료전지 제품으로 캠핑시 램프, 냉장고, 노트북, MP3P등의 가전제품을 전기공급의 불편함 없이 연속적으로 사용할 수 있으며, 더욱이 LPG를 연료로 사용하고 있어 연료 인프라를 별도로 구축할 필요가 없어, 손쉽게 구입할 수 있는 편리함을 가지고 있음.

4.6.4 태양열 급탕

(1) 개요

태양광선에 포함된 적외선을 열매체에 흡수시켜 물질의 진동 운동을 유발함으로써 여기서 발생되는 열을 이용하는 태양에너지의 광열학적 이용분야로서 태양열의 흡수/저장/열변환 등의 과정을 통하여 건물의 보조난방 및 온수를 공급하는 시스템

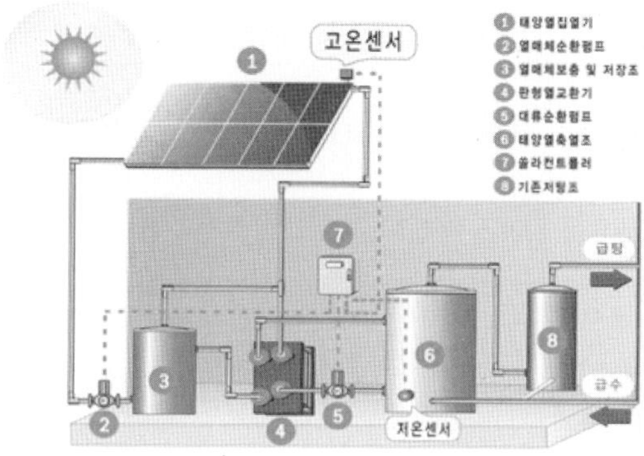

(2) 설계주안점

가. 계획의 핵심 요소

① 필요 급탕량

: 급탕부하 계산에 따른 1일당 필요 급탕량 산정

② 태양열 집열 효율

- 제품 효율

  · 집열기의 집열효율은 전체 시스템 성능과 피크 부하 처리성능 모두에 영향을 줌

  · 에너지관리공단 인증 제품 적용 권장

- 설치 형태

  · 지열별, 계절별, 설치각도, 설치향, 주변 장애물별 획득 일사량을 고려하여 선정

  · 집열기 1매 면적 약 2 m^2(1 m x 2 m) 필요

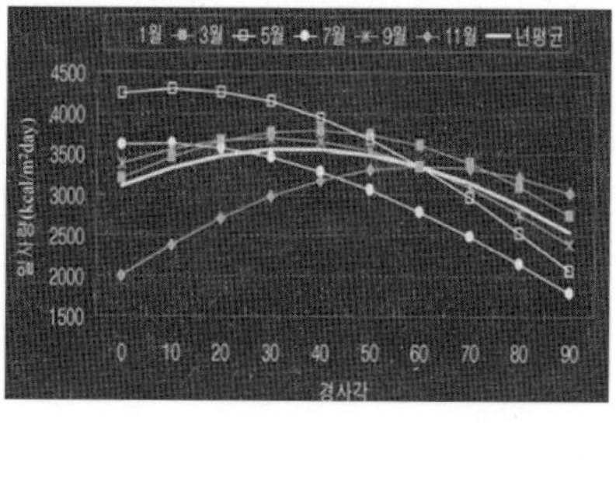

③태양열 의존율 및 집열기 매수 선정

- 연간 급탕 부하 패턴과 태양열 집열량 패턴을 비교하여 최적의 시스템 용량 선정
- 태양열 집열량은 부하보다 커지지 않고 보조열원 사용량을 최소화하도록 선정

④ 축열탱크 용량 선정

- 주간의 태양열 집열을 야간에 사용
- 비사용시간대의 태양열 집열을 사용시간대에 사용
- 시간대별 부하량 및 집열량 패턴을 검토하여 선정
- 축열탱크에서의 열손실 및 초기 예열부하 등을 고려하여 과다 선정 지양

⑤ 시스템 구성

- 태양열집열기 : 내부 동관과 동판을 이용하여 집열
- 태양열축열조 : 집열기에서 발생한 열을 필요시 사용할 수 있도록 저장
- 열매체팽창조 : 열매체 팽창시 팽창량을 흡수
- 판형열교환기 : 집열기에서 집열된 열을 축열 가능하도록 2차 열매에 전달하는 역할
- 순환펌프 : 2차 열매 즉, 축열조와 열교환기 사이의 열매를 순환시키는 역할
- 쏠라컨트롤러 : 탱크와 집열기에 센서를 설치하여 수온에 의한 자동제어 수행

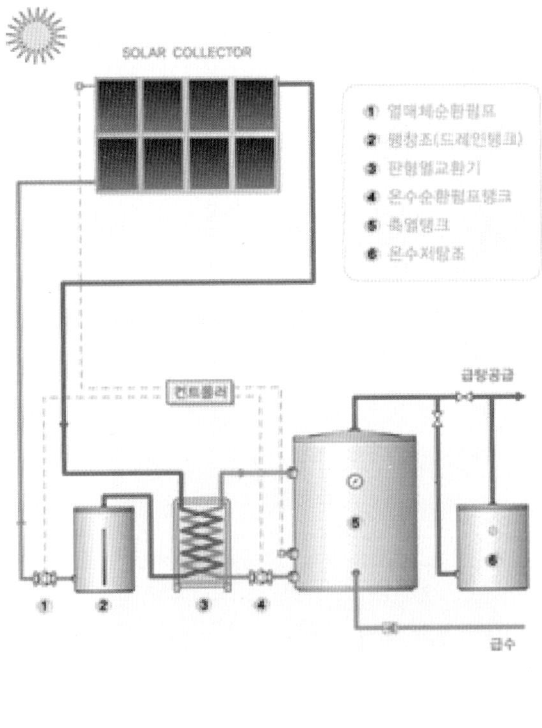

나. 집열기 종류

종 류	평판형	진공관형
개요도	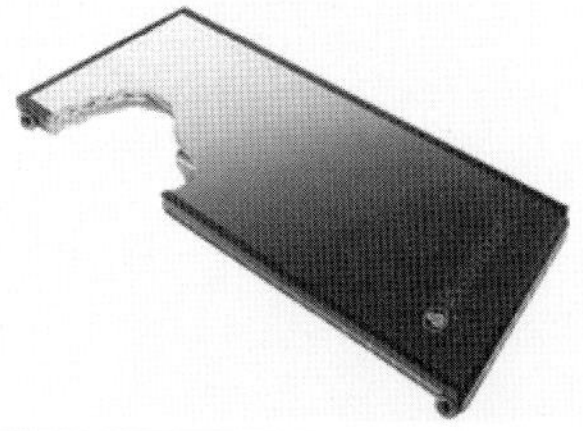	
사용범위	저온용	중, 저온용
활용온도	100℃ 이하	200℃ 이하
적용분야	건물난방 및 급탕	건물 냉난방, 산업용 등
장 점	- 작동온도가 100℃ 이내로서 열매 선택이 자유로움 - 시스템 설치비가 저렴 - 시스템 유지관리 용이(시스템이 단순) - 장수명(검증기간 25년 이상)	- 평판형집열기에 비해 대류에 의한 열손실 최소화 가능 - 열효율이 평판형에 비해 우수
단 점	- 100℃ 이상의 고온 집열은 불가	- 설치비 고가(평판형의 약 1.6배) - 2중 열교환구조로서 최종 집열성능 저하 - 집열기 수명이 짧음 - 진공처리기술 미약 - 하절기 열팽창에 의한 파손 주의
검토결과	진공관형 집열기는 보급초기단계로서 유지관리가 어려우며 집열기 수명에 대한 신뢰성이 부족하다. 따라서 열효율은 다소 떨어지나 온수급탕용으로 가장 안정적이고 기술력이 완성단계인 평판형을 적용하여 시스템의 신뢰성을 확보하는 것이 타당하다.	

다. 기대 효과

① 신재생에너지인 태양열을 급탕에 이용함으로써 급탕 사용 에너지 절감

② 신재생에너지 이용으로 CO_2 배출량 저감

(3) 적용현황

가. 시스템 설계

① 월별 급탕부하 및 태양열 이용량 예측

- 월별 급탕부하 산정

- 태양열 이용 비율 산정
  - · 보편적으로 태양열 의존율은 50% 내외로 계획
  - · 최대 60%를 넘지 않는 수준으로 계획

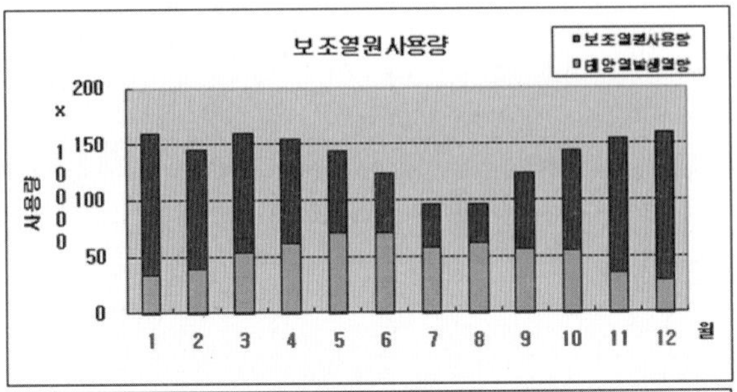

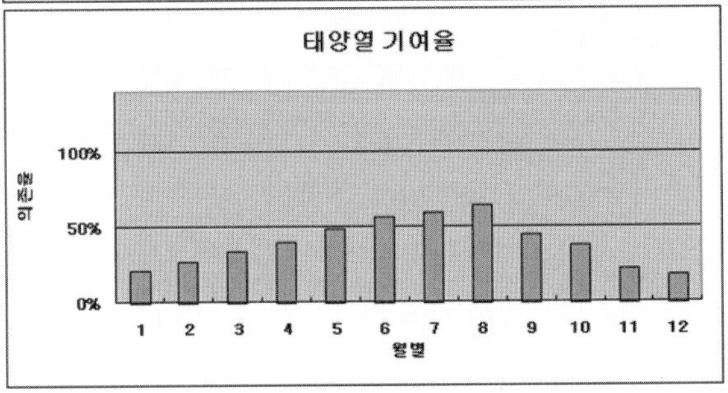

② 태양열 집열기 매수 선정
- 지역별, 시간대별 기준일사량을 고려
- 집열기의 설치각도 및 향을 고려
- 해당 상황에서의 집열량을 고려하여 매수 선정
- 집열기 집열효율 고려(79.3%)

③태양열 급탕 시스템 개요
- 집열기 4매로 선정
- 전시관 및 홍보관 급탕부하 담당
- 0.5 ton 온수탱크에 주간에 온수를 저장하며 주야간에 사용
- 태양열 집열이 불가능한 야간 및 흐린날에는 보조열원인 전기히터 이용

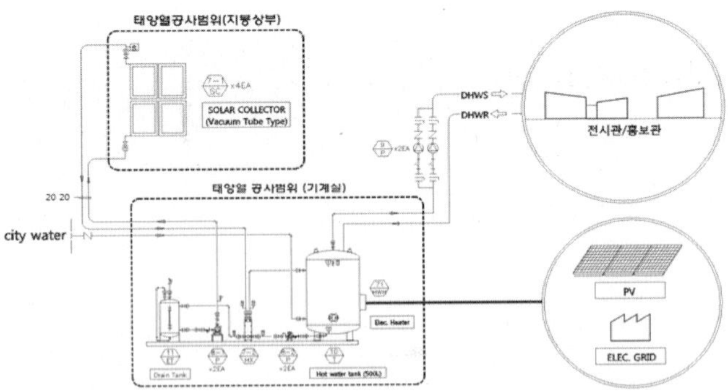

④ 태양열 집열기 설치 위치

- 설치각도 약 15°로서 최적 집열 각도는 아니나 건축계획과 조화를 고려하여 선정
- 집열기는 세로로 설치하며 배관을 직렬로 연결하여 설치
- 집열기에 음영이 질 수 있는 장애물이 없는 위치에 설치
- 열매 배관에는 고온의 온수가 통과하므로 철저한 단열로 열손실 최소화 필요
- 지붕층에 설치하며 배관은 입상 shaft를 통해 지하 기계실로 연결

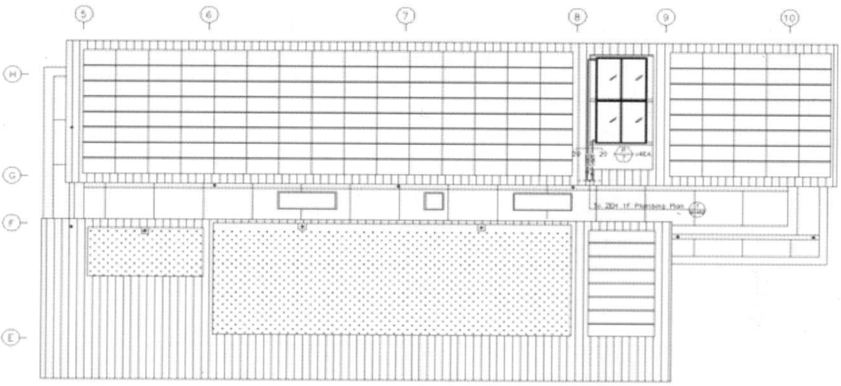

나. 시공 및 설치 전경

① 설치 전경

② 배관 단열

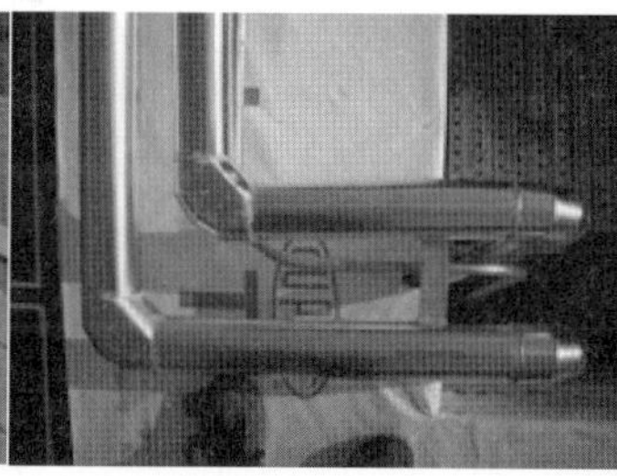

③ 집열판 연결 배관

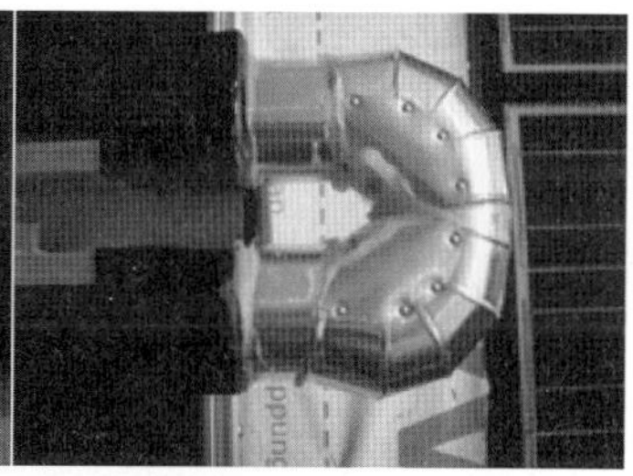

④ 열매체 저장탱크

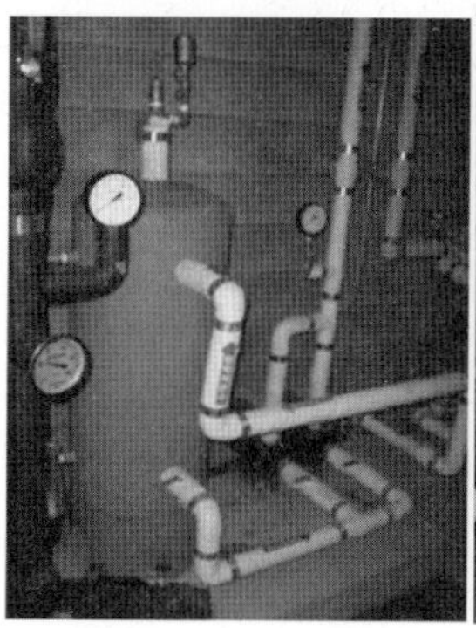

⑤ 열교환기 및 제어반

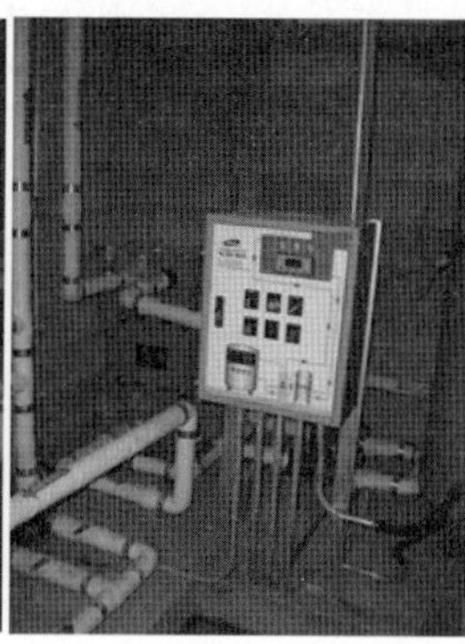

⑥ 온수 저장탱크

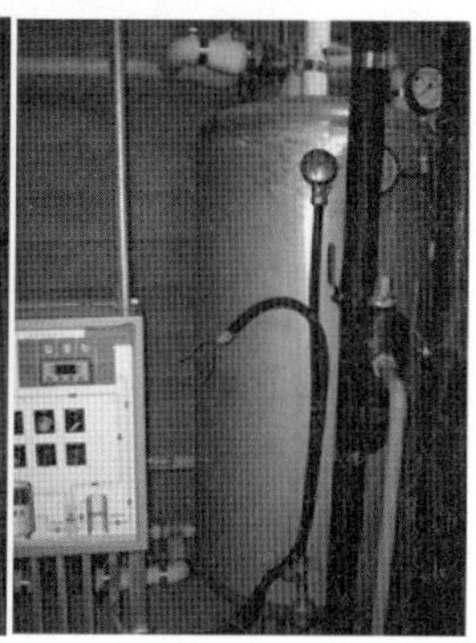

4.6.5 지열이용 냉난방 시스템

(1) 개 요

가. 연평균 온도 약 15℃를 유지하는, 겨울철에는 따뜻하고 여름철에는 시원한 지중 항온층을 건물의 냉난방시스템 에너지원으로 사용하는 기술이다. 주열원 장비인 지열히트펌프는 지하 10m 이하의 지중 항온층을 에너지원으로 이용함으로써 전력소비량을 대폭 절감한다.

나. 지열히트펌프는 에어컨에 냉매를 공급하여 냉방을 수행하고 바닥온수파이프에 온수를 공급하여 난방을 수행하는데 이때 실내로부터 제거한 열을 지중에 버리거나 반대로 지중에서 뽑아낸 열을 실내에 공급하는 방식으로 냉난방에 필요한 에너지를 절감하게 된다.

(2) 설계주안점

가. 지열시스템의 종류

: 수직밀폐형, 수평형, 우물관정형, 복수정 방식 등

나. 지열히트펌프의 종류

: Water-to-Water, Water-to-Air, Water-to-냉매 등

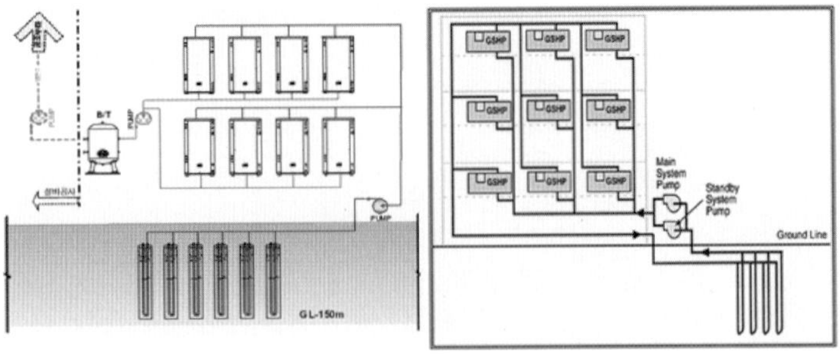

다. 건물 냉난방 부하

: 지중 열균형을 유지할 수 있어야 함

라. 지중열교환기 설계

① 천공 간격 : 6m

② 천공 깊이 : GL-150m

③ 천공 길이 : 50m/RT

④ 순환 유량 : 11.3LPM/RT

⑤ 지중 열교환기 구성

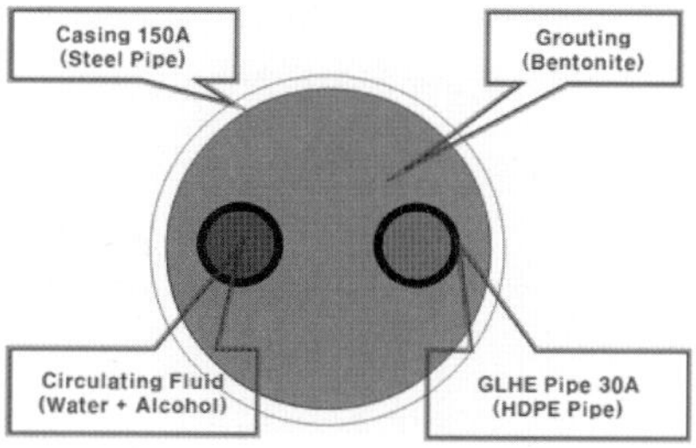

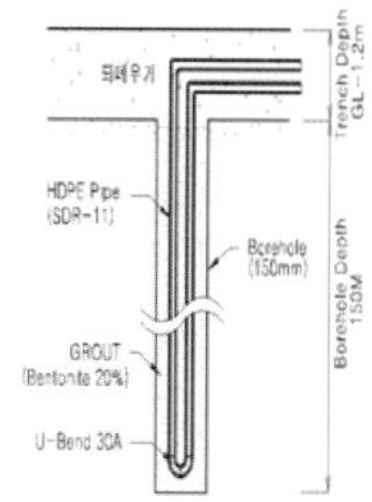

(3) **시공주안점**

가. 지중 조건

: 시험천공 후 지중 열전도도를 측정한 후 지중열교환기를 설계

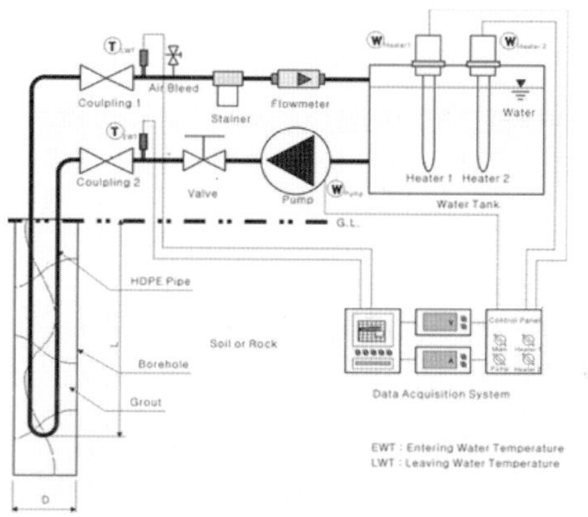

나. 배관 구성

① 배관은 고른 유량분배가 가능하도록 리버스리턴 방식 적용

② 트렌치를 구성하여 배관의 내구성 확보

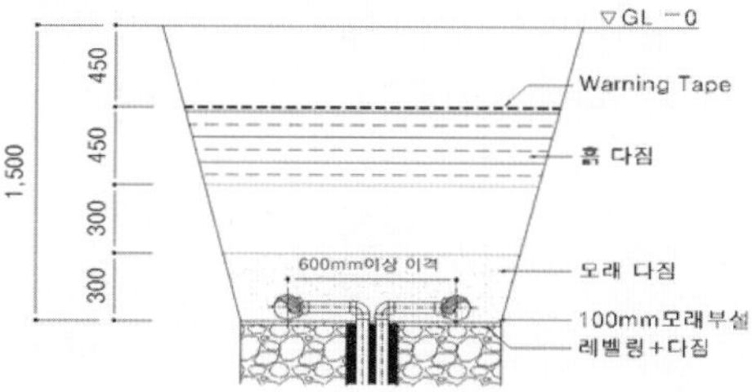

(4) 적용현황

가. 설계 개념

① 열원 선정

- 열원은 기획단계부터 화석연료를 전혀 사용하지 않는 개념으로 출발
- 신재생에너지인 지중열 이용 수냉식 히트펌프를 열원으로 채택
- 필요 에너지는 부지 내 지붕형 태양광 발전을 통해 공급

② 고효율 열원

- 가스보일러 연소효율이 0.8 정도인 반면 지열히트펌프의 난방 COP 5.2정도로 우수
- 무한한 에너지원인 지중으로 열을 흡수, 방출함으로써 비교적 안정적인 출력 가능
- 공냉식 히트펌프의 냉방 COP는 3 정도이며 수냉식 히트펌프는 열매의 반송동력을 포함해도 COP 4.0 정도로 약 30% 정도 높음

③ 지중 열평형

- 지중열 이용 히트펌프 이용시 연중 냉난방 부하 불균형에 의한 지중온도 상승 우려
- Green Tomorrow 경우 난방부하를 대폭 삭감하여 연간 냉난방 부하 균형 유지
- 냉난방 필요 에너지 불균형에 의한 지중 열성능 저하 우려는 없을 것으로 예상

나. 전시관 냉난방 개요

① 냉방

- 천정카세트형 GSHP 실내기
- GSHP에서 실내기에 냉매 공급

② 난방

- 초박형 바닥온수난방
- GSHP + Hydro-kit에서 바닥 코일에 온수 공급
- 공급 온수 온도 : 40~45℃

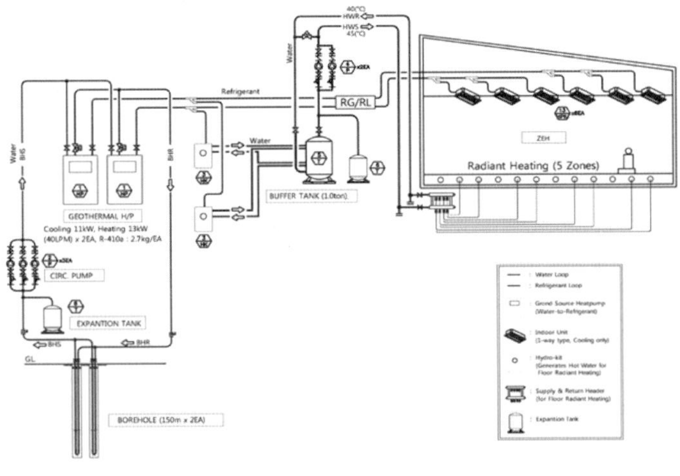

[전시관 열원 및 냉난방 흐름도]

다. 홍보관 냉난방 개요

① 냉방

- AHU(바닥취출형) : 홍보실/로비용

- Chilled ceiling : 홍보실용

② 난방

- AHU(바닥취출형) : 홍보실/로비용

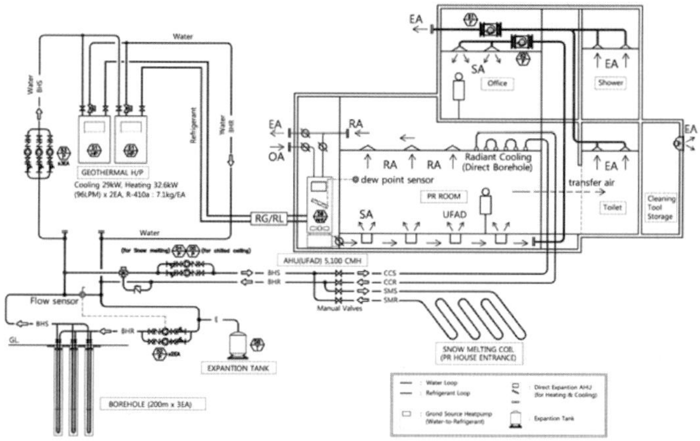

[홍보관 열원 및 냉난방 흐름도]

라. 지열 냉난방 시스템 구성

① 지열 히트펌프 구성

- Water-to-Refrigerant 방식 : 냉매(냉방) 및 온수(난방) 공급

- 용량

· 전시관 : 3.1RT(냉) / 3.7RT(난) x 2EA

· 홍보관 : 8.2RT(냉) / 9.2RT(난) x 2EA

- 총 22.6 RT

② 지중 열교환기 배치

- 전시관 : 150m x 2공

- 홍보관 : 200m x 3공

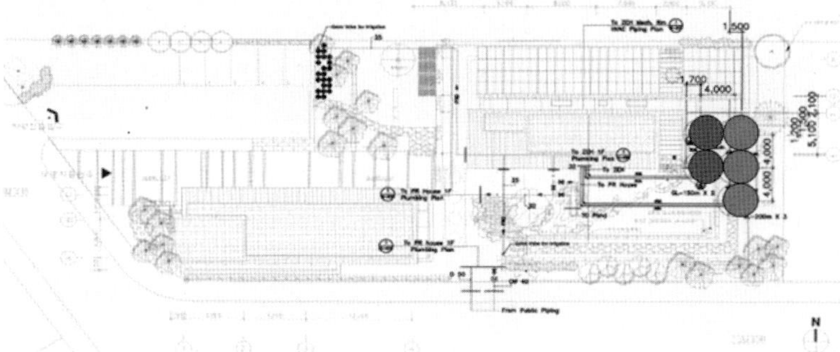

마. Water-to-냉매 방식 지열히트펌프 적용

① 개요

- 물-공기 열펌프(water-to-air heat pump unit) 또는 브라인-공기 열펌프 유닛(brine-to-air heat pump unit) 정의
: 물-공기 열펌프 유닛 또는 브라인-공기 열펌프 유닛은 외부에서 실내로 유입되는 공기를 가열하거나 냉각시키는 냉매-공기 열교환기(부하 측 열교환 코일; 냉방 시 증발기, 난방 시 응축기), 냉매 압축기(compressor), 열원 측 냉매-물 열교환기(또는 냉매-브라인 열교환기; 냉방 시 응축기, 난방 시 증발기), 팽창장치(팽창밸브 또는 모세관) 그리고 방향전환밸브(reversing valve) 등으로 구성된다. 이 유닛은 구성 요소들이 배관에 의해 모두 연결된 일체형 장비이다.

② 히트펌프 장비스펙

- 장비 사이즈 : 770 X 1120 X 545 mm (W×H×D)
- 소비전력 (전원사양 포함) : 2.6 / 2.5 kW (냉/난), 1 φ /220V/60Hz
- 냉난방 능력 : 11.0/13.0 kW (냉/난), COP 4.23/5.20 W/W (냉/난)
- 배관관경 : [냉매] 5/8"(Gas), 3/8"(Liquid), [수측] 1"
- 지열수 입출구 온도조건 : 운전 가능범위(공급수온)
  * 냉방 : 10 ~ 40℃
  * 난방 : -5 ~ 40℃ (부동액 사용시)

(5) 예상효과

가. 시공 전경

① 천공

② 타설

③ 열전도 test

④ 배관매설

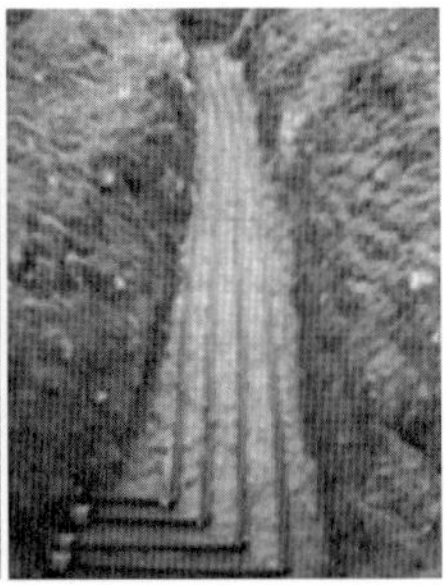

나. 적용분석

① 설계 중간 단계 검토(ARUP)

- 전체 건물 에너지 절감량

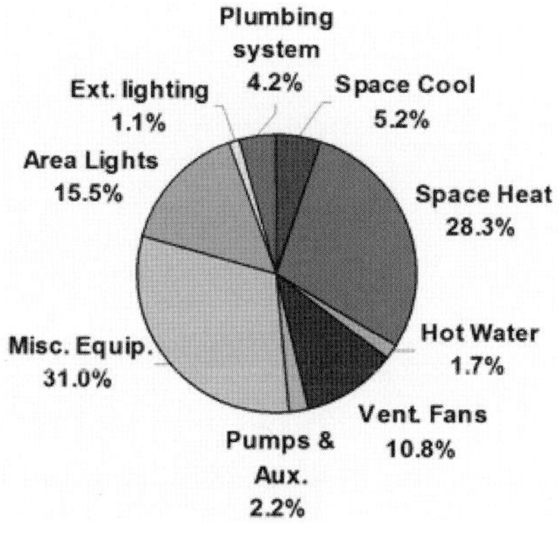

[Baseline 분석]

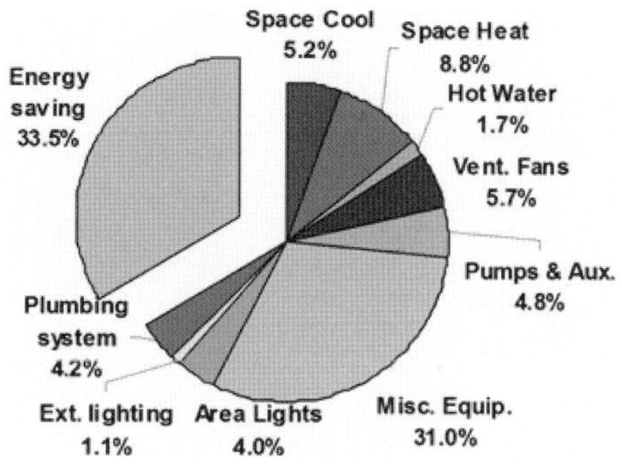

[중간단계 분석]

- 에너지 절감 요소별 예상 절감량

· Insulation (7.8%)

· Infiltration (6.1%)

· Low LPD (3.7%)

· Daylighting (6.1%)

· GSHP (7.0%)

: 지열히트펌프 적용에 의해 BASE 건물 대비 전체 사용에너지의 7% 절감

· Free cooling (2.4%)

· Heat recovery (0.2%)

· PCM (0.2%)

4.6.6 지열이용 쿨튜브 시스템

(1) 개 요

연중 일정한 지중 항온층의 특성을 이용한 냉난방 에너지 절감 시스템이다. 신선한 외기를 지하에 매립된 배관 또는 피트를 통해 받아들임으로써 지중열을 통해 예냉 또는 예열된 공기를 인입한다. 인입되는 외기는 실내에 직접 받아들이거나 공조기에 공급하는 방식으로 외기부하를 절감하게 된다.

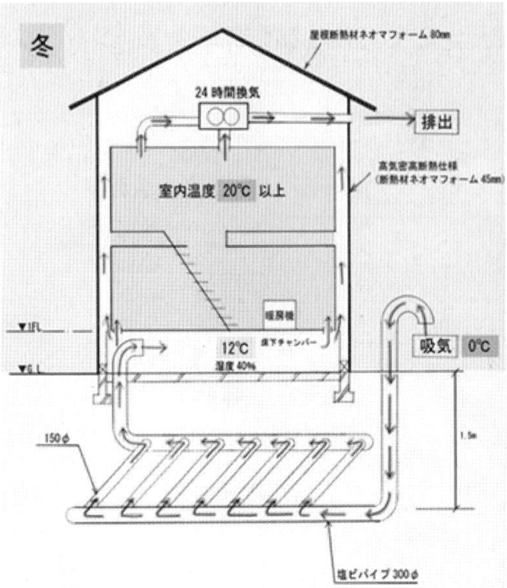

(2) 설계주안점

가. 지중온도

: 지중온도는 지하 3m 이상이 되면 그 편차가 매우 작아진다.

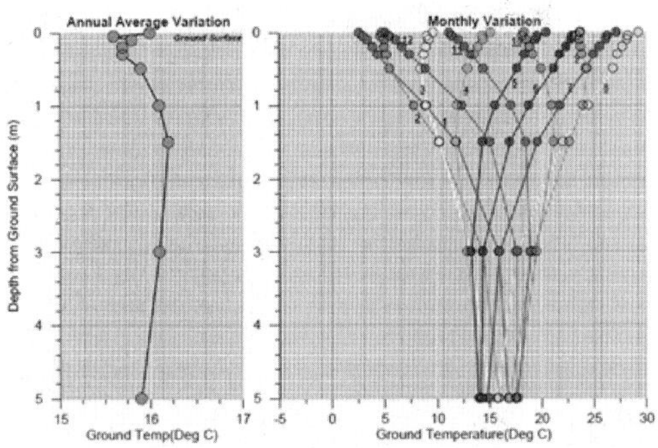

나. 계획의 핵심 요소

① 온도가 너무 높거나 낮지 않고 신선한 외기를 도입할 수 있는 곳에 외기도입구 설치

② 필요 외기량이 충분히 예냉/예열될 수 있도록 지중튜브의 길이, 수량, 관경, 재질 선정

③ 지중파이프에서의 압력손실이 크지 않도록 곡관부를 최소화

④ 부동침하 등에 의한 배관의 이탈을 방지

⑤ 응축수 발생에 대비한 대책 필요

⑥ 공사비의 대부분이 토목공사이므로 타 공종 공사와 긴밀한 협의 필요

다. 기대 효과

① 지중열교환을 통해 사전에 외기를 예냉, 예열함으로써 외기부하 절감

② 오염도가 적은 구역의 외기를 인입함으로써 실내 공기질 향상

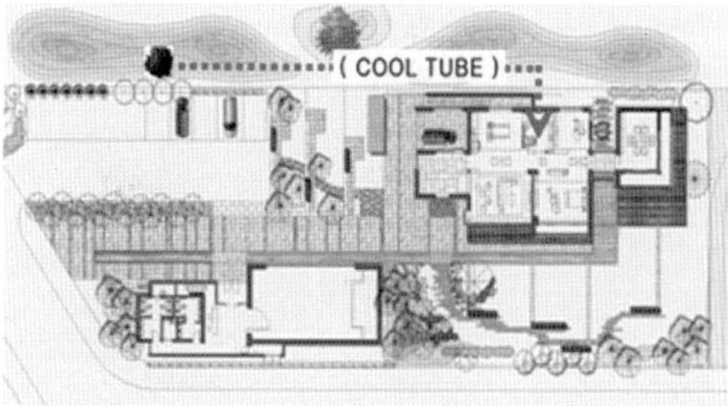

(3) **적용현황**

가. 적용 범위

: 전시관 환기용 도입외기를 쿨튜브를 통해 도입

나. 설계 개요

① 적용 범위

: 전시관의 각 실에 환기용 외기 공급

② 외기도입구

- 조경영역에 위치시켜 여름철 일사를 차단하고 겨울철 일사를 받을 수 있도록 계획
  : 과열되거나 과냉된 외기가 도입되지 않도록 계획
- 빗물, 곤충 및 기타 오염물질의 침입 방지 가능하도록 계획
  : 매설배관 내부는 청소가 어려우며 통과 공기가 바로 실로 유입되므로 특히 주의
  (유입공기의 질을 확보하기 위해 환기유닛에 MERV13 이상의 필터를 설치하였음)
- 주차장 사인 보드의 역할과 겸용하는 방안도 가능

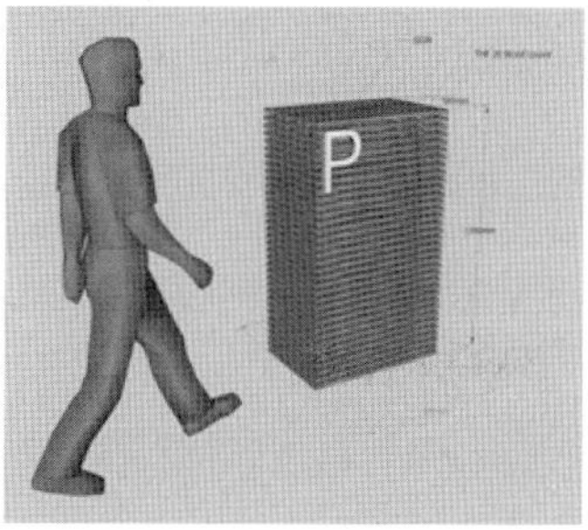

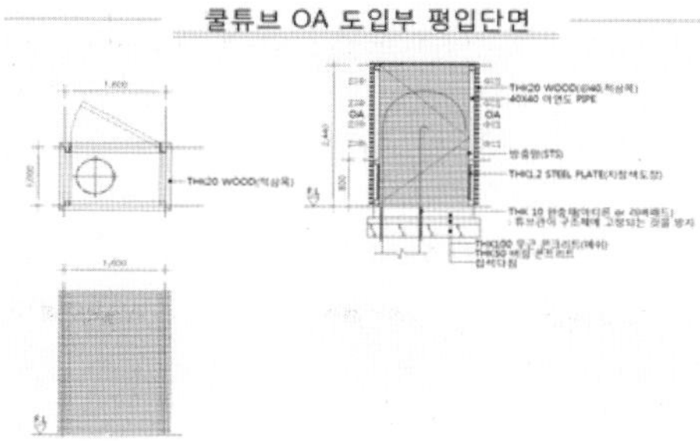

③ 지중 쿨튜브

- 풍량 : 480 CMH
- 길이 x 관경 : 60 m x 300A
- 관내 유속 : 2 m/s 미만
- 매설깊이 : 지표 하부 3 m 이상에 매설
- 관종 : STS 304

쿨튜브 매설 위치도

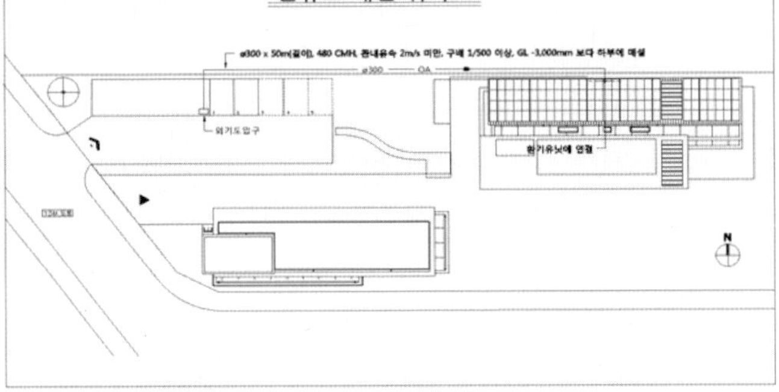

④ 환기설비와의 연계

- 외기온 조건에 따라 쿨튜브를 통과한 공기 또는 직접외기 인입(환기유닛과 연계)
- 쿨튜브를 1차 통과한 외기를 다시 환기유닛에서 열교환함으로써 외기부하 2차 저감
- 응축수 발생 또는 비상시를 위해 쿨튜브 내부 구배 및 드레인 배관 확보

쿨튜브 개념도

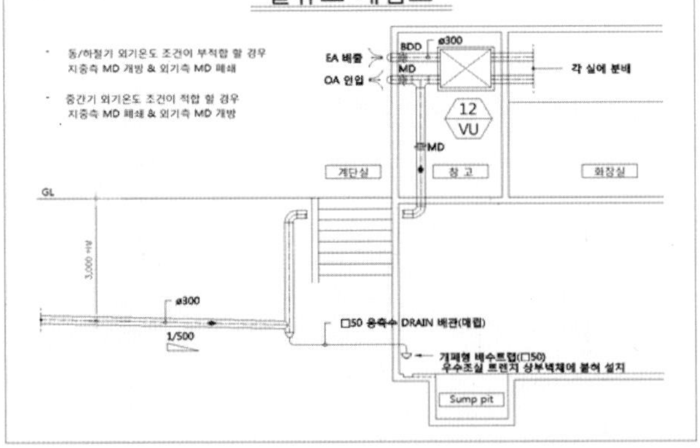

⑤ 추후 성능 검증 위한 계측 장비 설치

- 측정기간 : 계절 별 측정(하계 / 동계) 및 시간대별 측정
- 측정센서

· 온도 : 지중온도 1개소, 지중배관(입구, 출구 각각 1개소)

· 풍량 : 1개소

- 설치 위치

· 온도 : 지중온도(매설배관 중간지점 1개소), 매설배관 입출구 공기온도(2개소)

· 풍량 : 지중배관 출구 측

- 측정방법

· 개별 장비에 의한 독립된 측정

· 추후 중앙제어와 연계

다. 시공현황

① 쿨튜브 배관 설치

② 채움

③ 트렌치 설치

④ 온도센서 설치 모습

⑤ 복토 후 외기도입구 모습

⑥ 설치 후 전경

4.6.7 지열이용 융설 시스템

(1) 개요

도로나 보도 표면에 매설된 발열관에 지중순환수(약 15℃)를 직접 순환시키거나 또는 지열히트펌프에서 생산된 온수(약 45℃)를 순환시켜 도로 표면에 열을 공급함으로써 강설시 눈을 녹이고 결빙을 방지하는 시스템

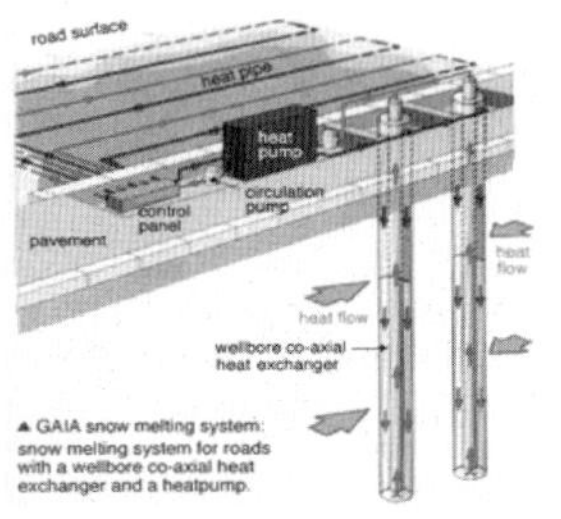

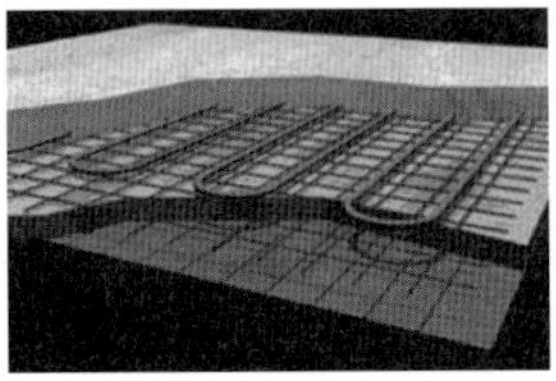

(2) 설계주안점

가. 특징

① 지열 냉난방에 도로 융설을 추가한 Hybrid 시스템

② 지열 냉난방시스템에서 히트펌프 난방부하 여유분으로 도로 융설시스템 적용 가능

③ 히트펌프 여유분을 활용하는 것이므로 전기방식에 비해 초기투자비가 크지 않음.

④ 지열원 히트펌프를 활용함으로써 연간 운전비도 전기히터 방식에 대비 저렴

⑤ 지중열교환기의 냉난방 부하밸런스 유지를 통하여 지중온도 상승을 방지.
(지중온도 상승 억제를 통한 시스템 전체의 효율 저하 방지)

⑥ 양호한 조건일 경우 히트펌프를 이용하지 않고 지중순환수를 직접 순환시킴

나. 기대 효과

① 도로 제설을 위한 약품 살포 등을 통해 야기되는 환경공해 및 주변 수목 고사 예방

② 인접건물로 인한 도로 일조권 불량시 강설후 결빙에 의한 차량 및 주민 안전사고 예방

③ 냉난방 부하 불균형을 해소하여 지중온도의 지속적인 상승에 따른 효율 감소 저감

다. 추후 검증 위한 성능 측정 장치 설치

① Heat Pump 기준 지중열교환기 입출구 온도

② 실내 순환수 입출구 온도

③ 외기 온습도

④ COP측정 값

⑤ 지중열교환기 순환수 유량

⑥ 실내 냉온수 순환수 유량

⑦ 지열시스템 사용 전력량

⑧ 각 펌프의 on/off 시각

(3) 적용현황

가. 적용 개요

① 융설 시스템 개념도

- 융설코일에 지중열교환기 순환수를 바로 공급, 순환시켜 융설 실시

  : 지중순환수는 부동액 주입

- 혹한기 또는 폭설시 지열히프펌프로부터의 난방순환수를 열교환 후 공급, 융설 실시

  : 별도 순환펌프 설치 필요

- 융설코일 제어는 융설지역 지표면 온도를 사용하거나 사용자가 수동으로 작동

  : 추후 운전 data를 토대로 제어방식 개발

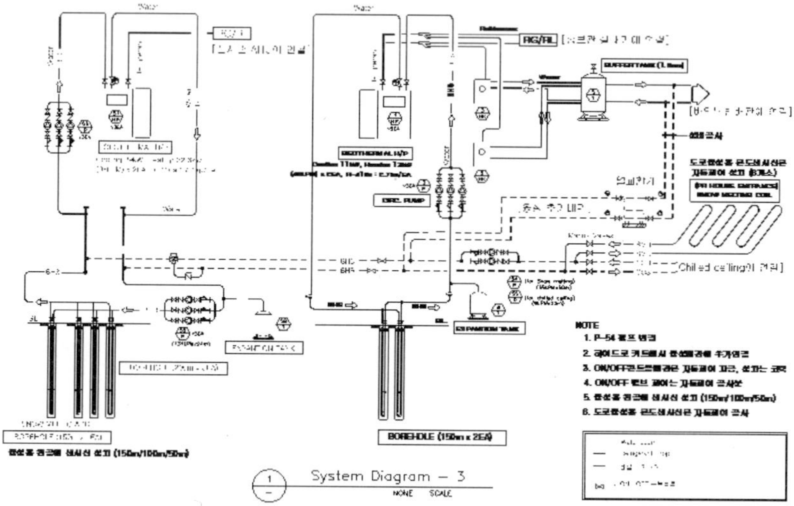

[융설 시스템 구성]

② 적용 범위

: 홍보관 전면부 도로에 융설시스템 설치

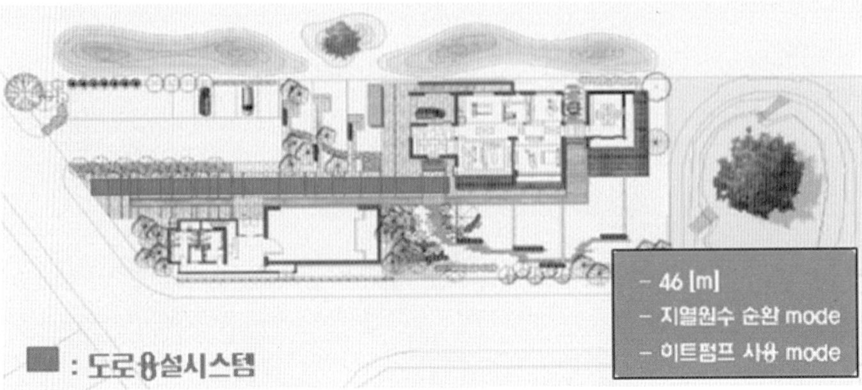

나. 시공현황

: 시공 및 설치 전경

[지열 도로융설시스템 옥외 배관 설치]

(4) 예상효과

가. 표면온도 측정

: 융설코일 설치 부위 온도 상승 확인

나. 표면 건조 상태 확인

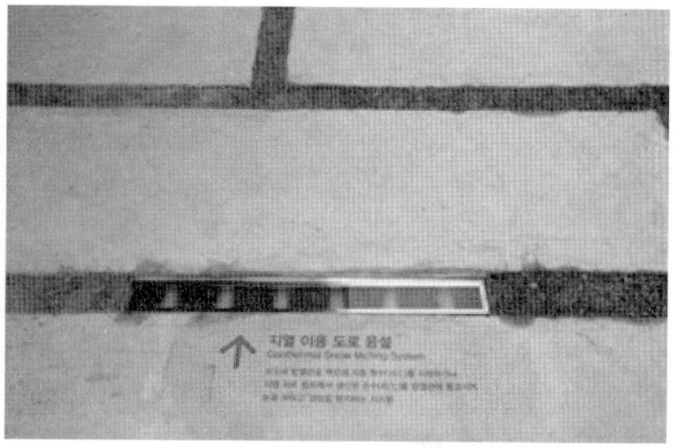

다. 향후 예상 효과

① 전기가열 방식에 비해 연간 운전비 저렴

② 지중열교환기의 냉난방 부하밸런스 유지를 통하여 연중 지중온도 밸런스 유지

③ 추후 자동제어 방식 개발 필요

Green IT

친환경 조경

친환경자재 및 폐기물관리

설계개념검증

4.7 Green IT

4.7.1 EMS (Energy Management System)

(1) 개요

가. 최근의 유가급등 현상으로 볼 때 어느 때 보다 건물 에너지에 대한 새로운 기술의 개발이 요구된다. 특히 건물 에너지 소비량은 국가 총 에너지 소비의 1/4을 차지하기 때문에 기후변화협약 및 국제정세에 대응하기 위해서 건물 에너지 절약을 위한 연구개발이 어느 때보다 필요한 시점이다.

나. 최근 건축되고 있는 대부분 건물들이 첨단화와 스마트화를 추구하기 때문에 건물의 편리성은 증가 하지만 에너지 소비량이 급증하고 있는 추세이다. 따라서 이러한 건물 에너지를 실용적이면서 효율적으로 활용하면서도 절약할 수 있는 통합 유지관리 기술이 필요한 실정이다.

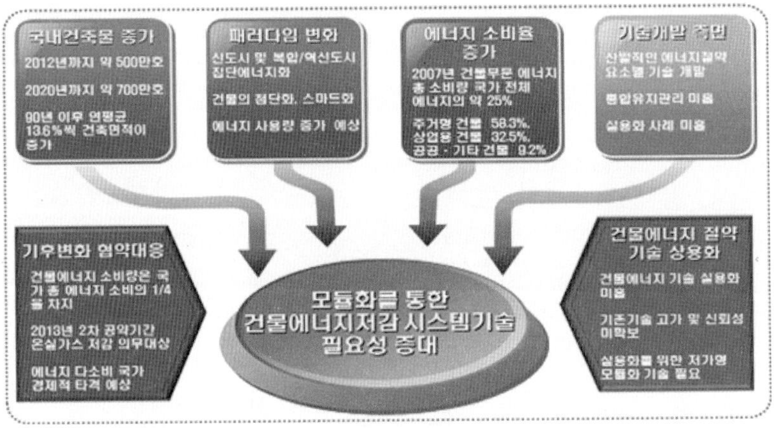

[에너지저감 시스템 기술의 필요성]

(2) 설계 주안점

가. 에너지 피드백 단위 통일

① 에너지 사용량은 각종 에너지 원 단위에 따라 표현이 달라지므로 본 시스템에서는 전력량과 CO_2 배출량으로 통일하여 표시하였다.

② 에너지 사용량을 그에 상응하는 금액으로 환산하여 사용량에 병기함으로써 거주자가 직접적으로 에너지 절감에 대한 동기부여를 받을 수 있게 하였다.

나. 에너지 계측 포인트

① 에너지 계측 포인트는 사용자의 노력으로 에너지를 절감할 수 있는 '에너지 절감 가능 포인트' 와 절감 노력에 관계없이 항상 에너지를 소비하게 되는 '기본 동력 포인트' 로 구분하였다.

② 에너지 절감 가능 포인트에 대해서는 모든 계측 포인트에 계측기(WHM)를 설치하여 에너지 사용량을 수집하였다.

③ 주요 절감 가능 포인트에는 에너지 피드백만을 위한 전용'에너지 모니터'를 설치하여 사용자가 실시간으로 에너지 사용량을 확인할 수 있게 하였다.

(3) 설계 기술

가. 구성요소

[GT 적용 기본방향]

① 모든 에너지 사용량은 Cost와 CO_2량으로 환산하여 표시함.

② 세대 에너지 사용은 사용자 절감 가능 포인트, 기본 동력 포인트 로 나누어 절감 가능 포인트는 적극적으로 피드백하고, 절감 가이드라인을 제공함.

③ 신재생 에너지와 계통 연계하여 표현.

(4) GT 적용 기술

가. 에너지 절감을 위해 부여한 각 계층별 역할에 따른 실제 구성 시스템 설계

① 센서 영역에는 온 · 습도와 같은 일반적인 환경 센서에 더해 위치, 사물 확인을 위한 RFID와 위치인식용 RF 통신기, 재실자 감지를 위한 재실감지 센서, 전력 사용량의 원격 계측을 위한 WHM(Watt Hour Meter)도 포함된다.

② 이들 데이터를 전송하기 위한 Ethernet망, 시리얼 통신망, Wi-Fi 통신용 Access Point, UTP 배선까지는 모두 네트워크 영역으로 센서/네트워크 계층을 구성한다.

③ 데이터의 취합은 센싱 데이터를 일괄로 받아들이는 통합 컨트롤러가 담당한다.

④ 엔진/플랫폼 계층 영역에는 REMS 서버, 냉난방 제어 서버, 조명 제어 서버가 위치한다. 서비스/애플리케이션 계층 영역은 사용자가 직접 접하게 되는 각종 IT 기기 모두가 해당할 수 있는데, 휴대폰, TV, 전용 에너지 피드백 모니터, PC 등이다.

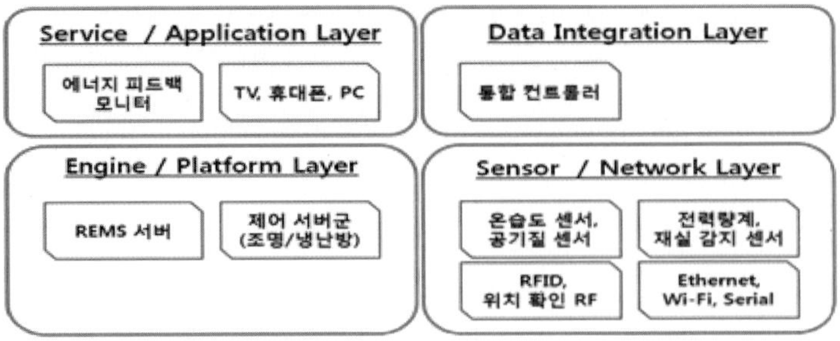

[에너지 관리 시스템의 구성 시스템]

나. 에너지 절감형 주택의 스마트 공간 계통 구성

① 전체 네트워크는 단일 Ethernet망을 이용하였고 이 네트워크에 연결하면 어떠한 데이터든지 가공하여 취득할 수 있도록 시스템 통합서버(SI 서버)를 두었다. SI 서버로 시나리오형 자동제어에 대응하면서 전체 시스템 관리의 일관성을 도모할 수도 있다.

② 에너지 절감 가이드라인과 같은 로직은 EMS 서버에서 모두 처리할 수 있게 하였다.

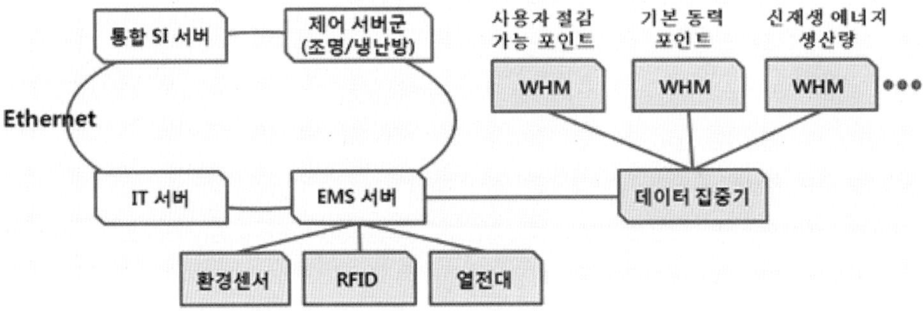

[에너지 절감형 주택의 스마트 공간 구성도]

다. 에너지 모니터링 시스템

① 개요

에너지 발전량, 사용량을 시각적으로 제공하기 위한 시스템으로 특히 외부 방문자에게 건물 관련된 에너지 사용 현황을 비주얼하게 제공

② 도입 배경

A. 실험 목적으로 도입되는 시스템의 에너지 절감 효과 모니터링

- 조명자동제어 시스템을 도입한 사무공간 구획의 에너지 절감 효과

- 실내의 조명 에너지 절감을 위해 도입되는 조명자동제어 시스템의 에너지 절감 효과

B. 신재생에너지 발전량 및 Watergy 활용 모니터링

- 태양광 발전량, 풍력 발전량, Watergy 활용 모니터링, 지열 관련 모니터링

C. 외부 방문객에게 건물의 에너지 사용 현황을 비주얼하게 제공 기능 필요

- 도입된 요소기술 설명
- 신재생에너지 발전량

라. EMS의 기능

EMS는 에너지 절감 피드백 시스템의 핵심으로 에너지 사용 피드백을 위한 정보와 에너지사용 분석을 통해 전체 에너지 관리를 총괄하는 기능을 한다.

① 신재생 에너지 연계

- 태양광 발전, 연료전지와 같은 신재생 에너지의 발전기에도 계측기를 설치하고, 발전량은 따로 합산하여 전체의 에너지 소비량과 발전량에 대한 실시간 에너지 밸런스를 계산한다.
- 계산된 값은 TV나 PC를 통해 확인할 수 있다.
- 전력량 환산 뿐 아니라 CO_2 환산량, 전력 금액으로도 순환하며 디스플레이 할 수 있다.

② 에너지 모니터

전용 에너지 모니터는 에너지를 소비하는 기기와 인접하여 설치하고, 다음의 항목에 대해 피드백한다.

- 소모 대기전력
- 현재 사용량
- 시간당 소비 비용
- 금일 사용시간/월간 사용 시간
- 절감 가이드라인

③ 시간 · 영역 · 기기 종류별 에너지 피드백

- 비교 기준이 없이 에너지 사용량을 피드백 할 경우, 에너지 소비가 많은지 적은지 소비자가 판단하기 어려운 경우가 있다. 따라서 전월, 작년 동월 기준으로 에너지 사용을 비교해 주어 사용자의 판단을 돕는다.
- 주방, 거실, 안방과 같이 영역별로 에너지 소비량을 합산하고 비교해 주어, 어떠한 영역에서 에너지가 많이 사용되고 있는지 혹은 에너지 소비가 정상적이지 않은 구역은 없는지 살펴 볼 수 있다.
- 기기별로 총 사용량을 비율로 나타내어 어떤 기기가 에너지를 많이 소비하고 있는지 직관적으로 알 수 있다.

④ 사용자 인터페이스

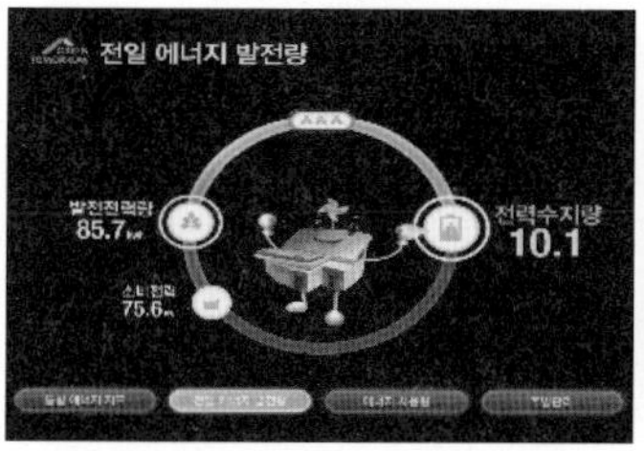

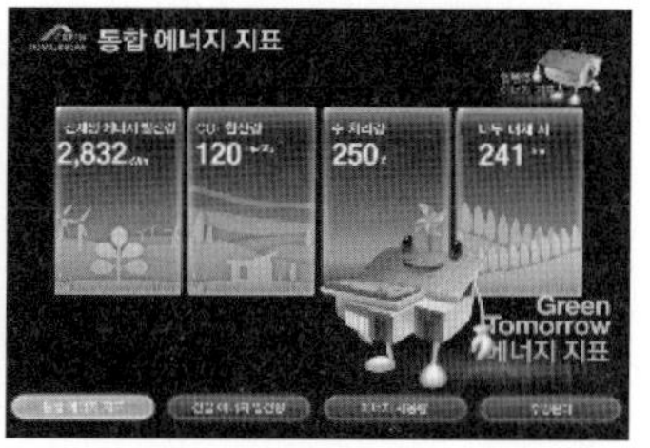

- 발전전력, 소비전력, 발전전력량, 소비전력량과 전력량 수지(收支) 등을 확인 가능.
- 태양광 발전에 의한 CO_2 감소량이 나잣나무 환산 등으로 알기 쉽도록 표시.

(5) 적용 분석

가. 시공 사례

① 개요

세대의 에너지 사용량을 계측하고 사용량 및 패턴을 분석하여 효율적으로 에너지를 절감하여 사용하고 운영할 수 있도록 관리 해주는 시스템

② 주요 현황

- 서초 적용 BEMS와 래미안 스타일 REMS 컨셉을 반영한 실 기술 적용 및 테스트
- 에너지 사용량 및 사용패턴에 따른 에너지 관리 기준 및 운영 시나리오 선정
- 세대 내 에너지 사용량 계측 (DC 계측)
- 시간대별, 제품별 에너지 사용 패턴 분석
- 신재생에너지 발전량 계측 및 관리
- 사용량에 따른 설비 운영 제어

③ 컨셉

A. 전시관 내 모든 기기의 상태 관리

- 에너지 사용 모니터링 및 온/습도, 조도 상태 관리
- DC계통을 포함한 동력설비 상태 감시 및 제어
- 식품관리, 매직미러 등 컨텐츠 관리

B. REMS 상용화 구축 및 TEST

④ 시스템 구성도

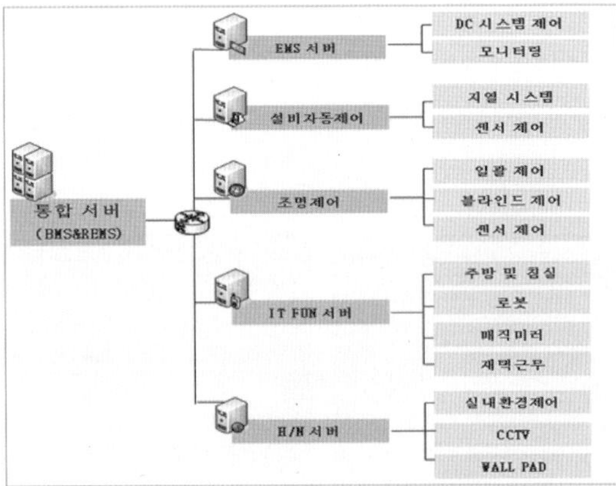

나. 관리 포인트

① 개요

A. 모니터링 목적

- 사용자의 에너지 사용량 Feedback
- Zero Energy House 구현 증명
- 친환경, 에너지 효율 및 기술 우위 표현

B. 모니터링 범위

- GT 전시관 전체 에너지 발전량 및 소비량 모니터링
- 실별 에너지 모니터링
- 특정 부하별 에너지 모니터링
- 물 사용 절감량 모니터링

C. 에너지 구분

- GT에서 사용되는 에너지를 구분하여 각 요소 기술별 에너지 효율 모니터링 가능

② 모니터링 적용 안

A. 모니터링 구성

- 홍보관 입구의 '에너지인디케이터' 에서 모니터링
  실내는 각 실 Display를 통해 모니터링
- 특정부하는 별도 Display를 통해 모니터링

B. 에너지인디케이터

- 설치 위치 : 홍보관 내부에 에너지인디케이터 설치
- 표시 내용 : 에너지 발전량, 에너지 사용량, CO_2 절감량
- 기대 효과 : 방문객들에게 친환경, 에너지 효율 건물 이미지를 확고히 심어줌.

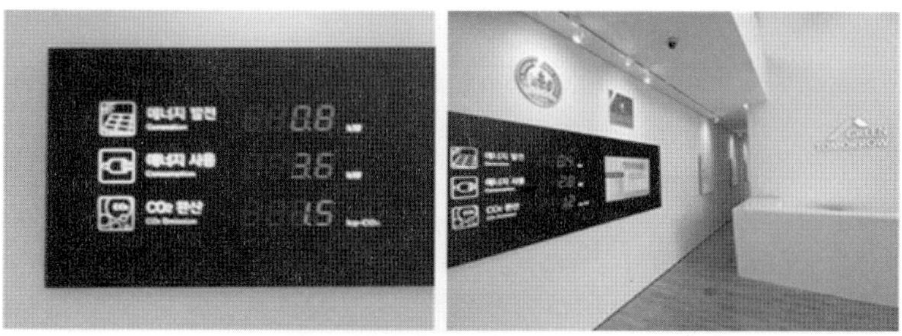

[GT의 에너지 인디케이터]

C. 실별 모니터링

- 모니터링 위치 및 기기

· 거주자 주요 생활공간 및 실별 주요 사용기기를 통해 모니터링 함으로써 접근성이 용이하도록 함

NO	위 치	Display 기기	비고
1	주 방	식품관리 시스템	아일랜드 싱크대
2	거 실	TV, Wallpad	
3	침 실	피팅미러	(침실장 전면 거울)
4	화장실	매직미러	(세면대 전면 거울)
5	서 재	재택 근무 시스템	서재용 스크린
6	한 실	전자 액자	

[GT 실별 DISPLAY 기기]

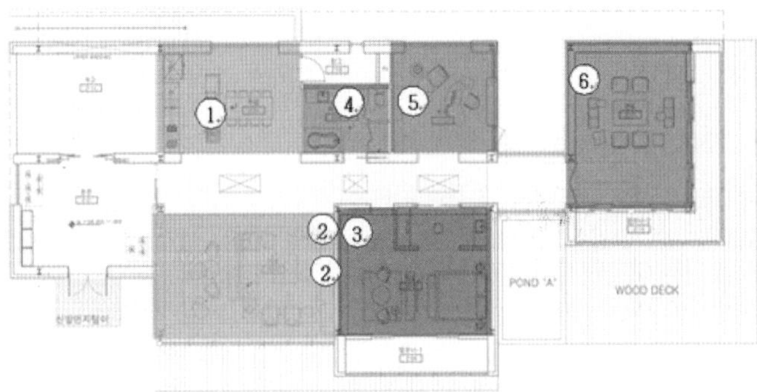

[디스플레이 위치]

- 표시 내용

· 전체 에너지 현황 모니터링

· 실별 전기 에너지 및 물 사용량 모니터링

D. Total Energy 사용량 UI

- 메인 화면
- 피드백 화면
- 사용량 분석 화면

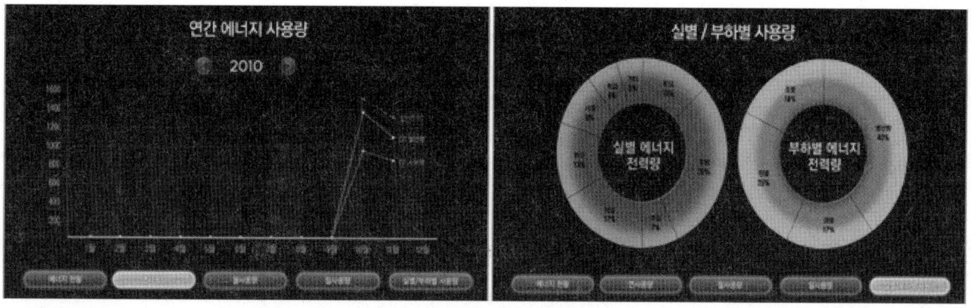

다. 향후 발전 방향

① 다양한 시뮬레이션을 통해 사용량에 대한 예측치를 도출하여야 한다. 도출된 사용량에 맞게 PV, Battery 등의 설비용량이 결정될 것이다.

② 이러한 선행작업들을 통해 건축, 설비, 전기 등 전 분야에 걸쳐 어느 부위에 센서를 설치, 모니터링, 제어를 할 것인지를 결정하여야 할 것이다.

③ PV, Battery, GRID 등 다양한 전원계통 사이에 이러한 장비들의 이상유무를 모니터링하고, 항상 사용가능토록 유지하는 것도 중요한 EMS의 목표라 할 수 있다.

④ EMS에 중요한 내용 중 '에너지Feedback' 은 어떤 관점에서 사용자에게 알려줄 것인가를 결정하여야 하며, 그 내용으로는 기기별, 실별, 설비별 등이 있을 수 있다.

⑤ 따라서 사용자가 알기 쉽게 에너지에 대하여 보여 줌으로서, 사용자가 에너지를 절감할 수 있게 유도하는 것이 주택에서는 가장 중요하다고 볼 수 있다.

4.7.2 전기자동차 충전시스템

(1) 개요

전기자동차의 기술 발전과 보급활성화에 따라 전기자동차를 이용하는 입주민이 증가할 수 있으며 이를 위한 충전시스템을 구축하여 고객만족도 및 편의성 그리고 친환경 기술에 부합되는 친환경 주거 환경을 제공하는 차별화 된 아파트 이미지 제고 효과가 기대됨

(2) 설계 주안점

가. 배터리와 모터로 구동되는 전기자동차의 충전과 과금이 가능한 첨단 인프라 시스템

나. 지하주차장 등에 주차 공간에 구축되어 공용전력으로 충전하고 사용전력량을 검측

다. 검측된 전력량에 따라 이용세대에 전기사용료를 관리비로 통합 과금 할 수 있도록 설계

라. 에너지관리시스템, 통합단지관리 시스템, 홈네트워크 시스템, 주차관제 시스템 등과 연동하여 설계

(3) 설계 기술

가. 해외에는 하이브리드차량과 전기자동차의 배터리 충전을 위한 충전시설이 구축되어 있음

① 영국에서는 2008년 5월부터 Juice Point를 운영

[해외의 충전시스템]

나. 일본 '도요타 홈'에는 가정에서 전기자동차를 충전하고 정전 시에는 차량 배터리로부터 비상전원을 공급받는 시나리오를 시연함

다. 전기자동차의 구동시스템

전기자동차의 주요 구동시스템은 재충전이 가능한 배터리, 모터와 제어시스템인 MCU (Motor Control Unit) 등으로 구성됨

라. 고전압 배터리 및 BMS(Battery Management System)

① 전기자동차의 실용화에 있어 핵심이 되는 요소임

② 전압이 높은 리튬이온 전지와 리튬폴리머 전지가 주로 사용됨

③ 리튬이온 전지의 경우 에너지 밀도와 전력 밀도 측면에서 기존 납 전지보다 약 3배 뛰어나고 수명은 납전지보

다 약 3.3배, 니켈수소 전지보다 약 2배 정도 길어 전기자동차의 에너지원으로 많은 장점을 가짐

④ 리튬폴리머 전지는 무게 대비 에너지 밀집도가 매우 높으며 동일 출력의 니켈수소 전지와 비교하여 무게는 30% 가볍고 부피는 50% 수준이나 50% 이상의 높은 에너지를 생산함

⑤ BMS를 적용하여 여러 개의 전지로 구성된 배터리를 관리할 수 있음
예를 들어 72V 시스템 적용 시, 리튬이온 또는 리튬폴리머 전지는 1개의 전지가 3.7V이기 때문에 최소 20개 전지가 필요하며 이 전지들의 충전과 방전을 고르게 밸런스를 맞추어야 전지 수명이 보장되고 안정된 전원공급이 가능함

마. 충전시스템의 종류

① 단자 접촉에 의한 충전 분류
- 전원측에서 전기자동차 측으로 전류를 직접 유입하는 컨덕티브 방식
- 변압기와 같이 전자유도에 의해 전기를 전달하는 인덕티브 방식

② 충전시간에 의한 분류
- 소전류로 장시간 충전하는 보통충전 방식 : 8시간 이상
- 대전류로 단시간 충전하는 급속충전 방식 : 30분 정도
- 중간시간으로 충전하는 중속충전: 3시간 정도

③ 충전기의 부착장소나 이용방법에 따른 분류
- 전기자동차에 내장되거나 부착되는 차재충전기 (車載充電器)
- 차고 등에 두는 고정충전기 및 공공시설에 설치되는 공공이용 충전기

(4) GT 적용 기술

가. GT의 충전인프라 시스템

① 차고 내에 DC전원콘센트와DC전력량계(DC-WHM)를 설치함

② 사용자는 전기자동차와 DC전원콘센트를 충전케이블로 연결하여 충전 실시

③ 디스플레이 장치를 통한 정보 확인
- 충전상황 (소비전력, 예상사용요금 등)

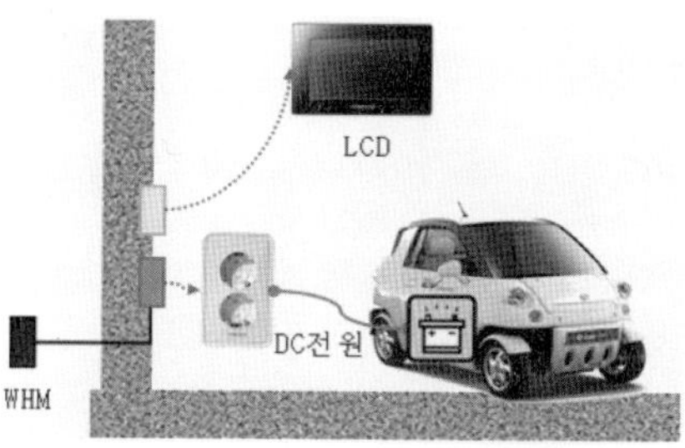

[전기자동차 충전인프라 개념도]

④ 충전 절차

- 콘센트에 충전기를 연결한다.
- 충전이 시작되면 WHM(전력량계)에서 인지하여 충전시작을 모니터를 통해 알려 주고 현재까지 충전시간이나 금액 등을 알려 준다.
- 만충이 되어 더 이상 충전전류가 없을 때에는 충전이 완료되었음을 모니터를 통해 알려 준다.

나. 시스템 구성도

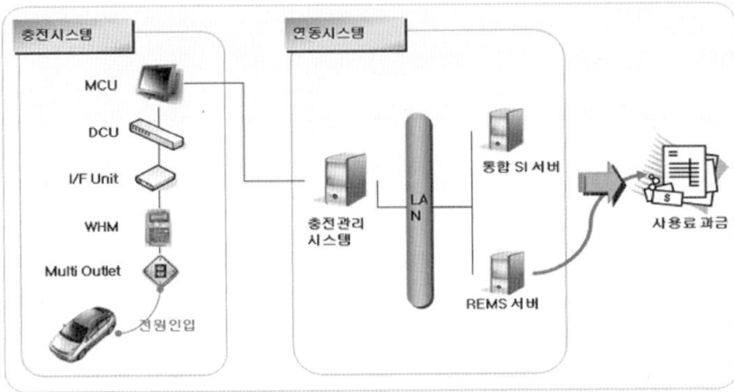

(5) 적용 분석

가. 시공 사례

① 전기자동차 개조

- PFC 회로에는DC 300V를 바로 공급하지 못하므로 전기자동차에서 제거하였음.

DC300V 입력을 위한 PFC 회로 제거

[GT의 전기자동차 개조]

② 전기자동차 충전

[GT의 전기자동차 충전 시연]

나. 관리포인트

① 충전 전압

- DC 전압을 사용하기 때문에 전기자동차의 배터리에 필요한 전압과 충전 시스템의 공급 전압이 동일하여야 함.

② MCU와 통신

- MCU와 통신을 통한 정보교환이 어려워서 충전 상태에 대한 관리가 어려움

③ 충전 케이블

- 전기자동차 및 충전시스템의 충전 단자 및 케이블의 사용이 불편함.
- 편리한 사용 및 미관을 위해서는 케이블을 자동으로 감아주고 풀어주는 장비가 필요

다. 향후 발전방향

① 전기자동차 충전인프라의 마련

A. 전기자동차의 충전은 자택에서 주로 이루어 질 것으로 예상되나 장거리 이동과 같은 주행거리를 연장시키기 위해서는 공공충전인프라도 필요함

B. 개인주택과 달리 공동주택에서는 전기자동차의 충전에 따른 사용료 부과방안도 고려되어야 함

C. 충전시스템에 대한 규격의 표준화로 장래의 혼란을 대비해야 할 필요가 있음

- 일본의 경우 일본전동차량협회(JEVS)에서 충전대와 전기자동차를 접속하는 커넥터와 양자간의 프로토콜 등을 규정함
- 국제 표준화의 경우IEC/TC69(전기 자동차 분과회)/WG4(충전 시스템 워킹 그룹)에서 충전기에 대한 규격 IEC 718을 개정

② 구성시스템의 고성능화 및 실용화

- 충전시간 단축, 주행거리 및 속도의 증가를 위해서는 전지의 고성능화가 이루어져야 함
- 전기자동차의 양호한 동력 성능을 위해서는 모터가 광범위한 출력구간을 가져야 하고 큰 토크를 가져야 함

4.7.3 RFID 시스템(식품 및 의류관리 시스템)

(1) 개요

가. RFID(Radio Frequency Identification) 기술은 사물에 소형 칩을 부착하여 사물의 정보를 무선으로 전송하고 처리하는 비접촉식 인식 시스템으로써 반도체 및 무선통신 기술의 급속한 발전과 국제적 표준화가 진행 되면서 데이터 인식기술 방식 중 획기적이며 확고한 방식으로 자리를 잡아가고 있다. RFID는 인식거리 및 동시 태그 인식, 읽기/쓰기 기능 지원과 비금속 물질에 대한 투과성 및 판독속도, 환경에 대한 내구성 등에 장점을 갖고 있어, 공급

망관리(SCM), 창고관리(WMS), 매장관리, 공장자동화(FA), 컨테이너 관리, 동식물관리, 스포츠 계측관리, 의료관리, 도서관리, 출입통제관리 등 다양한 분야에 적용되고 있다.

나. 웰빙 및 건강에 대한 관심도가 높아지면 매일 가족들의 식탁에 올라오는 식재료에 대한 관심이 높아지고 있다. 음식이 안전에 대한 관심은 해당 제품에 대한 더 많은 관심을 가지게 한다. 음식이 어떤 재료로 만들어 졌는지 공급처가 어디인지, 어떤 유통경로를 얼마나 거쳐서 왔는지 등에 대한 정보를 집에서 직접 확인하기를 원한다. 음식을 통해 산지와 생산자에 관한 정보를 얻기를 바라면, 그 생산물에 대한 지식도 더 알고 싶어하게 되었다.

다. RFID를 이용한 식품관리를 통하여 사용자는 식품에 대한 정보를 보다 효과적으로 취득 및 관리할 수 있게 되며, 기존의 홈네트워크와 연동하여 보다 편리한 주방 환경을 구축하게 된다.

라. 특히 RFID 기술은 온도, 습도, 광 등의 센서들과 연동하여 주변 환경 정보까지 탐지하고 초소형 무선장치를 이용하여 장비들 간의 네트워킹과 통신으로 실시간 정보를 취득, 처리, 활용하는 USN(Ubiquitous Senor Network) 환경의 핵심 기술로 주목받고 있다.

[RFID를 이용한 물품 관리 시스템]

(2) 설계 주안점

물품관리는 사용자의 수동적인 의지에 의해서만 진행되어져 왔다. 사용자의 편의성을 위해서는 이러한 수동적인 관리에서 벗어나 사용자가 현재 사용 또는 보유하고 있는 물품에 대해서 자동적이고 효율적으로 관리해 줄 수 있도록 설계한다.

(3) 설계 기술

가. 배경

① 지식경제부와 방송통신위원회를 주축으로 각 부처가 참여하는 시범사업을 2003년부터 시행하여 유통, 물류, 식의약품, 농수축산 등 공공분야와 산업분야에 걸쳐 다양한 사업을 시행 및 추진 하고 있다.

② 2007년 방송통신위원회에서 약 10억 원의 예산을 투입하여 청와대,교육과학기술부,정부통합전산센터의 3개 기관의 정부 비품에 태그를 부착하였고, 국가물품을 효율적으로 관리하기 위하여 구축한 RFID 물품관리시스템이 이용방법과 전자태그 부착방법 등을 규정한 '전파식별 표지의 부착 및 RFID 물품관리시스템 이용에 관한 규정' 을 관보로 제정, 고시하였다.

③ 2011년부터 조달청 나라장터를 통해 거래되는 대부분의 조달물품에 RFID 태그를 부착하여 납품할 예정임.

(4) GT 적용 기술

가. 기술배경

① 냉장고 및 옷장 내부에 RFID 리시버를 장착하여 RFID TAG가 붙어 있는 물품에 대한 정보를 관리해 주는 시스템으로 모든 물품에 RFID TAG가 부착되었다는 것을 가정한다.

② 생산자 또는 초기 유통 업체는 물품의 기본 포장단위로 RFID TAG를 부착하고 물품정보와 생산일자, 유통기한 등을 등록한다.

나. 식품관리시스템

① 기능

A. 냉장고 식재료 정보 관리

- 냉장고에 설치된 RFID 리더기와 식재료에 부착된 RFID Tag를 이용하여 냉장고 안에 있는 식재료의 종류 및 정보 표시
- 부족한 물품 알람 및 주문
- 식재료별 유통기한에 따른 알람 제공

B. 요리정보

- 다양한 요리법과 식단관리에 따른 추천 요리법 등 단계별 레시피 제공

C. 엔터테인먼트

- 주방에서 요리를 하면서 시청 할 수 있는 영화, 음악 등 서비스 제공

② 시스템 구성도

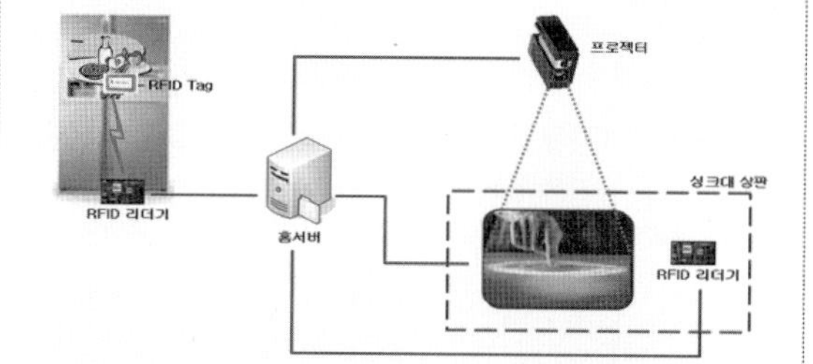

[식품관리시스템 시스템 구성도]

③ User Interface (컨텐츠)

다. 의류관리 시스템

① 기능

A. 의류관리

- 옷장에 설치된 RFID 리더기와 옷에 부착된 RFID Tag를 이용하여 의류 정보 관리(관리상태, 세탁 유무, 위치, 종류, 구매일 등)

B. 매직코디

- 의상 코디 및 추천 (날씨 및 스케쥴에 따른 의상 추천)
- 매직 미러를 이용하여 직접 옷을 입어 보지 않고도 착용 후의 모습을 보는 것과 비슷한 효과 제공

C. 에너지 사용량 표시

- REMS 시스템과 연동, Zone별 특정 부하별 에너지 사용량 표시

② 시스템 구성도

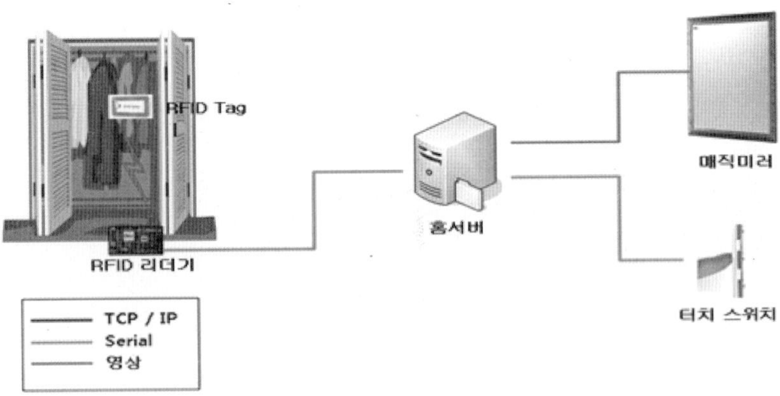

[의류관리시스템 시스템 구성도]

③ User Interface (컨텐츠)

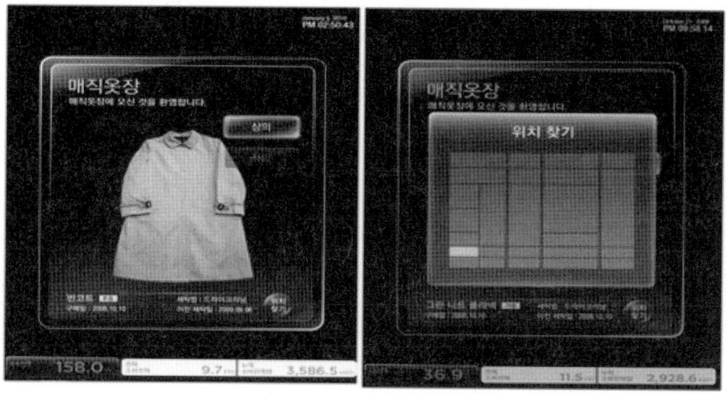

(5) 적용 분석

가. 시공 사례

① 식품관리시스템

[GT 식품관리시스템]

② 의류관리시스템

[GT 의류관리시스템]

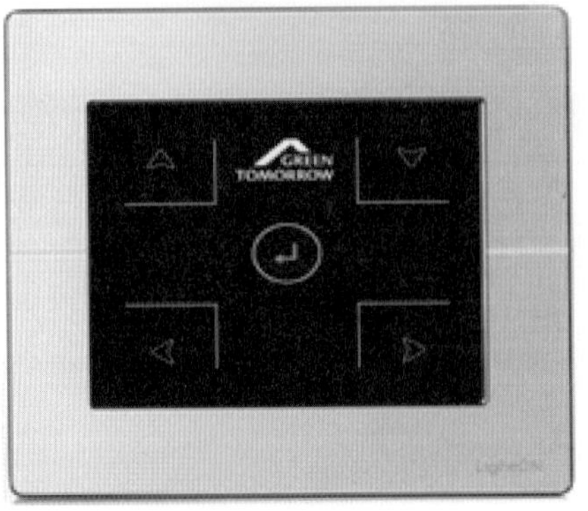

[GT 의류관리시스템 터치 스위치]

나. 관리포인트

① RFID 안테나 및 Tag 위치 선정

- 인식 거리와 안정성을 고려하여 900M RFID를 적용
- 냉장고 선반 하단 및 옷장 상단부에 RFID 설치
- 의류 및 음식물 접시에 RFID Tag를 부착

② RFID 인식 장애

- 현재 RFID 기술상 철제 물품이나 액체가 들어 있는 병과 같은 것은 인식 장애를 일으킴.
- 전기장의 영향으로 인식거리가 변하거나 인식범위가 변함.

③ 다양성 문제

- 집은 일상적인 공장이나 사무실에 비해서 너무나 다양한 물품과 사용 방식이 존재
- 위에서 언급한 장애 요소 이외에 불에 가열이 된다거나, 물에 씻는다거나, 정확히 분류가 정의 되지 않는 등의 여러 상황에 대처가 가능하도록 설계 및 적용 필요

③ 사용자의 개성과 취향 반영

- 요리, 식품관리, 의류관리 등은 사용자의 다양한 개성과 주관적인 취향이 반영되는 부분이익 때문에 어떠한 기준으로 서비스를 할 것인지에 대한 문제가 발생

다. 향후 발전방향

① 기존 바코드가 생산자와 판매자만을 위한 것이었다면 RFID는 최종 소비자의 편의까지 고려한 완결형 제품정보 서비스를 제공하게 되면 앞으로 바코드를 대체하게 될 것으로 전망되는 기술이다.

② 실생활 속에서 자연스럽게 시스템이 접목되어 사용자가 인식하지 못하는 사이에 사용자의 편의를 위해서 시스템이 스스로 움직이는 진정한 유비쿼터스 환경 구축하는데 기반이 되는 기술이 될 것으로 예상 된다..

③ 냉장고에 있는 식재료들을 한 번의 검색으로 찾아서 해당 식재료에 맞는 식단 및 요리를 추천 받고 요리 설명에 따라 요리를 제작하고 요리에 부족한 물품이 있으면 자동으로 주문이 되는 첨단 주방 솔루션 구축이 가능 '주방(식재료)사용자판매자(마트, 상가 등)' 를 하나의 네트워크로 구성하여 사용자에 맞춤 서비스가 가능.

④ 의류의 생산에서부터 사용자까지 의류에 대한 정보, 유통경로 및 관리까지 하나의 시스템으로 구축하여 보다 효율적인 시스템 구축

⑤ 냉장고 및 옷장 이외의 세대 내 수납공간에 대해서도 같은 방식을 적용하여 사용자가 집안에서 사용하는 모든 물품들에 대해서 효과적으로 관리, 사용 및 주문 할 수 있는 전체적인 수납관리 시스템으로 발전 가능

⑥ 2006년부터 RFID 기술의 발전과 태그 및 리더의 가격하락으로 많은 분야에 RFID가 적용 되었으나 실제적용 범위는 박스나 팔레트 단위에 적용되는 수준이었고 아이템 단위로의 확대적용까지는 2012년 이후에 확산될 것으로 전망되며 대부분의 물품에 RFID가 상용화될 것으로 예상되는 2012년 이후에는 실제 활용 가능한 시스템으로 구축 가능.

⑦ 칩 가격 하락, 표준 확립, 주파수 대역폭 할당 등 RFID 활성화의 걸림돌로 지적되고 있는 문제들이 해결된다면 우리 주위의 모든 사물에 태그를 부착하여 유비쿼터스 환경에서 사람과 사물, 그리고 사물과 사물간의 커뮤니케이션에 사용되는 핵심 기술로 자리잡을 것으로 예상됨.

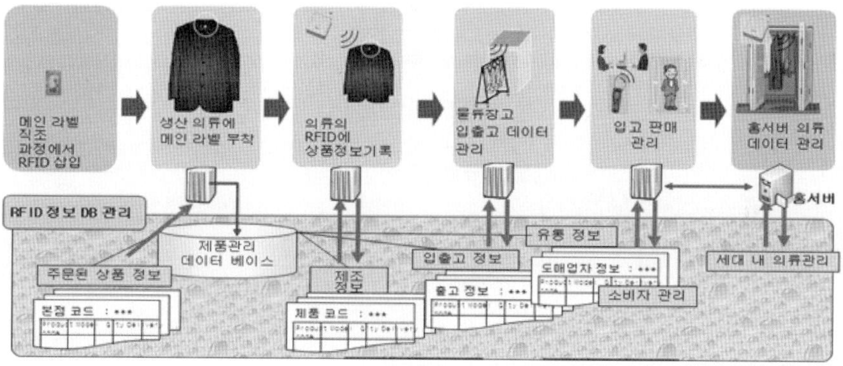

[토탈 관리 시스템 예]

4.7.4 홈케어 시스템(매직미러)

(1) 개요

가. 건강에 대한 관심이 높아지고, 생활 수준 및 의식 수준이 높아짐에 따라서 웰빙의 중요성이 점점 증가하고 있으며 이에 따라 새로운 의료 패러다임인 U-Healthcare 시대가 도래하고 있다. U-Healthcare는 유무선 네트워킹 기술을 활용하여 병원을 찾지 않더라도 언제, 어디서나 이용 가능한 건강관리 및 의료 서비스를 말한다.

나. U-Healthcare 는 현대의학 및 정보통신 기기의 발전과 더불어 질병이 발생된 후 치료와 사후 관리에 중점을 둔 기존의 의료개념에서 사전 진단과 예방을 통해 초기에 질병을 탐색하고 대처하여 의료서비스 질의 향상과 효율성을 제고하며 건강한 삶을 오랫동안 유지할 수 있는 확대된 개념으로 발전되고 있습니다.

다. U-Healthcare 중에서 집에서 사용이 가능한 서비스를 Home Healthcare 분야라 한다. Home Healthcare란 혈압, 혈당, 체지방 등 의료 측정기기를 네트워크에 연결해 지속적으로 건강 상태를 모니터링하고, 건강정보를 의료진에 전달함으로써 가정 내에서 1차적인 건강관리가 가능한 차세대 의료서비스를 말한다.

라. 건강을 중시하는 중년기와 노년기의 세대들은 집안에서 혈압, 체지방, 혈당 등 건강에 관련된 사항들에 대해서 체크하고 관리하기를 바라게 되었고, 첨단 의료 및 전자기술의 발달로 인하여 복잡한 절차 없이 실생활 속에서 의료서비스를 제공 받을 수 있게 되었다.

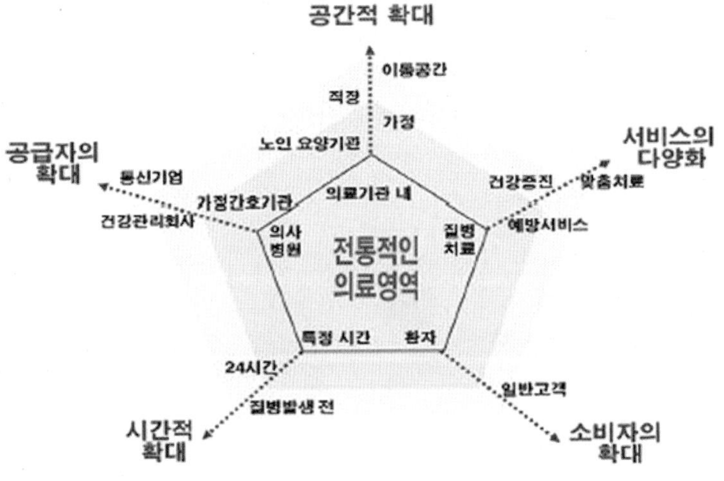

[의료영역의 확대, 자료 : 삼성경제연구소]

(2) 설계 주안점

가. 사용자의 정상적인 활동에 방해가 되지 않고 측정을 위하여 특별한 활동을 필요로 하지 않으며 사용자가 생체 측정을 하고 있다는 자각을 하지 않은 무자각 상태에서 측정이 가능한 Non_intrusive Measurement System을 기본으로 설계한다.

나. 욕실과 사용자의 칫솔에 센서를 부착하여 사용자가 인식하지 못하는 사이에 측정을 실행하며 매일 규칙적인 진단을 통하여 사용자의 건강관리 및 건강정보의 DataBase 화를 가능하게 한다.

(3) 설계 기술

가. 헬스케어 시스템 배경

① U-Healthcare는 병원의 효율성과 편리성을 도모하기 위한 U-Hospital 분야, 환자의사가 자유롭게 이동하면서 계측, 자동진단 및 응급경보 등이 가능한 Mobile Healthcare 분야, 아파트나 주택과 같이 가정 내에서 개인의 건강을 체크하고 진단하는 Home Healthcare 분야로 나누어져 기술 개발 및 서비스가 진행되고 있음.

② 의료서비스의 개념이 과거 의료기관 중심의 서비스에서 이용자 중심의 서비스로 발전되고, 질병이 발생된 후 치료중심에서 질병의 예방중심으로 변화되고 있으며, 고통 및 불편을 동반한 치료에서 무자각 상태에서의 건강관리 개념으로 진화하고 있음.

③ Non-Intrusive Measurement System

- 대부분의 Home Healthcare 시스템은 사용자가 측정기기를 조작하여 측정이 이루어지기 때문에 규칙적이고 지속적인 측정이 어렵고, 사용에 불편함이 존재함.
- Non-Intrusive Measurement System은 이러한 문제점을 해결하기 위하여 사용자의 정싱적인 활동에 방해가 되지 않고 생체 측정을 위하여 특별한 활동을 필요로 하지 않으며 사용자가 생체 측정을 하고 있다는 자각을 하지 않은 상태 즉 무자각 상태에서 생체 분석 관련 데이터를 측정하는 시스템으로서, 이를 위하여 사용자가 일상생활에서 늘 접하는 가구나 사물 등에 측정 가능한 센서를 부착하여 필요한 정보를 습득한다.
- 홈 케어 시스템은 Non_intrusive Measurement System 으로 욕실과 사용자의 칫솔에 센서를 부착하여 사용자가 인식하지 못하는 사이에 측정을 실행하며 매일 규칙적인 진단을 통하여 사용자의 건강관리 및 건강정보의 DataBase 화를 가능하게 한다.

(4) GT 적용 기술

가. 기술 개요

① 가정에서 병원에서 진단하는 수준에 버금가는 혈압, 체지방 등 계측.

② 매일 규칙적인 진단을 통하여 건강관리하고, 건강 정보를 데이터베이스화함

③ 건강 정보는 지속적으로 병원으로 전송되고, 이상 상황 있을 경우, 통보됨

나. 기술 구성 요소별 설명

① 측정장비

- 사용자의 성별, 나이, 키, 체중 등의 정보를 통하여 체지방, BMI, 비만도 등 각종 건강 관련 데이터 측정 및 분석

② RFID

- 무선주파수 인식을 통한 자동인식기술로서 RFID Tag의 정보를 비접촉식으로 읽어 들이는 기술로서, 다양한 장점으로 인하여 현재 대부분의 물품에 사용이 되고 있는 바코드를 대체할 것으로 예상되는 시스템
- 전동칫솔에 사용자 정보를 가진 RFID Tag를 삽입하여 사용자 구분, Tag의 정보는 무선으로 RFID 리더기로 전송

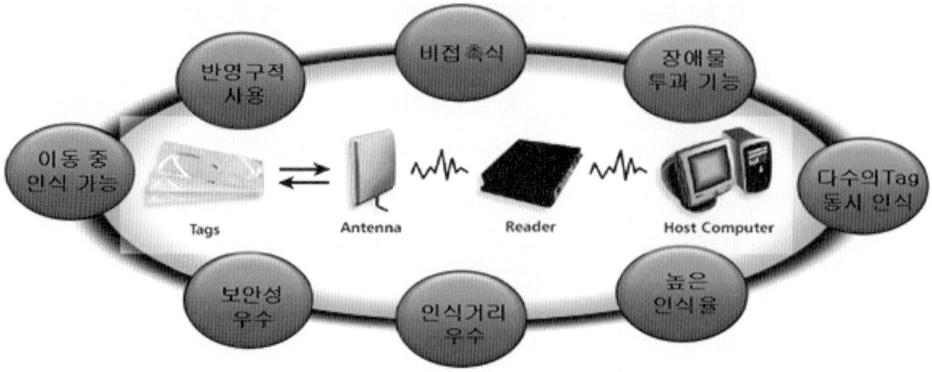

[RFID 시스템의 장점]

③ 매직미러

- 하프 미러를 이용하여 평상시는 거울로 사용하며, 필요시 디스플레이 장치로 활용. 인테리어적인 요소와 시스템적인 요소를 동시에 만족하는 시스템. 측정장비에서 측정한 건강정보 및 각종 정보 디스플레이

④ 홈서버

- 세대 내의 각종 IT 요소들을 통합적으로 관리하고 제어하는 홈서버, 측정장비에서 측정한 건강정보 관리, 지속적으로 측정된 데이터를 기록하고 분석하여 이상징후의 판단이나 건강 유지를 위한 처방제공

다. 기술 검토

① 사용자의 성별, 나이, 키, 체중 등의 정보 입력. RFID로 가족 구성원 판별

② 사용자에 따라 체지방, BMI, 비만도 등 각종 건강 관련 데이터 측정 및 분석 (건강 의자와 욕실)

③ 매직 미러를 이용하여 평상시는 거울로, 필요시 디스플레이 장치로 활용하여 측정장비에서 측정한 건강정보 및 각종 정보 디스플레이

④ 건강정보 관리, 지속적 데이터를 기록, 분석하여 이상 징후의 판단과 건강 유지를 위한 처방 제공

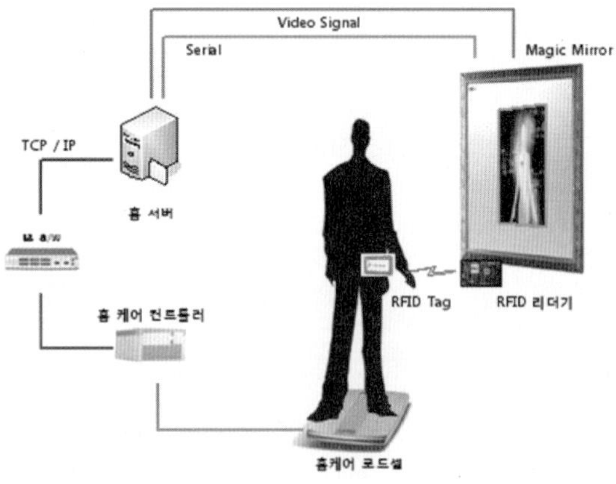

[홈케어시스템 시스템 구성]

(5) **적용 분석**

가. 시공 사례

[GT 의 홈케어 시스템]

나. 관리 포인트

① 매직미러 가독성 확보

- 광덕트 및 욕실 조명으로 인하여 가독성이 떨어어지는 현상을 다음과 같은 방법으로 해결
  - · 매직미러 투과율 조절
  - · 컨텐츠의 색상을 조절

② 특기사항

A. 체지방 측정장비의 방수 처리 문제

B. 매직미러 점검구 확보 문제

- 향후 도입 시 매직미러를 찰탁이 가능한 방식으로 제작 필요

다. 향후 발전방향

① 홈 헬스케어 서비스의 발전방향

- 홈 헬스케어 서비스는 단순한 건강 정보 체크 및 측정에서부터 병원과 연계된 건강정보 관리 및 상담, 건강정보에 따른 식단 및 운동 처방 등이 유기적으로 연결되어 발전되어 나아가야 한다.

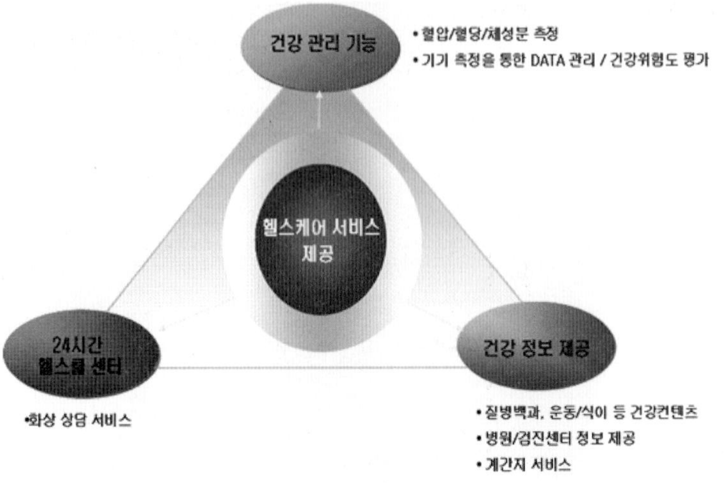

[홈케어 시스템의 서비스 MAP]

② 법제화 필요

- 헬스케어 서비스에 대한 관련된 법규의 제정이 계속해서 연기되고 있음.
- 헬스케어 서비스가 보편화되기 위해서는 우선적으로 정부 차원의 법제화 및 서비스 기준이 마련되어 서비스 공급자들이 자유롭게 서비스를 실행할 수 있는 환경을 구축해 주는 것이 우선적으로 필요함.

4.7.5 쾌면 시스템

(1) 개요

수면에 과학을 접목시켜 빛, 소리, 진동을 조합해 이상적인 숙면이 가능하도록 하는 시스템이다. 취침, 기상 등 상황별 설정된 조명, 음악과 발 부위의 진동에 의한 마사지 효과지 등을 통해 최적 수면 환경을 제공한다.

(2) 설계 주안점

생체 리듬에 따른 쾌적한 수면 환경을 만들고 시스템 기기는 디자인을 고려하여 침대 가구에 매입되도록 설계

(3) 설계 기술

가. 배경

① 사회적 배경

일본 수면학회에 따르면 현대인들은 스트레스와 같은 사회, 환경적인 문제로 인해 쾌적한 수면을 하지 못한다고 함

② 기술적 배경

조명, 음향, 진동을 통한 쾌적한 수면환경 조성 제공

나. 쾌면 시스템의 동작 Sequence

① 취침시 동작

실내의 전반 조명이 꺼진 상태에서 쾌면시스템은 먼저 수면전의 릴렉스한 분위기의 씬을 연출한다. 이 때 점등하는 조명은, 헤드 보드의 상부의 간접조명으로 취침 모드가 시작되면 부드럽고 천천히 어두워지면서 편안한 분위기를 만든다. 이것은, 갑자기 어두어져서 느낄 수 는 불안을 줄인다. 머리맡의 스피커는 전용의 편안한 음악이 흐르고, 동시에 매트리스 발밑의 「체감 서브 우퍼」는 음악의 저음을 증폭하여 현장감을 높입니다. 이후 20분간 지속이 된 후 조명과 음악이 OFF가 된다. 일반적으로, 20분이라는 동작시간은 일반 사람들의 수면을 취하는 시간을 기준으로 성했다.

② 기상시 동작

사용자가 설정한 기상 시간의 30분전부터, 좌우의 조명이 조금씩 밝아진다. 이 때의 빛의 밝기의 조절은 파나소닉 전공의 독자적인 이론에 근거로 설계하였다. 그리고 기상 시간이 되면 조명이 더욱 밝아지고 산뜻한 음악과 함께 「체감 서브 우퍼」도 동작을 하면서 알람 시간을 알린다. 기상 동작 시간은 30분으로 설정하였다.

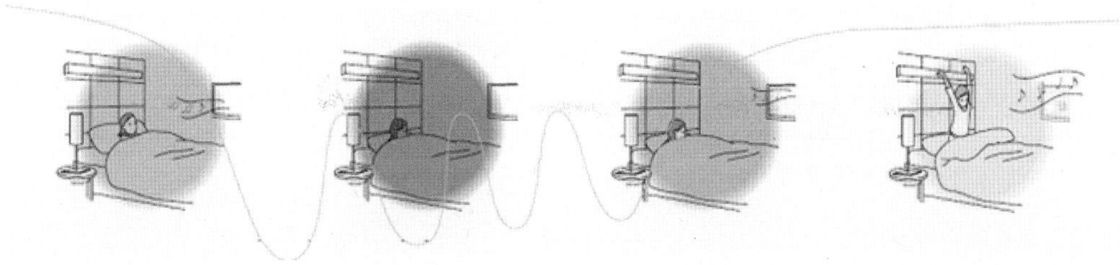

[프로그램 Start] [알람시간]

시간대		취침 준비	수면중	기상 준비	기상 후
조명		프로그램 동작 후 서서히 어두워지고 설정 시간이 되면 소등	(OFF)	기상시각 전부터 서서히 밝아짐	밝은 조명이 점등되어 산뜻함을 연출
음향	스피커	수면을 위한 전용 음악이 흐르고, 서서히 음량이 작아짐	(OFF)	기상시각 10분 전부터 경쾌한 자연음이 흐름	산뜻한 분위기를 위한 전용 음악이 흐름
	체감 서브 우퍼	음악의 저음에 따라 진동이 시작되면서 현장감을 연출	(OFF)		음악의 저음에 따라 진동이 시작되면서 현장감을 연출

[쾌면 시스템 동작 SEQUENCE]

(4) GT 적용 기술

가. 쾌면 시스템 구성

① 조명은 5등까지 제어 가능하며 디밍 기능 있음

② 주요구성품

- 컨트롤러: Light Controller, 시스템 제어유니트, 적외선 발광기, Noght Panel
- 조명: 침대 헤드 부위 디밍용 형광등, 디밍용 탁상 조명등
- 음향: 침대 헤드 부위 스피커
- 진동: 발부분 체감 서브우퍼, 체감 서브우퍼 전용 침대시트

③ 프로그램 Setting

- 취침 : 20분, 30분, 60분, 90분의 4가지 패턴으로 세팅
- 30분 세팅 (사용자가 세팅해 놓은 기상시간 10분 전에 조명과 음향이 시작됨)

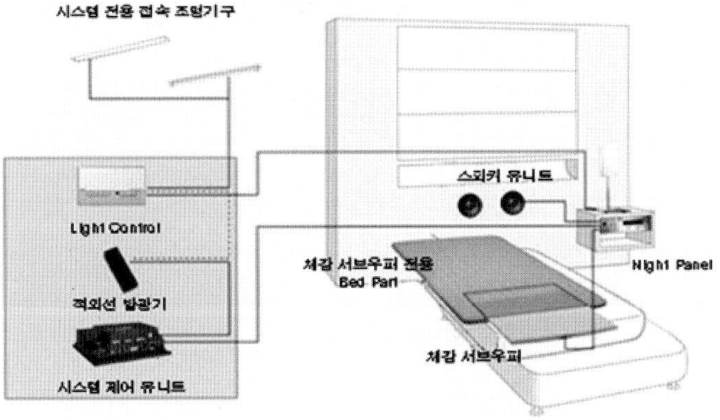

[쾌면 시스템 구성도]

(5) 적용 분석

가. 시공 사례

쾌면 시스템은 연구 개발을 통하여 과학적 근거로 조명, 음향 및 진동을 통합 컨트롤 할 수 있는 시스템이다. 국내에서는 GT에 최초로 적용이 되었다.

나. 관리포인트

① 적용할 가구에 쾌면 시스템 설치 공간 확보

② 시스템 결선시 선이 바뀌지 않도록 유의하여 시공

③ 기구 설치 위치 타공시 타공 사이즈 유의

④ 유지관리가 용이하도록 가구 설계시 협의

다. 향후 발전방향

수면장애를 호소하는 사람들이 증가하고 쾌면의 필요성을 인식하는 사람들이 늘어나고 있다. GT 內에 설치되어 있는 쾌면시스템은 이런 수면장애에 대한 하나의 대안으로서 고객들에게 다가갈 수 있다. 제품을 관람객들에게 선보여 이러한 쾌면 시스템을 홍보하고 체험한 고객들의 평가를 참고하여 상품화할 예정이다. 현재의 시스템에 Helth Care 기능과 음악 재생 시스템을 추가하는 방향도 고려할 수 있다.

4.7.6 재택근무 시스템

(1) 개요

가. 가정과 회사의 PC간을 연동하여 데이터 공유 등을 비롯한 원격 근무환경을 제공하는 U-Office (Ubiquitous Office) 개념으로서 사무작업 단절의 최소화를 기대할 수 있음

① 화상회의, 회사PC 원격접속, 문서공동작업, 전자결재 등 원격 근무환경

② 멀티 모니터를 통한 최적의 작업 환경

나. 개인이 보유 중인 음악, 영화, 사진 파일 등의 멀티미디어 컨텐츠를 가정 내는 물론 전기자동차와 네트워킹을 통해 공유하며 홈네트워크 시스템을 제어

다. 사용자 환경에 따라 조명시스템과 연동한 조명제어

라. 에너지 사용량 표시 - REMS(Raemian Energy Management System)와 연동

마. 전자도서관

일반서적 및 전문서적을 열람하고 대여함

(2) 설계 주안점

집 안에서 회사 업무를 진행할 수 있도록 화상 회의 및 업무지원을 기반으로 하며, 세대 내 실별/ 부하별 에너지 사용량 확인, 멀티미디어 시스템 제어 등 집 안의 각종 시스템을 제어 및 모니터링하여 회사 업무와 세대 내 제어를 한 곳에서 할 수 있도록 설계

(3) 설계 기술

가. 배경

① 사회적 배경

- 정부의 저탄소 녹색성장 정책기조로 인해 대기업 및 관공서에서의 화상회의 도입이 급증

② 환경적 배경

신종플루, 조류독감 등의 전염병 및 질병의 증가와 유가 급등으로 출장보다는 화상회의 이용이 증가

③ 기술적 배경

통신인프라의 발전으로 안정된 화상회의 서비스의 기반을 제공

나. 재택근무 시스템 및 화상회의 시스템의 장점

① 기업 업무생산성과 협업능력 증대

A. 출장비용, 사무실 이탈에 따른 비효율 등을 제거,

- 공간의 제약성을 극복하고 시간을 단축

B. 메신져, 그룹웨어, 화상회의, 인터넷전화 등이 한꺼번에 연동되는 통합UC환경 구축

② 기업의 경제적 비용절감

③ 저렴하고 안전한 시스템 구축

④ 글로벌 네트워크 화상회의

- 인터넷이 개통되고 네트워크가 연결된 세계 어느 곳이든지 사용이 가능
- 해외지사와 본사간의 비즈니스, 해외 원어민 화상 교육, 바이어 상담 등에 이용

다. 적용분야

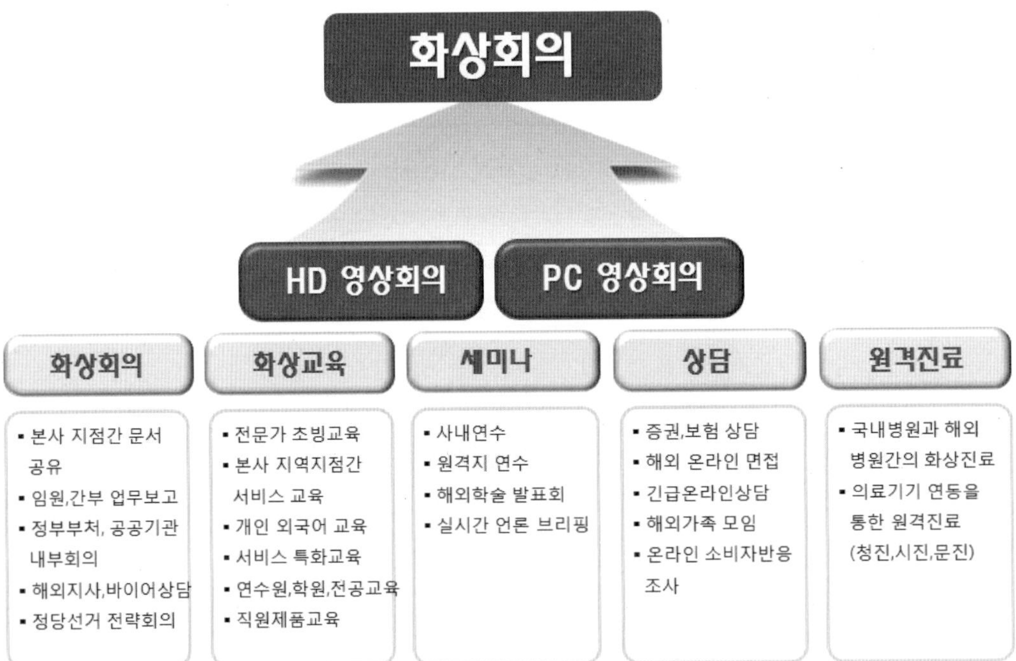

[화상회의 적용 가능 분야]

라. 특징

한 주에 승용차로 2시간 30분 거리의 출장 10번을 줄이고, 매일2시간의 화상회의를 사용한다면 다음 그림과 같이 CO_2 소모량이 줄어들게 된다.

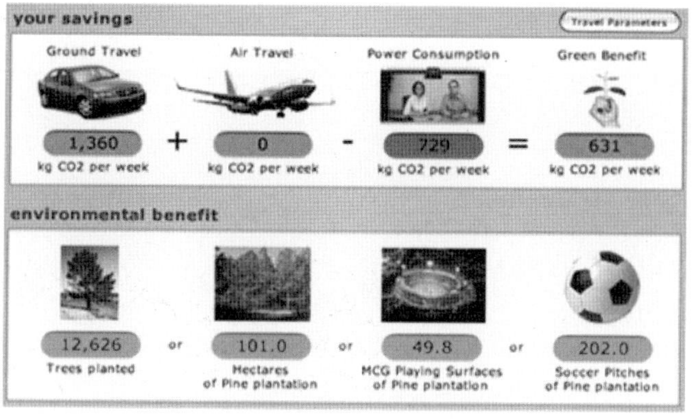

[화상회의에 따른 CO_2 감소량]

(4) GT 적용 기술

가. Server Network Infrastructure

① TCP/IP를 기반으로 네트워크망을 구성함

- TCP/IP를 기반으로 유 · 무선 LAN을 이용하여 네트워크망 구현 및 시스템 연동

② 재택근무시스템, 조명제어시스템, REMS, 사무용PC, Car 서버 시스템 등을 네트워크망에 연결함

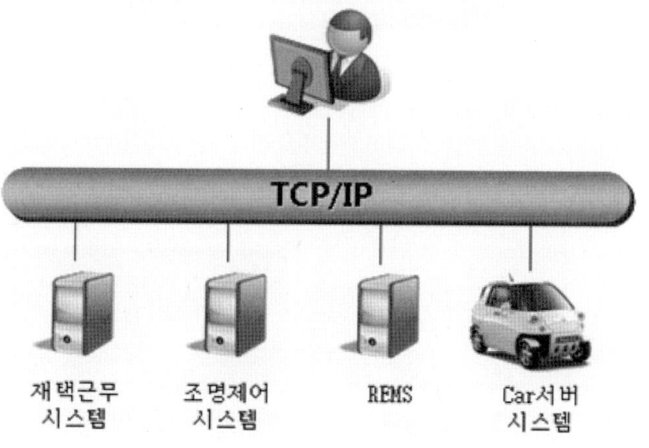

[재택근무시스템 인프라]

나. Contents Software Structure

① 평상모드에서는 가전제품 상태와 보안기능만 작동하며 인테리어의 한 요소로서 Screen Saver와 같은 화면으로 구현

② 시스템이 본격적으로 동작되면 Main 화면이 표시됨

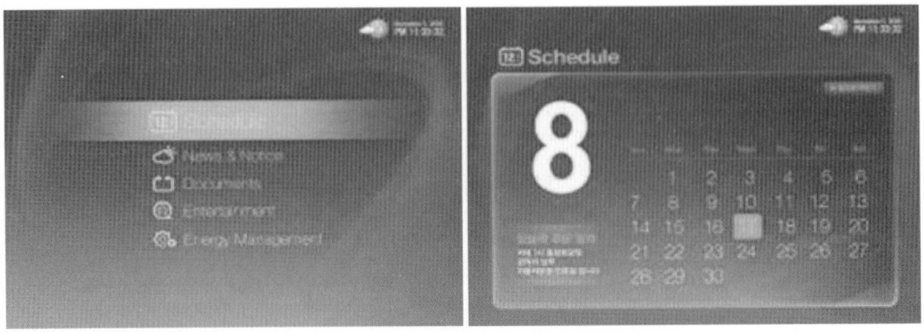

[MAIN MENU 및 스케쥴 화면]

③ U-Office 업무 : 문서파일 등의 회의자료 공유, 공동문서 및 파일작업, 사무실과 자택간의 데이터 공유

④ 전력사용량 관리 : REMS와 연동하여 각 실별 전력 사용량 조회

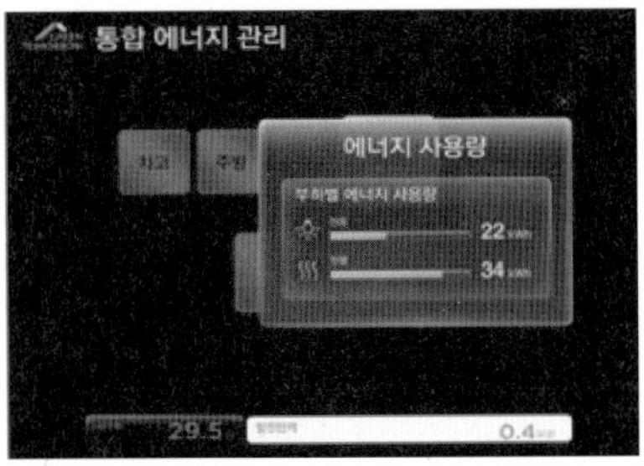

[각 실별 및 부하별 에너지 사용량 조회]

⑤ Car Server Networking : 보유 중인 멀티미디어 컨텐츠를 전기자동차와 공유하고 홈네트워크 시스템(조명시스템, 냉난방 시스템)을 제어

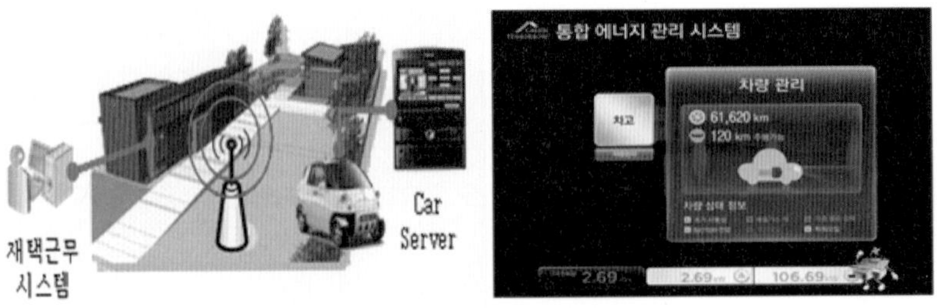

[자택과 전기자동차간의 네트워킹]

⑥ 기타 생활 및 뉴스정보 제공 : 날씨, 뉴스, 스케줄 등

⑦ 멀티미디어 컨텐츠 활용 : 영화, 음악, 사진 파일 등의 멀티미디어 컨텐츠 이용

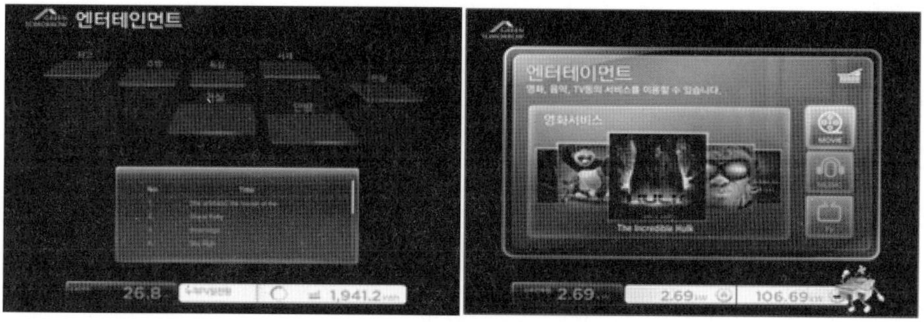

[멀티미디어 재생 및 공유 서비스]

⑧ 전자도서관 : 일반 도서, 전문서적 조회 및 대여

⑨ 조명제어 : 사용자 환경에 따라 조명시스템과 연동한 조명제어

(5) 적용 분석

가. 시공 사례

[GT 재택근무시스템]

나. 관리포인트

① 모니터의 효율적 배치를 통한 업무환경 극대화

- 자택, 학교, 사무실 등에서 작업하던 내용을 서로 다른 장소에 이동을 하여도 단절 없는 지속적인 업무환경을 제공
- 각각의 모니터에서 사용 가능한 기능들을 적절히 배치하여 듀얼 모니터의 효율성 활용
- 프로젝터를 이용한 화상회의 시스템을 적용

② 가정 내의 전반적인 상태를 모니터링하고 제어할 수 있는 안전성과 편리성을 제공

- REMS 연동을 통한 세대 내 에너지 관리
- 조명제어시스템 연동
- 거주공간인 가정과 이동공간인 자동차 간의 네트워킹을 통해 언제 어디서나 멀티미디어 컨텐츠 이용과 홈네트워크 시스템 제어가 가능한 유비쿼터스 생활 환경을 구현

다. 향후 발전방향

① 통신 인프라의 발전 및 화상회의 시스템 등 업무지원 시스템의 발달로 회사에 직접 나가지 않아도 집에서도 회사에서와 유사한 근무 환경에서 업무를 진행할 수 있는 환경이 만들어 지고 있다.

② 여성의 적극적인 사회 진출, 직업의 다양화 등에 따른 재택근무 시스템의 필요성이 증가되고 있고, 이에 따라 재택근무를 원하는 수요는 계속해서 증가될 것으로 예상된다.

③ 회사의 입장에서는 재택근무를 실시함에 따라 각종 간접비를 줄일 수 있고, 직원의 입장 에서는 시간 및 장소에 얽매이지 않고 업무를 진행할 수 있게 되어 양 쪽 모두에게 이익될 수 있다.

④ 재택근무 시스템은 하나의 보편화된 근무 방식의 하나로 발전되어 갈 것이며, 회사에서와 똑같은 근무 환경을 제공해 주는 것을 목표로 인프라와 서비스가 계속 발전되어 나갈 것이다.

4.7.7 Car Server 시스템

(1) 개요

가. 자동차에 텔레매틱스 개념과 기술을 적용한 것으로 거주공간인 집과 이동수단으로서의 자동차를 무선네트워크 기술로 연동한다.

① 텔레매틱스(Telematics)는 위치정보와 이동통신망을 이용해 운전자와 탑승자에게 교통안내, 긴급구난, 원격차량진단, 인터넷, Mobile Office 환경 등을 제공하는 서비스로, 통신을 매개로 텔레매틱스 센터의 강력한 서버시스템을 차량 내부에 Embedded 하여 다양한 서비스 제공을 구현한 기술이다.

나. Car Server System을 통하여 차량으로 이동 중에도 무선 네트워크를 통해 가정의 홈네트워크시스템을 제어할 수 있고 재택근무시스템과 동기화되어 가정 내에 보유 중인 멀티미디어 컨텐츠를 바로 불러올 수 있다.

다. 가정에서는 재택근무시스템 등을 통해 차량의 상태 (정비 상황, 저장된 멀티미디어 컨텐츠 등)를 확인 할 수 있는 쌍방향 커뮤니케이션 기능을 갖는다.

라. 외출 중에서도 가정 내 시스템들과 연동이 가능한 언제 어디서나 필요로 하는 서비스를 이용할 수 있는 유비쿼터스 서비스이다.

(2) 설계 주안점

자동차 내부에 설치가 가능한 멀티미디어 장치들이 가지고 있는 장점들을 추출하여 세대 내 · 외부에서 복합적인 서비스를 수행할 수 있도록 Car Server를 설계한다.

구 분	장 점	단 점
내비게이션	- 쉬운 설치 및 조작성 - 전반적인 멀티미디어 환경 구현 - 네비게이션 기능	- 인터넷 사용 불가
PDA	- 핸드폰처럼 휴대 용이 - 거치대를 통해 AV기기로 사용 가능 - HSDPA 또는 와이브로 서비스를 통한 인터넷 사용 가능 - GPS 연결로 네비게이션 사용 가능	- 비교적 비싼 부속부품 가격 - 상대적으로 작은 화면 - PDA 전용 O/S 사용으로 적응이 불편할 수 있음 - 하드웨어의 제약으로 다소 느린 성능
노트북	- PC로서의 모든 기능 구현 가능 - 와이브로 서비스나 HSDPA로 인터넷 사용 가능 - 비교적 높은 성능으로 매우 빠른 속도	- 큰 크기로 차량 실내 공간 효율을 저해할 수 있음 - 설치에 PC기술과 자동차 지식이 필요
Car Server System	- 노트북의 장점을 모두 승계 - 디스플레이 장치의 In-dash화를 통한 차량 내부 공간과의 조화 가능	- 다른 장소로 이동이 불가

[기존 차량용 모바일 기기와 CAR SERVER SYSTEM 비교]

(3) 설계 기술

Car Server System은 자동차에 콤팩트하게 설치될 수 있는 하드웨어와 안정적인 소프트웨어로 이루어진 Platform 임

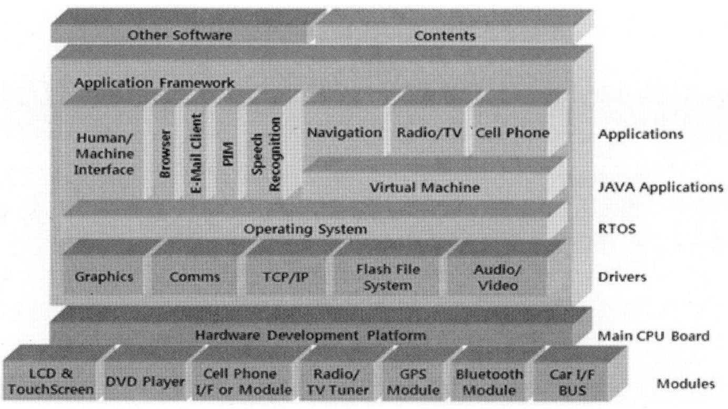

[CAR SERVER SYSTEM PLATFORM]

(4) GT 적용 기술

가. Windows 플랫폼으로 사용자는 일반적인 PC 환경과 동일한 환경에서 Car Server System 을 사용

〈배치도〉

〈전기 자동차 이미지〉

[적용 위치]

나. 무선 네트워크를 통해 홈네트워크 시스템 제어와 재택근무시스템과의 동기화를 통해 멀티미디어 컨텐츠나 문서를 공유할 수 있음

① 홈네트워크 시스템과 연동하여 차량 내에서 세대 내 조명과 냉난방 제어

② 재택근무시스템과 연동하여 세대 내 PC에 저장된 멀티미디어 컨텐츠와 문서를 공유(쌍방향으로 통신 가능)

③ Car Server System은 차량 정비 스케쥴 등의 정보를 재택근무시스템에 보내 줌으로서 사용자가 적절한 정비를 할 수 있도록 함

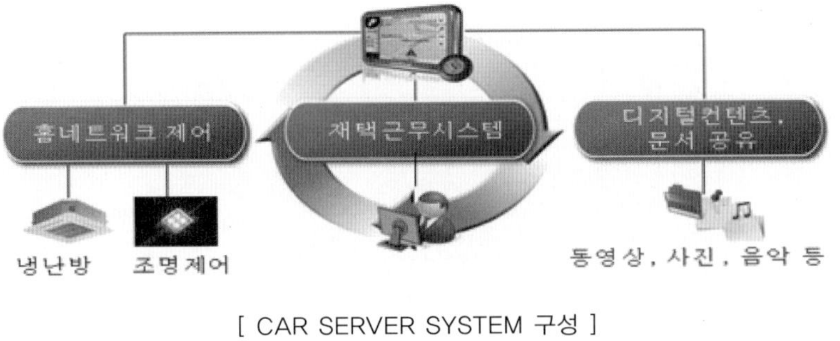

[CAR SERVER SYSTEM 구성]

(5) 적용 분석

가. 시공 사례

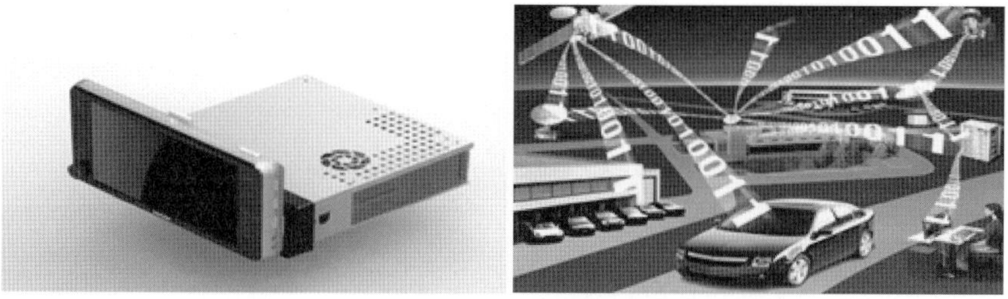

[CAR SERVER SYSTEM과 주거생활 간의 동기화 개념]

나. 관리포인트

① Car Server의 전원 문제

A. Car Server는 자동차로부터 전원을 공급받기 때문에 자동차의 시동이 꺼져 있을 경우 전원을 공급받지 못한다.

- 자동차 주행 시 충전이 되는 Car Server용 별도 충전 배터리 부착 등 전원 공급 문제에 대한 보완이 필요.

B. Car Server의 가독성

- 태양빛 또는 강한 인공 조명에 의해서 Car Server의 가독성이 떨어지는 문제에 대한 개선이 필요.

다. 향후 발전방향

① 대부분의 사람들이 일상생활을 보내는 곳이 직장, 학교, 집 그리고 차량(이동공간)정도 임을 고려할 때 차량의 중요성은 점점 더 부각될 것이고, 집과 차량 간의 상호 통신을 통해 서로의 상태를 확인하고 제어 할 수 있는 유비 쿼터스 환경 구축을 목표로 Car Server 시스템은 하나의 필수적인 시스템으로 발전해 나갈 것으로 예상된다.

② 향후 무선통신기술과의 접목기술이 더욱 발전한다면 차량에서도 금융업무, 인터넷 쇼핑, GPS를 이용한 지역정보안내 등의 다양한 서비스가 가능할 것이다.

4.7.8 지능형 CCTV (지능형 영상감시 시스템)

(1) 개요

가. 세계적으로 보안 및 안전에 대한 소비자의 요구와 중요성, 필요성이 대두되면서 CCTV에 대한 수요가 지속적으로 증가하고 있고, CCTV에 지능형 엔진을 추가한 지능형 영상감시(Intelligent Video) 시스템이 주목받고 있다.

나. 최근 들어 지능형 영상감시가 CCTV 시장의 화두로 떠오르고 있는 이유는 기존 CCTV 경우 운영요원의 눈이나 직감에 의해 위반상황 식별 및 판단 하는데 문제가 많기 때문이다. 한 조사결과에 따르면 운영요원이 2대 이상의 모니터를 동시에 감시하게 되면 12분 경과 시 위반상황을 약 45%를 놓치게 되고, 22분 경과 시에는 약 95%를 놓치게 되는 우를 범할 수 있다고 한다.

다. 이런 상황에서 보안시스템을 구축하고 운영요원 수만 늘린다 해도 기업의 손실은 피할 수 없기 때문에 컴퓨터를 통해 카메라의 영상과 운영자가 설정한 보안규칙에 위반되는 움직임이나 행위를 자동검지, 식별한 후 경고할 수 있는 시스템이 필요하게 된 것이다.

라. 지능형 영상감시시스템의 시장 전망

시장조사 기관인 J.P. Freeman의 2007년 보고서에 따르면 전세계 영상보안 시장은 연간 8.7%의 성장률을 보이고 있으며, 2007년 58.85억 달러, 2008년 70.85억 달러, 2009년 85.14억 달러,그리고 2010년에는 102.20억 달러 규모에 이를 것으로 예측되고 있다. 현재 영상인식 기반 지능형 소프트웨어의 비중은 단지 4%에 불과하나 연간 30%의 고속 성장이 예측되고 있는 분야이다 (J.P. Freeman, 2006).

(2) 설계주안점

가. 영상분석, 내용분석, 패턴분석에 따른 적절한 대응

나. 원근을 고려한 최소/최대사이즈 필터링 적용

다. 대상물체의 형태 및 무게중심을 통계적 분석 판단

라. 기후변화 심한 환경에서 학습을 통한 오경보 필터링 적용

마. Motion Detection 보다 훨씬 뛰어난 Non-Motion Detection 기술적용

바. 궤적산출 및 궤적을 이용한 움직이는 객체검출

사. 관심영역 알고리즘 적용

(3) 설계 기술

가. 오경보 최소화

① 기상 악화 시 침입자 검지 (구름, 안개, 폭우, 폭설 시에도 모든 물체 검지)

안개, 구름 시　　　　폭설 시　　　　폭우 시

[기상에 따른 침입자 검지]

② 야간 환경에서의 검지 식별

조명 없는 야간 (투광기 사용)　　　　저 조명 시

[야간 상황에 따른 침입자 검지]

나. 일반 CCTV와 지능형 CCTV의 비교

항목	일반 CCTV 시스템	지능형 CCTV
감시방법	관리자가 직접감시	자동감시시스템
위급상황대처	즉각 조치 불가능	Alarm system으로 즉각 조치
동작방식	단순감시	침입, 화재, 의료사고 등의 이상 상황발생 시 경고음
방재 시스템	없음	경고음, 사고장면, 위치 저장 및 Display
저장방식	단순저장	사고상황 저장(Capture)

[일반 CCTV 시스템과 지능형 CCTV 시스템 비교]

(4) GT 적용 기술

가. 구성도

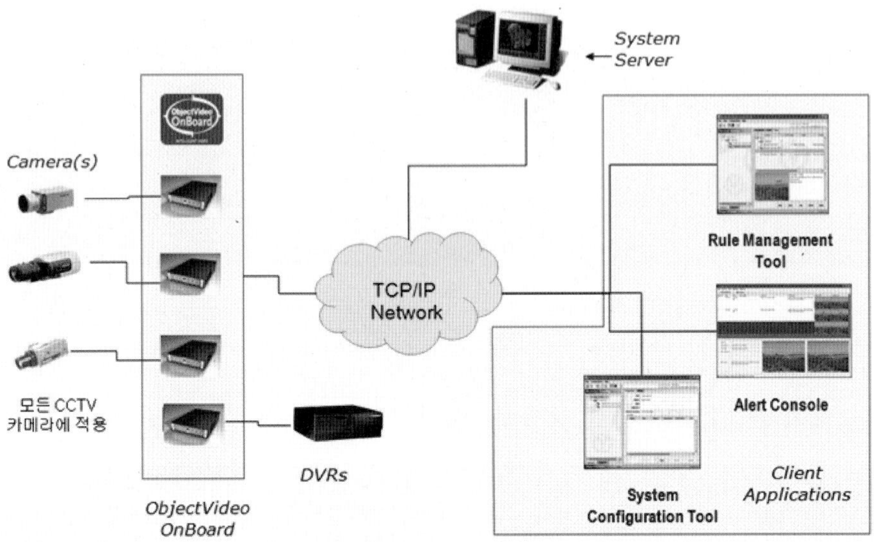

[지능형 CCTV 구성도]

나. CCTV 설치기준

① 비상콜이 부착된 가로등중 2개소에 설치

② 바닥 부분에 전원, UTP선 및 영상 전송을 위한 케이블선 및 제어를 위한 UTP선을 배선

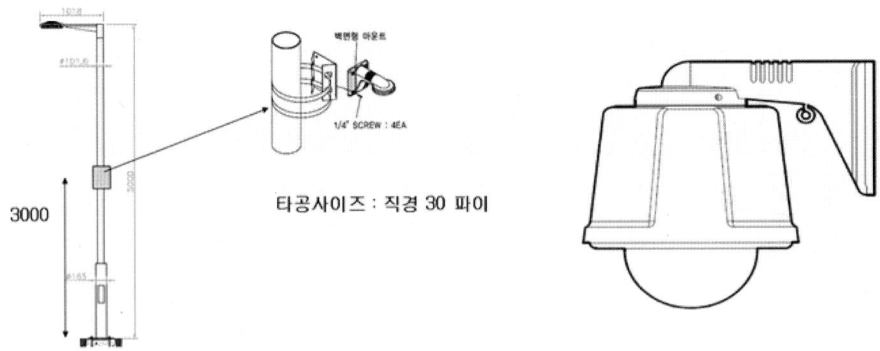

[CCTV 설치]

(5) 적용 분석

가. 시공 사례

[GT 의 지능형 CCTV 및 비상콜]

나. 관리 포인트

① 지능형 CCTV 감시방식

A. CCTV의 설치 위치에 따라 최적화된 감지 방식 적용

- 세대 외부의 지능형 CCTV는 움직임을 감지하여 자동추적
- 세대 내부의 지능형 CCTV는 일정 영역에 대한 침입을 감지하여 이벤트 발생

② CCTV 설치

A. CCTV 및 비상콜 설치 위치

- 전시관과 홍보관 전체에 대한 입 · 출입을 감시할 수 위치를 선정하여 CCTV 및 비상콜 설치

B. 가로등의 위치를 고려하여 위치를 선정

C. 미관을 고려하여 CCTV 브라켓은 가로등과 동일한 색상으로 도색

다. 향후 발전 방향

① 다양한 소비자의 보안 요구사항을 만족하는 새로운 최첨단 CCTV 보안 솔루션으로 일반 CCTV를 대체할 것으로 예상된다.

② 자동 분석하여 위험시 다양한 매체 통해 관리자에게 실시간 경보가 가능하기 때문에 적은 인원으로 다수의 CCTV 운영이 가능. (인건비 최소화)

③ 기존 운용하고 있는 CCTV시스템 및 관련 정보시스템과 상호 운용가능

④ 다양한 환경(4계절, 눈, 비, 안개, 주야 등)이나 어떠한 응용분야 활용가능

⑤ 오작동 및 오경보를 최소화할 수 있는 지능형 엔진에 대한 지속적인 개발이 필요.

4.7.9 실내 환경제어 시스템

(1) 개요

가. 주거 건물에서 실내 공기질은 환경문제의 부각 및 심신의 건강과 쾌적성을 보다 적극적으로 추구하는 입주자들의 의식 확산 등과 결부되어 이에 관한 관심과 개선요구가 증대되고 있으며, 에너지 절약을 위한 단열 강화 및 고기밀화로 실내 환기량이 충분히 확보되지 못한 상태에서 포름알데히드나 휘발성유기화합물 등 각종 유해물질을 방출하는 건축자재 및 가구류 등이 다량 사용되면서 주거용 건물에서의 실내공기여건은 날로 악화되고 있다.

나. 생활수준 향상에 따라 삶의 질적인 측면이 상대적으로 부각되고 입주자들의 건강 및 쾌적성에 대한 관심이 높아지게 되면서, 건물에서 발생되는 유해물질 및 이로 인한 신체적 증상 등 문제점에 대한 인식과 이를 해결함으로써 체계적으로 실내 공기질을 개선하고자 하는 사회적 공감대가 형성되고 있다. 주거 건물의 실내 공기질 문제가 대두됨에 따라 일정 수준 이상의 실내 공기질을 확보하도록 뒷받침하기 위한 다양한 제도적인 방안들이 마련되고 있다.

다. 급속한 경제성장으로 인한 환경오염은 실제 국민건강을 위협

① 산업국가 질환의 25~33%가 환경적 요인에 의해 발생하는 것으로 추정

② 수도권 지역에서 이산화질소로 인한 호흡기질환 발생건수는 연간 3,700건으로 추정

③ 실내공기오염으로 초등학교 학생의 아토피 발병률이 24.9%에 달하였으며, 발병률은 지속적인 증가세에 있음

라. 실내 공기질 오염의 발생원인은 건물구조, 환기실태, 지역, 계절 등에 따라 다양하게 변화하며 일반적으로 실내 공기 오염은 인간활동, 생활 및 사무용품, 건축자재, 오염된 대기의 유입 등으로 발생

구분	과거	현재
건축 골조 재료	흙벽돌, 볏집	콘크리트, 철근
실내 마감	한지 또는 창호지	휘발성 내장재
외부 마감	황토, 기와	콘크리트
주거 형태	단독	집단
환경 조건	대기오염이 적다.	대기 오염이 많다.
주택 기밀성	환기부가 많다.	고기밀로 환기구 거의 없음
CO_2발생량	적다	많다

[주거환경 및 건축 자재에 따른 환경의 변화]

(2) 설계 주안점

가. 실내 공기질 측정을 위하여 실내환경센서를 이용하여 거실에 CO_2, 온도, 습도 및 VOCs를 측정하여 쾌적 상태를 수치로 파악하게 하여 측정값에 따라 냉/난방기, 가습기, 환기장치 등과 연동하여 최적의 실내 공기질을 유지 및 관리할 수 있도록 한다.

나. 실내 공기질 측정상태를 주기적으로 TV 또는 월패드 등의 모니터를 통해 사용자에게 피드백 하여 세대 내의 실내 환경에 대한 상태를 사용자에게 알림으로서 환기 등을 통한 능동적인 관리를 할 수 있도록 한다.

(3) 설계 기술

가. 배경

① 국내에서는 2004년 '새집증후군' 이 언론매체를 통해 알려짐으로써 실내 공기질에 내한 일반인의 관심이 급증

- 국내의 실내 공기질 시장은 공기청정기와 같은 장비와 측정 센서, 건강주택 분야로 나누어짐.
- 국내 기술수준은 아직까지 일부장비 및 시스템기술에 치중하고 있어 종합적인 컨설팅서비스로 발전하지 못하고 있음.

② 공중이용시설 안에서 발생되는 오염물질의 종류와 허용되는 오염기준

오염물질의 종류	오염허용기준
미세먼지(PM-10)	24시간 평균치 150㎍/m² 이하
일산화탄소(CO)	1시간 평균치 25ppm 이하
이산화탄소(CO_2)	1시간 평균치 1,000ppm 이하
포름알데히드(HCHO)	1시간 평균치 120㎍/m² 이하

[공중이용시설 허용 오염기준]

③ 미국 및 유럽의 실내 공기질 시장은 꾸준히 증가하여 종합적인 환경서비스 산업으로 발전

- 미국의 실내 공기질 시장은 2008년까지 연평균 11.1% 성장

④ 미국 환경보호국(EPA)은 모든 질병의 절반은 실내 공기에서 나오는 오염 물질에서 기인한다고 보고, 실내 공기질이 대중의 건강에 있어서 최우선 순위에 있다고 선언한 바가 있으며, 환기를 통하여 신선한 외부 공기를 실내로 공급하는 것이야말로 모든 실내 오염 물질의 농도를 동시에 감소시킬 수 있는 유일한 방법이라고 공표

나. 기술 개요

① 환경 모니터링 시스템은 실내의 온습도, CO_2를 측정,

② 오염의 정도에 따라 요구 환기 풍량을 계산하고 환기할 수 있도록 환기 시스템과 연동

③ 외부 환경에도 센서를 설치, 온 · 습도, 일사량, 풍향, 풍속, 강우량을 측정하고 모니터링 서버로 전달

다. 기술 특징

① 환기, 냉난방 제어를 이용하여 쾌적한 실내환경을 조성하고, 효율을 높이기 위한 raw data 제공

② 외부환경의 변화와 냉난방 및 환기시스템 작동에 따른 실내 환경의 변화를 측정하고 데이터 베이스화하여 환경 제어 최적화를 위한 분석 자료 제공

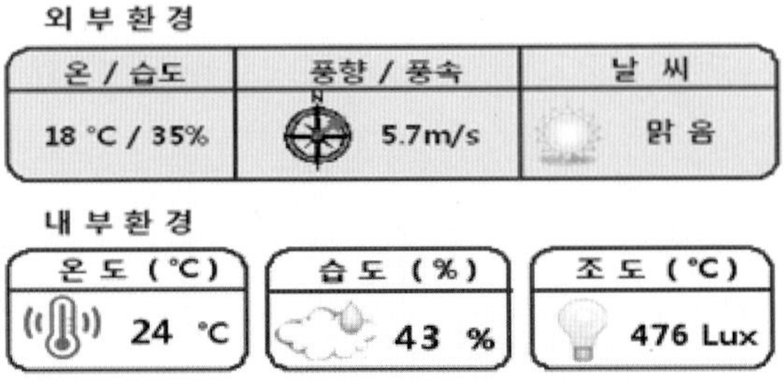

[외부 및 내부 환경 센서의 측정 데이터]

(4) GT 적용 기술

가. 실내의 온도 및 습도, CO_2등을 측정하여 실내 환기 및 설비품목의 운영을 제어함으로써 쾌적한 실내 환경을 조성하고, 에너지 절약을 하도록 하는 시스템

① 실내 공기질 측정을 위하여 실내환경센서를 이용하여 거실의 CO_2, 온도, 습도 및 VOCs를 측정 하여 쾌적상태를 수치로 파악

② 실내 공기질 측정상태를 주기적으로 TV 또는 월패드 등의 모니터에 알려 주고 측정값에 따라 냉/난방기, 가습기, 환기장치 등과 연동하여 최적의 실내 공기질을 유지

③ 실시간으로 측정된 데이터를 수집하여 DB 및 real-time monitoring을 실행.

④ 실내 이산화탄소 및 VOCS 양이 일정 수준을 넘어설 경우 세대에 경고

⑤ 냉난방 및 환기시스템 작동에 따른 실내 공기질의 변화를 측정 및 DB화하여 최적의 제어 알고리즘 구현

나. 시스템 구성

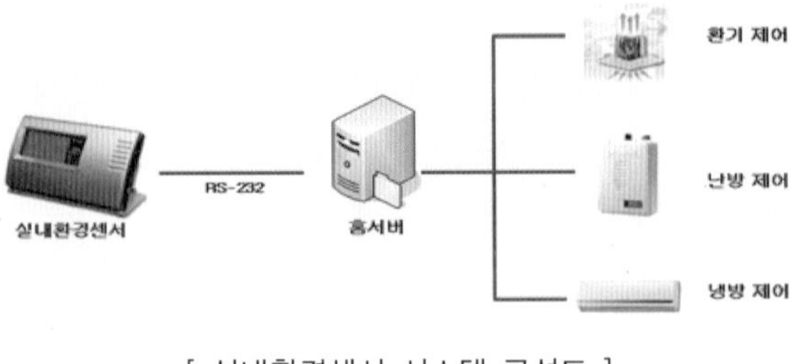

[실내환경센서 시스템 구성도]

(5) 적용 분석

1) 시공 사례

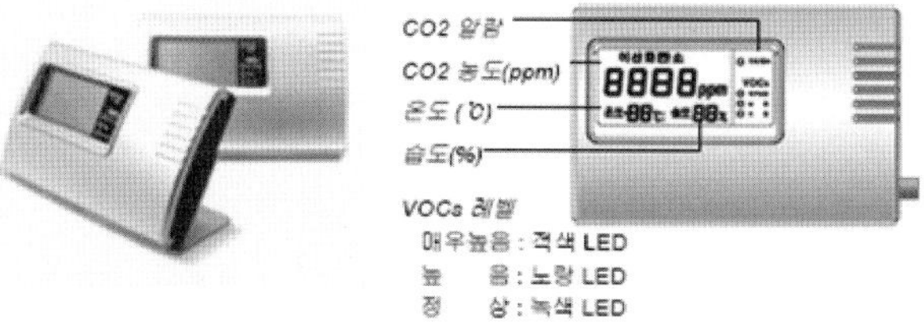

[GT의 실내환경센서 및 표시 데이터]

나. 관리 포인트

① 세대 거실에 CO_2, 온도, 습도를 측정하기 위한 복합 센서를 배치

② RS-485로 통신하여 일정 주기별 모니터링하고 데이터베이스에 저장

- 메인 디스플레이에 실시간 피드백
- 실내 CO_2가 일정 범위를 넘을 경우, 자동환기 하고 알람 발생
- 홈 로봇,휠체어와 같은 이동체는 이동하면서 원하는 위치의 환경 정보를 얻을 수 있도록 무선 환경 센서를 탑재하여 거주자와 가까운 위치의 환경을 모니터링

③ 실내온도 기준점 마련을 통한 설비자동제어 시작점 설정

④ 각 센서의 기능을 통합한 하나의 센서로 시스템을 단순화하여 제어 및 환기 시스템 동작을 최적화

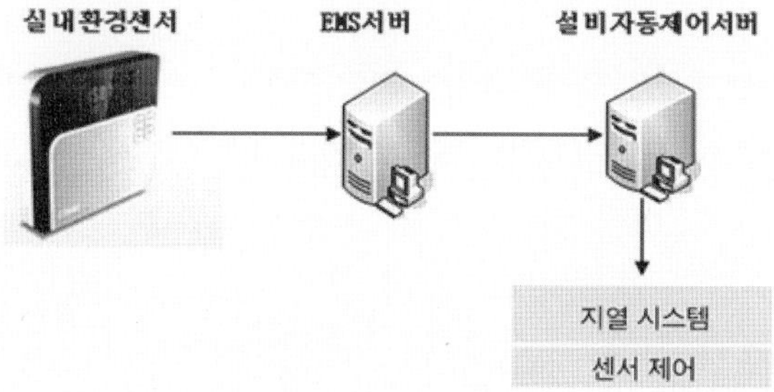

[실내환경센서 시스템 연동]

다. 향후 발전방향

① 실내 환경 센싱을 통한 환기, 난방 및 냉방 제어를 이용하여 냉난방 효율을 높이고, 쾌적한 실내환경을 조성하는 사용자 중심의 환경 구성

② 세대 및 건물 내의 각종 시스템과 유기적으로 연동하는 통합 솔루션 형태로 발전

4.7.10 실내 위치인식 시스템

(1) 개요

가. 언제, 어디서나 사용자의 상황을 자율적으로 인식하고 상황에 적절한 서비스를 제공하는 유비쿼터스 컴퓨팅의 실현을 위해서는 사용자가 현재 어디에 위치하고 있는지에 대한 위치정보 습득에 대한 위치인식 기술이 우선적으로 지원되어야 한다. 세대 내 디바이스를 자율적으로 인식하고 관리하여 상황에 맞는 최적의 서비스를 제공하기 위한 실내 위치인식 시스템의 중요성이 부각되고 있다.

나. 위치인식 기술은 유비쿼터스 사회에서 '보이지 않는 기술' 을 구현하는 핵심요소로 이해되고 있으며, Wi-Fi, Zigbee, UWB, Bluetooth, RFID 등의 무선통신 기술을 이용한 위치인식 기술에 대한 연구가 활발히 진행되고 있다.

다. 실내 위치인식을 위해서는 실내의 모든 object 들은 자신의 위치,상황을 파악할 수 있도록 공간과 인터랙션이 이루어져야 한다.

① 주변을 둘러싼 스마트 공간은 IT 기기, 로봇, 휠체어 등과 통신하면서 상황 정보를 교환함

② 공간이 위치 정보 제공, 상황 파악, 음성 제공

(2) 설계 주안점

세대 내의 필요 동선 및 사용 영역 전체에 대해서 위치인식이 가능하도록 건축과 협의하여 RFID Tag 를 설치할 수 있도록 설치 영역을 설정하고, RFID Tag의 특성과 바닥 마감재의 특성을 고려하여 설계 한다.

(3) 설계 기술

가. 위치인식을 위한 기술로는 초음파, 적외선, 레이저, RFID, 카메라 센서 등을 있으며, 위치확인을 위해 사용하는 기법은 TOA, TDOA, AOA, RSSI, 삼각측량법 등을 이용 한다. 이러한 기술 및 기법은 응용분야에 따라 적용되고 있다.

① RFID 위치확인 기술

- RFID 무선통신 기술을 이용한 위치 확인 기술이다. RFID Tag를 바닥에 매설하고 RFID Tag의 신호를 받아들일 수 있는 RFID 리더기를 디바이스에 장착하여 해당 Tag 위를 이동하거나 무선통신망을 이용하여 위치 정보를 전송한다.
- 비교적 저렴한 비용으로 위치인식 시스템을 구축할 수 있으나 RFID Tag가 미리 바닥에 매설되어 있어야 하며, 넓은 면적에 사용하기 어렵다는 단점이 있다.

나. 공간을 지능화하여 공간에 있는 사물, 사람과 공간이 서로 인터랙션 함

다. 사람, 사물은 위치 정보를 교환하면서 거주자의 상황 인식 서비스 제공

라. 설치 사례

① 삼성물산에서 건설한 목동 트라팰리스의 지하 주차장에 위치인식을 이용한 무선 비상콜 및 차량 위치인식 서비스 시행

② 삼성전자에서는 청소기 본체에 카메라를 달아 실내 구조를 파악한 뒤 기억장치에 실내지도를 작성하고 자신의 위치를 인식해 청소하는 제품 출시

③ 한국수력원자력(주) 에서는 홍보전시관에 방문객 안내가 가능한 지능형 로봇을 배치하여 사용

④ 미국 Moteiv사는 소방관의 유니폼에 센서를 부착하여 화재 및 자신의 위치에 대한 정보를 동료들에게 전달할 수 있게 하는 제품 개발

(4) GT 적용 기술

가. 기능

① 전시관 바닥에 RFID Tag 를 매입하고 RFID Tag의 Tag번호를 이용하여 위치맵 구현

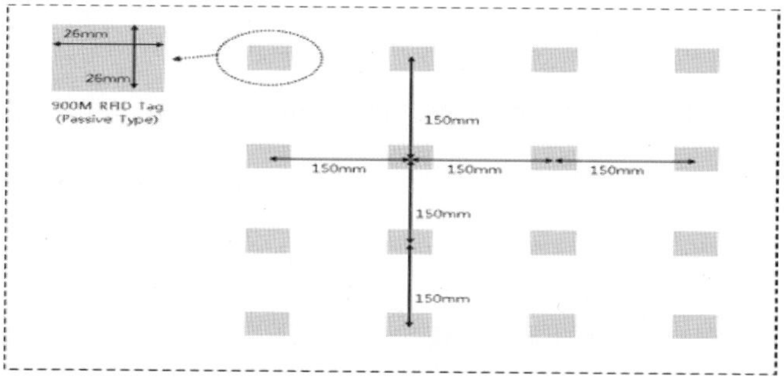

[GT RFID TAG 매입 구성도]

② 삼각형 형태로 3개의 안테나가 달린 RFID 리더기를 이용하여 RFID Tag를 인식하고 해당 Tag 번호와 데이터의 강도를 이용하여 삼각측량법을 통해 위치맵 상의 현재 위치 산출

③ 산출된 위치 정보를 바탕으로 위치에 따른 서비스 제공

나. 시스템 사양

① 바닥 마감 공정에서 성능을 발휘할 수 있는 Tag를 선정한다.

② Tag의 성능은 주변환경에 영향을 받으므로 Tag 와 안테나 사이에 간섭이 되는 건축 및 설비 자재를 고려하여 Tag를 선정한다.

③ 위치 인식의 정밀도를 높이기 위해 Tag Size는 작은 것으로 선정하여 오차 범위를 감소 시킨다.

④ 선정된 Tag로 Mock up 시공하여 성능을 TEST 한다.

다. 시스템 구성도

① 향후 건축물에 적용할 수 있는 발전성, 경제성, 신뢰성을 고려하여 RFID 위치 인식 시스템을 선정하였다.

② RFID 위치 인식 시스템은 위치 인식 기술뿐만 아니라 산업 전반에 적용되고 있는 RFID의 다양한 응용 분야를 건축물에 적용하는 방안을 검토할 수 있는 이점이 있다.

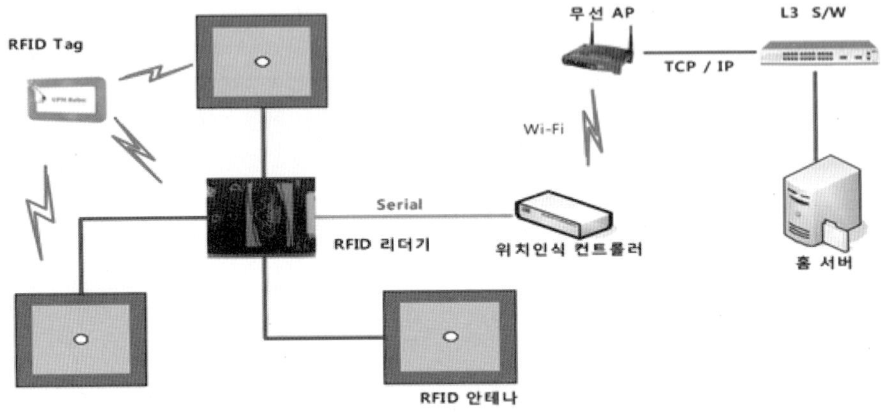

[RFID 위치인식 시스템 구성도]

(5) 적용 분석

가. 시공 사례

① RFID 테스트

[RFID TAG 성능 테스트]

② RFID Tag 바닥 시공 사전 작업

[RFID TAG 사전 작업]

[GT RFID TAG 시공]

③ RFID Tag 성능 테스트

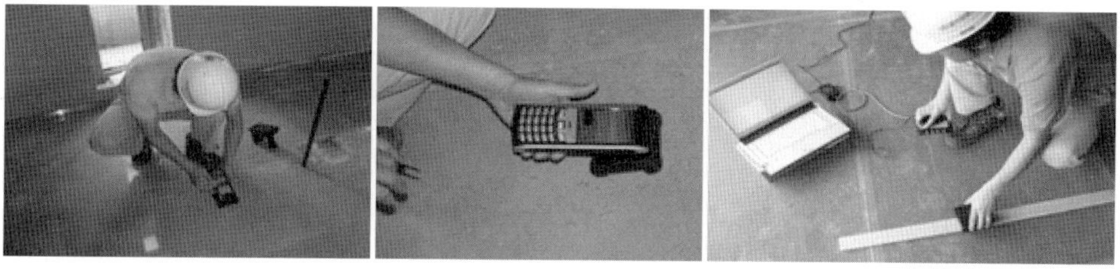

[바닥 마감 후 TAG 성능 테스트]

나. 관리포인트

① RFID Tag 바닥 시공

바닥에 매입되는 Tag 모듈화에 의한 시공 시간 단축

- 그림과 같이 난방 모듈에 Tag를 선 시공 하였다.
- 난방 모듈이 들어가지 않는 부위는 건축바닥 마감의 품질에 크게 영향이 없는 망사포에 미리 Tag를 부착하여 모듈화하여 시공성을 높였다.

② RFID Tag Test

A. 건축 바닥 마감 작업 완료 후 휴대용 RFID Reader를 통해 안테나 수신 신호 세기를 확인하여 Tag 인식여부를 확인

B. 테스트 결과를 바탕으로 Tag 인식이 되지 않는 것은 교체

- RFID Tag 시공 완료 후 바닥 마감 작업 진행 시에 작업자의 부주의로 인한 다수의 Tag훼손 발생
- RFID Tag를 보호할 수 있는 추가적인 보강재 설치가 필요.

③ Map 설계 및 응용

- 전시관 바닥에 매입된 RFID Tag의 Tag 번호를 이용하여 위치 맵을 구현
- 응용시스템에 삼각형 형태로 설치될 3개의 안테나가 달린 RFID 리더기를 이용하여 주변의 RFID Tag 를 인식하고 해당 Tag ID와 방향을 고려하여 위치맵 상의 현재 위치를 산출

④ 산출된 위치 정보를 바탕으로 위치 인식 시스템에 적용할 수 있는 장애인 서비스, 로봇 서비스 등을 구현할 수 있는 기술들과 연계하여 실제 적용 Test를 시행할 예정

다. 향후 발전방향

① 세계 위치기반서비스 시장규모는 2007년 515백만 달러에서 2013년 1,330억 달러로 큰 폭의 성장이 기대되고 있으며, 국내 위치기반 서비스 시장규모도 2010년에 1조원 규모로 성장한 것으로 전망

② 사물에 내장된 RFID 태그와 리더가 혼용되어 그 정보를 활용하는 어플리케이션, 세대 내 도난방지, 물건 찾기도 가능한 형태로 진화할 것으로 예상.

③ 위치인식 기술은 RFID, ZigBee 등의 무선 통신 기술과 융합하여 로봇서비스, 장애인 서비스, 미아방지 서비스 등 다양한 응용 서비스로 발전될 것으로 예상.

④ 하나의 솔루션이 단독으로 이용되기 보다는 실외 위치인식 기술(GPS 등)과 실내 위치인식 기술이 접목되어 범용적인 위치인식 서비스로 발전될 것으로 기대.

4.7.11 전기 자동차 (Electric Vehicle, EV)

(1) 개요

가. 배터리를 구동 에너지원으로 전기모터를 구동하여 차를 움직이는 친환경적인 차세대 자동차임

나. 가솔린 자동차가 전체 에너지 효율이 약10% 수준임에 비해 전기자동차는 약 18%까지 에너지효율을 높일 수 있으며 배기가스가 없고 소음도 적음

다. 리튬이온전지, 모터용의 강력한 자석, 고전력 제어용 트랜지스터 기술 등이 개발 되면서 전기자동차의 실용화가 시작되고 있음

라. 향후 전기 자동차의 실용화가 이뤄지면 주거시설을 비롯하여 다양한 시설물에서 전기자동차를 충전할 수 있는 인프라 구축 소요가 생길 것으로 기대됨

(2) 설계 주안점

전기자동차, Car Server System, 전기자동차 충전 시스템이 각각의 개별 시스템이 아니라 하나의 통합된 솔루션으로 연동될 수 있도록 각 시스템의 특징을 고려하여 전체 시스템을 설계 한다.

(3) 설계 기술

가. 전기자동차 개발

① 전기자동차는 1873년 영국에서 세계 최초로 소개되었으나, 가솔린자동차의 급격한 기술 발전과 짧은 운행거리와 같은 배터리의 기술적 문제로 실용화가 늦어짐

② 1980년대부터 환경에 대한 중요성이 대두되면서 무공해 차량에 대한 인식 증가와 배터리 제조 기술의 발전으로 전기자동차에 대한 연구가 재개되었고 1998년 미국 캘리포니아 州정부의 엄격한 배기가스 규제인 ZEV(Zero Emission Vehicle)의 발효로 전기자동차 개발이 본격화 됨

③ 동력원인 배터리의 기술 개발이 기대에 못 미치면서 ZEV 규제를 2003년 연기하였으나 최근 CO_2 규제와 관련하여 그 필요성이 높아지고 있음

나. 국내외 기술수준 및 동향

① 해외는 일본 기업인 도요타, 혼다, 닛산, 미쓰비시의 기술력이 하이브리드차 기술을 기반으로 하여 매우 앞서 있으며 BMW, GM 등의 기업들도 실용화를 앞에 두고 있음

② 미국 GM의 시보레 볼트(Chevrolet Volt)는 일반 가정의 전원으로 충전이 가능할 정도로 실용화 단계에 이름

- 보통 미국인들의 평균 통근 거리인 64km까지 리튬폴리머 전지로만 주행가능

[해외 전기자동차]

③ 프랑스 파리는 2010년까지 전기자동차를 대여해주는 '오토리브 프로그램'을 구상중임

- 전기자동차 4,000대를 대여하며 2,000대는 시내에, 나머지는 교외에 배치할 계획
- 이용자들은 700여 곳의 주차장에서 차를 빌려 원하는 곳으로 이동한 뒤 아무 주차장에 반납

④ 국내는 현대 · 기아자동차에서 하이브리드차량을 개발하였으나 전기에너지만을 가지고 주행하는 순수 전기자동차의 실용화는 아직 이루어지지 않음

- 국내 여건상 전기자동차의 일반도로 주행이 금지되어있기 때문임
- 공원, 골프장 등에서 내부 이동수단이나 순찰 용도의 유틸리티카 용도로 주로 사용됨

⑤ 국내에서는 2010년부터는 저속 전기자동차에 대해서 제한속도 60km/h 이하인 구간의 일반도로 주행이 허가될 전망임

- 이를 통해 우편배달차량과 순찰차량에 대해서 전기자동차가 적용될 예정

[우편배달 전기자동차 및 순찰용 전기자동차]

(4) GT 적용 기술

가. 전기자동차의 구동시스템

① 전기자동차의 주요 구동시스템은 재충전이 가능한 배터리, 모터와 제어시스템인 MCU (Motor Control Unit) 등으로 구성됨

A. 모터

- 모터제어기의 전류량에 의해서 회전하는 전기장치
- 전기자동차에 사용되는 모터는 브러쉬가 없는 모터(BLDC, Brushless Motor)와 휠 인 모터가 있음
- BLDC 모터는 DC모터에서 브러쉬, 정류자 등 기계적인 접촉부를 없애고 이것을 전자적인 정류기구를 설치한 모터로 저전압 설계가 가능하며 PWM 구형파 제어방식으로 고출력을 낼 수 있음

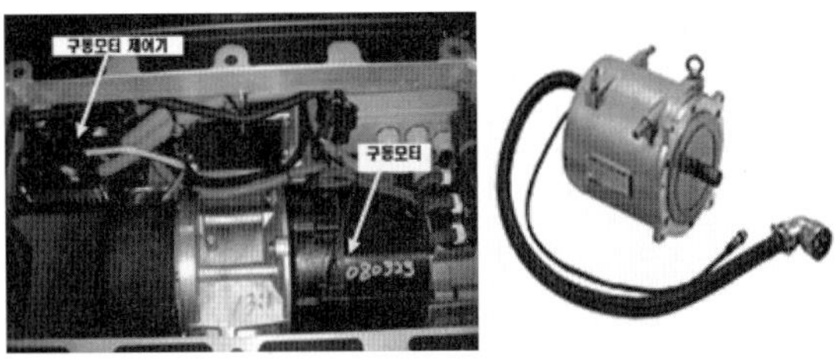

[구동모터와 구동모터 제어기]

- 휠 인 모터(Wheel-in Motor)는 경량화 된 소형모터로 자동차 바퀴(Wheel) 안에 설치하여 바퀴 지름을 적게 하는 등 차체 높이를 많이 확보하여 보다 많은 인원의 승차가 가능하게 함

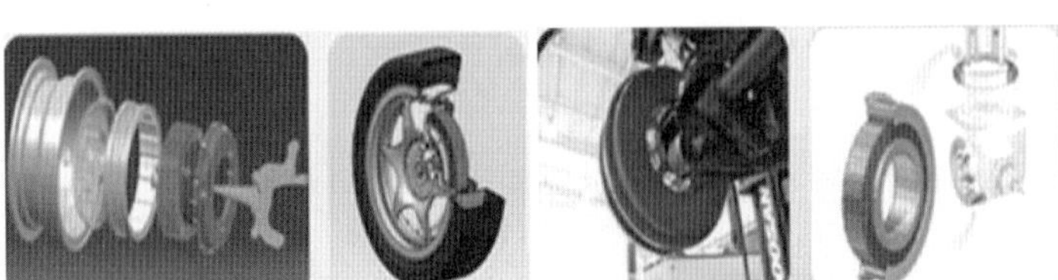

[DIRECT DRIVE WHEEL-IN BLDC 모터]

B. 감속기

- 모터의 고속회전을 받아서 감속 시키는 기어 장치
- 일반자동차의 변속기(내부 기어 비에 따라 가감속을 하는 장치)와 비슷한 기능을 수행

C. Control Unit

- 차량의 속도 제어를 위해 컨트롤러(컨트롤 유닛)이 사용됨
- 컨트롤러는 엑셀레이터 조절에 따라 전지에서 발생되는 전압과 전류를 조정하여 모터의 회전수와 출력을 제어함
- 장착되어 있는 각종 센서와 스위치의 입력 신호를 받아 모터 속도 제어 및 전자 브레이크 제어를 실행
- 평지 주행 시 가속을 하게 되면 전압을 올리고 오르막길에서 같은 속도로 주행 시에는 전압을 올리고 회전수를 유지한 채 전류를 증가시킴

나. 전기자동차의 특징

① 친환경성

A. 배기가스가 전혀 없음

- 연소와 폭발 작용이 없기 때문에 이로 인한 배기가스 발생이 전혀 없음

B. 소음 발생이 현저히 적음

- 내연기관은 연소 및 폭발력을 사용하기 때문에 소음이 발생하나 전기자동차는 전자력을 사용하므로 소음이 매우 적으며 이로 인해 승차감도 우수함

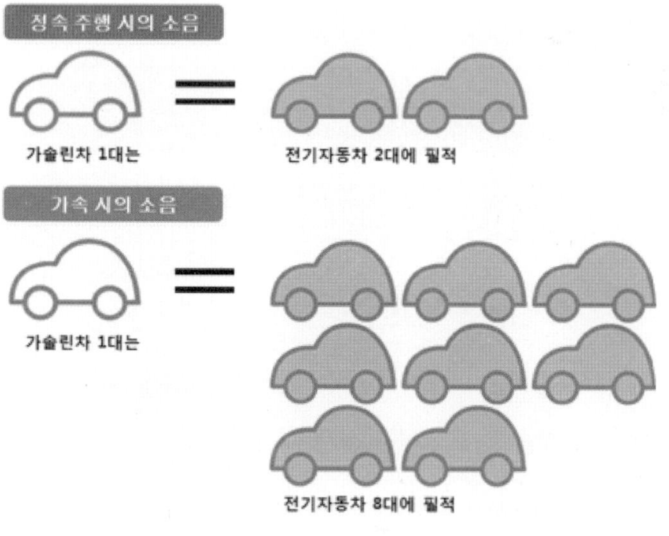

[전기자동차와 내연기관 자동차의 소음 비교, 자료 : 월간전기기술]

C. 발전을 위해 에너지원을 다양화 할 수 있음

- 석유, 석탄, 수력, 풍력, 태양광 , 원자력 등

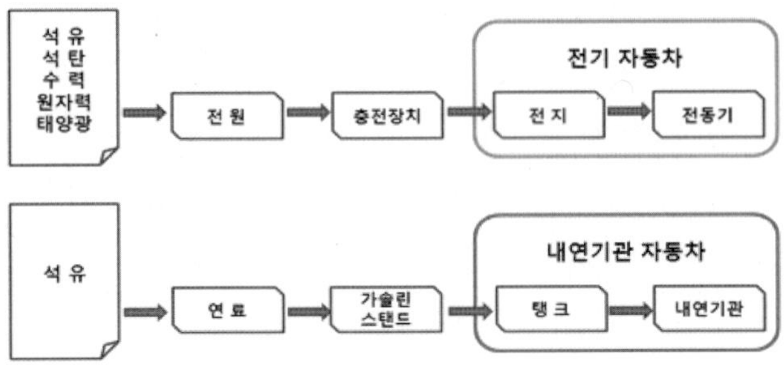

[전기자동차와 내연기관 자동차의 에너지원 비교, 자료 : 월간전기기술]

② 경제성

A. 내연기관 자동차 대비 간단한 구조를 갖기에 수리 및 소모품 교체비용이 절감

- 엔진오일, 트랜스미션 오일, 에어크리너, 오일휠터, 연료휠터 등의 소모품 교체비용 절감

B. 내연기관 자동차 대비 우수한 연비 실현 가능

- 전지 기술의 발달에 따른 주행거리와 최고속도의 증가가 가능함

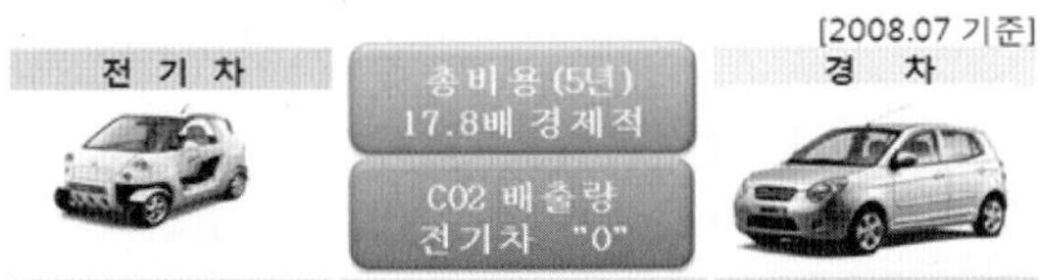

전기차			경차
14Km/kW (유류환산 L당 200Km)	기준연비		16.6Km/L
0	이산화탄소	년간	2,573.3kg
10.9 원	유류비	KM당	126.5 원
600,000 원	(전기료)	5년간	10,986,500 원
100,000 원	유지비	5년간	1,500,000 원
700,000 원	5년간 운용비 합계		12,486,500 원

[전기자동차와 경차의 경제성 비교]

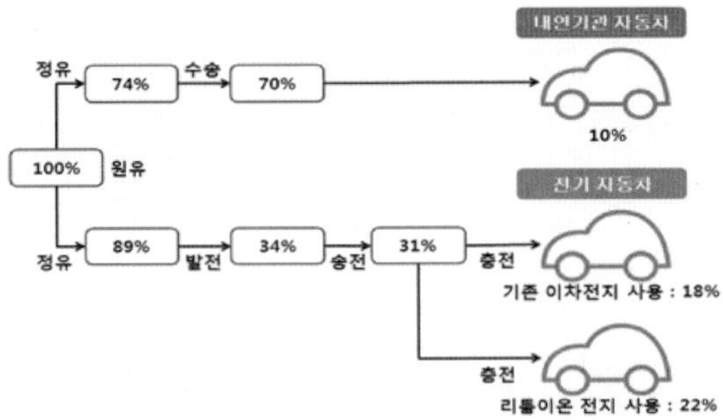

[전기자동차의 총합에너지효율, 자료 : KISTI]

(5) 적용 분석

가. 시공 사례

[GT 전기자동차]

나. 관리포인트

① 제로에너지 하우스 內 전기 자동차를 적용하여 차세대 주거와 교통문화 체험.

② 전기 자동차의 DC 전원을 가정용 신재생 에너지에서 활용.

③ 자동차와 집안 NETWORK로 연결 상태 확인 및 음원/영상 다운로드

④ 전기 자동차 내장형 충전기 교류 200V 인입 전원을 DC 300V에 맞춰 개조 예정

⑤ 전기 자동차 충전 INLET, OUTLET을 사용자 편의를 고려하여 개발

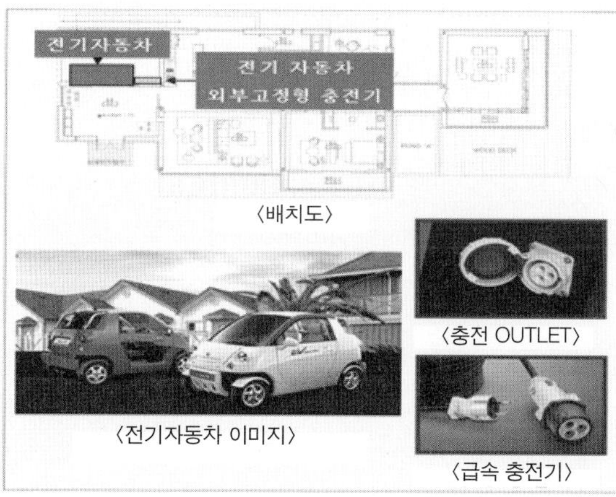

〈배치도〉

〈충전 OUTLET〉

〈전기자동차 이미지〉

〈급속 충전기〉

[전기자동차 적용 위치 및 충전]

다. 향후 발전방향

① 전기자동차 충전인프라의 마련

A. 전기자동차의 충전은 자택에서 주로 이루어 질 것으로 예상되나 장거리 이동과 같은 주행거리를 연장시키기 위해서는 공공 충전 인프라도 필요함

B. 개인주택과 달리 공동주택에서는 전기자동차의 충전에 따른 사용료 부과 방안도 고려되어야 함

C. 충전시스템에 대한 규격의 표준화로 장래의 혼란을 대비해야 할 필요가 있음

- 일본의 경우 일본전동차량협회(JEVS)에서 충전대와 전기자동차를 접속하는 커넥터와 양자간의 프로토콜 등을 규정함
- 국제표준화의 경우 IEC/TC69(전기자동차 분과회)/WG4(충전시스템 워킹그룹)에서 충전기에 대한 규격IEC 718을 개정

② 구성시스템의 고성능화 및 실용화

- 충전시간 단축, 주행거리 및 속도의 증가를 위해서는 전지의 고성능화가 이루어져야 함
- 전기자동차의 양호한 동력 성능을 위해서는 모터가 광범위한 출력구간을 가져야 하고 큰 토크를 가져야 함

4.7.12 전기 자전거(Electric Bicycle, EB)

(1) 개요

가. 저탄소 녹생성장이 사회적 화두로 부각되면서 일반인들과 기업들의 관심도 친환경제품, 에너지 절감형 제품으로 집중 되고 있음.

나. 전기자전거는 기존의 자전거처럼 패달을 밟거나 배터리와 전기모터를 이용하여 자전거를 움직일 수 있는 친환경적인 이동수단으로 최근 저탄소 녹색환경을 주도할 국민건강, 교통문제 해결의 일환으로 자전거이용 활성화를 위한 정부의 움직임이 있음.

다. 정부에서도 자전거전용도로 확보 등 자전거 이용자의 확보 및 편의를 위해서 지속적인 지원을 진행하고 있음.

라. 기존 자전거에 비해 가격이 다소 비싸고 전지만의 주행거리가 아직 짧은 단점에도 불구하고 배기가스와 소음이 없는 친환경적 특성을 갖추고 있는데다, 한 달 전기료가 약 3,000원 정도에 불가해 이용률은 증가할 것으로 기대됨

(2) 설계 주안점

친환경 이동수단으로 전기자전거를 도입하여 차량의 이용을 줄이는 동시에 차세대 주거와 교통문화 체험하도록 한다. 전기자전거 보관대는 눈 · 비 등 자연환경에 영향을 받지 않는 위치를 선정하여 설치한다.

(3) 설계 기술

가. 배경

① 국내 시장은 2000년 이후 중국제품이 시장을 대부분 점유해 왔으나 ㈜삼현의 하이런 자전거가 우수한 품질과 A/S정책으로 시장 점유를 확대하고 있음

- 자체 개발한 BLDC 모터와 컨트롤러 기술을 기반으로 함
- 리튬이온전지 적용으로 30km 이상의 주행거리 확보

② 일본제품의 경우 야마하(YAMAH)와 액슬(AXLE)의 제품이 생산되고 있음

나. 전기자전거의 특징

① 전기자전거는 가정에서 충전이 가능하며, 50cc 일반 오토바이에 비하여 대기오염과 소음공해가 적음

② 자동차 대신 교통수단으로 이용 시 소음 및 공해가 없어 친환경적이며 매월 전기료 1,000원 미만의 유지비로 경제적임

- 1회 충전으로 최대 주행거리 40km 내외, 최고속도 27km/h 내외
- 1회 충전시간은 4~6시간 소요

③ 언덕의 경우에 모터의 동력을 이용한 편한 주행이 가능함

(4) GT 적용 기술

가. 전기자전거의 구성 요소

전기자전거는 일반자전거의 차체에 추가적으로 전지, 모터, 컨트롤러가 장착되며 언덕 주행 등으로 인한 고부하가 발생하기 때문에 컨트롤러와 모터 그리고 전지 기술이 매우 중요함

① 컨트롤러(Controller)

- 컨트롤러는 전지에서 생산되는 전기에너지를 모터에 전달하여 전지자전거를 주행하도록 함
- 전압과 전류를 조절하여 모터의 회전수를 제어함

② 모터 (300W / BLDC Hub Geared Motor)

- 전지와 컨트롤러를 거친 전기에너지로부터 동력을 발생시키는 장치
- BLDC모터(Brushless DC모터)는 원통형 DC모터와 비교하여 Brush가 없이 전기적 센싱을 통해 회로에서 모터 동작을 제어함으로써 Brush로 인해 발생하던 효율 감소와 소음 및 진동을 감소시킴
- 언덕 주행 등을 위한 고출력을 위해 유성기어감속 시스템(Planetary Gear Reduce)으로 저전력에서도 고출력과 높은 토크(Torque)를 냄

③ 배터리

- 일반 전원으로부터 전기에너지를 저장하고 모터의 동력원이 되는 부분임
- 리튬이온 전지는 납 전지보다 長수명이고 경량이며 메모리효과가 없음
- 전기자전거의 최대주행거리에 많은 영향을 미침

④ 충전기

- 핸들에 장착된 배터리 잔량 게이지를 통해 배터리 충전 상태를 파악하고 필요시 충전함
  - 충전시간 : 완전 방전 시 8시간 이상

[배터리 잔량 게이지 및 배터리 충전기]

나. 전기자전거의 주행 모드

① 자동주행모드

- 핸들 스로틀 악셀레이터의 조작으로 모터를 구동시켜 자동으로 주행하는 모드
- 자동주행모드로 주행 시는 자동정속주행 모드가 작동

② 자동정속주행 모드 (Cruise Mode)

- 일정 속도로 8초 이상 정속 주행 시 핸들 스로틀 악셀레이터의 조작 없이 계속 동일한 속도로 주행하는 모드
- 장거리 운행 시 핸들 스로틀을 계속 당기고 있어야 하는 불편함을 없앰
- 모드해제는 브레이크를 잡거나 핸들 스로틀을 다시 한 번 당겨 줌

③ PAS (Pedal Assistant System) 모드

- 페달을 밟아서 전기자전거를 운행할 때 센서가 이를 감지하여 모터로 동력을 보조함으로써 근육의 피로를 막아 줌
- 수동주행과 같이 페달을 돌려 운행하지만 모터가 힘을 보조해 줌
- PAS 모드는 자동주행모드에 비해 주행거리가 늘어남

(5) 적용 분석

가. 시공 사례

[GT 전기자전거]

나. 관리포인트

① 전기자전거 보관대

- 일반 및 전기자전거를 보관할 수 있는 사이즈의 자전거 보관대를 제작하여 전기 자전거 보관

다. 향후 발전방향

① 친환경, 경제적이며, 모터를 사용하지 않는 구간에서는 기존 자전거와 같이 인력으로 작동하여 운동효과도 거둘 수 있는 등 여러 장점을 가지고 있어 전기자전거의 사용자 수는 해마다 가파르게 증가하고 있으며, 친환경 이동수단 중 가장 먼저 보편화 될 것으로 예상된다.

② 사용자의 편의성을 위하여 자전거 보관대에 전기자전거를 충전할 수 있는 시스템을 설치하여 자전거를 보관하면서 동시에 전기자전거를 충전할 수 있는 충전시스템을 갖춘 자전거 보관대 등 제반 시스템의 확대가 필요.

③ 단지 내 전기자전거 위치 확인 서비스 및 지능형 CCTV 설치 등 도난 방지 및 사고 예방을 위한 시스템 · 서비스가 필요

4.8 친환경 조경

4.8.1 친환경 조경 계획(Eco-friendly Landscape)

1) 디자인 컨셉(Design Concept)

Green Tomorrow의 조경은 생태적 조경 디자인 전략을 통해 건강하고 자연스러운 환경을 조성하도록 계획되었다. 다양하고 풍부한 수종들이 주변상황을 고려하여 조심스럽게 식재 되었다. 또한 이러한 접근방식은 조경에 필요한 물소비량을 감소시킬 수 있다.

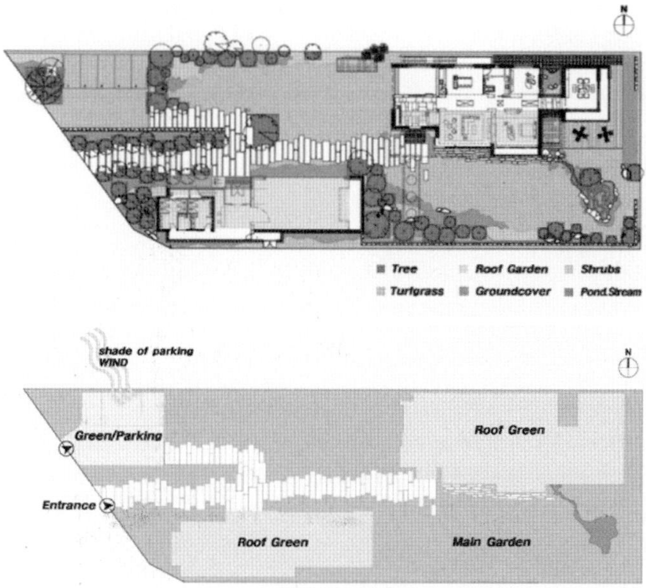

[space diagram]

□ 조경 면적 Landscape area

Site area	2467㎡
Afforestation area	1434㎡ (Including water pond) (Afforestation area 1290㎡+ Green block 144 m2 - 97% (148.47㎡*0.97))
Pond, Stream area	34㎡
Roof Garden area	294 ㎡

□ 식재 분포표 Planting distribution chart

SORT	UNIT	COUNT
Tree	㎡	328
Shrubs	㎡	163
Tufgrass	㎡	562
Ground cover	㎡	203
Water Pond	㎡	34

2) 식재 계획(Planting Scheme)

□ 적용된 식재 리스트

Tree species were selected from the list provided by the Korea National Arboretum

http://www.nature.go.kr/

▶ Trees

SECTION	PLANT NAME	SIZE	UNIT	NUM	Species Factor	REMARK
Evergreen Tree	Abies holophylla Max.	H3.0*W1.5	tree	4	M	
	Total Evergreen Trees		tree	**4**		
Season Tree	Zelkova serrata Makino.	H5.0*R30	tree	1	M	
	Styrax japonicus S. et Z.	H3.0*R8	tree	3	M	
	Sorbus commixta Hedl.	H3.5*R10	tree	4	M	
	Prunus mume S. et Z. for. mume	H4.0*R15	tree	1	M	
	Prunus mume S. et Z. for. mume	H3.5*R10	tree	4	M	
	Acer triflorum Kom.	H3.5*R12	tree	3	M	
	Acer triflorum Kom.	H2.5*R6	tree	2	M	
	Cornus kousa F.Buerger ex Miquel	H3.5*R12	tree	4	M	
	Prunus sargentii Rehder	H4.5*B15	tree	1	M	
	Prunus sargentii Rehder	H4.0*B12	tree	1	M	
	Crataegus pinnatifida Bunge	H3.0*R10	tree	1	M	
	Cornus officinalis S. et Z.	H3.0*W1.5*R10	tree	3	M	
	Zanthoxylum schinifolium S.et Z.	H3.0*R10	tree	2	M	
	Prunus yedoensis Matsum.	H4.5*B20	tree	1	M	
	Prunus yedoensis Matsum.	H4.5*B15	tree	1	M	
	Prunus yedoensis Matsum.	H4.0*B12	tree	1	M	
	Chionanthus retusus Lindl. et Paxton	H4.0*R15	tree	2	M	
	Chionanthus retusus Lindl. et Paxton	H3.5*R12	tree	1	M	
	Chionanthus retusus Lindl. et Paxton	H3.0*R8	tree	3	M	
	Acer palmatum Thun	H5.0*R30	tree	1	M	
	Acer palmatum Thun	H4.0*R20	tree	1	M	
	Acer palmatum Thun	H3.5*R12	tree	27	M	
	Sorbus alnifolia K.Koch	H4.0*R15	tree	1	M	
	Magnolia sieboldii K.Koch	H3.0*W1.2	tree	2	M	
	Acer palmatum var. amoenum	H3.0*R10	tree	2	M	
	Total Season Tree		tree	**73**		
	Total Tree		tree	**77**		

▶ Shrubs

SECTION	PLANT NAME	SIZE	UNIT	NUM	Species Factor	REMARK
Evergreen Shrubs	Euonymus japonica Thunb.	H1.2*W0.4	tree	380	L	
	Total Evergreen Shrubs		tree	**380**		
Season shrubs	Ilex serrata Thunb.	H1.8*W0.8	tree	9	M	
	Viburnum opulus var. calvescens (Rehder) Hara	H1.2*W0.8	tree	5	M	
	Elaeagnus unbellata .	H2.5*R8	tree	12	M	
	Rubus crataegifolius Bunge	H1.0*W0.8	tree	17	M	
	Rhododendron yedoense Maxim. for. yedoense	H0.3*W0.3	tree	880	M	
	Spiraea salicifolia L.	H0.4*W0.2	tree	340	M	
	Spiraea bumalda cv. Glenroy Gold	H0.4*W0.3	tree	200	M	
	Deutzia parviflora Bunge	H0.5*W0.3	tree	360	M	
	Rhodotypos scandens	H1.0*W0.4	tree	230	M	
	Hydrangea serrata for. acuminata (S. et Z.) Wils.	H0.3*W0.4	tree	450	M	
	Rhododendron yedoense for. poukhanense (H.Lev.) Sugim.	H0.3*W0.3	tree	250	M	
	Rhododendron indicum (L.) Sweet	H0.3*W0.3	tree	270	M	
	Spiraea prunifolia for. Simpliciflora	H0.6*W0.3	tree	660	M	
	Rhododendron schlippenbachii Maxim.	H0.3*W0.3	tree	800	M	
	Kerria japonica (L.) DC. for. japonica	H1.0*W0.4	tree	1,070	M	
	Total Season shrubs		tree	**5,553**		
	Total Shrubs		tree	**5,933**		

▶ Ground-cover

SECTION	PLANT NAME	SIZE	UNIT	NUM	Species Factor	REMARK
Ground Cover	Miscanthus sinensis for. gracillimus (Hitchc.) Ohwi	4 pot	POT	500	H	
	Dendranthema indicum (L.) DesMoul.	4 pot	POT	378	H	
	Scirpus tabernaemontani	0.4	POT	140	H	
	Dryopteris crassirhizoma	6 pot	POT	50	H	
	Dendranthema zawadskii var. latilobum (Maxim.) Kitam.	4 pot	POT	3,560	H	
	Lycoris radiata (L`Herit) Herb.	4 pot	POT	350	H	
	Physostegia virginiana	4 pot	POT	410	H	
	Astilbe rubra Hook.f. & Thomson var. rubra	4 pot	POT	730	H	
	Allium senescens L. var. senescens	4 pot	POT	570	H	
	Aquilegia flabellata var. oxysepala	4 pot	POT	370	H	
	Liriope platyphylla F.T.Wang & T.Tang	3~5 tillering	POT	270	H	
	Hypericum ascyron L.	4 pot	POT	650	H	
	Saxifraga stolonifera Meerb.	4 pot	POT	350	H	
	Aster koraiensis Nakai	3 pot	POT	2,220	H	
	Lonicera sempervirens L.	4 pot	POT	300	H	
	Iris nertschinskia Lodd.	4 pot	POT	580	H	
	Hosta longipes (Franch. & Sav.) Matsum.	3~5 tillering*10cm	POT	740	H	
	Cirsium nipponicum	4 pot	POT	680	H	
	Campanula takesimana Nakai	H0.6*W0.4	POT	20	H	
	Hedera japonica Tobler	10cm	POT	450	H	
	Pennisetum alopecuroides	4 pot	POT	3,350	H	
	Aster yomena Makino	4 pot	POT	800	H	
	Miscanthus sinensis var. purpurascens	4 pot	POT	5,700	H	
	Convallaria majalis	4 pot	POT	200	H	
	Lilium tigrinum	4 pot	POT	710	H	
	Miscanthus sinensis	4 pot	POT	2,250	H	
	Mukdenia rossii	4 pot	POT	340	H	
	Lythrum anceps	4 pot	POT	140	H	
Lawn Grass	Zoysia japonica Steud.		M2	750		

□ 식재 이미지

▶ Trees

1) 침엽수(Evergreen trees)

Abies holophylla Max.

2) 낙엽수(Deciduous Tree)

Zelkova serrata Makino

Styrax japonicus S. et Z.

Sorbus commixta Hedl.

Prunus mume S. et Z. for. mume

Acer triflorum Kom.

Cornus kousa F.Buerger ex Miquel.

Prunus sargentii Rehder

Crataegus pinnatifida Bunge

Cornus officinalis Siebold et Zuccarini.

Zanthoxylum schinifolium S. et Z.

Prunus yedoensis Matsum

Chionanthus retusus Lindl. & Paxton

Acer palmatum Thunb	Sorbus alnifolia K.Koch	Magnolia sieboldii K.Koch	Acer palmatum var. amoenum

▶ Shrubs

1) 관목(Evergreen Shrub / Deciduous Shrub)

Euonymus japonica Thunb.	Ilex serrata Thunb.	Viburnum opulus var. calvescens	Elaeagnus unbellata
		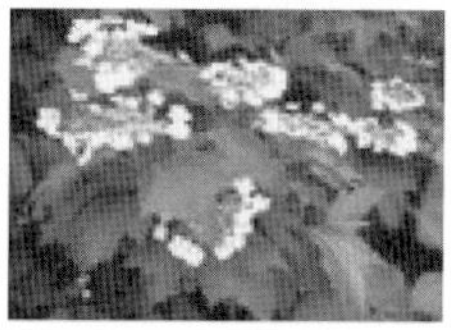	

Rubus crataegifolius Bunge	Rhododendron yedoense M.for. Y	Spiraea salicifolia L	Spiraea bumalda cv. Glenroy Gold

Deutzia parviflora Bunge	Rhodotypos scandens	Hydrangea serrata for. acuminata	Rhododendron yedoense for. P.

Rhododendron indicum (L.) Sweet	Spiraea prunifolia for. Simpliciflora	Rhododendron schlippenbachii M.	Kerria japonica (L.) DC. for. japonica

▶ 지표 식물, 계절 식물(Ground-cover, Seasons flower)

Miscanthus sinensis for. gracillimus

Dendranthema indicum (L.) DesMoul

Scirpus tabernaemontani

Dryopteris crassirhizoma

Dendranthema zawadskii var. L.

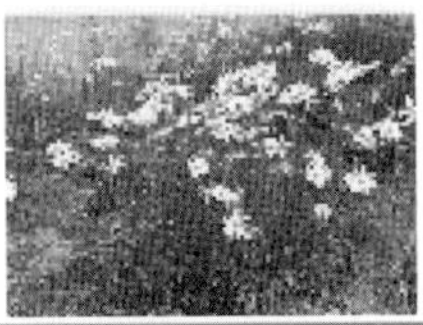

Lycoris radiata (L`Herit) Herb.

Physostegia virginiana

Astilbe rubra H.& T. var. rubra

Allium senescens L. var. senescens

Aquilegia flabellata var. oxysepala

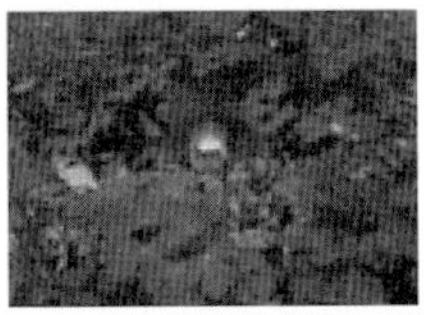

Liriope platyphylla F.T.Wang & T.Tang.

Hypericum ascyron

Saxifraga stolonifera Meerb

Aster koraiensis Nakai

Lonicera sempervirens L.

Iris nertschinskia Lodd.

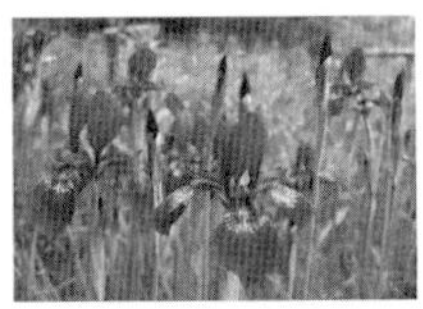

Hosta longipes Matsum.

Cirsium nipponicum

Campanula takesimana Nakai

Hedera japonica Tobler

Pennisetum alopecuroides	Aster yomena Makino	Miscanthus sinensis var. purpurascens	Convallaria majalis

Lilium tigrinum	Miscanthus sinensis var.	Mukdenia rossii.	Lythrum anceps

3) 포장 계획(Pavement Scheme)

List of applied Pavement

	Con'c	Whinstone+lawn paving	Green Block
IMAGE			
DETAIL	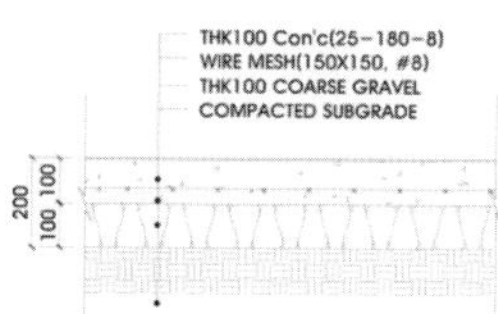		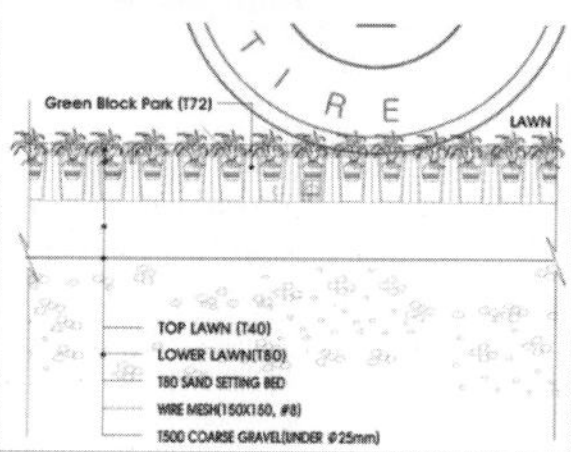
ORIGIN	KOREA	KOREA	KOREA
COUNT	223 m²	25 m²	148.47 m²

4) 우수 계획(Stormwater plan)

- 우수의 집수/배수, 친환경적 침투(infiltration)/저류(undercurrent) 계획은 아래 다이어그램과 같다.
- 옥상정원의 우수는 Green Tomorrow의 집수시스템에 의해 모아진다.
- 친환경적 우수 침투/저류 계획은 먼저 우수를 연못에 모으는 것이다. 주차구역과 정원에서 배출된 우수는 잔디 수로(lawn waterway)로 모아진다.
- 옥상정원, 연못, 잔디수로 등과 같은 친환경 시스템에 의해 모아진 우수는 초기에 증발되는 양을 감소시키고 지하수를 보존하고 부분적으로 우수를 재활용할 수 있는 이점이 있다.

[Rainwater flow within the site]

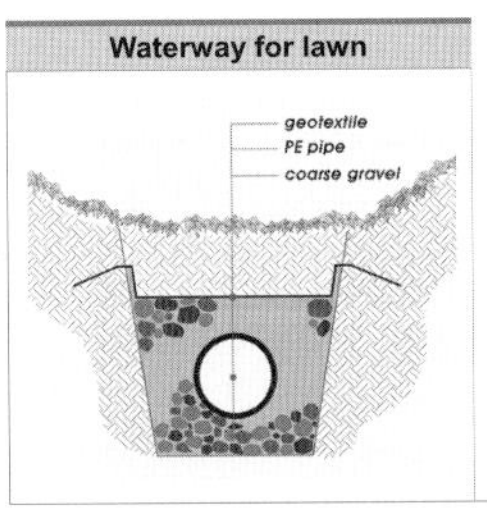

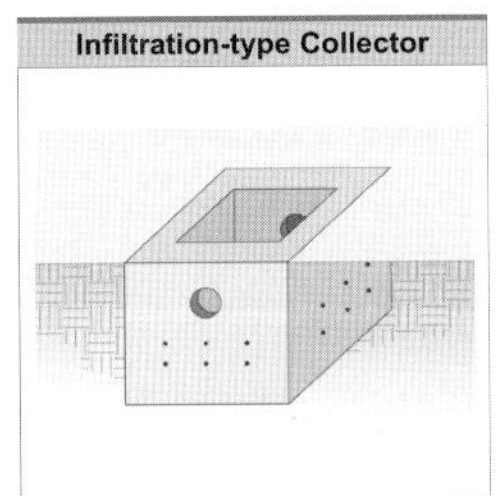

[연못 전경 사진]

5) 외부 조명 계획(Exterior Lighting Plan)

- 전시공간은 일몰 전 5시경에 문을 닫는다. 야간에는 외부공간 이용이 제한되므로 건물의 에너지 절약뿐만 아니라 식생의 안정을 위해 조명설치는 최소화 하였다.
- 조명설치는 안전/보안램프로 제한된다. 이는 대지 내 식생의 생태 사이클에서의 간섭을 예방하기 위해서이다.

6) 흡연구역(Smoking Area)

- 흡연구역은 북측면에 건물에서 가장 분리되어 있는 곳에 위치하며 하드스케이핑 처리되어 있다.

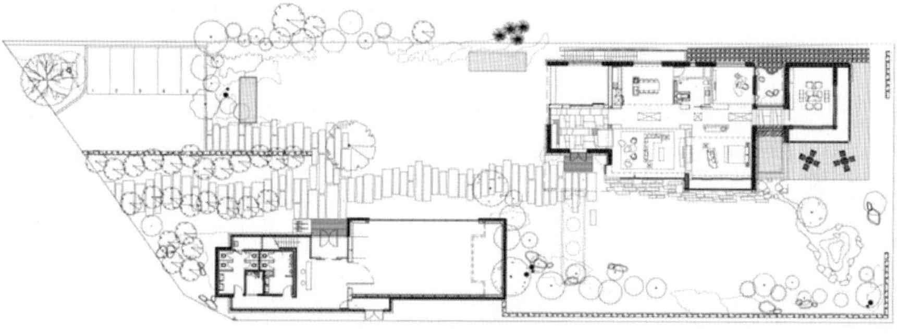

[Smoking Area Plan]

4.8.2 유지관리 제안(Maintenance Proposal)

1) 잡초 제거 계획(Weed Removal Plan)

- 가장 문제가 되는 잡초들은 Draba nemorosa var. hebecarpa, Erigeron canadensis, Digitaria sanguinalis, Trifolium repens, and Cyperus amuricus, 등이다.
- Draba nemorosa var. hebecarpa, Erigeron canadensis 은 보통 봄에 Digitaria sanguinalis, Cyperus amuricus은 여름에 자란다. Trifolium repens 은 4월에서 10월까지 자란다. Stellaria media, Taraxacum officinale, Artemisia princeps var. orientalis, Erigeron annuus등이 주로 제거할 잡초로 분류된다.
- 친환경적 잡초제거 방식이 전체 플랜계획에 반영되었다. 기계적 방식과 물리적 방식이 모두 고려되었다.
- 특히 잔디식재, 오픈그리드 영역은 뿌리덮개를 할 수 없어 나무, 관목 등 다른 식재영역 보다 자주 관리가 필요하다.

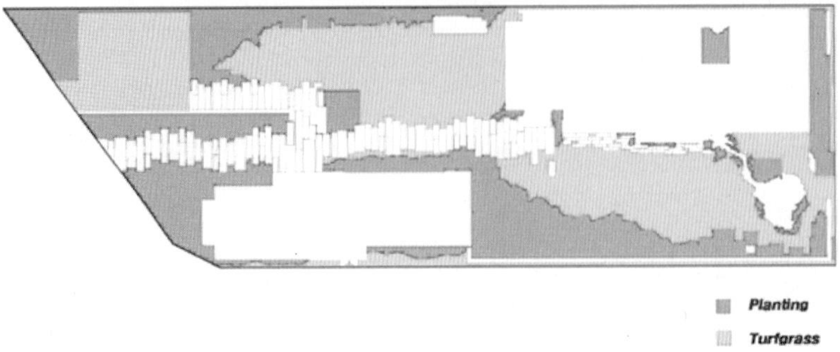

[Weed Removal Area – Insertion of illustration]

2) 건기를 위한 대안(Counterplan for drought season)

- 중부지역 연평균 강수량은 대략 1,300mm 이지만 그 중 60%가 6월에서 8월 중에 집중 된다. 건기는 3월에서 4월 그리고 9월에서 10월 경이다.
- 대부분의 침엽수는 제한된 관개에 의해 유지될 수 있는 반면 건기 중에 낙엽수, 그라운드커버 식생, 꽃들은 식생의 안정을 유지하기 위해 계절별로 관개를 필요로 한다.
- 최소화된 물의 공급을 프로그래밍하는 것이 제한된 수량으로 효율적인 관개를 위해 이용된다.
- 잔디식재 지역을 제외한 나머지 그린영역은 뿌리덮개 타입 시공으로 수분 증발을 막고 최소한의 관개를 가능케 하도록 수분을 보유한다.

3) 토양분석(Soil Analysis)

- 대상의 지리적 요소는 식생의 종을 선택하는데 있어 중요한 환경적 요소이다. 배치계획에서 식재될 주요 장소 두 곳의 토양 샘플을 수집하고 분석했다. 주차장과 정원의 대부분의 토양은 70% 이상의 모래를 포함하고 있는 양토silt loam 이고 거친 입자를 갖고 있다. 따라서 영양분을 보유하는 능력은 낮지만 배수에는 유리하다. 토양의 산성은 PH7로 적정 수준 5.5~6.5를 유지하기 위해 약간의 관리가 필요하다. 유기물은 평균치인 3%에 미달하므로 추가적인 개선이 필요하다. 주차장은 잔디식재에는 적당해 보이지만 추가적인 비옥화가 필요하다. 정원은 토양 개선이 필요한 상태이다.
- 대지와 토양에 대한 포괄적인 분석에 따르면 추가적인 비옥화 작업을 했을 경우 주차장 지역에 잔디식재를 하는 데는 문제가 없어 보이지만 정원의 토양은 샘플 분석에 따라 유기물량이 평균 이하이기 때문에 식재 시공과 동시에 유기적 비옥화 작업이 이루어질 것이다.

4.9 친환경 자재 및 폐기물관리(Materials and Wastes)

4.9.1 친환경 자재

적절한 재활용 전략을 통해 Green Tomorrow 건설기간 동안 배출된 폐기물의 50%이상을 감소시킬 수 있을 것으로 예측된다. 건축자재의 선택, 고효율 재활용 자재(H-Beam, 철근콘크리트, 스틸플레이트, 알루미늄 창호프레임, 가구에 사용된 재활용 우드 등)이 채택되었다. 대량의 지역생산품을 활용함으로써 트럭, 기차, 배, 기타 교통수단을 이용한 운송 중에 발생하는 탄소배출량을 감소시킬 수 있다.

Bio-Technology Integrated Material

Bio-Technology Integrated Material 은 콩, 옥수수, 식물성 오일과 같은 생물학적 자원을 이용하여 생산된다. 궁극적으로 이 재료는 생산단계에서 이산화탄소 배출량을 감소시킴으로써 환경오염을 감소시킬 수 있다.

재생 목재(Recycled Wood)

폐기된 목재를 이용해 생산된 재활용우드는 가구와 실내마감에 이용된다. 재활용우드를 활용한 생산품들은 다시 반복해서 재활용됨으로써 결과적으로 폐기물 배출량을 감소 시킨다.

목재-플라스틱 혼합물(Wood-Plastic Composition)

목재-플라스틱 혼합물은 폐기된 목재와 재활용 플라스틱의 압축혼합물을 이용해 만들어진다. 나무와 비슷한 향과 질감을 갈고 있으며 높은 내구성과 강도를 갖는다.

4.9.2 친환경 냉매

(1) 개요

열원장비에 이용되는 기존의 CFC 또는 HCFC 냉매를 대체할 수 있는 대체 냉매는 오존층붕괴지수와 지구온난화지수가 낮거나 0이어야 한다. 또한, 에너지 효율이 낮거나 독성 및 가연성을 갖는다면 실제 사용할 수 없게 된다. 이러한 조건에 만족하는 여러 종류의 냉매가 이미 개발되었으며 성능향상을 위한 연구가 진행중이다.

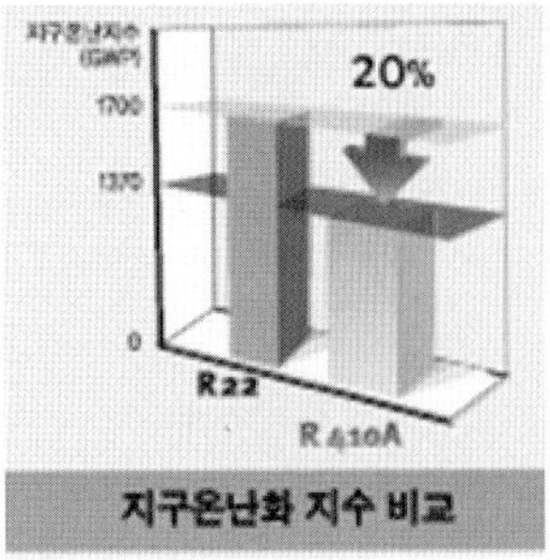

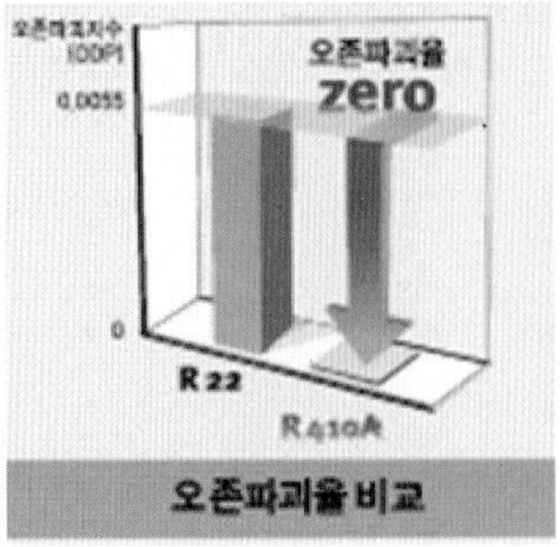

(2) 설계주안점

가. 성분별 대체냉매의 종류

- HCFC 냉매

: R22, R123, R124 등

- HFC 냉매

: R32, R407C, R410A 등

나. 사용 용도별 대체냉매 종류

- 가정용 냉장고 및 자동차 에어컨의 대체 냉매

: Rl34a, R152a, RC270 등

- 저온냉매의 대체 냉매

: R404A, R507 등

- 열펌프 및 각종 공조기기용 대체 냉매

: R32, R407C, R410A 등

다. 냉매의 선정 기준

- 냉매 및 냉매 사용 장비의 선정 조건

  · 냉매 충진량이 적을 것

  · 온난화지수가 낮을 것

  · 오존층파괴지수가 낮을 것

  · 장비 수명이 길 것

  · 사용 및 폐기시 누설량이 적을 것

- 기본적으로는 냉매를 사용하지 않는 열원장비를 우선적으로 고려

- 냉매를 사용하는 열원장비 적용시 친환경적인 대체냉매 사용 장비로 선정

- 장비의 기밀과 냉매배관 시공시의 기밀 유지가 가능하도록 우수 업체 및 시공자 선정

- 장비 유지보수시 냉매의 교환, 보충시의 냉매 누설이 없도록 사후 관리 필요
- 장비별로 특성에 맞는 냉매를 이용하므로 이를 사전에 파악하고 비교하여 선정

(3) 시공주안점

가. 배관시공

- 관재질 및 용접방식, 용접봉 종류에 주의하여 가스누설이 없도록 시공
- 용접부의 산화를 막기 위해 질소 주입

나. 기밀검사

- 질소 가압시험을 통한 누설 검사를 실시
- 배관 및 실내기 연결부의 누설 검사 실시

(4) 적용현황

가. 지열히트펌프 외관 및 사양

[지열히트펌프]

[하이드로키트]

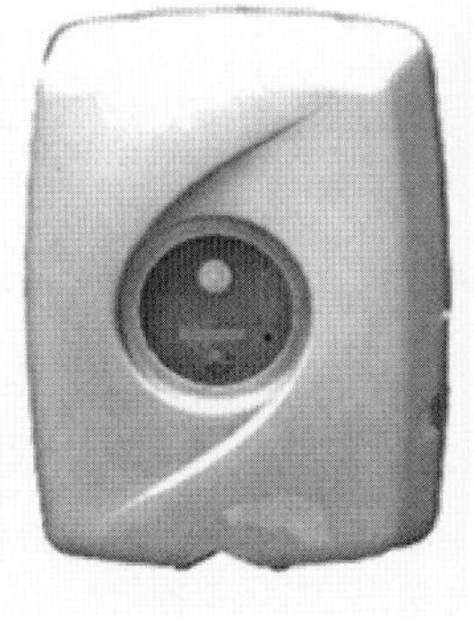

[설치현황]

ITEM		unit	4HP	10HP
			RWXDHN 040H1	RWXDHN 100H1
capacity	Cooling	kW	11.0	29.0
	Heating	kW	13.0	32.6
Elec.	Cooling	kW	2.60	5.80
	heating	kW	2.50	5.93
COP	cooling	W/W	4.23	5.00
	heating	W/W	5.20	5.50
COP (average)		W/W	4.72	5.25
compressor	Type	-	Digital Scroll	Digital Scroll
	Displacement	cc/Rev	-	77.2
	Motor output	kW	3.7	7.9
	Oil	cc	1242	1685
Heat exchanger	Type	-	Plate type	Plate type
	Pressure drop	kPa	20.0	30.0
diameter	Gas	INCH	5/8"	7/8"
	Liquid	INCH	3/8"	3/8"
	Water	mm	25	32
SOUND LEVEL		dBA	54	55
refrigerant	R410A	kg	2.7	7.1
MCCB		A	30	30

[지열히트펌프 사양(냉매 충진량)]

(5) 기대효과

: 친환경 대체냉매를 이용함으로써 지구환경에 기여할 수 있다. 참고로 LEED 인증시 친환경 냉매를 사용하는 장비의 친환경성을 판단하는 기준이 되는 판정법을 소개한다.

- LEED 인증에서는 냉매 충진량, 온난화지수, 오존층파괴지수, 장비 수명, 사용 및 폐기시 누설량 등을 고려하여 최종적으로 100point 이하(본 프로젝트는 78.9point)가 될 경우 가산점을 주고 있음.

This stabilizes the peak load and allows efficient use of the the electricity provided by the PV.
The scroll compressors in the GSHP contains 2.41kg environmental friendly refrigerant, R-410a and reduces ozone depletion. Refrigerant calculation is following.

GSHP refrigerant = R410a

Num	Cool. tons	Refrig.	GWPr	ODPr	Rc (lb/ton)	Life (yrs)	Lr (%)	Mr (%)	Tr Total Leakage (Lr x Life + Mr)	LCGWP (GWPr xTr x Rc) /Life	LCODPx 10^5 100,000 x ODPr x Tr x Rc) / Life	Refrigerant Atmospheric Impact = LCGWP + LCODP x 10^5	RAI x N x Qunit
5	3.7	R410a	1890	0	1.43	15	2%	10%	40%	81.1	0	81.1	1500
Qtotal: 18.5 ton												Subtotal:	1500
Average Refrigerant Atmospheric Impact = [Σ(LCGWP + LCODP x 10^5) x Qunit] / Qtotal : 78.9													

4.10 설계개념검증

4.10.1 건물 에너지 성능분석

건물성능 분석은 보편적으로 소프트웨어를 활용한 컴퓨터 시뮬레이션을 통해 건물의 열, 기류, 빛 그리고 에너지 성능 등을 예측하고 분석하는 것을 의미한다. 다양한 건물 정보들을 체계적으로 분석에 활용함으로써 보다 실제 사용 패턴과 유사한 예측이 가능하도록 관련 소프트웨어 및 시뮬레이션 기법들이 발전되어 오고 있다. 건물성능 분석을 위한 소프트웨어의 선정은 아래와 같은 여러 가지 요소들을 고려하여 가장 적합하고 효율적인 소프트웨어를 선정하게 된다.

모델링 자유도/편리성	다면체/경사면 모델링, BIM/CAD data import, 사용자 library 구성, 일사 직산분리/전달/투과 등
Passive 시스템 모델링	차양장치/태양열 획득, 자연환기, 이중외피, 축열매스 등
공조 시스템 모델링	바닥공조, 복사냉난방, IAQ 및 CO_2 제어, 전열교환기, 직팽공조기/제습공조기, VAV/CAV 등
열원 시스템 모델링	보일러, 냉동기, 냉각탑, 열교환기, 히트펌프, 급탕/자동제어, 1-2차 펌프/펌프 제어 등
신재생에너지	태양열/태양광/지열 등
추가 기능	경제성 분석, 전력 부하 계산, 유해가스 발생량 Modeling Error Check, 결과물 format 등

여기서는 보편적인 건물성능 분석의 목적 및 방법, 그리고 본 프로젝트 진행시 수행된 건물성능 분석에 대해 설명하였다.

1) 분석 목적 및 방법

(1) 건물 성능 분석의 목적

가. 건축 디자인 요소의 최적화

나. 건축 기계/전기 시스템의 최적화

다. 건물 에너지 성능 예측

라. 건물 쾌적 성능 예측

마. 건물 사용 단계의 에너지 관리 최적화

(2) 건물 성능 분석 방법

가. 기후 data 입력

나. 건물 구조체 data 입력

다. 건물 재실자 및 내부 발열 장비 data 입력

라. 건물 기계/전기 시스템 data 입력

마. 시뮬레이션

바. 결과값 출력

사. 결과값 분석

아. 피드백

2) Green Tomorrow 분석 사례

: Zero Energy House로 계획된 전시관 동에 대해서 설계안 개선과 분석을 병행하여 수행

(1) Scheme Design 단계 분석

가. 분석의 기본 방향

① 초기디자인 단계에서의 주요 분석 대상은 외피의 단열/기밀 성능, 차양 및 개구부, 자연환기 성능 등의 passive design 요소들이며, 디자인 결정에 많은 시간을 투입하기 보다는 다양하고 열린 디자인 대안들을 빠르게 분석하고 피드백하는 과정에 중점을 둔다. 따라서 비교적 가벼운 프로그램들을 주로 사용하게 된다.

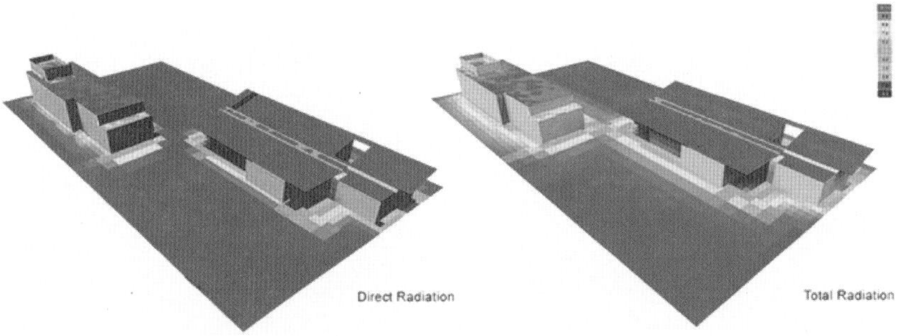

② Passive design 요소들의 적용 방안을 제시하고 적용에 따른 에너지소비량을 정밀 시뮬레이션 프로그램을 이용하되 반드시 필요한 부분만을 출력하여 활용함으로써 그 효과를 검증한다.

③ 기본 모델과 개선 모델을 비교함에 따라 상대적인 건물의 성능을 평가한다.

④ 분석 모델은 추후 상세 설계 진행시 기계/전기 시스템 및 세부 디자인 요소들에 대한 부분을 업데이트하여 최종적으로 건물의 에너지성능을 예측하는 데에 활용한다.

⑤ 분석 도구는 ECOTECT(기후/일사분석), eQUEST(에너지소비량분석)를 이용하였다.

나. 기본 모델(Baseline Case) 분석

① 기본 모델은 보편적인 건물을 가정하며, 이에 비해 개선 모델이 얼마나 더 나은 성능을 보이는지 비교할 수 있는 대상으로 이용된다.

② 기본 모델은 설계안과 동일한 형태/용도/내부부하를 가지며 여기서는 객관적인 판단기준이 될 수 있도록 하기 위하여 ASHRAE Standard 90.1-2004에서 제시하는 방법에 따라 기본 모델을 설정하고 분석하였다.

③ 기계설비 시스템은 패키지냉난방기+열회수환기유닛으로 가정하였음.

④ 선정된 기본 모델 분석 결과, 연간 에너지 사용량은 97.2 kWh/m^{2}year로 나타났다.

⑤ 기본 모델 및 개선 모델의 주요 입력 자료를 요약하면 다음과 같다.

	기본 모델 (ASHRAE 90.1)	개선 모델 (단열 성능 개선)	개선 모델 (기밀 성능 개선)
Indoor Temperature	Cooling: 26℃, Heating: 20℃		
Light Power Density	8 W/㎡	8 W/㎡	8 W/㎡
Occupancy density	Zero energy house : 4 persons		
Equipment power density	Zero energy house : 9 W/m²		
Air tightness	2.85 ㎥/h/㎡ (wall area)	2.85 ㎥/h/㎡ (wall area)	1 L/hr/㎥
Outdoor air rate	0.7 air change/hour		
External Wall	0.495 W/㎡ K	0.095 W/㎡ K	0.095 W/㎡ K
Roof	0.36 W/㎡ K	0.078 W/㎡ K	0.078 W/㎡ K
Floor	0.29 W/㎡ K	0.083 W/㎡ K	0.083 W/㎡ K
Windows	3.24 W/㎡ K SC = 0.45	0.9 W/㎡ K SC = 0.45	0.9 W/㎡ K SC = 0.45
HVAC system	Packaged Terminal Heat Pump(according to ASHRAE 90.1)		

다. 개선 모델(Proposed Case) 분석

① 차양(일사 차단)

- 냉방기의 직달일사 차단을 위한 차양 디자인
- Sun path diagram을 활용하여 일사를 어느 각도까지 차단할지 최적안 도출
  : 1.6m 권장
- 모든 계절에서의 효과적인 이용을 위한 가동형 차양 설치도 권장

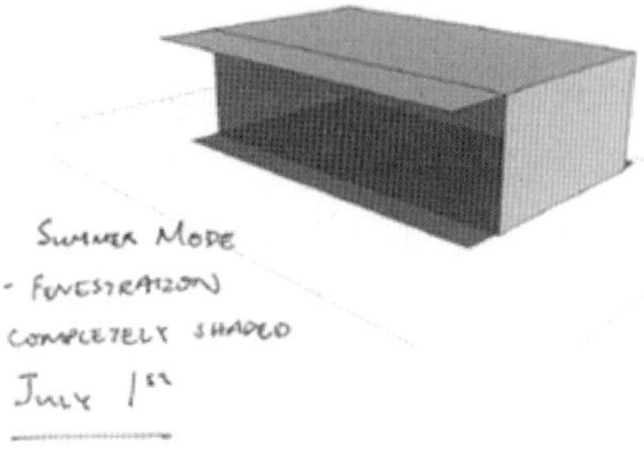

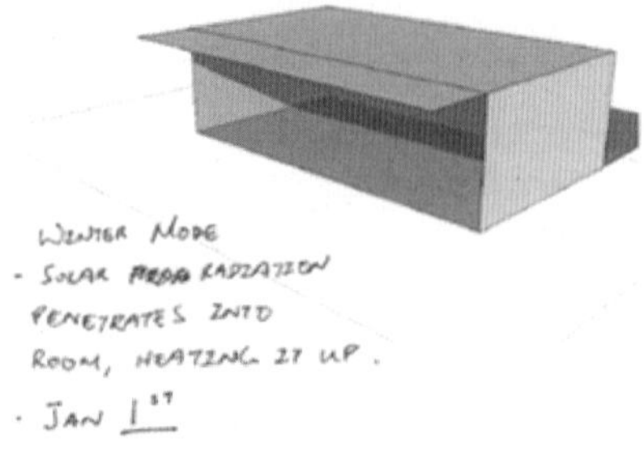

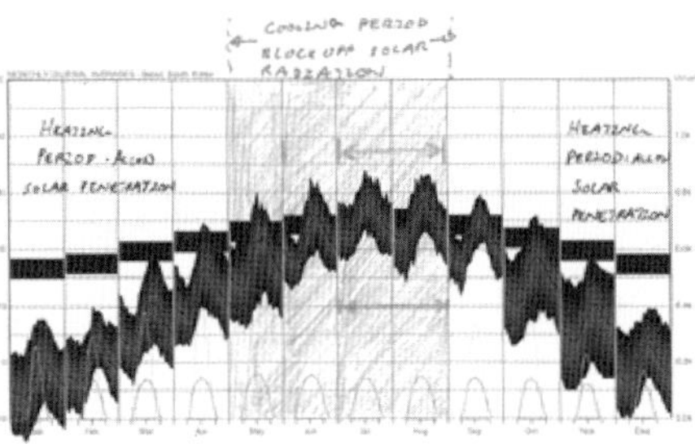

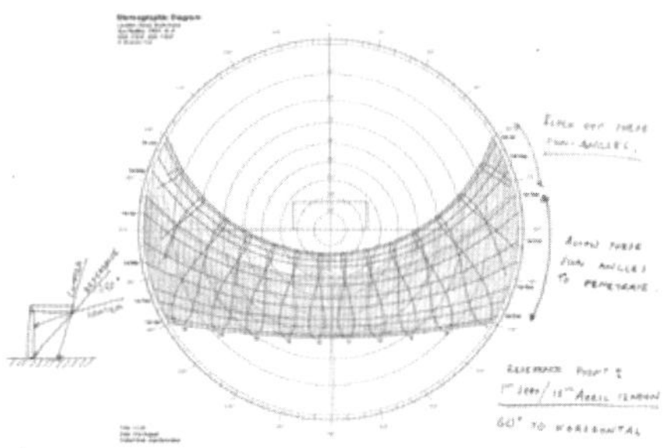

② 외피

- 외벽 단열성능은 해외 패시브하우스 가이드라인 이상의 성능을 보유
- 일반 제품에 비해 열저항이 매우 뛰어난 진공단열재 적용
- 진공단열재는 제품 특성상 가장자리에서의 단열성능에 문제가 발생하므로 가장자리를 서로 겹치게 하는 방식을 이용하고 진공단열재 뒷편에 일반단열재를 겹치는 방식으로 최종 시공 필요
- 창호는 Low-E 코팅을 적용한 0.9W/m²K의 삼중유리를 적용

국내외 기준 / 부위	국내 최소 기준	ASHRAE 최소 기준 (Baseline)	Kingspan Lighthouse (영국)	Terrace House (호주)	Green Tomorrow (Proposed)
External wall	0.47	0.5	0.11	0.1	0.095
Roof	0.29	0.36	0.11	0.08	0.078
Floor	0.35	0.29	0.11	0.09	0.083
Window	3.84	2.61	0.8	0.85	0.9

③ 기밀성

- 외피의 기밀성능은 0.277 L/s/㎡(50Pa 기준)으로 적용
- 상대적으로 외피 면적이 크고 내부 발열이 적은 특성을 갖는 주택의 경우 외피의 기밀성능은 에너지 사용량에 매우 큰 영향을 미침

- 외피의 기밀성은 자재선정 뿐만 아니라 시공관리도 매우 중요

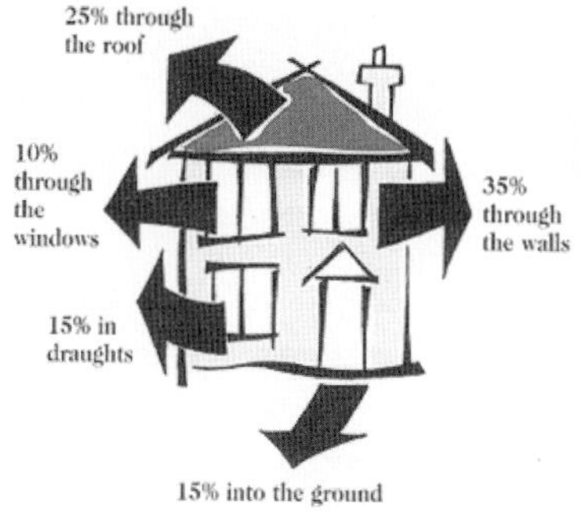

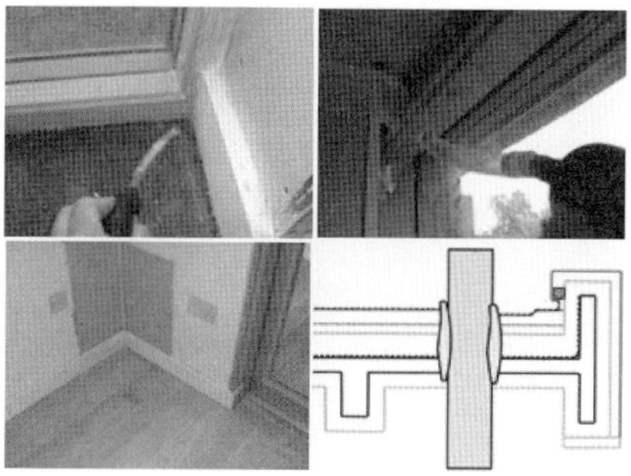

④ 조명 및 채광

- 조도 시뮬레이션 수행하여 자연채광의 적용성을 분석하였음
- 분석 결과 서재 및 욕실의 조도 확보를 위해 추가 창문 설치를 권장함
- 조명 부하를 추가적으로 절감시킬 경우 에너지사용량은 더 절감이 가능
- 이와 별도로 고효율 조명(LED 등), 고효율 가전기기 적용 권장

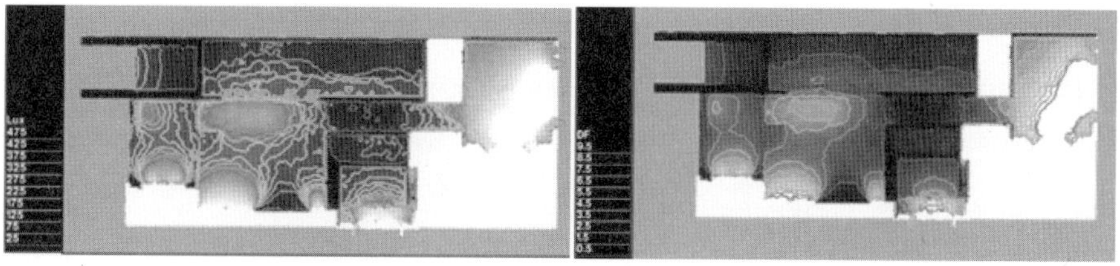

⑤ 자연환기

- 외부 온습도 및 풍속 조건이 자연환기에 적합한 기간을 계산
- 본건물은 맞통풍이 가능하도록 계획되어 있으며 천창을 활용한 환기도 권장
- CIBSE의 가이드라인을 참고하면 자연환기를 위한 본 건물의 필요 창면적은 16㎡
- 자연환기가 전체 에너지소비량 절감에 주는 영향은 약 2.5%에 불과하나 시스템 가동시간 중에서 절감량은 약 5%, 냉방에너지만의 절감량은 더욱 크다.

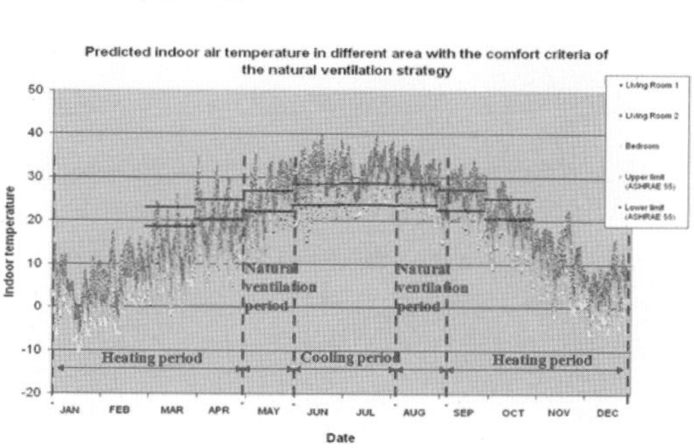

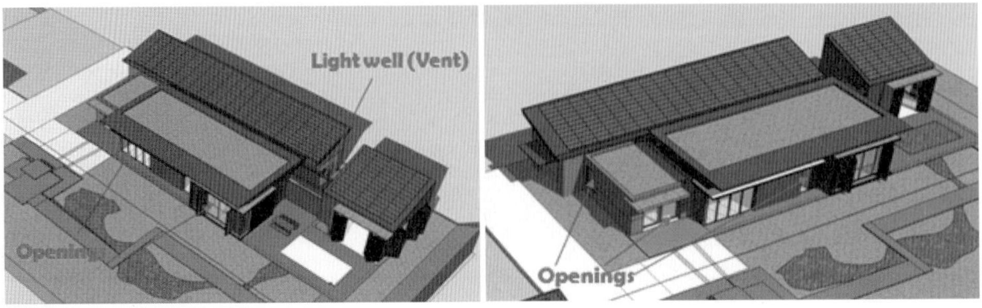

⑥ 시뮬레이션 결과

: 각 기법들을 적용한 경우의 연간 에너지 사용량 분석 결과는 다음과 같다.

- 기본 모델 : 연간에너지 사용량 97.2 kWh/m² year

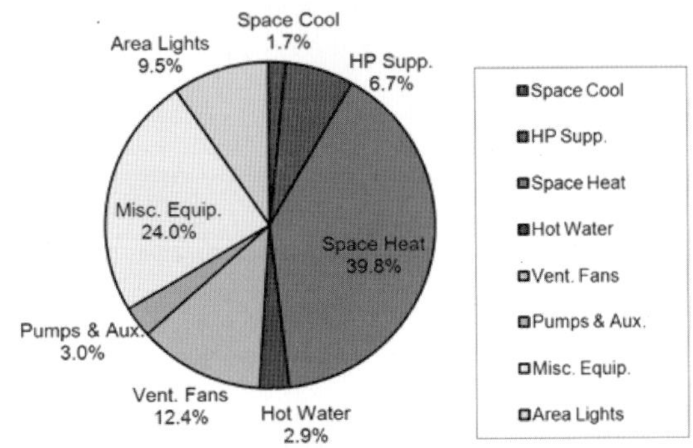

- ① 차양, ② 외피 항목 적용시 : 연간에너지 사용량 84 kWh/m² year

(기본 모델 대비 약 11% 절감, 난방부하의 경우 34% 절감)

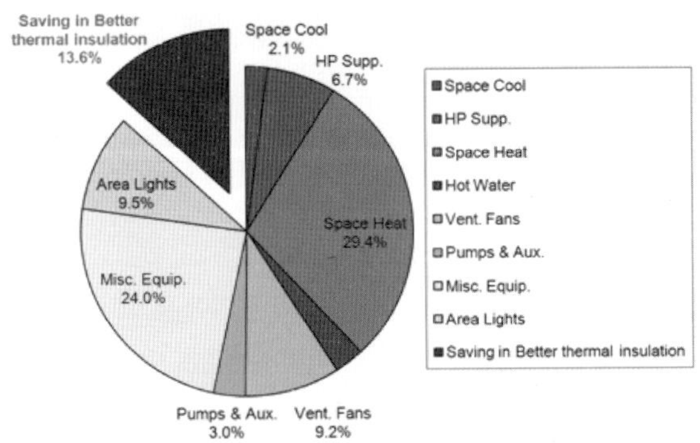

- ①, ② + ③외피의 기밀성 강화시 : 연간에너지 사용량 58 kWh/m² year

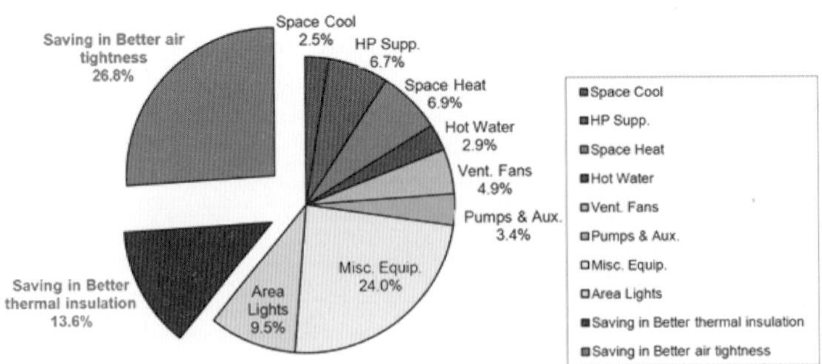

- ①, ②, ③ + ④ 자연채광 적극 이용시 : 연간에너지 사용량 49.8 kWh/m²year

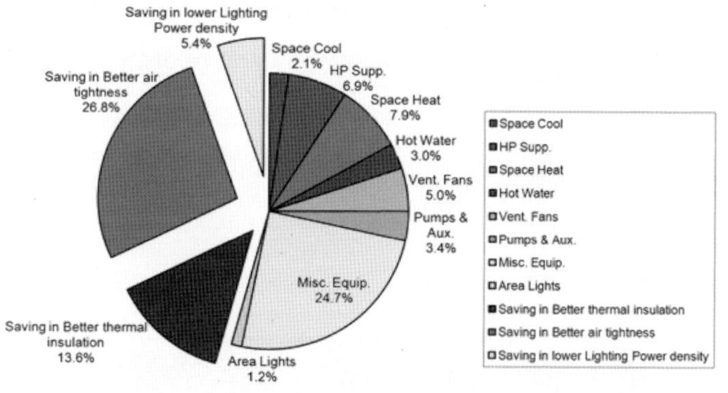

⑦ 결과 분석 및 제안

- 주요 passive 기법이 설계에 최적화되어 반영시 에너지사용량 약 50% 절감 예상
- 고효율 장비 및 시스템 최적화에 의해 약 10% 추가 절감 가능할 것으로 예상
- 에너지절감 기법 적용 후 필요 에너지는 신재생에너지원에 의한 발전으로 공급
- 추후, 신재생에너지원의 설치 면적 및 설치시 공급 가능한 전력량 분석 필요

(2) Detailed Design 단계 분석

가. 분석의 기본 방향

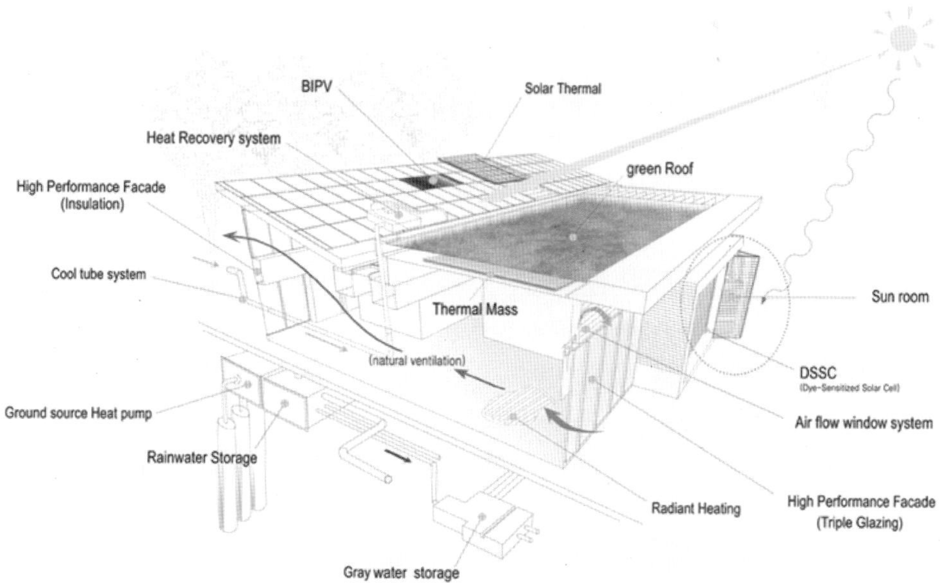

① Passive design 요소들을 더욱 발전시키고 기계/전기 기기 효율 향상 및 시스템 최적화와 같은 active control 요소들까지 포함한 통합 건물에너지성능 검증이 목적이며 따라서 건물의 세부 설계내용을 입력할 수 있고 기계/전기 설비의 상세한 모델링이 가능한 정밀 시뮬레이션 도구를 활용하여 다양한 건물성능을 검증한다.

② 최종 설계안에 따라 기본 모델과 개선 모델을 각각 업데이트 하여 분석 수행

③ 에너지소비량 절감 후 나머지 필요 에너지는 신재생에너지를 이용해 공급하며 이를 위한 최적 신재생에너지 발전 설비의 설치/운영 계획 수립

④ 분석도구는 eQUEST를 이용

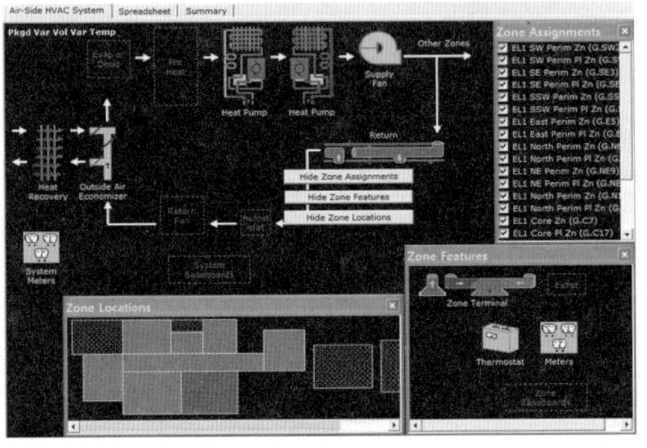

나. 기본 모델 및 개선 모델의 에너지사용량 비교

① 에너지 소비의 용도별 분류 및 소비량 산출 방법

- 용도별 대분류 체계

에너지용도별 분류	분류별 에너지사용 장비	전력소비량 계산 방법
Space cooling	지열히트펌프(냉방시)	냉방시간과 COP로 계산
Space heating	지열히트펌프(난방시)	난방시간과 COP로 계산
Domestic hot water	급탕가열기, 급탕순환펌프	급탕부하로 예측
Ventilation Fans	열회수환기유닛, FCU, 화장실배기팬, 주방배기팬, 기계/전기실 환기팬	장비의 동력 및 1일 사용량에 대한 비율로부터 예측
Plumbing system (=Ext. Usage)	우수펌프+중수펌프+MBR	펌프 및 중수처리시설 전력소비량 예측치
Pump & Misc. Equipment	지중순환수/냉온수 순환펌프, 태양열집열기 열매순환펌프, 기계실 sump 펌프 Airflow window system, 온돌하부 축열용 순환 fan, 취사용 포함 전열/가전 일체	펌프별 전력소비량 예측치, Airflow window system, 온돌 하부축열 순환fan, 전열/가전 등의 사용스케줄로 전력소비량 예측
Total Lighting	모든 실내/실외 조명장치	조명설계자료 및 사용스케줄로 전력소비량 예측

- 세부 장비/기기별 분류

<table>
<thead>
<tr><th>에너지 사용 장비/기기</th><th>에너지 용도별 분류</th></tr>
</thead>
<tbody>
<tr><td>Geothermal Heatpump + circulation pump</td><td>Cooling and Heating + Pump</td></tr>
<tr><td>Solor Collector + ciculation pump</td><td>Pump & Misc. Equip.</td></tr>
<tr><td>Enthalpy Recovery ventilationunit</td><td>Ventilation Fans</td></tr>
<tr><td>Ceiling mounted FCU</td><td>Ventilation Fans</td></tr>
<tr><td>Air Flow Window System</td><td>Pump & Misc. Equip.</td></tr>
<tr><td>Night insulation louver + hollow wall</td><td>Pump & Misc. Equip.</td></tr>
<tr><td>Package graywater treatment system</td><td>Plumbing System</td></tr>
<tr><td>Bathroom exhaust fan, kitchen hood exhaust fan</td><td>Ventilation Fans</td></tr>
<tr><td>Domestic hot water generator + circulation pump</td><td>Domestic Hot Water</td></tr>
<tr><td>Storm water system</td><td>Plumbing System</td></tr>
<tr><td>IT system RM ventfan, Mech. & Elec. RM ventfan</td><td>Ventilation Fans</td></tr>
<tr><td>Mech.RM sump. Pump</td><td>Pump & Misc. Equip.</td></tr>
<tr><td>Lighting Fixtures, Smart Exterior lighting</td><td>Lighting</td></tr>
<tr><td>Fitting Mirror, Magic Mirror(BathTV), LCD TV</td><td rowspan="7">Pump & Misc. Equip.</td></tr>
<tr><td>Energy saving desktop PC,
Energy saving Notebook, Energy saving Print</td></tr>
<tr><td>High efficiency refrigerator,
High efficiency refrigerator for Kimchi</td></tr>
<tr><td>Induction cooker, Steam oven range</td></tr>
<tr><td>Drum washing machine use the Ozone</td></tr>
<tr><td>House work help Robot</td></tr>
<tr><td>Lighting control system, Teleconmmuting System,
Good sleep system for Bathroom,
Indoor environment controller,
Food care system, Home care system,
Access control system, REMS</td></tr>
</tbody>
</table>

② 연간 에너지소비량 산출

- 분류별 에너지 소비량 비교(최종설계안)

분류	기본 모델(kWh)	개선 모델(kWh)
Space Cool	1,101 (100%)	1,967 (179%)▲
Space Heat	18,810 (100%)	2,302 (12%)▼
Hot Water	535 (100%)	535 (100%) =
Vent. Fans	4,734 (100%)	1,863 (39%)▼
Plumbing system	288 (100%)	288 (100%) =
Misc. Equipment & Pump	5,872 (100%)	8,684 (148%)▲
Total Lighting	4,375 (100%)	4,373 (100%)▼
Total Energy Consumption	35,716 (100%)	20,013 (56%)▼
Active/Passive saving	-	44%
Renewable Power Supply	-	56%
Total energy saving	-	100%

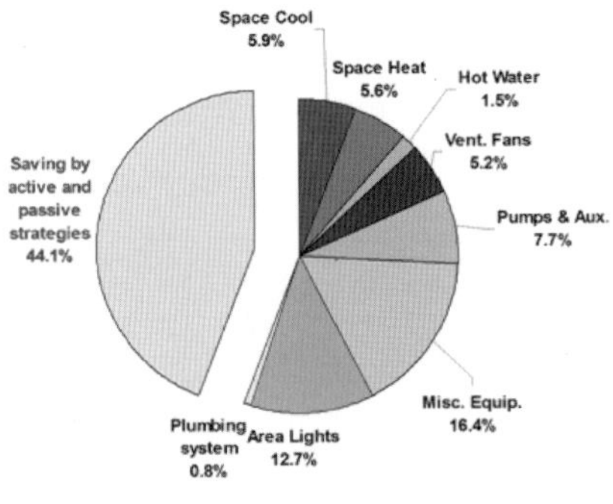

- 결과 분석

  · 초고성능 단열재의 적용으로 난방부하 대폭 절감

  · 냉방부하는 내부의 열이 밖으로 덜 빠져나가는 현상이 특히 중간기에 발생하므로 자연환기, 차양 등의 기법을 적용하였음에도 오히려 증가하였다. 하지만 본 건물은 난방이 주가 되는 건물이므로 난방을 대폭 절감시키는 것에 집중하는 디자인이 전체 에너지사용량 측면에서는 바람직하다.

· 고성능 고기밀 창호 적용으로 난방부하 대폭 절감

· 일반적인 주택과 달리 내부에서 다양한 종류의 가전제품 및 전자기기를 이용하며 중수처리시설 등 수자원 절감시스템 등이 추가되어 'Misc. Equipment & Pump' 항목은 개선모델이 오히려 증가하였다.

· 가전제품 등은 모두 고효율제품을 적용하였음에도 ASHRAE에서 규정하고 있는 기본모델과 다소 성격이 상이하여 증가하였다.

· 최종적으로 건물의 에너지사용량은 기본 모델의 56% 수준이며 이는 모두 신재생에너지에 의한 발전으로 공급한다.(연간 에너지수지 zero)

- 에너지소비 용도분류 간의 상관관계

: 에너지소비량은 각 용도별 분류 간에 각각 별도로 에너지를 소비하는 것이 아니라 밀접한 상관관계를 갖고 있기 때문에 에너지소비를 절감함에 있어서는 다각적인 검토가 필요하다.

· 조명부하 증가 ↔ 냉방부하 증가 ↔ 난방부하 감소

· 장비부하 증가 ↔ 냉방부하 증가 ↔ 난방부하 감소

· 냉난방부하 증가 ↔ 펌프동력 증가

· 급탕부하 증가 ↔ 펌프동력 증가

(3) 신재생에너지에 공급 계획

가. 적용 신재생에너지

① 태양광 발전

: 본 건물은 전전화(全電化) 건물로서 필요한 모든 전력은 태양광발전이 공급함

② 지열 이용 히트펌프

: 타 열원장비에 비해 에너지소비량이 적기는 하나 상당한 양의 전력을 소비함

③ 태양열 급탕

: 급탕에 필요한 열은 모두 태양열로부터 얻으나 펌프 등의 동력은 필요함

④ 풍력 발전 및 연료전지

: 시험용 성격으로 적용하였으며 에너지 계산에는 반영하지 않음

나. 본 건물에서 사용하는 모든 기계/전기 장비류, 가전제품, 조명, 취사기기 들은 전기로만 작동되며 따라서 신재생에너지는 모두 전기의 형태로 공급한다.

다. 지열이용 시스템 및 태양열급탕은 열의 형태로 공급되나, 지열시스템 및 태양열급탕 설비에서 사용하는 히트펌프 및 펌프 등의 동력은 모두 신재생에너지를 이용한 발전 전력으로 공급된다.

라. 신재생에너지 필요 공급량

① 신재생에너지 설비는 연간 19,962 kWh(건물의 연간 에너지사용량) 이상을 생산할 수 있어야 함

② 월별 태양광 발전 공급 가능량과 에너지 소비량을 비교하여 발전설비, 축전설비, 한전수전설비 등의 적정 용량을 결정한다.

③ 월별 태양열 급탕 공급 가능량과 급탕 부하를 비교하여 태양열 집열설비, 저탕탱크 등의 적정 용량을 결정한다.

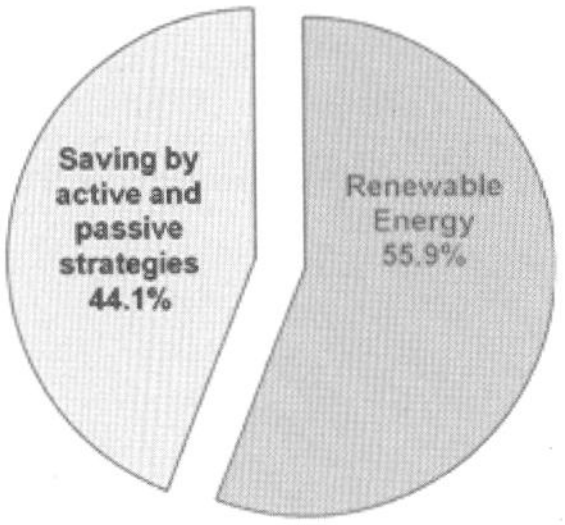

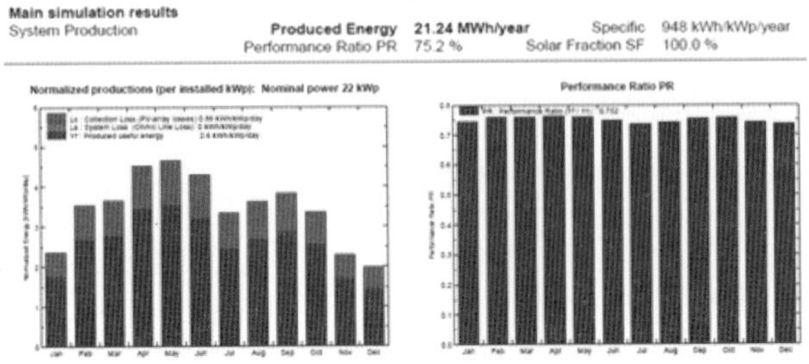

3) 결론

본 건물은 Zero Energy House로 계획되었다. 설계 초기부터 다양한 에너지절감형 디자인 요소들의 적용성을 검토하고 그 효과를 검증한 후 최적의 대안을 건물에 적용하는 방식에 의해 가장 적합하고 효과가 뛰어난 에너지절감 기법들을 다수 반영하였다. 물론, 그 효과가 다소 불확실한 기법들도 연구개발의 일환으로 추후 사용시 모니터링 등을 통한 검증 및 최적화를 전제로 다수 적용되었다.

이러한 과정을 거쳐 도출된 최종 설계안에 대한 분석 결과, 각종 절감기법들을 이용하여 기본적으로 건물에서 필요로 하는 에너지소비량을 약 44% 절감하였으며, 나머지 56%의 에너지를 신재생에너지(태양광 발전) 발전설비로 공급하여 연간 에너지수지를 zero화 할 수 있는 것으로 나타났다.

분석에는 여러 가지 불확실한 가정 요소들이 포함되며 추후 실제 사용자들의 생활패턴 및 에너지사용 패턴 변화, 지역 기후의 변동, 주위의 신축 건물에 의한 일조/일사 패턴 변화 등에 의해 실제 에너지사용량과는 다소 상이할 수도 있다. 하지만 이러한 변수들은 시뮬레이션의 어쩔 수 없는 한계이며, 이러한 한계를 최소화 하기 위해 LEED에서 요구하는 바와 같이 ASHRAE 코드에 따른 정량적인 건물 분석 방법을 사용하여 검증하고 LEED 인증 에너지항목에서 최고점을 얻었으며 LEED 인증 또한 최고등급인 Platinum을 획득하였다.

또한, 준공 이후 사용시점에서 분류별 에너지 사용량 및 기타 관련 데이터들을 수집할 수 있는 모니터링 설비를 설치하여, 에너지사용량 예측치와 실제 사용치의 비교를 통한 보정작업을 추후 시행하고 이에 따라 시스템을 최적화하는 과정이 가능하도록 계획하였다.

다양한 분석 도구를 이용한 건물 성능 분석은 최종적으로 건물의 에너지성능을 판단하는 데에 사용되지만, 설계 초기과정에서부터 신속한 분석을 통해 디자인 요소의 최적화에 이를 반영하는 과정이 보다 중요하다. 설계의 초기단계에서 이러한 분석을 통한 디자인 발전과정을 거칠수록 저비용/고효율의 에너지 절감이 가능한 반면, 세부 설계가 진행되면 될 수록 이러한 분석 결과를 설계에 반영함에 있어서 비용과 시간이 많이 필요하게 된다. 본 프로젝트에서는 건축설계자, 엔지니어, 건축주 그리고 시공자에 이르는 모든 참여자가 에너지 컨설턴트를 중심으로 유기적으로 협업하고 적절한 시기에 의사결정을 해 나아가는 바람직한 과정을 제시했다는 측면에서 의미를 갖는다.

4.10.2 LEED 인증

1) LEED 소개

(1) 주요 국가 친환경 건축물 인증 제도

가. 미국 : LEED (에니지절약형, 친환경 긴물 긴설을 위한 인증)

나. 일본 : CASBEE (적은 환경부하로 높은 성능 건물 실현 목표)

다. 영국 : BREEAM (세계 최초 건축물 환경성능 인증 제도)

라. 한국 : 친환경건축물인증제도 (건축물 종합환경을 평가)

(2) LEED 개요

가. Leadership in Energy and Environmental Design의 약어로 에너지 절약형, 친환경 빌딩 건설 및 환경보전을 위한 Green Building Rating System을 제공하는 인증 제도

나. 1993년 US Green Building Council(USGBC)이 설립되었으며 그린빌딩의 친환경 지표를 객관적으로 측정할 수 있는 평가기준(Rating system)을 개발하여 시행

다. 인증 등급 구분

인증 등급	LEED v2.2	LEED v3.0 (2009)
Certified	26~32	40~49
Silver	33~38	50~59
Gold	39~51	60~79
Platinum	52~69	80~110

라. 국내외 LEED 인증 현황(2009년 7월 기준)

: 전체 인증 건수 중 Platinum 등급의 인증 비율은 5.5%임

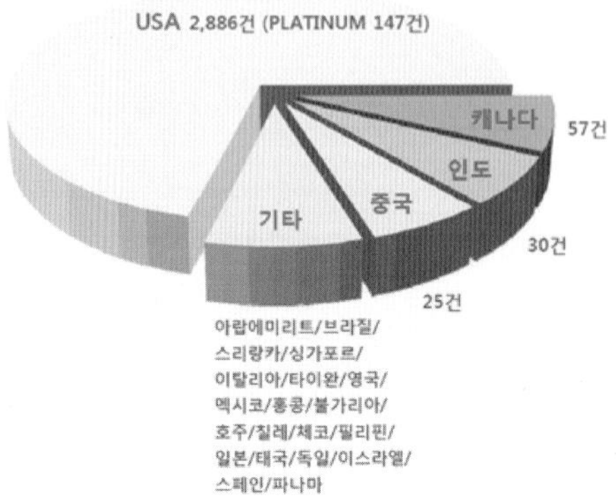

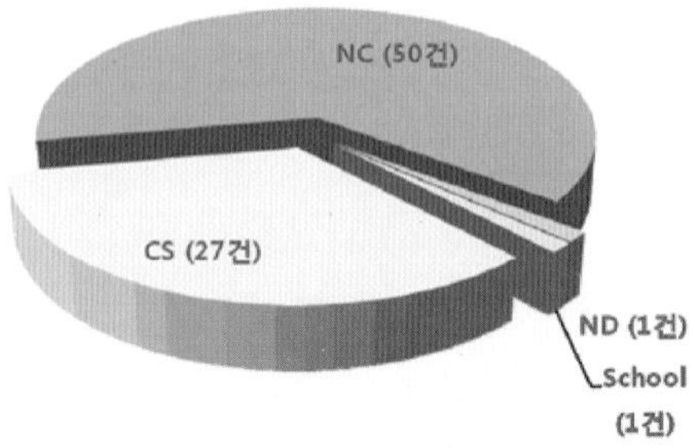

• 삼성 Green Tomorrow 2009년 말 국내 최초 PLATINUM인증 획득

2) LEED Platinum 획득

(1) 개요

Green Tomorrow는 계획 초기부터 친환경적인 건물을 위해 설계와 시공, 사용에 이르는 전과정을 염두에 두었으며 건축, 기계, 전기, 조경 등 각 분야간 협의를 거치는 통합설계접근 방식을 우선시하였다. 그 결과 다양한 항목에서 고른 친환경 성능을 갖는 건물로 설계가 가능하였으며 설계 컨셉이 제대로 구현될 수 있는 시공이 가능했다. 또한, 최종적으로 동북아시아지역 최초로 LEED Platinum 인증을 획득함으로써 이러한 설계 및 시공과정의 타당성을 검증받았다.

(2) LEED-NC Version 2.2 (New Construction) 최종 득점 현황

55 : 최종 득점					가능 점수 합계 : 69
12		Sustainable Sites **가능 점수** :			14
Yes	SS	Prerequisite 1	Construction Activity Pollution Prevention	○	0
1	SS	Credit 1	Site Selection	○	1
1	SS	Credit 2	Development Density & Community Connectivity	○	1
	SS	Credit 3	Brownfield Redevelopment		1
4	SS	Credit 4.1~4.4	Alternative Transportation	○	4
2	SS	Credit 5.1~5.2	Site Development	○	2
1	SS	Credit 6.1	Stormwater Management: Quantity Control	○	1
	SS	Credit 6.2	Stormwater Management: Quality Control		1
2	SS	Credit 7.1~7.2	Heat Island Effect	○	2
1	SS	Credit 8	Light Pollution Reduction	○	1

5		Water Efficiency 가능 점수 :			5
2	WE	Credit 1.1–1.2	Water Efficient Landscaping	○	2
1		Credit 2	Innovative Wastewater Technologies	○	1
2		Credit 3.1–3.2	Water Use Reduction	○	2
16		Energy & Atmosphere 가능 점수 :			17
Yes	EA	Prerequisite 1	Fundamental Commissioning of the Building Energy Systems	○	0
Yes		Prerequisite 2	Minimum Energy Performance	○	0
Yes		Prerequisite 3	Fundamental Refrigerant Management	○	0
10		Credit 1	Optimize Energy Performance	○	10
3		Credit 2	On-Site Renewable Energy	○	3
1		Credit 3	Enhanced Commissioning	○	1
1		Credit 4	Enhanced Refrigerant Management	○	1
1		Credit 5	Measurement & Verification	○	1
		Credit 6	Green Power		1
5		Materials & Resources 가능 점수 :			13
Yes	MR	Prerequisite 1	Storage & Collection of Recyclables	○	0
		Credit 1.1–1.3	Building Reuse		3
1		Credit 2	Construction Waste Management	○	2
		Credit 3	Resource Reuse		2
2		Credit 4	Recycled Content	○	2
2		Credit 5	Regional Materials	○	2
		Credit 6	Rapidly Renewable Materials		1
		Credit 7	Certified Wood		1
12		Indoor Environmental Quality 가능 점수 :			15
Yes	EQ	Prerequisite 1	Minimum IAQ Performance	○	0
Yes		Prerequisite 2	Environmental Tobacco Smoke (ETS) Control	○	0
1		Credit 1	Outdoor Air Delivery Monitoring	○	1

(3) 인증서 및 인증마크

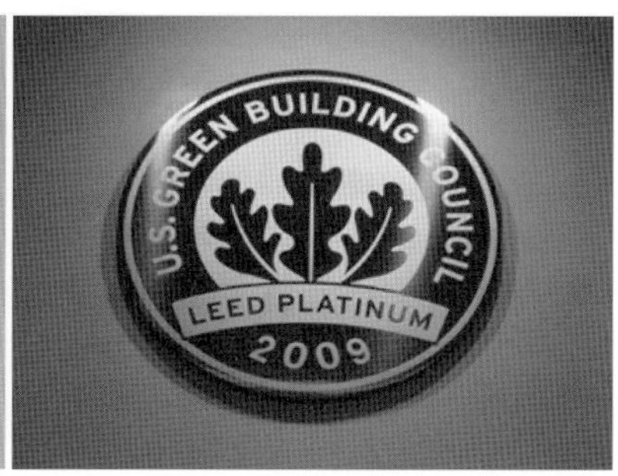

4.10.3 친환경 건축물 인증

1) 국내 건축물 인증제도

구분	건물에너지 효율등급	친환경건축물	주택성능등급 표시제도	지능형건축물	초고속정보통신
시행시기	2001.1	2002.01(통합)	2008.01.09	2006.08	1999.04
인증대상	18세대 이상의 신축 공동주택 2010년부터 업무용 건물도 추가시행	공동주택 주거복합건축물 업무용건축물 학교시설 판매시설 숙박시설	1000세대 이상 공동주택	공공건물 업무용건축물	공동주택 (50세대 이상) 업무용건축물
인증기관	지식경제부	환경부, 국토해양부	국토해양부	국토해양부	방송통신위원회 전파관리소
강제성	무	무	무	무	무
평가기관	건설기술연구원 에너지기술연구원 에너지관리공단	에너지기술연구원 대한주택공사 주택도시연구원 크레비즈큐엠 한국교육환경연구원	한국건설기술연구원 대한주택공사 한국시설안전기술공단 한국감정원	IBS KOREA 한국환경건축연구소 (www.kriea.re.kr)	한국정보통신산업협회 전파관리소
수수료 (공동주택)	전용면적 기준	세대 수 기준	세대 수 기준	기본료+기술료+실 비세대 수 기준 (공동주택)	없음 (단 인증 합격시 부여하는 인증명판 비용은 신청인 부담)

2) 친환경건축물 인증

가. 친환경건축물 인증제도

정의

친환경건축물 인증제도는 건축물의 입지, 자재의 선정 및 시공, 유지관리, 폐기 등, 건축물 생애의 전(全)과정 을 대상으로 에너지 및 자원의 절약과 오염물질의 배출 감소, 쾌적성, 주변환경과의 조화 등 환경에 영향을 미치는 요소에 대한 평가를 통하여 건축 물의 환경성능을 인증하는 제도임.

인증기관

주택도시연구원, 크레비즈큐엠, 한국에너지기술연구원, 한국교육환경연구원

[등급 및 배점 (업무시설 기준)]

	등급	심사점수	비고
	최우수	85점 이상	100점 만점 (추가항목 포함 136점)
	우수	65점 이상	
부문		배점	평가항목 수
토지이용 및 교통	토지이용	7	3
	교통	5	3
에너지 자원 및 환경부하	에너지	23	3
	재료 및 자원	21	7
	수자원	14	4
	환경오염	6	2
	유지관리	10	3
생태환경	생태환경	19	4
실내환경	실내환경	21	11
소 계		100	28
추가항목		36	12
합 계		136	40

인센티브

- 취 · 등록세 감면

서울시는 친환경건축물인증 획득 건축물에 대해 다음 기준에 의거 취 · 등록세를 경감하는 인센티브를 부여하고 있다.

친환경 기준 / 에너지 기준	85점 이상	75점 이상 85점 미만	65점 이상 75점 미만
EPI 81점 이상 또는 건물에너지 효율 1등급	I (Platinum)	II (Gold)	III (Gold)
EPI 74점 이상 미만 또는 건물에너지 효율 2등급	II (Gold)	III (Silver)	IV (Bronze)
취 · 등록세 경감율	I 등급 20%, II등급 15% III등급 10%, IV등급 5%		

나. 인증 항목별 평가

1. 기존 대지의 생태학적 가치

평가목적

기존 대지의 환경 및 생태학적 가치를 평가하여 환경적으로 가치 있는 토지자원을 보호한다.

평가기준

등급	배점기준	가중치
1급	생태학적 가치가 낮은 대지가 전체 대지면적의 80% 이상일 경우	1.0
2급	생태학적 가치가 낮은 대지가 전체 대지면적의 50% 이상일 경우	0.5

평점 : 가중치 × 배점(2.0)

GT 적용사례

- 해당대지가 자연대지임.
- 기존대지의 생태학적 가치가 높은 것으로 판단됨.

2. 건폐율

평가목적

건폐율을 평가함으로써 대지 내 옥외공간의 질, 쾌적성 등 대지의 기본적 환경수준을 확보하도록 유도한다.

평가기준

평점 : 계산식에 의한 평점 부여 (최고3점)

계산식 : Y = 0.15 × X

X = (법정건폐율-계획건폐율)/법정건폐율 × 100

※ 계획건폐율이 법정의 80%이하일 경우, 최고점 획득

GT 적용사례

법정건폐율 : 60%

계획건폐율 : 24.69%

계산식 : X = (60 - 24.69) / 60 × 100 = 58.85

Y = 0.15 × 58.85 = 8.82

3. 일조권 간섭 방지대책의 타당성

평가목적

대상건물이 인접 대지의 주광을 차단하지 않도록, 대상건물의 최고 높이와 인접대지경계선으로부터 대상건물까지의 수평거리 비율이 적정한지를 평가한다.

평가기준

평점 : 가중치 × 배점(2.0), 이웃대지와의 앙각을 측정하여 해당 가중치 부여

※ 해당 건물의 가장 불리한 앙각을 기준으로 한다.

앙각	60°미만	50°미만	40°미만	35°미만	30°미만
가중치	0.2	0.4	0.6	0.8	1.0

GT 적용사례

북측 인접대지 경계선 거리 : 32.55m

건축물 높이 : 48.63m 측정앙각 : 55.47°

※ 평점 : 가중치(0.2) × 배점(2.0) = 0.4점

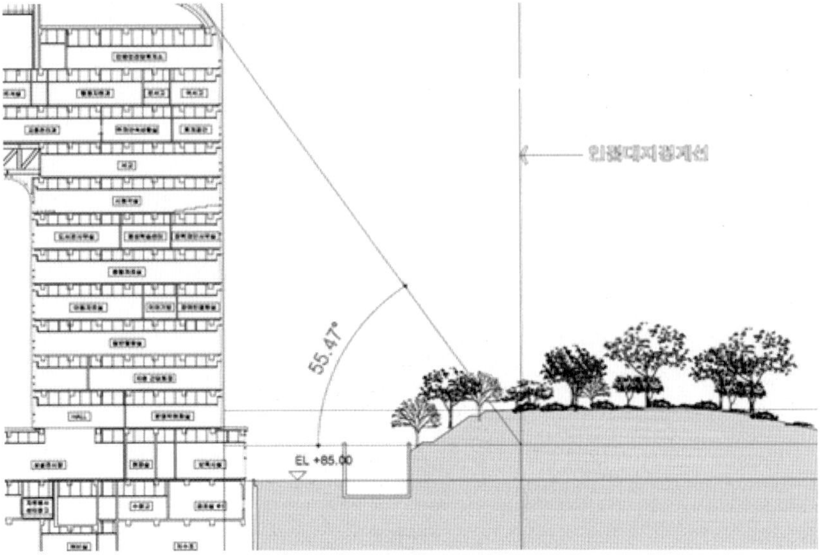

※ 북측 대지와 레벨이차기 발생할 경우 가중평균 높이를 기준으로 삼는다.

4. 대중교통에의 근접성

평가목적

대중교통 이용을 통한 공해발생의 저감, 에너지 사용 절감 등을 유도하고자 한다.

평가기준

평점 : 가중치 × 배점(2.0) 대중교통수단과의 도보거리를 측정하여 가중치 산정.

※ 도보거리는 가장 유리한 대지 출입구로부터 산정함.

구 분	대중교통과의 도보거리	가중치
1급	300M 이내에 대중교통 수단이 2개 이상 위치한 경우	1.0
2급	200M 이내에 대중교통 수단이 위치한 경우	0.8
3급	300M 이내에 대중교통 수단이 위치한 경우	0.6
4급	400M 이내에 대중교통 수단이 위치한 경우	0.4
5급	500M 이내에 대중교통 수단이 위치한 경우	0.2

GT 적용사례

도보거리 약 160m 거리에 버스정류장이 위치함.

※ 평점 : 가중치(0.8) × 배점(2.0) = 1.6점

5. 대지 내 자전거보관서 설치 여부

평가목적

자전거 보관소 설치 여부를 판단함으로써 인간친화적인 교통환경을 유도하여, 에너지 소비와 공해발생 저감을 도모한다.

평가기준

평점 : 가중치 × 배점(1.0)

자전거 보관소 설치 및 이용자를 위한 샤워시설 마련 여부를 평가하여 등급별 가중치 부여.

구 분	자전거 보관소 설치 여부	가중치
1 급	자전거 보관소 및 샤워시설 설치	1.0
2 급	자전거 보관소 설치	0.5

※ 자전거 보관소 기준

- 보관대수 : 법정 자동차 주차대수 × 10% 이상
- 자전거가 비를 맞지 않는 구조를 갖추어야 함.

※ 샤워시설 기준

- 자전거 이용자의 이용에 제약이 있어서는 안됨.

GT 적용사례

- 법정주차대수 : 5대 - 자전거 보관대수 : 2대

※ 보관소의 구조기준(비를 맞지 않는 구조)에 만족하지 못하므로 점수 불인정.

6. 초고속정보통신설비의 수준

평가목적

업무와 관련된 사항을 초고속정보통신설비를 이용하여 활용함으로써 교통유발 요인을 간접적으로 억제한다.

평가기준

평점 : 가중치 × 배점(2.0)

초고속정보통신설비의 설치 수준을 평가하여 등급별 가중치 부여.

구 분	초고속정보통신 설비의 설치수준	가중치
1 급	초고속정보통신설비 1등급 수준 이상 설치	1.0
2 급	초고속정보통신설비 2등급 수준 이상 설치	0.5

GT 적용사례

초고속정보통신건물 인증 1등급 수준 설치

7. 에너지 소비량 평가

평가목적

건축물의 에너지 소비는 온실가스 배출과 밀접한 관련이 있으므로 건축물의 운영단계의 에너지 소비량을 사전에 평가 함으로써 에너지 소비를 줄여 온실가스 배출을 저감시키고자 한다.

평가기준

평점 : 15 × (해당건물의 EPI 점수 - 60) / 25

※ 에너지절약계획서의 EPI 점수를 기준으로 산출함.

※ 최고 평가점수는 15점으로 함

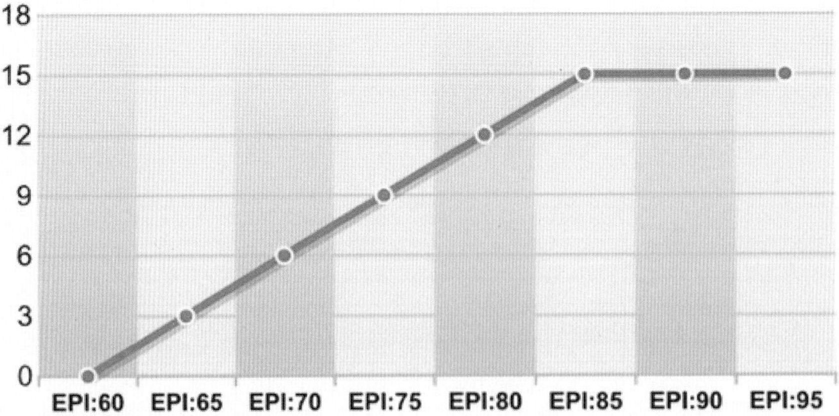

GT 적용사례

Green Tomorrow EPI 점수 : 89.1

산출 : 15 × (89.1 - 60) / 25 = 17.46

8. 신에너지 및 재생에너지 이용

평가목적

신 · 재생에너지의 사용은 화석연료의 사용으로 인한 온실가스의 배출량을 줄일 수 있기 때문에 이를 권장하고 장려하는 차원에서 본 항목을 평가한다.

평가기준

평점 : 가중치 × 배점(2.0점)

신 · 재생에너지 시설의 설치 수준에 따라 가중치 부여

구 분	신 · 재생에너지 시설의 설치 수준	가중치
1 급	냉방, 난방 또는 전기 설계부하의 5% 이상을 담당하는 수준의 신 · 재생에너지 시설을 설치한 경우	1.0
2 급	신 · 재생에너지 시설을 설치한 경우	0.5

※ 신 · 재생에너지 범위는 "신에너지 및 재생에너지 개발 · 이용 · 보급 촉진법" 에 준함.

※ 용량 기준 : 5Kw 이상 규모만 인정함.

GT 적용사례

신에너지 및 재생에너지 개발·이용·보급 촉진법 시행령
[시행 2009.5.1] [대통령령 제21441호, 2009.4.21, 타법개정]

제15조 (신 · 재생에너지설비에 대한 총건축공사비의 사용비율 등) ①법 제12조 제2항의 규정에 의한 총건축공사비의 일정비율은 다음 각 호와 같다. <개정 2008.2.29, 2008.9.10>

1. 「건축법 시행령」 **별표 1 제5호부터 제16호까지, 제23호가목 · 나목, 제24호부터 제28호까지 용도의 건축물**로서 신축, 증축 또는 개축하는 부분의 연면적이 3천제곱미터 이상인 건축물(당해 건축물의 건축목적 · 기능 · 설계조건 또는 시공여건상의 특수성으로 인하여 신 · 재생에너지설비를 설치하는 것이 불합리하다고 인정하는 경우로서 지식경제부장관이 정하여 고시하는 건축물을 제외한다) : **총건축공사비의 5퍼센트 이상**

별표1	
5. 문화 및 집회시설 6. 종교시설 7. 판매시설 8. 운수시설 9. 의료시설 10. 교육연구시설 11. 노유자시설 12. 수련시설 13. 운동시설	14. 업무시설 15. 숙박시설 16. 위락시설 23. 교정 및 군사시설 (가.교도소, 나.감화원, 다.군사시설) 24. 방송통신시설 25. 발전시설 26. 묘지관련시설 27. 관광휴게시설 28. 장례식장

- 총 건축 공사비의 5%를 신 · 재생에너지 설비에 사용한
- 연면적 약 60,000㎡ 서울지역의 업무시설
- 지열히트펌프를 이용하여 냉난방부하의 일부 담당
- 태양광발전을 110Kw 적용

※ 신 · 재생에너지 설비가 냉 · 난방 부하의 5% 이상을 담당.

※ 평점 : 가중치(1.0) × 배점(2.0점) = 2.0점

구분	전체설비	신재생설비	신재생비율	단위
냉방	1920	106.6	5.55%	USRT
난방	2120	106.8	5.04%	
전기	8400	110	1.31%	KVA

9. 조명에너지절약

평가목적

효율적인 조명설계에 의한 통해 전력에너지를 절약한다.

평가기준

평점 : 가중치 × 배점(6.0점)

조명밀도 및 조명방식에 대해 평가함.

구 분	대체에너지 시설 수준	가중치
1 급	사무공간의 방위별 외주부에 자연채광 이용을 위한 주광센서가 설치된 경우.	1.0
	천장면 평균조명밀도가 10W/m² 이하로 설계된 경우	
2 급	천장면 평균조명밀도가 13W/m² 이하로 설계된 경우	0.7
3 급	천장면 평균조명밀도가 16W/m² 이하로 설계된 경우	0.4

※ 평균조명밀도 사무공간의 등기구의 소비전력(W) / 천정면면적(㎡)

※ KS A 3011에 의한 작업면 표준조도 이상을 확보 하여야 등급을 인정함.

GT 적용사례

사무공간에 주광센서를 적용하였음 (1급)

※ 평점 : 가중치(1.0) × 배점(6.0점) = 6.0점

10. 공업화공업 및 환경신기술 적용

평가목적

공장 생산되는 부재를 사용하거나 환경부하를 절감하는 공법을 사용하여 현장 내 폐기물 발생을 저감시키고, 환경관련 신기술을 적용하여 환경부하 저감을 유도한다.

평가기준

평점 : 공업화공법(가중치 × 배점(2.0)) + 환경관련 신기술(1.0)

공업화공법

- 주요구조부 및 외벽체를 공장에서 생산하여 현장에서 단순조립하는 공법으로 철골, 프리캐스트, 커튼월 등이 있으며, 해당공종의 70%이상 적용된 경우에 인정

구 분	공업화공법의 적용	가중치
1급	3가지 이상 적용되었을 경우	1.0
2급	2가지 적용되었을 경우	0.7
3급	1가지 적용되었을 경우	0.4

환경관련 신기술 : 국가 공인된 신기술을 채택 · 적용한 경우

- 환경신기술 : 환경부에서 공인하는 신기술을 인정
- 건설신기술 : 국토해양부에서 공인하는 신기술 중 환경관련 요소가 포함된 기술만을 인정함.

GT 적용사례

공업화공법 : 철골구조, 건식벽체 적용.

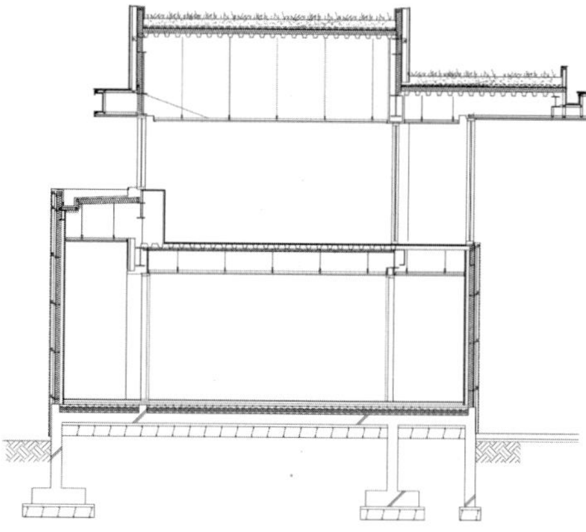

11. 화장실에서 사용되는 소비재 절약

평가목적

건축물 내 화장실에서 사용되는 소비재에 대한 절감을 유도하고, 청결한 생활환경을 도모.

평가기준

평점 : 가중치 × 배점(1.0점) 건축물 내 화장실에서 세수 후 건조방법에 대해 평가

※ 건축물 내 모든 공용화장실에 적용시 등급인정

구 분	모든 공용 화장실내에서 세수후 건조방법	가중치
1급	전자 감응식 온풍 건조기(air towel) 방식 설치	1.0
2급	롤링타월(rolling towel) 방식 설치	0.5

GT 적용사례

롤링타월 적용

12. 지정부산물 및 기타 부산물에 대한 재활용 비율

평가목적

천연자원의 절약 및 재사용 가능한 폐자재의 활용으로 폐기물을 절감한다.

평가기준

평점 : 가중치 × 배점(2.0점)

사용 가능한 부산물의 재활용 목표율 설정 및 이에 대한 실적자료에 대한 평가.

※『자원의 절약과 재활용촉진에 관한 법률』을 기준으로함.

구 분	부산물의 재활용목표율	가중치
1급	사용 가능한 부산물의 재활용 목표율을 75% (폐목재 50%)이상으로 설정한 경우	1.0
2급	사용 가능한 부산물의 재활용 목표율을 70% (폐목재 30%)이상으로 설정한 경우	0.7

GT 적용사례

지정부산물의 재활용 목표율을 75%이상으로 설정함.

※ 평점 : 가중치(1.0) × 배점(2.0) = 2.0점

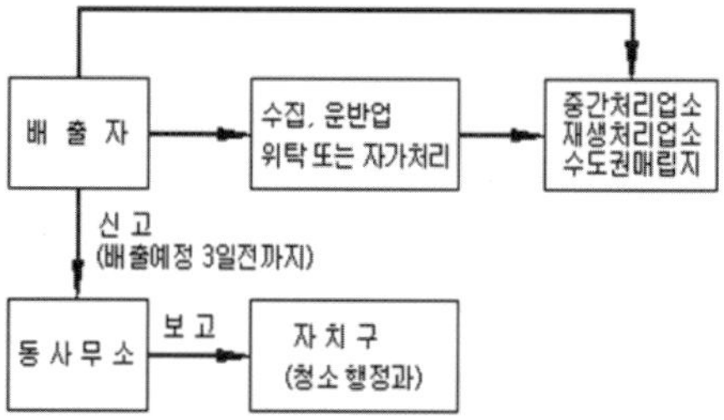

13. 유효자원 재활용을 위한 친환경인증제품 사용여부

평가목적

유효자원 재활용을 위한 친환경인증제품의 사용을 평가함으로써 자원 재활용, 내재에너지저감, 환경오염 저감 등의 효과를 얻는데 목적이 있다.

평가기준

평점 : 가중치 × 배점(3.0점)

유효자원 재활용을 위한 친환경인증제품 사용수를 평가함.

구 분	친환경인증제품의 사용수	가중치
1급	9종 이상 사용한 경우	1.0
2급	7종 이상 사용한 경우	0.8
3급	5종 이상 사용한 경우	0.6
4급	3종 이상 사용한 경우	0.4
5급	1종 이상 사용한 경우	0.2

※ 친환경인증제품

- 환경표지 인증서를 회득한 제품 중 인증사유가 유효자원 재활용제품.
- GR마크를 획득한 제품.

GT 적용사례

유효자원 재활용 자재 9종이상 적용 예정.

※ 평점 : 가중치(1.0) × 배점(3.0) = 3.0점

14. 재활용 가능자원의 분리수거

평가목적

건축물 내에서 발생되는 폐기물을 재활용하기 위한 시설의 확보유무를 평가하여 폐기물의 재활용을 촉진하고자 한다.

평가기준

평점 : 가중치 × 배점(3.0점)

재활용 폐기물의 분리수거 시설 및 분리품목 종류를 평가함.

재활용 폐기물 보관소 기준

- 별도의 구획된 공간으로 조성되어야 함.
- 재활용 폐기물이 비에 맞이 않아야 함.
- 8㎡ 이상의 면적을 확보 하여야 함.

GT 적용사례

- 3종 이상의 분리 수거함을 층별 적용함.
- 공간제약으로 재활용 폐기물 보관소 적용 불가

※ 평점 : 가중치(0.4) × 배점(3.0) = 1.2점

15. 기존건축물을 재사용하여 재료 및 자원의 낭비 절감

평가목적

기존 건축물의 재사용율을 높여 재료 및 자원의 낭비를 줄이고 폐자원에 의한 환경오염을 줄인다.

평가기준

평점 : 가중치 × 배점(7.0점)

전면 리모델링 건축물에 대하여 주요구조부의 재사용율에 따라 평가한다.

구 분	주요구조부의 재사용율	가중치
1 급	기존 대지에 건축된 건축물을 전면 리모델링하는 경우 주요구조부중 70%이상(체적비율기준)을 재사용하는 경우	1.0
2 급	기존 대지에 건축된 건축물을 전면 리모델링하는 경우 주요구조부중 50%이상(체적비율기준)을 재사용하는 경우	0.8
3 급	기존 대지에 건축된 건축물을 전면 리모델링하는 경우 주요구조부중 30%이상(체적비율기준)을 재사용하는 경우	0.6

GT 적용사례

신축이므로 해당사항 없음

16. 우수부하 절감대책의 타당성

평가목적

우수부하의 절감은 집중호우시 도시홍수의 발생가능성 저감, 배수시설의 건설 및 관리비 절감, 생태계유지 및 지하수량 확보에 효과가 있으므로 우수부하 절감대책을 평가함.

평가기준

평점 : 가중치 × 배점(3점)

투수성 포장면 설치비율에 따라 가중치 부여

포장유형	예 시	비 고
	 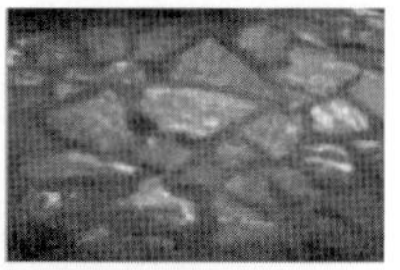	전체 면적으로 공기와 물이 통과, 식물 생장 가능
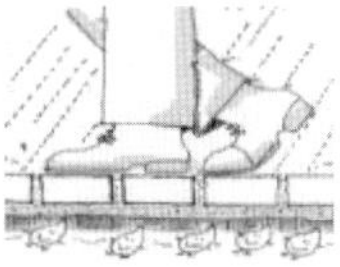 틈새투수포장	  사고석 틈새 바닥벽돌포장	틈새 면적으로 공기와 물이 통과

GT 적용사례

투수성포장비율 : 약 110%

※ 평점 : 가중치(1.0) × 배점(3.0) = 3.0점

17. 생활용 상수 절감 대책의 타당성

평가목적

도심 인구 증가로 인한 물 수요의 증가는 수질 악화와 도시하수처리비용 증가 등의 문제를 발생시킨다. 생활용 상수소비 절감대책을 평가함으로써 수자원을 보호한다.

평가기준

아래 예시된 환경표지 대상제품을 모든 기준층에 80%이상 적용한 경우 각각 1점씩 부여

※ 소변기의 경우 전자감지기 설치시 인정.

층별 감압밸브를 사용하거나 급수압력이 2㎏f/㎠이하, 토수량이 30ℓ/min가 되도록 조닝한 경우 1점 부여.

GT 적용사례

- 절수형 세면용 수전 적용.
- 절수형 샤워헤드 적용.
- 절수형 양변기 적용.
- 물안쓰는 소변기 적용.

18. 우수이용

평가목적

우수의 이용은 강우 시 우수 유출을 억제하고, 이를 수자원으로 전환하여 재활용함으로써 상수 소비 절감 및 우수 유출 억제 등의 효과를 기대할 수 있다.

평가기준

우수를 저류 할 수 있는 시설을 대지 또는 건축물에 설치하여 우수를 살수용수, 조경용수, 수세식 변소용수, 청소 용수 등으로 사용하는 경우 배점(3.0점) 부여.

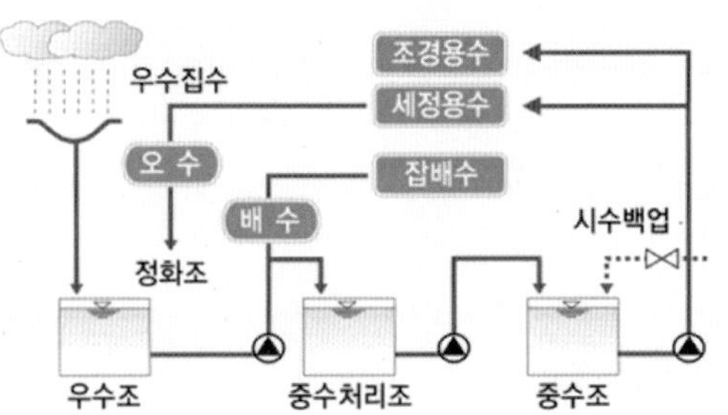

GT 적용사례

우수이용시설 적용

19. 중수도 설치

평가목적

사용한 상수를 생활용수 등으로 재활용함으로써 수자원을 절감하고, 공공수역의 오염부하 저감 및 오수 처리 시설 비용의 감소를 기대할 수 있다.

평가기준

수도법 중수도 시설기준에 따라 중수도 시설을 설치하였을 경우에 배점(4.0점) 부여.

GT 적용사례

중수도 적용

20. 이산화탄소 배출 저감

평가목적

이산화탄소는 대표적인 온실가스로 건설부분에서 많은 양이 발생하므로, 이를 건축물의 계획단계에서 부터 고려하여 환경부하를 줄이고자 한다.

평가기준

평점 : 가중치 × 배점(3.0점)

이산화탄소 배출을 저감시킬 수 있는 시스템

- 열병합발전(CHP)의 배열을 이용한 난방시스템
- 신 · 재생에너지 시스템

구 분	이산화탄소 배출 저감	가중치
1 급	최대 난방부하 또는 최대 냉방부하의 20% 이상을 이산화탄소 배출을 저감시킬 수 있는 시스템으로 충당하는 경우	1.0
2 급	지역난방방식인 경우	0.7
3 급	주된 난방 사용연료가 도시가스(LNG)인 경우	0.5

GT 적용사례

신 · 재생에너지 설비인 태양광발전, 태양열 급탕, 풍력발전, 연료전지, 지중열 이용 히트펌프 등을 이용하여 냉방 · 난방 · 전기 부하의 100% 담당함.

※ 신 · 재생에너지를 이용하여 냉 · 난방 부하의 20% 이상을 담당하였으므로 1급에 해당함.

※ 평점 : 가중치(1.0) × 배점(3.0점) = 3.0점

21. 오존층보호를 위해 특정물질의 사용금지

평가목적

지구온난화 방지를 위해 오존층파괴물질의 사용과 배출을 줄인다.

평가기준

오존층파괴물질 저감	평 점
냉동기 및 공기조화기기의 냉매가 오존층파괴물질(ODP)을 포함하고 있지 않거나, 냉방시설이 설치되어 있지 않는 경우	1.0
오존층파괴물질(ODP)이 없는 단열재를 전체 소요량의 80%이상 사용하는 경우	1.0
할론을 포함하지 않는 소화기를 사용하는 경우	1.0

GT 적용사례

- 공기조화기기에 ODP를 포함하지 않는 냉매를 적용함.
- 할론을 포함하지 않는 소화기를 적용함.
- ODP 미포함 단열재 사용

22. 환경을 고려한 현장관리계획의 합리성

평가목적

시공회사의 조직과 현장조직이 환경을 고려한 체제로 정비되어 있는지의 여부를 평가하고, 시공지침 및 현장운영지침에 환경우선정책이 채택되고 있는가를 확인하여 건설활동에서 발생하는 환경영향을 최소화 하고자 한다.

평가기준

구 분	환경을 중점으로 한 현장관리계획의 타당성	가중치
1 급	시공회사가 ISO 14001을 획득하였고, 현장에도 ISO 14001에 근거한 환경관리조직이 있는 경우	1.0
2 급	시공회사가 환경을 우선으로 하는 사내운영지침을 가지고 있고, 현장에도 환경을 담당하는 조직이 있는 경우	0.7
3 급	시공현장 자체적으로 환경관리계획서를 문서로 보유하고 이를 수행하기 위한 담당조직이 있는 경우	0.4

GT 적용사례

- 건설사(삼성물산건설부분) ISO14001 획득
- 현장에 ISO 14001에 근거한 환경관리조직이 있음.

※ 평점 : 가중치(1.0) × 배점(2.0) = 2.0점

23. 운영/유지관리 문서 및 지침 제공의 타당성

평가목적

건축물의 제반설비 및 장비의 운영방법에 대한 정보를 사전에 마련함으로써 당초 의도했던 계획에 의거하여 건축물이 최대의 효율을 발휘함과 동시에, 지속적인 유지관리가 이루어지도록 한다.

평가기준

구 분	운영/관리 문서 및 지침 제공	가중치
1 급	아래 항목중 5항목 이상을 채택하였을 경우	1
2 급	아래 항목중 3항목 이상을 채택하였을 경우	0.5

1) 최종시공도면 및 시방서의 제공(CD제공)
2) 옥상방수의 점검 및 보수방법 제공
3) 건축물의 구조체 / 비내력벽체의 점검방법 제공
4) 냉 · 난방열원 및 급탕설비의 운영 / 유지관리 매뉴얼 제공
5) 각종 공용설비(승강기, 조명기기, CCTV, 주차시설 등)의 운영 및 유지관리 매뉴얼 제공
6) 조경관련 유지관리 매뉴얼 제공
7) 급수시설 유지관리 매뉴얼 제공

GT 적용사례

1급 기준에 적합한 운영/유지관리 지침 제공 예정.

24. 거주자의 요구에 대응하여 공간배치 및 시스템 변경 용이성

평가목적

거주자의 요구에 대응하여 공간 배치의 융통성과 미래의 변화에 대응하는 업무공간의 가변성을 확보한다.

평가기준

평점 : 평점의 합계치 × 업무공간의 적용면적비율

시스템의 구성	평 점
기준층 업무공간에서 거주자의 요구에 대응하여 공조순환시스템의 변경이 용이한 방식 채용(예시: 바닥공조시스템)	2점
기준층 업무공간내의 전력/음성/통신배선의 설치 및 변경이 용이한 바닥구성(예시: OA 플로어, 억세스플로어)	2점

GT 적용사례

바닥공조 시스템을 전체 바닥면적의 약 30% 적용함.

25. 생태환경을 고려한 환경녹화기법 적용여부

평가목적

생태환경을 고려한 다양한 녹화공법(옥상 · 지붕녹화, 입면녹화, 가로녹화 등)의 적용을 유도한다.

평가기준

구 분	적용공법	계 산 식	평점
인공지반 녹화	옥상녹화/ 지붕녹화	옥상 및 지붕면적의 10%이상을 조성한 경우(조경면적으로 산정되지 않은 녹화면적)	2.0
입면 녹화	벽면녹화	건축물이 지면에 접한 둘레길이의 10% 이상을 조성한 경우	2.0
	가로녹화	대지가 접하는 주가로변 길이의 50%이상을 연속된 식재면으로 조성한 경우	2.0

GT 적용사례

옥상녹화 적용률 : 약 45% 옥상녹화 2.0점

26. 지상 조경면적 비율

평가목적

지상 조경면적비율을 평가함으로써 대지 내에 보다 많은 녹지공간의 조성을 유도

평가기준

계산식 (Y)

- $Y = 1 + (X - 2) / 2$
- X = 법정조경면적율을 초과한 지상 조경면적율

※ 지상에 조성된 녹지면적만을 지상 조경면적율 산출에 이용함.

GT 적용사례

지상 조경면적율 : 34.22%

법정 조경면적율 : 5% ※ 평점 : 7.0점

27. 수생비오톱 조성

평가목적

수생 비오톱의 조성면적, 조성기법 등을 평가함으로써 대지 내 생태환경의 질적 수준을 향상시키는데 그 목적이 있다.

평가기준

평점 : 조성면적점수(2.0) + 기법점수(1.0)

※ 비오톱 기능유지를 위한 기본요소(식생, 단면, 바닥처리) 가 반영되어야 점수 인정

수생비오톱 조성 면적에 따른 점수		
자연지반상부	Y=2.0X	최대 2.0점
인공지반상부	Y=1.5X	최대 1.5점

※ 최소 조성면적 30㎡ 이상을 기준으로 함

※ 조성면적율(X) = 조성면적 / 대지면적 × 100

수생비오톱 조성 기법에 따른 점수		
물의공급	우수, 중수이용	0.2 점
식재계획	식이식물, 수생식물 다층식재, 야생초등 이용	0.4 점
단면구조	생물서식이 가능한 바닥처리	0.2 점
	생물서식이 가능한 호안처리	0.2 점

GT 적용사례

수생비오톱 적용사례없음

28. 육생비오톱 조성

평가목적

육생 비오톱의 조성면적, 조성기법 등을 평가함으로써 대지 내 생태환경의 질적수준을 향상시키는데 그 목적이 있다.

평가기준

평점 : 조성면적점수(2.0) + 기법점수(1.0)

※ 비오톱 기능유지를 위한 기본요소(식생구조, 토양환경)가 반영되어야 점수 인정

육생비오톱 조성 면적에 따른 점수		
자연지반상부	Y=2.0X	최대 2.0점
인공지반상부	Y=1.5X	최대 1.5점

※ 최소 조성면적 50㎡ 이상을 기준으로 함

※ 지자체 조례의 식재밀도 1.5배 이상 적용

※ 조성면적율(X) = 조성면적 / 대지면적 × 100

육생비오톱 조성 기법에 따른 점수		
식재계획	수종선정의 적합성 식재기법	0.2 점
바닥처리	생물서식 가능성 여부	0.4점
기타	수생바이오톱과의 연계성	0.2점

29. 휘발성 유기화합물 저방출자재의 사용

평가목적

실내에 적용된 마감재료로부터 실내공기 중으로 방출되어 거주자의 건강에 직접적인 악영향을 미치는 포름알데히드와 휘발성 유기화합물 방출량이 적은 자재의 사용을 유도하는데 목적이 있다.

평가기준

평점 : (평점의 합) × 적용층수 / 총 층수

친환경자재

- 환경표지 인증서 획득자재

- HB마크 획득(♧♧♧♧♧ 등급)자재

※ 해당부위 표면적의 10% 이상을 적용한 경우 인정.

※ 유리, 대리석 등과 같이 휘발성 유기화합물을 방출하지 않는 자재는 환경표지 기준에 부합하는 것으로 본다.

구분	평점	
최종마감재	벽체	1.0
	천장	1.0
	바닥	1.0
최종마감재 이외의 기타내장재	벽체	1.0
	천장	1.0
	바닥	1.0

GT 적용사례

- 벽체재의 내장재 및 최종마감재에 친환경자재 적용
- 천정재의 내장재 및 최종마감재에 친환경자재 적용

※ 바닥재 : 인증획득 검토 중. ※ 평점 : 적용(4.0) × 2 / 2 = 4.0점

30. 거주자가 흡연에 노출되는 것을 방지

평가목적

실내공기가 담배연기로 인해 오염되는 것을 막고 실내에 신선한 공기를 공급하여 근무자의 건강증진과 생산성 및 작업능률을 높이고자 한다.

평가기준

평점 : 가중치 × 배점(3.0점)

구 분	건물 내 금연 또는 업무공간에서의 금연	가중치
1급	완전금연건물	1.0
	건물의 출입구 등 눈에 잘 띠는 곳에 금연엠블럼을 설치하여 금연건물지정 정책을 수립한 경우	
2급	부분금연건물	0.7
	업무용 공간 등 다른 공간과 완전히 차단된 구조로 흡연공간을 별도로 구획하고, 실내공기가 완전히 배기가 이루어질 수 있도록 별도의 공조구획이 되어 있는 경우	

GT 적용사례

완전금연건물 지정

31. 외기급배기구의 설계

평가목적

신선한 외기를 도입하기 위한 공조 급배기구 설계를 통해 입주자들의 건강을 도모한다.

평가기준

외기 도입을 위한 공조 급 · 배기구 설계	평 점
외기도입구와 배기구는 도로 등으로부터 10m 이상 떨어져 외부오염원을 제거할 수 있도록 설치된 경우	1점
외기도입구와 배기구는 재순환을 최소화하기 위해 서로 10m 이상 떨어지게 배치한 경우	1점
공조시스템에서 외기도입을 위해 설계 풍량의 30% 이상의 신선한 공기가 공급될 수 있도록 설계된 경우	1점

GT 적용사례

- 외기도입율 : 약 42%
- 외기도입구와 배기구의 도로이격 10m 미만
- 외기도입구와 배기구의 이격거리 10m 미만

32. 공기정화작업 실시

평가목적

실내마감재 및 덕트 내 오염된 물질을 입주 전에 제거하여 오염물질을 감소시킴으로써 입주자들의 건강을 도모한다.

평가기준

공기정화작업 실시 여부	평점
입주 전 최소 2주일 동안 공기정화작업계획에 의거하여 실내마감재 및 덕트내에서 발생하는 오염물질의 농도를 감소시키기 위한 작업을 실시한 경우	1점
TAB 또는 커미셔닝을 실시한 경우	1점

GT 적용사례

- 입주 전 2주 이상 환기 및 베이크 아웃작업 실시
- 준공시 TAB실시
- 환기보고서 작성 및 실내공기질 측정 실시

33. 자연환기 설계도입 및 쾌적한 실내공기 환경조성

평가목적

거주자가 직접 외기를 도입할 수 있도록 조절 가능한 환기창 / 환기구의 설치 여부를 평가한다.

평가기준

평점 : 가중치 × 배점(3.0) × 적용 기준층수 / 총 기준층수

※ 외주부 : 외벽 실내측 끝단부터 5m 까지의 바닥면적

※ 배연창은 제어 가능한 환기구에서 제외함.

구 분	환기설계의 정도	가중치
1 급	냉방 또는 난방을 행하는 기준층 업무공간에서 외주부 바닥면적 $20m^2$ 당 개폐가능한 창을 제공하거나 또는 기준층 창면적의 최소 10% 이상이 개폐가능한 창으로 구성되어 있는 경우	1.0
2 급	냉방 또는 난방을 행하는 기준층 업무공간에서 외주부 바닥면적 $20m^2$ 당 환기구(vent slot 포함)를 설치하는 경우	0.6

GT 적용사례

- 1층 개폐가능창 면적율 : 약 35%
- 2층 개폐가능창 면적율 : 약 7%

34. 건축자재로부터 배출되는 기타 유해물질 억제

평가목적

건축자재로부터 배출되는 유해물질을 억제하고 건축물의 개보수 및 해체시 발생될 수 있는 유해물질의 확산을 차단한다.

평가기준

석면이 포함된 자재의 사용여부	평 점
건축물 내에 구조, 천장을 포함한 설비공간, 수직덕트공간, 간막이 벽체 등에 사용되는 자재는 석면이 포함된 자재를 사용하지 않도록 시방서에 기록한다.	1점

GT 적용사례

석면 포함된 자재 사용금지.

35. 실내 자동온도 조절장치 채택 여부

평가목적

각 실별 또는 존별 자동 온도조절장치 채택 여부를 평가하여 쾌적한 실내 온열환경 조성하고 에너지를 절감하는데 그 목적이다.

평가기준

평점 : 가중치 × 배점(2.0)

실내 자동온도 조절장치 적용비율에 의한 가중치 부여

※ 실내 자동 온도조절장치 적용 비율(V) = X ÷ Y × 100

- X : 실내 자동온도조절장치 설치 개수

- Y : 냉방 및 난방 공간면적(㎡) / 200(㎡)

구 분	실내 자동 온도조절장치 적용 비율	가중치
1 급	100 ≤ V	1.0
2 급	80% ≤ V < 100%	0.8
3 급	60% ≤ V < 80%	0.6
4 급	40% ≤ V < 60%	0.4
5 급	20% ≤ V < 40%	0.2

GT 적용사례

업무공간 : 약 450㎡

자동온도 조절장치(EHP) : 6EA

실내용 온습도 조절기(바닥공조) : 9EA

실내 자동온도 조절장치 적용비율(V)

- Y : 450 / 200 = 2.25

- V : 15 ÷ 2.25 × 100 = 666%

36. 외부소음에 대한 실내허용소음

평가목적

도로교통소음 등 외부소음에 영향을 받아 업무 효율성이 저하될 우려가 있기 때문에 업무공간에서 최소한의 쾌적성 확보를 위해 외부소음에 대한 차음대책 수립 정도를 평가한다.

평가기준

평점 : 가중치 × 배점(2.0)

KOLAS 시험기관의 소음측정 및 시뮬레이션 결과를 통해 가중치 부여.

구분	실내 소음등급(N) 또는 실내 소음도 L(dB)	가중치
1급	N ≤ 35 또는 L ≤ 35dB	1.0
2급	35 < N ≤ 40 또는 35dB < L ≤ 40dB	0.75
3급	40 < N ≤ 45 또는 40dB < L ≤ 45dB	0.5

GT 적용사례

KOLAS 인증기관의 소음측정 실시 예정.

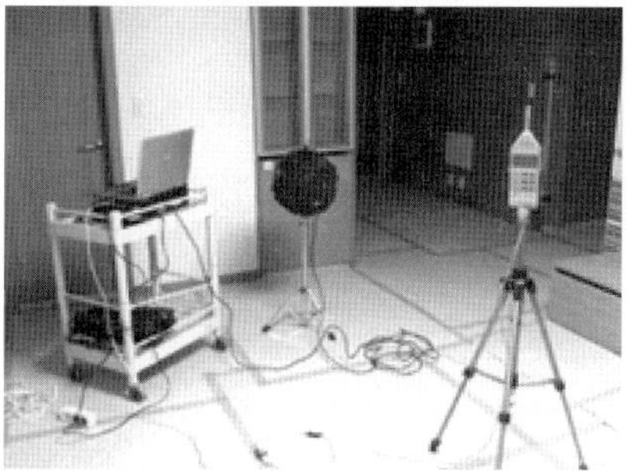

37. 건물 내 거주자에게 휴식 및 재충전을 위한 공간 마련

평가목적

거주자에게 휴식 및 재충전을 위한 공간을 확보하여 근무능률의 향상을 도모한다.

평가기준

구 분	전용휴게공간 조성 여부	가중치
1 급	건물내에 휴식 및 재충전을 위해 전용휴게공간(15㎡이상)을 구획하여 제공하고, 수공간 또는 식재공간(15㎡이상)을 조성한 경우	1.0
2 급	건물내에 휴식 및 재충전을 위해 전용휴게공간(15㎡이상)을 구획하여 제공하거나 수공간 또는 식재공간(15㎡)을 조성한 경우	0.5

※ 단, 흡연공간은 전용휴게공간에서 제외함.

GT 적용사례

해당사항 없음

38. 거주자를 위한 쾌적한 실내환경 조성

평가목적

쾌적한 실내환경을 조성하여 에너지의 효율적 이용 및 업무능률을 향상시키도록 한다.

평가기준

평점 : 가중치 × 배점(4.0) × 적용기준층수 / 총 기준층수

※ 개별적으로 제어하는 단위공간의 면적은 20㎡이내로 봄

구 분	실내환경조절방식	가중치
1 급	기준층 업무공간의 50%이상에서 거주자가 개별적으로 온도, 환기, 풍량, 조명 중 2가지 이상을 직접 조절하여 개개인에게 적합한 환경을 제공하는 경우	1
2 급	기준층의 업무공간의 50%이상에서 거주자가 개별적으로 온도, 환기, 풍량, 조명 중 한가지를 직접 조절하여 개개인에게 적합한 환경을 제공하는 경우	0.5

GT 적용사례

조명 개별제어(조닝) 적용.

※ 평점 : 가중치(0.5) × 배점(4.0) × 2 / 2 = 2.0점

층별	실명	기준면적(㎡)	스위치수	개별제어 적용율
1층	홍보실	119.30	8	134.1%
	거실	40.40	4	198.0%
	주방	21.80	3	275.2%
	침실	32.50	4	246.2%
	서재	15.07	1	132.7%
	한실	25.87	3	231.9%
2층	사무실	26.88	2	148.8%
소계	구분	개별제어 면적	기준면적	개별제어 적용율
	1층	254.94	254.94	100.00%
	2층	26.88	26.88	100.00%

39. 노약자, 장애우 배려의 타당성

평가목적

장애인, 노약자, 임산부 등이 다른 사람의 도움 없이 안전하고 편리하게 시설을 이용할 수 있도록 Barrier-Free 설계를 반영한 정도를 평가한다.

평가기준

노약자/장애자를 배려한 모든 시설물이 아래 예시 중 3개 항목 이상 설치된 경우 1점 부여

※ 노약자/장애자 배려 기법 예시

1. 공용복도 유효 폭(1.4m 이상) 확보
2. 연속난간
   (계단 양쪽에 연속된 난간 손잡이를 마련하여야 하며, 공용 계단참에서도 끊어지지 않고 연속되도록 한다.)
3. 단차해소
   (출입구-현관 내외는 동일한 레벨, 내부문턱 20mm이하)
4. 엘리베이터 유효 폭 확보
   (폭 1.1m 이상, 깊이 1.4m 이상, 출입문 폭 0.9m 이상)
5. 문의 유효 폭 확보
   (0.9m이상, 출입문의 전후 1.5×1.5m의 수평 정지면)
6. 공용계단참 여유 (1.5m 이상) 확보

GT 적용사례

Green Tomorrow에 적용된 Barrier-Free 디자인

구분	적용여부	비고
공용복유효폭	X	폭 1.4m이하 구간 발생
연속난간	X	외벽측 난간적용 없음
단차해소	○	-
엘리베이터유효폭	-	적용불가 (엘리베이터 없음)
문의 유효폭	○	-
공용계단참여유	-	적용불가 (계단참없음)

5. 맺음말

Zero Energy House 프로젝트(Green Tomorrow)는 2008년 가을부터 본격적으로 진행되었다. 프로젝트 이름과 같이 건물의 사용에너지를 zero로 만드는 것을 목표로 하였고, 더 나아가 사용자에게 쾌적하고 안전한 공간을 제공할 수 있으며 미래의 생활환경에 대응 가능한 새로운 주거환경의 비전을 제시하고자 했다. 이를 위해서는 현시점에서 가능한 모든 설계기법과 시공기술들을 융합하여 건물에 적용해야 했으며 기존과는 약간 다른 설계 프로세스가 필요했다.

목표를 달성하기 위해서 설계 초기 단계에서부터 각 설계분야의 인력들과 시공기술자, 에너지 전문가, 건축/에너지 분야의 다양한 연구인력, 그리고 다양한 분야의 자재/장비 선두업체의 전문인력들이 설계에 참여하였다. 설계자와 에너지 컨설턴트의 조율을 통해 각 참여자 간의 유기적인 협업이 이루어졌으며 결국 건물에너지 제로화와 재실자의 쾌적성 그리고 환경영향을 최소화할 수 있는 건물을 성공적으로 만들어 낼 수 있었다.

본 프로젝트는 LEED인증 및 국내 친환경 인증에서 각각 최고등급을 획득함으로써 가시적인 성과도 보여주었으나 건물 사용에너지를 제로화 했다는 것 외에도 모범적인 친환경 설계 프로세스를 정립하는 초석이 되었다는 점에서 큰 성과를 이루었다고 볼 수 있다. 설계초기 단계에서의 빠른 결정을 위한 즉각적인 건물 성능 분석과 이와 관련된 분야간 협업에 따른 최선의 설계 결과물 도출에서부터, 이를 건물에 구현하기 위해 이루어지는 설계자와 시공자, 자재/장비 업체간의 실시간 결정과정에 이르기까지 여러개의 그물로 연결된 유연하지만 확고한 의사결정 루트가 존재하였다는 점이 가장 중요하였다. 이에 따라 건축/기계/전기/조경/토목 등 각 분야간에는 건물에너지성능 및 재실자 거주성능 향상을 위한 합리적인 트레이드오프(trade-off)가 자유롭게 이루어졌으며 이는 실시간으로 반영되었고, 최종적인 건물성능 분석 과정 및 세부 조정을 통해 최적 설계안의 도출이라는 결과물을 만들어 내었다. 이러한 과정을 거침으로써 한곳을 누르면 한곳이 튀어나오는 풍선효과를 최소화할 수 있었으며 패스트트랙(fast track)으로 진행된 설계와 시공 과정에서 발생할 수 있는 오류 또한 최소화하였다.

이와 같은 통합설계의 과정과 더불어 각종 친환경 요소 기술들의 적용 또한 매우 중요한 결과물이라고 할 수 있다. 요소기술들은 기존에 전혀 없던 새로운 것들이 아니다. 다만 가장 필요한 기술을 선별하는 것과 기술들 간의 우선순위 및 적용 방식을 결정하기 위한 치밀한 사전 분석이 선행되어야 했으며, 일부 기술들은 본 건물을 운영하는 단계에서 운영데이터를 확보하여 추후 이를 바탕으로 다른 프로젝트 수행시 더욱 발전된 시스템으로 구현할 수 있는 발판으로 삼을 예정으로 있다. 향후의 행보가 더욱 기대되는 부분이기도 하다.

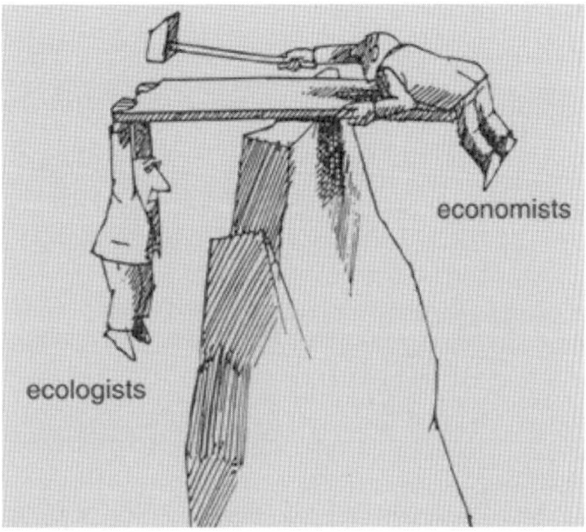

최근의 녹색성장 드라이브에 의해 많은 건물에너지 관련 이슈들이 쏟아져 나오고 있지만 상당부분은 현재 기술적, 제도적으로 완성된 단계로 볼 수는 없다. 친환경기법적용에 있어 기술적 수준은 단계적으로 성장하고 있지만 기술검증 및 상용화, 적정 공사비 계획, 실무적용에 있어 법적, 제도적 지원책 등은 여전히 해결해야할 과제로 남아 있다. 그러나 확실한 것은 우리의 일상 생활을 제공하는 가장 기본적인 요소인 건축물에 대해서 일반 대중들조차 지금까지와는 다른 시각으로 바라보기 시작했다는 것이다. 우리나라에서 건축물은 사람들에게 일하고 먹고 자는 공간을 제공하면서 국가 전체 에너지소비량의 1/4 이상을 소비하고 있다. 이러한 이유로 건축물은 환경문제에 직접적으로 관련된다.

다소 늦었지만 지금부터라도 건물설계자는 현재의 지구환경문제를 만들어낸, 어찌보면 실패했다고도 볼 수 있는 과거 오랜 동안의 잘못된 설계에 대해 일정부분 책임을 져야하며 따라서 환경을 지키고 향상시키기 위해 더욱더 노력해야 할 의무를 갖는다. 건물설계자는 환경문제 해결에 있어 아주 중요한 역할을 맡을 수 밖에 없으며, 아마추어가 아닌 이상 이 책임을 매우 진지하게 받아들여야 한다. 과거에 그래왔던 것처럼 일부 근시안적 경제론자의 시각을 가져서는 안될 것이다.

본 프로젝트는 종료되었지만 이는 모든 설계자들에게 주어진 미래를 향한 힘들고 긴 여정의 한 과정으로서 매우 의미 있는 프로젝트였으며, 현재의 사용자와 미래의 사용자 모두를 위한 설계가 어떤 것인가 하는 어찌보면 당연한 생각을 하게 만들어준 특별한 프로젝트로 남을 것이다. 본 프로젝트의 성공적인 수행을 이끌어준 모든 참여자들의 건승을 기원하는 바이다.